普通高等院校“新工科”创新教育精品课程系列教材
教育部高等学校机械类专业教学指导委员会推荐教材

工程有限元及数值计算

主　编　戴宏亮　周加喜

华中科技大学出版社
中国·武汉

内 容 简 介

本书是普通高等院校“新工科”创新教育精品课程系列教材之一，内容符合教育部高等学校机械类专业教学指导委员会规划教材的基本要求。全书共九章，主要内容包括：有限元概述，平面问题、杆系结构、板壳问题的有限元法，热传导问题的有限元法，动力学问题的有限元法，材料非线性、几何非线性问题的有限元法，接触与碰撞问题的有限元法。

本书可作为高等院校机械、力学、土建类、材料、环境工程和航空航天等专业的教材或教学参考书。

图书在版编目(CIP)数据

工程有限元及数值计算/戴宏亮，周加喜主编. —武汉：华中科技大学出版社，2019.6(2025.1 重印)
普通高等院校“新工科”创新教育精品课程系列教材
教育部高等学校机械类专业教学指导委员会推荐教材
ISBN 978-7-5680-5016-6

Ⅰ. ①工… Ⅱ. ①戴… ②周… Ⅲ. ①有限元法-应用-工程技术-高等学校-教材 ②数值计算-应用-工程技术-高等学校-教材 Ⅳ. ①TB115

中国版本图书馆 CIP 数据核字(2019)第 122699 号

工程有限元及数值计算 戴宏亮 周加喜 主编
Gongcheng Youxianyuan ji Shuzhi Jisuan

策划编辑：张少奇
责任编辑：刘 飞
封面设计：杨玉凡
责任校对：曾 婷
责任监印：周治超
出版发行：华中科技大学出版社(中国·武汉) 电话：(027)81321913
武汉市东湖新技术开发区华工科技园 邮编：430223
录 排：华中科技大学惠友文印中心
印 刷：武汉邮科印务有限公司
开 本：787mm×1092mm 1/16
印 张：15.5
字 数：405 千字
版 次：2025 年 1 月第 1 版第 2 次印刷
定 价：49.80 元

出 版 说 明

为深化工程教育改革，推进“新工科”建设与发展，教育部于 2017 年发布了《教育部高等教育司关于开展新工科研究与实践的通知》，其中指出“新工科”要体现五个“新”，即工程教育的新理念、学科专业的新结构、人才培养的新模式、教育教学的新质量、分类发展的新体系。教育部高等学校机械类专业教学指导委员会也发出了将“新”落实在教材和教学方法上的呼吁。

我社积极响应号召，组织策划了本套“普通高等院校‘新工科’创新教育精品课程系列教材”，本套教材均由全国各高校工作在“新工科”教育一线的专家和老师编写，是全国各高校探索“新工科”建设的最新成果，反映了国内“新工科”教育改革的前沿动向。同时，本套教材也是“教育部高等学校机械类专业教学指导委员会推荐教材”。我社成立了以李培根院士、段宝岩院士、杨华勇院士、赵继教授、顾佩华教授为顾问，奚立峰教授、刘宏教授、吴波教授、陈雪峰教授为主任的“‘新工科’视域下的课程与教材建设小组”，为本套教材构建了阵容强大的编审委员会，编审委员会对教材进行审核认定，使得本套教材从形式到内容上保持高质量。

本套教材包含了机械类专业传统课程的新编教材，以及培养学生大工程观和创新思维的新课程教材等，并且紧贴专业教学改革的新要求，着眼于专业和课程的边界再设计、课程重构及多学科的交叉融合，同时配套了精品数字化教学资源，综合利用各种资源灵活地为教学服务，打造工程教育的新模式。希望借由本套教材，能将“新工科”的“新”落地在教材和教学方法上，为培养适应和引领未来工程需求的人才提供助力。

感谢积极参与本套教材编写的老师们，感谢关心、支持和帮助本套教材编写与出版的单位和同志们，也欢迎更多对“新工科”建设有热情、有想法的专家和老师加入本套教材的编写。

华中科技大学出版社

2018 年 7 月

前　言

有限元法(finite element method,FEM)是为解决工程与数学物理问题而提出并逐渐发展起来的一种数值方法。在工程和科技领域内,对于许多的力学与物理问题,其遵循的数学方程(常微分方程或偏微分方程)只有在方程性质比较简单,且求解域的几何形状相当规则的情况下才能获得解析解。大多数问题,由于方程的非线性性质或求解域几何形状的复杂性,只能采用数值方法进行求解。有限元法由于其通用性和有效性,已成为工程分析中应用最为广泛的数值计算方法。

有限元法的基本思想是将连续的求解域离散为一组单元的组合体,以每个单元内假设的近似函数来分片地表示求解域上待求的未知场函数,近似函数通常由未知场函数及其导数在单元各节点的数值插值函数来表达,从而使一个连续的无限自由度问题变成离散的有限自由度问题,即将偏微分方程离散为代数方程。

自20世纪60年代被提出以来,有限元法逐渐发展成为航空、航天、机械、土木等各大工程领域最为广泛应用的科学计算方法。作为力学、数学、计算机技术等多学科交叉发展的产物,有限元法扩大了科学研究的对象范围,提升了科技转化为生产力的效率。本教材为响应"新工科"建设,结合有限元学科的教学要求与"新工科"建设的目标而编写,适合不同专业学时为80学时的"有限元法"课程的教学。

本书在突出基础理论和基本方法的前提下,注重理论联系实际,在内容安排上遵循由浅入深、循序渐进和便于自学的原则。每章后都附有具体的工程算例,供读者学习选用,在保证基础的前提下,注重对学生视野的开阔和工程实际应用能力的拓展与提高。

全书共九章,主要内容包括:有限元概述,平面问题、杆系结构、板壳问题的有限元法,热传导问题的有限元法,动力学问题的有限元法,材料非线性、几何非线性问题的有限元法,接触与碰撞问题的有限元法。本书第1、2、3、5、6、9章由戴宏亮编写,第4、7、8章由周加喜编写。本书在编写过程中,参考了一些兄弟院校教材中的部分内容,在此表示衷心感谢!

由于编者水平有限,书中难免存在不足和疏漏之处,恳请读者批评指正。

编　者

2019年5月于湖南大学

目　录

第1章　绪论……（1）
1.1　有限元法概述……（1）
1.2　有限元法的基本步骤……（8）
1.3　有限元法的发展概况……（11）
1.4　工程应用软件简介……（13）
本章小结……（16）
第2章　弹性力学平面问题的有限元法……（17）
2.1　弹性力学平面问题的简介……（17）
2.2　连续介质的离散化……（20）
2.3　常应变三角形单元分析……（22）
2.4　整体刚度方程的建立……（30）
2.5　整体刚度矩阵……（37）
2.6　有限元程序设计要点……（38）
本章小结……（40）
第3章　平面杆系结构的有限元法……（41）
3.1　杆单元的刚度矩阵……（41）
3.2　平面刚架单元的刚度矩阵……（51）
3.3　空间杆件结构的有限元算例……（59）
本章小结……（62）
第4章　板壳问题的有限元法……（63）
4.1　平板弯曲的有限元法……（63）
4.2　轴对称壳体单元……（70）
4.3　平板壳体单元……（72）
4.4　超参数壳体单元……（77）
4.5　相对自由度壳体单元……（82）
4.6　不同类型单元的联结……（84）
4.7　高速移动冲击内压下夹层圆柱壳的有限元分析……（85）
本章小结……（95）
第5章　热传导问题的有限元法……（96）
5.1　热传导微分方程……（96）
5.2　温度场的变分原理……（98）
5.3　稳定温度场……（99）
5.4　瞬态温度场……（101）
5.5　非定常温度场的确定……（104）

5.6 热弹性问题的有限元法 …… (105)
5.7 热黏弹性问题的有限元法 …… (108)
5.8 稳态热传导问题 …… (109)
5.9 瞬态热传导问题 …… (114)
5.10 铝合金铸造轮毂的温度场分析 …… (115)
本章小结 …… (118)
第 6 章 动力学问题的有限元法 …… (119)
6.1 运动方程 …… (119)
6.2 质量矩阵和阻尼矩阵 …… (120)
6.3 直接积分法 …… (123)
6.4 振型叠加法 …… (127)
6.5 解的稳定性 …… (130)
6.6 大型特征值问题的解法 …… (134)
6.7 减缩系统自由度的方法 …… (140)
6.8 某水下结构振动分析 …… (143)
本章小结 …… (146)
第 7 章 材料非线性问题的有限元法 …… (147)
7.1 非线性方程组的解法 …… (147)
7.2 材料非线性的本构关系 …… (153)
7.3 弹塑性增量分析的有限元格式 …… (159)
7.4 数值方法中的几个问题 …… (161)
7.5 橡胶-金属弹簧模型的静力学分析 …… (172)
本章小结 …… (180)
第 8 章 几何非线性问题的有限元法 …… (181)
8.1 大变形情况下的应变和应力的度量 …… (181)
8.2 几何非线性问题的表达格式 …… (187)
8.3 有限元求解方程及解法 …… (195)
8.4 大变形情况下的本构关系 …… (198)
8.5 大变形有限元分析算例 …… (200)
本章小结 …… (210)
第 9 章 接触与碰撞问题的有限元法 …… (211)
9.1 接触问题有限元法的基本概念 …… (211)
9.2 接触问题的求解方案 …… (214)
9.3 接触问题的有限元方程 …… (217)
9.4 接触单元 …… (223)
9.5 接触分析中的几个问题 …… (229)
9.6 高速碰撞的有限元法 …… (232)
9.7 接触问题的有限元分析实例 …… (235)
本章小结 …… (237)
参考文献 …… (238)

第1章　绪　　论

有限元法(finite element method,FEM)是大型复杂结构多自由度体系的有力分析工具，自20世纪60年代被首次提出，其理论及算法日趋成熟，随着计算机软硬件技术的飞速发展，现已成为工程分析中应用最广泛的数值计算方法，是计算机辅助工程(computer aided engineering,CAE)的理论基础，在航空、航天、机械、土木等各大工程领域发挥着巨大作用。

1.1　有限元法概述

1.1.1　有限元法简介

有限元法是力学、数学、计算机技术等多学科交叉发展的产物。人类在认识世界的过程中，主要有理论分析、科学实验、科学计算三种方法。面对诸多新型领域，由于理论方法和实验方法的局限性，科学计算的重要性日益彰显。科学计算大大增强了人们从事科学研究的能力，加速了把科技转化为生产力的进程，深刻地改变着人类认识世界和改造世界的方法和途径。在科学和工程的许多领域，科学计算可被用来获得重大的研究成果或完成高度复杂的工程设计。科学计算为科学研究与技术创新提供了新的重要手段和理论基础，正在并将继续推动当代科学和高新技术的发展。有限元法是科学计算中极为重要的方法之一，在大多数工程研究领域得到了广泛应用，大大推动了相关科学研究和工程技术的进步。

工程中对力学问题的分析求解方法，主要可以归纳为解析法(analytical method)和数值法(numeric method)。对于给定问题，解析法通过数学推导、演绎求解数学模型，最终能得到包含某一类问题所有解的表达式。但其适用条件通常都十分苛刻，而对于绝大多数工程实际问题，由于方程的非线性、求解域几何形状的复杂性，要采用解析法求精确解是相当困难的，因此数值法逐渐成为工程计算中不可替代的求解方法。近年来电子计算机软硬件技术的飞速进步，为数值分析方法提供了高效可靠的运行平台，数值分析方法已经成为求解各类工程技术问题的有力工具。

根据实现数值计算近似原理的不同，各类数值计算方法可分为基于微分近似的求解法，如差分法；基于微分方程的等效积分形式的求解法，如加权余量法；基于泛函的变分原理求解法，如里兹法。以下是对几种典型数值方法基本思想及特点的简要介绍。

1. 差分法

差分法是微分方程的一种近似数值解法，其基本思想是将问题求解区域划分为均匀的差分网络，用有限个网格节点代替连续的求解域。基于Taylor级数展开等方法，把描述问题的微分方程中的微分用网格节点上函数数值的差分来代替，从而将微分方程转化为以网格节点上函数值为未知量的代数方程组。该方法数学概念直观，表达形式简单，是发展比较早且比较成熟的数值方法。

以图 1-1-1 中所示的一维边值问题为例，假设问题的数学描述为

$$\left.\begin{aligned}&y''+y+1=0(a<x<b)\\&y\big|_{x=a}=0\quad y\big|_{x=b}=0\end{aligned}\right\}\tag{1-1-1}$$

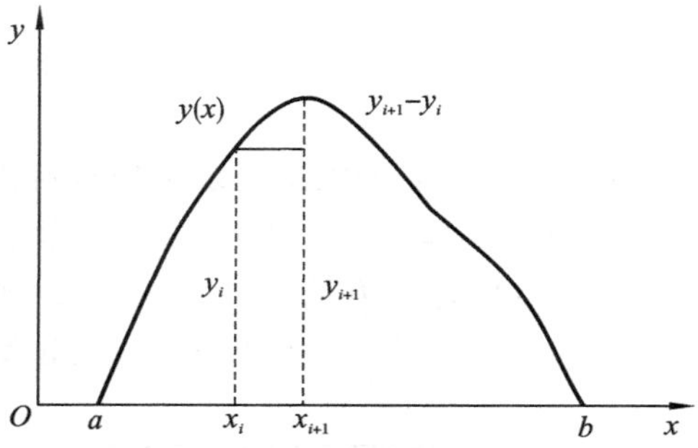

图 1-1-1　一维边值问题

若将求解区域 $[a,b]$ 划分为 n 等分，则相邻两节点间的距离为 $h=(b-a)/n$，其中 h 称为步长，节点 $x_i=x_0+ih(i=0,1,\cdots,n)$。若用差分代替相应的微分，可将问题离散化得到如下由 $n+1$ 个方程组成的代数方程组：

$$\left.\begin{aligned}&y_{i+1}-(2-h^2)y_i+y_{i-1}=-h^2(i=1,2,\cdots,n-1)\\&y_0=0\\&y_n=0\end{aligned}\right\}\tag{1-1-2}$$

求解式(1-1-2)可以得到 $y_i(i=0,1,\cdots,n)$，共 $n+1$ 个未知量，即原问题的解 $y(x)$ 在 x_i 上的近似值。

有限差分法能处理一些问题复杂但求解域比较规则的问题，如在流体力学计算领域内，其至今仍处于主要地位。差分网格越密集，节点越多，则近似的精度越高。但若求解域为几何形状不规则的复杂问题，它的计算精度将大大降低，因为差分法的网格只能为结构化网格，所以其存在很大的局限性。

2. 里兹法

在很多情况下，微分方程及其给定边界条件的求解也可以根据变分原理将其转化为泛函极值的求解。所谓变分原理就是求泛函的变分问题，如果能够构造微分方程和相应定解条件的泛函，则使泛函取驻值的函数等价于微分方程满足相应的边界条件的解。里兹法就是基于变分原理的一种求解微分方程的经典数值计算方法，其基本思想是先根据描述问题的微分方程及相应定解条件构造等价的泛函表达式，然后在整个求解区域上假设一个满足边界条件的试探函数(或近似函数)，通过直接求解泛函极值问题以获取原问题的近似解。在整个求解区域上定义的满足边界条件的试探函数一般选含有 n 个待定系数的完全多项式，然后，将试探函数代入泛函求解表达式中，利用泛函极值存在条件建立 n 个关于待定系数的线性方程，联立这些方程从而确定试探函数，即为原问题的近似解。仍然以问题(1-1-1)为例说明其具体步骤。

设求解区间为[0,1]，则构造原问题(1-1-1)的泛函为

$$\boldsymbol{\Pi}=\int_0^1\left(-\frac{1}{2}y'^2+\frac{1}{2}y^2+y\right)\mathrm{d}x\tag{1-1-3}$$

构造满足问题边界条件的试探函数，试探函数应取自完全的函数序列，为线性独立的，即任一

函数都可以用这个序列来表示，这称为试探函数的完全性。如假设试探函数为多项式

$$\tilde{y}(x) = \sum_{i=1}^{n} \alpha_i (x - x^{i+1}) \tag{1-1-4}$$

其中，$\alpha_1, \alpha_2, \cdots, \alpha_n$ 为待定系数。

将试探函数 $\tilde{y}(x)$ 代入泛函(1-1-3)中，则泛函表达式被转化为关于 n 个待定系数的多元函数，简记为

$$\boldsymbol{\Pi} \approx \Pi(\alpha_1, \alpha_2, \cdots, \alpha_n) \tag{1-1-5}$$

下面建立关于 n 个待定系数的线性方程组求泛函极值。根据多元函数有极值的必要条件，得

$$\left.\begin{array}{l} \dfrac{\partial}{\partial \alpha_1} \boldsymbol{\Pi}(\alpha_1, \alpha_2, \cdots, \alpha_n) = 0 \\ \dfrac{\partial}{\partial \alpha_2} \boldsymbol{\Pi}(\alpha_1, \alpha_2, \cdots, \alpha_n) = 0 \\ \vdots \\ \dfrac{\partial}{\partial \alpha_n} \boldsymbol{\Pi}(\alpha_1, \alpha_2, \cdots, \alpha_n) = 0 \end{array}\right\} \tag{1-1-6}$$

式(1-1-6)为关于待定系数 $\alpha_1, \alpha_2, \cdots, \alpha_n$ 的线性方程组，求解方程组得到这 n 个待定系数 $\alpha_1, \alpha_2, \cdots, \alpha_n$ 的值并将其回代到式(1-1-4)中，可得到试探函数的表达式，即原问题的近似解。

若假设试探函数只选取式(1-1-4)中的一项，即

$$\tilde{y}(x) = \alpha_1 (x - x^2) \tag{1-1-7}$$

则按上述步骤容易求得 $\alpha_1 = \dfrac{5}{9}$，原问题的近似解为

$$\tilde{y}(x) = \frac{5}{9} x(1 - x) \tag{1-1-8}$$

显然，随着试探函数待定系数的增加，近似解的精度也会提高。可以证明，只要试探函数满足完全性和连续性的要求，随着试探函数待定系数的增加，试探函数将收敛于精确解。但是，由于试探函数定义于整个求解域，且必须满足问题的边界条件，这给实际应用，如边界条件复杂或局部精度要求很高的问题求解带来了难以克服的困难。因此里兹法只能处理一些简单问题。而分片近似方法能克服这一局限性，把复杂的整个区域分割成若干子域，在子域内假设试探函数并用分片连续的试探函数来代替整个区域内的试探函数，这也是有限元的基本思想。

3. 加权余量法

加权余量法是基于微分方程的等效积分形式来求解微分方程的一种数值方法，相对于基于变分原理的里兹法，其更具有普遍性，如泛函不可构造的问题。同时，加权余量法也放松了构造近似函数必须满足边界条件的要求。由于近似函数不能精确满足微分方程的边界条件，由此所产生的误差称为余量(或残值)，加权余量法的基本思想是选择一系列含待定系数的已知函数，使余量在整个区域上的加权积分为零。实际上，这个过程是将一个在整个区域内每点精确满足微分方程的问题转变为加权平均意义上的近似满足。

设所选择的近似函数的一般形式为

$$u = \sum_{i=1}^{n} N_i \alpha_i = N\alpha \tag{1-1-9}$$

其中，α_i 为待定系数，N_i 为已知函数。描述一般物理问题的微分方程与边界条件可分别表示

如下：

$$\boldsymbol{A}(\boldsymbol{u})=\begin{bmatrix}A_1(\boldsymbol{u})\\A_2(\boldsymbol{u})\\\vdots\end{bmatrix}=\boldsymbol{0}\text{（在域 }\Omega\text{ 内）}\tag{1-1-10}$$

$$\boldsymbol{B}(\boldsymbol{u})=\begin{bmatrix}B_1(\boldsymbol{u})\\B_2(\boldsymbol{u})\\\vdots\end{bmatrix}=\boldsymbol{0}\text{（在边界 }\Gamma\text{ 上）}\tag{1-1-11}$$

其中，$\boldsymbol{u}$ 是待求解的未知函数。$\boldsymbol{u}$ 可以是标量场（如温度），也可以是由若干变量组成的向量场（如位移场、应力场）。$\boldsymbol{A}$ 和 $\boldsymbol{B}$ 为对独立变量（如时间、坐标）的微分算子。区域 Ω 可以是面积域、空间域等，Γ 是域的边界，如图 1-1-2 所示。上述方程可以是单个方程，也可为一组方程。这种在区域 Ω 内由控制微分方程定义、在包围区域 Ω 的边界 Γ 上由边界条件定义的数学模型通常称为边值问题，这种以微分方程形式表述问题的方法一般称为定解问题的微分方程提法。

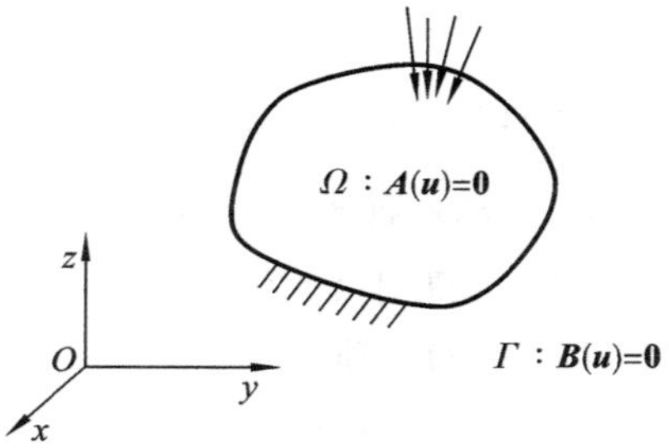

图 1-1-2　一般物理问题

将式(1-1-9)代入微分方程(1-1-10)和边界条件(1-1-11)，则由于近似函数不能精确满足微分方程与边界条件所出现的余量为

$$\boldsymbol{A}(\boldsymbol{N\alpha})=\boldsymbol{R},\quad \boldsymbol{B}(\boldsymbol{N\alpha})=\overline{\boldsymbol{R}}\tag{1-1-12}$$

同时由于微分方程在域 Ω 内每一点都为零，且边界条件方程在 Γ 上每一点都得到满足，对于分别在 Ω 内与 Γ 上可积的任意函数 $\boldsymbol{V}$ 和 $\overline{\boldsymbol{V}}$，可用规定的 n 个函数代替，即

$$\boldsymbol{V}=\boldsymbol{w}_j,\quad \overline{\boldsymbol{V}}=\overline{\boldsymbol{w}}_j\quad (j=1,2,\cdots,n)\tag{1-1-13}$$

从而可以得到微分方程的等效积分形式：

$$\int_\Omega \boldsymbol{w}_j^{\mathrm{T}}\boldsymbol{R}\,\mathrm{d}\Omega+\int_\Gamma \overline{\boldsymbol{w}}_j^{\mathrm{T}}\overline{\boldsymbol{R}}\,\mathrm{d}\Gamma=0\quad (j=1,2,\cdots,n)\tag{1-1-14}$$

其中，$\boldsymbol{w}_j$，$\overline{\boldsymbol{w}}_j$ 为权函数。式(1-1-14)是一组方程，用于求解待定系数 α_i。

这种使用余量的加权积分为零来求得微分方程近似解的方法称为加权余量法。加权余量法的方程实际上就是微分方程的等效积分形式。由于权函数的任意性，选取不同的权函数可得到不同的加权余量法，常用的方法包括配点法、子域法、最小二乘法、力矩法和伽辽金法(Galerkin method)。如果取式(1-1-9)所示的已知函数作为式(1-1-14)的权函数 $\boldsymbol{N}$，则该方法为伽辽金余量法。若令 $\overline{\boldsymbol{w}}_j=-\boldsymbol{w}_j=-\boldsymbol{N}_j$，则式(1-1-14)可写为

$$\int_\Omega \boldsymbol{N}_j^{\mathrm{T}}\boldsymbol{A}\left(\sum_{i=1}^{n}\boldsymbol{N}_i\boldsymbol{\alpha}_i\right)\mathrm{d}\Omega+\int_\Gamma \boldsymbol{N}_j^{\mathrm{T}}\boldsymbol{B}\left(\sum_{i=1}^{n}\boldsymbol{N}_i\boldsymbol{\alpha}_i\right)\mathrm{d}\Gamma=0\quad (j=1,2,\cdots,n)\tag{1-1-15}$$

该方程的系数往往是对称的，因此在用加权余量法建立有限元计算格式时大都采用伽辽金法，得到的有限元法的系数矩阵为对称矩阵。伽辽金余量法是推导各种场问题有限元格式最一般

的数学方法，不仅可用于泛函存在的问题，也可用于泛函不存在的问题。

有限元作为一种数值计算方法，是在继承和综合差分方法和里兹法的基础上发展起来的，其数学原理是加权余量法。在对连续介质力学问题的处理上，有限元法以其物理概念清晰、处理问题灵活、适用于各种复杂边界的特点展现了巨大优势，且其采用矩阵形式表达基本公式，便于编程实现，现今已发展成为该领域应用最为广泛的数值计算方法。

简单来说，有限元法抛弃了寻找整个求解域精确场函数的思路，其核心思想是离散化与数值近似。其实质是将复杂的连续体划分成有限个数的简单单元体，并以共用节点的方式连接成组合体，从而将整个连续求解域离散为若干子域。每个单元内部采用假设的近似函数分片表示全求解域内的待求场变量，近似函数由未知场函数或其导数在单元各个节点上的数值和对应的插值函数表达，以场函数在节点上的值作为数值求解的基本未知量，以有限自由度代替无限自由度，将连续场函数的（偏）微分方程求解问题转化为有限参数的代数方程组求解问题。

1.1.2　有限元法的特性

1. 基本思想简单，概念清晰

有限元法的基本思想就是几何离散和分片插值，思想简单朴素，概念清晰且容易理解。用离散单元的组合体来逼近原始结构，体现了几何上的近似；而用近似函数逼近未知变量在单元内的真实解，体现了数学上的近似；利用原问题的等效变分原理（如最小势能原理）建立有限元基本方程（刚度方程）又体现了其明确的物理背景。

2. 可适应复杂几何形态

有限元发展至今单元种类已经非常丰富，包含一维、二维或三维的单元，并且单元可以有不同形状，不同单元之间可以采用不同的方法连接，特别适用于形状复杂或有不同构建组合的结构。例如，图 1-1-3 所示为自行车头盔碰撞有限元模型，图 1-1-4 所示为汽车碰撞模拟中的人体有限元模型。

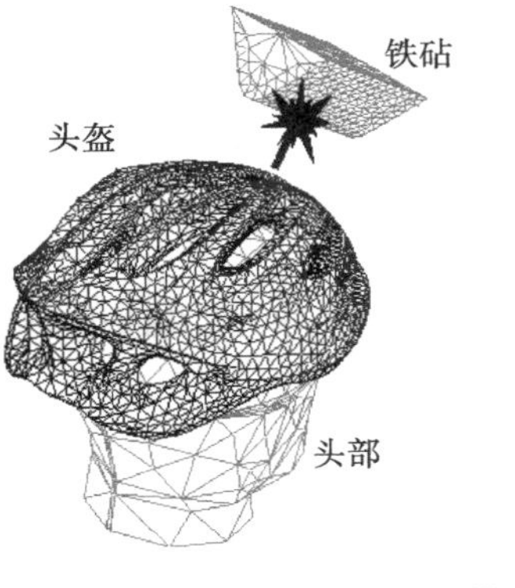

图 1-1-3　自行车头盔碰撞有限元模型

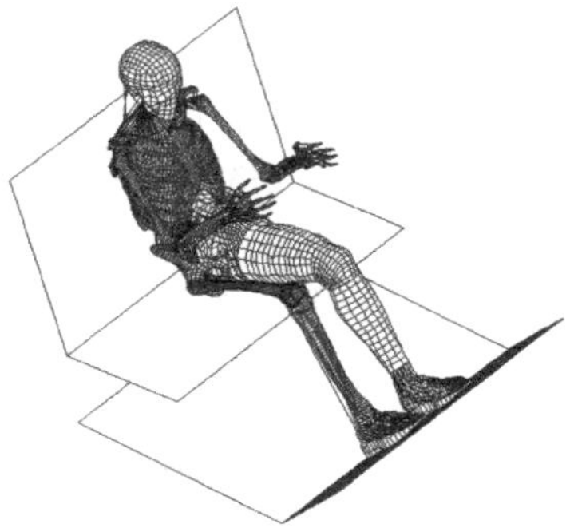

图 1-1-4　汽车碰撞模拟中的人体有限元模型

3. 可灵活应用于各种物理问题

有限元法的研究应用始于对固体力学中线弹性问题的求解，由于其对求解域内的未知场函数类型并没有限制，也不要求不同单元必须采用同一方程形式，因此有限元法的研究范围很快就发展到弹塑性问题、黏弹塑性问题、屈曲问题、动力学问题等，应用十分广泛，并进一步发展到流体力学问题、传热问题，电磁学问题，以及复杂的多物理场耦合问题等。金属切割便是一个典型的热-力耦合问题，工件的塑性变形和刀具-工件界面处的摩擦将产生大量热量，达到的温度可能相当高，并可能对力学响应产生很大影响，采用有限元法可以很好地对这一过程进行模拟。图 1-1-5 所示为有限元法得到的具有正前角的刀具对高强度高切割过程的应力场，图 1-1-6 所示为对应过程的温度场。

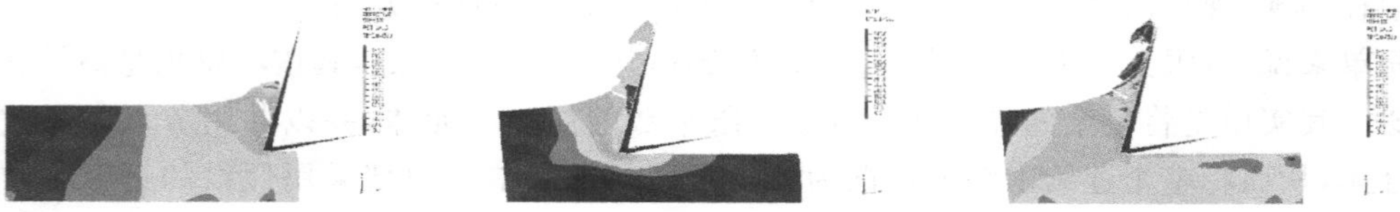

(a)　(b)　(c)

图 1-1-5　应力场

(a)　(b)　(c)

图 1-1-6　温度场

在工程技术领域，根据分析目的的不同，有限元法的应用常分为三大类，如表 1-1-1 所示。

表 1-1-1　有限元法的应用分类

研究领域	静平衡问题	特征值问题	动态问题
结构力学 和宇航工程	杆系、板壳结构的分析 复杂或组合结构分析 二维、三维应力分析	结构稳定性分析 结构固有频率和振型 线性黏弹性阻尼	应力波的传播 动态响应 耦合热弹性力学与热黏弹性力学
土力学、 基础工程学	二维、三维应力分析 填筑和开挖问题 边坡稳定性问题 土壤和结构的相互作用 隧道、涵洞、大坝等分析 流体在土壤中的渗流	土壤-结构组合物的固有频率和振型	土壤与岩石中的非定常渗流 应力波在土壤和岩石中的传播 土壤与结构的动态相互作用
热传导	固体和流体中的稳态温度分布	—	固体和流体的瞬态热流
流体动力学、 水利工程学	流体的势流 流体的黏性流动 多孔介质和蓄水层中的定常渗流	湖泊和港湾的波动 容器中流体的晃荡	流体的非定常流动 波的传播 多孔介质和蓄水层中的非定常渗流

续表

研究领域	静平衡问题	特征值问题	动态问题
核工程	反应堆安全壳结构分析 反应堆及其安全壳结构稳态热分析	—	反应堆安全壳结构动态分析 反应堆结构热黏弹性分析 反应堆及安全壳结构瞬态热分析
电磁学	静态电磁场分析	—	时变、高频电磁分析
生物力学工程问题	人体脊柱、头骨、骨关节、牙移植等应力分析	—	响应分析，碰撞分析

4. 理论基础可靠

有限元法的数学过程是通过变分原理或加权余量法来建立求解基本未知量(场函数在节点的取值)的代数方程组或常微分方程组，然后通过数值求解法以得到问题的解。变分原理与加权余量法在数学上已被证明是微分方程和边界条件的等效积分形式，因此只要保证实际问题的数学模型正确、求解方程的数值算法稳定可靠，有限元解的精度就能随着单元的细化与插值函数阶次的提高收敛于原问题的精确解。

5. 适合编程计算

有限元分析过程可以方便地采用矩阵形式表达，有限元求解最终可以转化为矩阵形式的代数方程组求解问题，非常适合规范化编程处理。随着数值计算方法的不断发展与计算机性能的飞速提升，工程中已经能够方便高效地利用有限元法对各种大型复杂的模型进行求解。

1.1.3　有限元法在产品开发中的应用

有限元法的出现与发展，也促进了产品设计与制造的根本改变，产品的开发正朝着数字化设计、分析、优化及数字化制造与控制的综合化方向发展。

在现代产品开发过程中，CAD/CAE/CAM 已成为基本工具，作为 CAE 工具的重要组成之一，有限元法更是成为产品开发必不可少的工具。CAD 工具用于产品结构设计，形成产品的数字化模型，有限元法则用于产品性能的分析与仿真，帮助设计人员了解产品的物理性能和破坏的可能原因，分析结构参数对产品性能的影响，对产品性能进行全面预测和优化；帮助工艺人员对产品的制造工艺及试验方案进行分析设计。实际上，当前有限元法在产品开发中的作用，已从传统的零部件分析、校核设计模式发展为计算机辅助设计、优化设计、数字化制造融为一体的综合设计。有限元法已成为提高产品设计质量的有效工具。图 1-1-7 给出了产品开发流程中有限元法所处的位置。可以预见，随着现代力学、计算数学和计算机技术等学科的发展，有限元法作为一个具有坚实理论基础和广泛应用效力的通用数值分析工具，必将在产品开发中发挥更大作用。

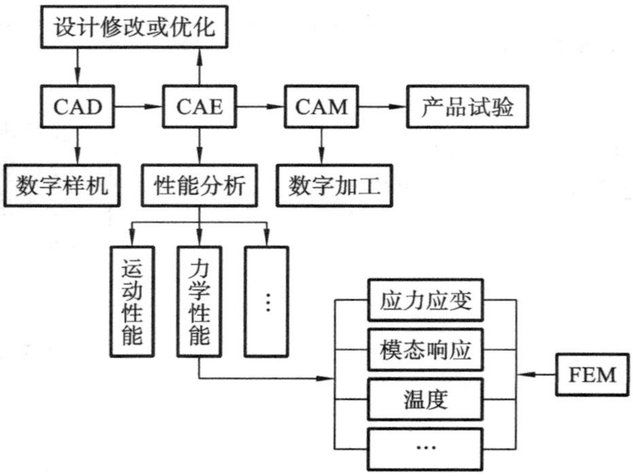

图 1-1-7 现代产品开发流程

1.2 有限元法的基本步骤

有限元法发展至今，按照求解性质可以把有限元法能解决的问题分为三类：不依赖时间的平衡问题、特征值问题、随时间变化的瞬态问题。不同问题的具体求解过程有所区别，但其基本思路都是化无限自由度问题为有限自由度问题，然后采用数值方法进行求解。在力学问题的求解中，以节点位移为基本未知量的有限元法被称为位移有限元法，是当今应用最广的方法，本节以解决弹性力学问题的位移有限元法为例，说明有限元法的基本步骤。

1.2.1 结构的离散

结构的离散是有限元分析的第一步。离散化是将结构或求解域划分成有限个单元，单元与单元间以共用节点的方式相连，让全部单元与原结构近似等价。单元划分要综合考虑问题类型、求解精度以及对效率的要求等因素，选择单元形状、尺寸、数量和排列时必须谨慎，以便尽可能精确地模拟原物体，而不增加求解的计算工作量。

对任一个给定结构进行离散化，首先应该选择合适的单元。在一般情况下，单元类型取决于物体的几何形状以及描述系统所需要的独立空间坐标数。图 1-2-1～图 1-2-3 分别是某些常用的一维、二维和三维单元。

当结构的几何形状、材料性质即应力位移等参数仅需要用一个空间坐标描述时，我们可以采用如图 1-2-1 所示的一维单元，虽然这种单元有横截面面积，但一般在示意图中都用线段表示。在某些问题中，单元横截面面积可沿长度变化。当结构形状和其他参数可以用两个独立空间变量描述时，我们便可采用图 1-2-2 中所示的二维单元。二维分析中常用的基本单元是三角形单元，虽然四边形单元可以用三角形单元集合而成，但在某些情况下用四边形单元效率更高。结构的几何形状、材料性质和其他参数可以用三个独立的空间坐标来描述时，我们可以采用图 1-2-3 中所示的三维单元离散物体，其基本三维单元是四面体单元，但在某些情况下采用六面体单元更为高效。

对涉及曲线或曲面的几何结构进行离散时，可以采用具有曲边的单元。如图 1-2-4 所示，

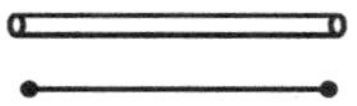

图 1-2-1 一维单元

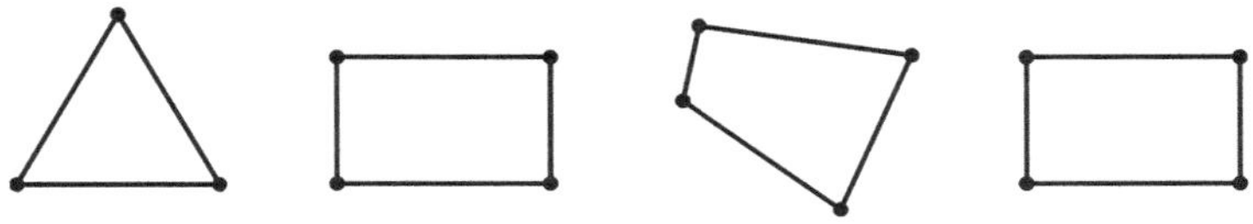

图 1-2-2 二维单元

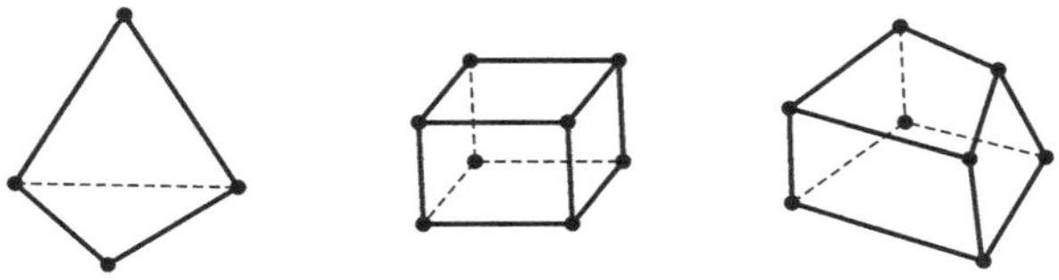

图 1-2-3 三维单元

该类单元通过增加中间节点数以提高对复杂边界的模拟能力，这类单元称为高次单元或高阶单元。

在确定单元类型后，单元的尺寸选择也至关重要，其大小直接影响解的收敛性与计算效率。有时对同一物体可能要使用不同尺寸的单元，如图 1-2-5 所示，对带孔洞板进行应力分析时，为兼顾求解精度与效率，孔洞附近单元尺寸要小于远离孔洞的单元尺寸。通常，在应力变化较大的区域，需要更为密集的网格划分。但需要注意的是单元纵横比也是一个影响有限元解且与单元尺寸有关的量。对一个二维单元来说，纵横比为单元最长尺寸与最短尺寸之比，纵横比越接近于 1 的单元一般能得到更好的结果，因此为尽量减小计算误差，网格的疏密需要逐步过渡。

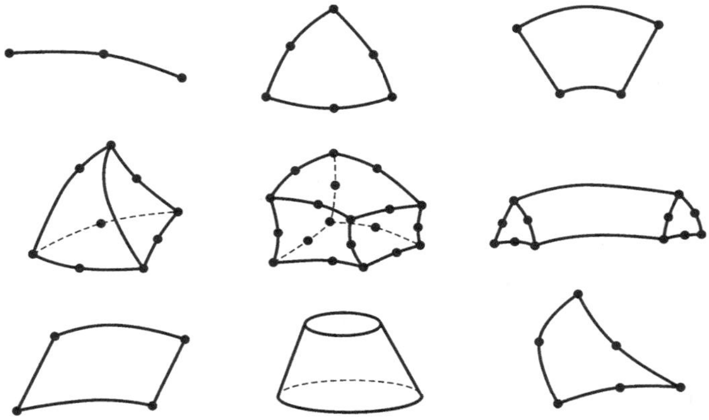

图 1-2-4 具有曲边的单元

在确定好单元尺寸后，单元数量也随之确定，虽然增加单元数量通常意味着有更精确的结果，但对于给定问题，精度并非随着单元数量线性增加，图 1-2-6 中所给曲线展示了这种特点，因此，求解过程中需要根据问题的要求与计算机求解能力选择合适的单元大小。此外，若问题具有对称性，在建模时可以对模型进行简化，能够大大减少网格数量，提高计算效率。

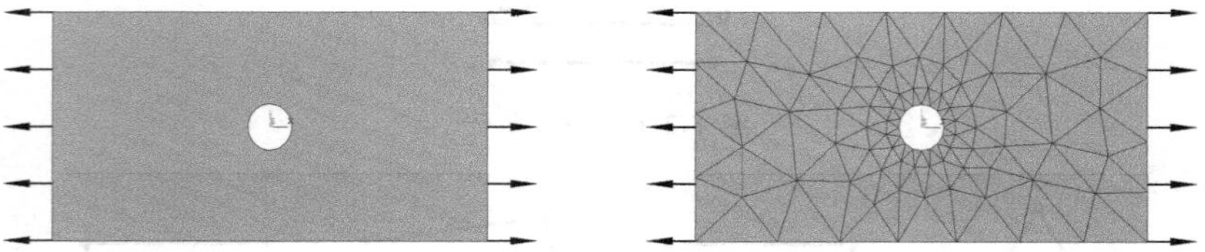

图 1-2-5　带孔板的网格划分

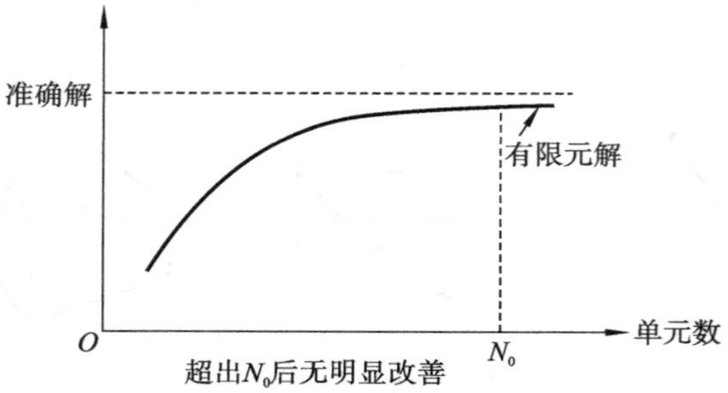

图 1-2-6　求解精度与单元数量的关系

1.2.2　建立单元位移函数

由弹性力学知，若弹性体的位移分量是坐标的已知函数，便可根据几何方程求得应变分量，再由弹性方程求得应力分量。但若仅知道弹性体中的有限点的位移分量数值，是不能直接求得其应变分量和应力分量的。

为了能用节点位移分量表示单元上的应变、应力等，首先就必须把单元上任一点的位移分量表示为坐标的某种函数，函数在节点上的值等于其已知值。该做法实际上是假定单元按照某种模式变形，各点位移由节点值按该模式插值获得。有限元法中单元位移函数是以单元位移通过插值的方法来建立的，也常被称为形函数，单元位移函数一般以数学多项式表示，如二维位移函数一般为

$$f(x,y)=\alpha_1+\alpha_2 x+\alpha_3 y+\alpha_4 x^2+\alpha_5 xy+\alpha_6 y^2+\cdots+\alpha_m y^n \tag{1-2-1}$$

采用这种形式的多项式不仅因为其在微分积分中计算容易，而且任意阶次多项式可以近似表示真实解，其中无限阶次多项式与精确解相对应，通过在不同阶次的截断，就可得到不同程度的近似解。位移模式的选取，实际上是选择一个假想坐标函数近似描述真实位移变化规律，其必须满足收敛条件，且要能较好反映单元实际位移，便于数学处理。

单元形状确定后，位移模式的选取是关键，载荷的移置、应力矩阵及刚度矩阵的建立都依赖于位移模式。为保证解的收敛性，要求位移模式必须满足以下三个条件。

(1) 位移模式必须包含单元的刚体位移。

当节点位移由刚体位移引起时，单元内不产生应变，这样单元不但能描述自身变形，同时具备描述由其他单元变形引起的刚体位移的能力。例如悬臂梁自由端处，结构的应变很小而刚体位移很大，单元位移模式必须包含刚体位移才能准确描述结构的真实情况。

(2) 位移模式必须能反映单元的常应变。

每个单元的应变一般包含两个部分：一部分是与该单元中各点位置坐标有关的应变；另一

部分是与位置坐标无关的常应变。单元尺寸较小时，单元中各点应变趋于相等，此时常应变成为单元应变的主要部分。因此，位移模式中若不包含常应变，就不可能正确反映单元位移形态。

(3) 位移模式必须保证结构位移的连续协调。

在保证单元内变形连续的基础上，还要保证单元间的变形协调，不出现两部分相互迭合或者相互脱离。

满足上述条件(1)(2)的单元称为完备单元；满足条件(3)的单元称为协调单元；同时满足三个条件的单元称为完备协调单元。在某些梁、板壳分析中，要使单元满足条件(3)比较困难，实践中采用仅满足条件(1)(2)的单元，其收敛性也能达到要求。

1.2.3 单元特性分析

位移函数确定后，根据几何方程确定单元应变与节点位移的关系，根据物理方程建立单元应力与单元应变的关系，利用虚位移原理或最小势能原理，建立单元节点力和节点位移之间的关系，生成单元刚度矩阵。同时，在确定模型的载荷后，所有的单元外载荷都要等效地移置到单元节点上，即根据实际载荷和插值方式，生成单元等效节点载荷矩阵。进行单元特性分析，实际就是建立单元刚度矩阵和等效节点载荷矩阵的过程。

1.2.4 整体分析求解

确定好单元的刚度矩阵后，按照相应的节点编号集成到总体刚度矩阵，载荷也按相同方式集成为总体载荷向量，建立整个结构的总体力平衡方程，然后引入结构的边界条件，对方程组求解以得到节点位移，再进一步求得各个单元的内力与变形。在有限元分析中，为了更加直观地表示求解结果，通常还要在求解之后将结果数据进行处理，以云图、矢量图、曲线等方式进行显示。

1.3 有限元法的发展概况

1.3.1 有限元法的孕育及诞生

有限元法本质上是一种数值计算方法，早期数学领域的研究发展为其出现奠定了基础。17 世纪，牛顿和莱布尼兹分别从运动学角度与几何学角度出发，创建了微积分；18 世纪，著名数学家高斯提出了加权余量法及线性代数方程组的解法，另一数学家拉格朗日(Lagrange)提出了泛函分析；在 19 世纪末及 20 世纪初，数学家瑞利(Rayleigh)和里兹(Ritz)首先提出了在全定义域内通过泛函驻值条件求解未知函数的有效方法；1915 年，数学家伽辽金提出了求解微分方程问题选择展开函数中形函数的伽辽金法；1943 年，数学家库朗德(Courant)首次提出可在定义域内分片使用展开函数表达其上的未知函数，并采用该方法对连续体的扭转问题进行求解，被认为是有限元思想的首次提出。此后，越来越多的数学家、物理学家、工程师投入到对有限元法的研究中。20 世纪 50 年代，航空领域的飞速发展也对有限元法提出了越来越高的要求，1956 年，特纳（Turner）、克拉夫（Clough）、马丁（Martin）等人将刚架分析中的位移法扩展到弹性力学平面问题中，并用于飞机的结构设计。他们系统地研究了离散杆、梁、三角形的单元刚度表达式，并首次采用三角形单元求得了平面应力问题的正确解答。他们的工作伴随着大型电子计算机在数值计算领域应用的投入，标志着利用电子计算机求解复杂弹性力学问题新阶段的开启。1960 年，克拉夫进一步求解了平面弹性问题，并正式提出“有限元法”这一名称，使人们对该方法的特性得到更进一步的认识；1963 年到 1964 年，贝塞林（Besseling）、卞学鐄等人的研究表明了有限元法实际是弹性力学变分原理中瑞利-里兹法的一种形式，确认了有限元法是处理连续介质问题的一种普遍方法，从数学上为有限元法奠定了理论基础，有限元的应用范围也得到了大大扩展。1967 年首次出版有限元专著《结构力学与连续力学的有限元法》，由辛克维奇（Zienkiewicz）与张佑启合著。辛克维奇认为，难以确定有限元起源及发明的准确时间。有限元法是把复杂结构的计算问题转化为简单单元的分析和集合问题，许多经典的数学近似方法及工程中所用的各直接近似方法都属于这一范畴。

1.3.2 有限元法的发展

20 世纪 70 年代后，随着计算机软硬件技术的飞速发展与越来越多的人力物力的投入，有限元法也进入高速发展状态，人们开始对有限元法进行更深入的研究，有限元法在工程设计和分析中得到了越来越广泛的重视，对工程中常见的平衡问题、特征值问题、瞬态问题都能进行有效求解。以下从几个方面说明有限元法当今的发展方向。

1. 单元种类和形式的日益丰富

为了更好地满足不同研究及工程中面临的各种复杂问题的求解，新的单元类型不断涌现。例如为了更精确地对形状复杂的结构进行离散，等参元采用位移插值相同的形式，将形状规则的单元变化成边界为曲线的二维单元或边界为曲面的三维单元；为更好满足工程常见结构的参数分析，发展了节点参数中同时包含位移与位移导数的梁、板、壳单元；为克服分析不可压缩介质及板壳分析中遇到的困难，发展了以多个场变量为节点参数的混合型单元；为了更好地对非均匀介质进行分析，发展了能设置多种材料的复合单元；为了尝试对断裂问题进行分析，发展了能定义初始裂纹的单元。目前来说，单元类型已经能够满足绝大多数工程分析的需要，但是发展新单元仍是需要持续投入研究的一个重要课题，例如对于特种合金、陶瓷材料、机敏材料、生物材料、纳米材料等新型材料，建立能真实描述其各自力学、物理行为，并适合数值计算的本构关系与单元形式，是对使用它们构成的结构进行各种分析的前提。

2. 单一场向多物理场耦合求解的发展

有限元法的发展始于对航空航天领域中结构线性问题的求解，由于其解决问题的有效性和实用性，很快就发展应用到流场、温度场、电磁场、声场等连续介质领域的问题分析。一般来说，物理现象都不是单独存在的，在工程实际中，多场耦合的情况十分常见，如金属的铸造过程就同时涉及应力场和温度场，若考虑到浇注过程还将涉及流场；再例如压电扩音器的工作中，同时涉及应力场、电场以及流体中的声场，只要对该模型进行求解，就必须进行多物理场的耦合分析。目前来说，有限元法已经能够解决部分多场耦合问题，为更好地服务于工程与科学研究，其在多场耦合问题求解上的广度及深度都还需要更进一步的发展。

3. 由线性问题到对非线性问题的求解的发展

随着有限元应用越来越广泛，线性理论已经远远不能满足工程实际的要求。仅就固体力学问题而言，就可能存在材料非线性、几何非线性与边界非线性，如薄板成型的分析就要求同时考虑塑性和大位移造成的材料非线性和几何非线性；齿轮的啮合分析就要求考虑接触带来的边界非线性；特别是涉及其他物理场及考虑到多场耦合问题时，非线性情况将更加普遍，求解也更加复杂。同时，非线性问题的求解必然伴随着对计算资源的巨大消耗，因此提高非线性问题的求解能力及效率显得十分重要，是当前有限元法发展的重点方向。目前来说，发展并得到广泛应用的非线性有限元法主要有求解几何非线性问题的牛顿-拉普森迭代方法、控制时间步长的广义弧长法、处理碰撞与接触问题的拉格朗日乘子法及罚函数法等。

1.4 工程应用软件简介

有限元法依赖于计算机编程实现，随着有限元理论及算法的成熟，计算机技术的飞速发展，有限元软件的研发工作也进展迅速。与此同时，有限元软件在工程领域发挥的重大作用又进一步促进了有限元理论及算法的研究工作的投入。经过几十年的发展及完善，各种专用和通用有限元软件已经成功地使有限元法转化为社会生产力。

1.4.1 专业软件

在有限元发展早期，有限元软件都是研究人员针对工程实际中一定结构类型的应力分析问题而编写的计算机程序，这类软件被称为专用软件。

由于专业软件往往针对一定的问题范围，程序的核心计算模块根据要研究或解决的问题编写，数据的输入或处理模块往往也是根据问题的需要添加，操作该类型的软件通常需要一定的编程基础。这些特点使得不同专用软件的应用范围限制在一个较小特定领域，且开发及应用成本都相对较高。因此，专用软件的开发及应用主要集中在高校或者科研部门，用来处理一些比较专业的问题，特别是处于研究阶段的内容。同时，对有限元法新理论及应用的研究工作，包括发展新的单元形式、离散方案、算法方案等，都要借助开发专用软件来进行。

1.4.2 大型通用商业软件

20世纪70年代，有限元法在结构线性分析方面展现的重要作用得到工程界广泛认可，一批由专用的软件公司开发的通用型商业软件开始发行。通过50年特别是近30年的发展，商业有限元软件已成为众多工程研究领域不可或缺的辅助工具。目前比较主流的软件有：ANSYS、ABAQUS、NASTRAN、ADINA、MARC等。

这类软件通常包括前处理模块、计算模块与后处理模块三个部分。前处理模块用来进行模型建立、材料设置及网格划分工作。软件中一般包含图形化的建模界面，为满足复杂模型的分析能力，一般还提供参数化建模方式以及支持从三维制图软件直接导入模型，部分软件如ANSYS还提供了直接与建模软件交互的程序接口，能实现产品设计与分析的无缝连接。同时，软件中能提供丰富的材料模型与单元形式供用户选择，并且具有自动网格划分的功能，能够满足各种材料及结构的有限元模型建立。

计算分析模块是软件的核心部分，用户在此部分确定问题的求解类型以及提交计算。主流的软件通常都具有非常强大的计算分析能力，不同软件的特色也体现在计算求解模块上。

如 ANSYS 注重于应用领域的拓展，覆盖流体、电磁场和多物理场等十分广泛的研究领域问题的求解；ABAQUS 则比较集中于发展对结构力学和相关领域问题的深入，并在非线性问题的求解上具有明显的优势，而且还提供用户自定义子程序的功能，方便用户对程序进行二次开发；NASTRAN 则在解决空气动力学问题上相比其他软件具有更全面的功能。值得一提的是，一些软件还提供了基于并行计算机系统的并行加速功能，提高了大规模模型的求解效率，能大大缩短求解周期。

后处理模块用于对计算结果的分析，在计算模块工作完成后，根据需要对结果进行个性的可视化处理。例如在结构分析后，可以直接显示整个模型或部分模型各个方向的位移、应力、应变的云图，可以显示结构初始到最终状态的变化动画，也可以提取某些节点的数据，进行图表、曲线形式的显示或输出。通用软件的后处理模块，为有限元结果数据分析带来了很大便利。此外，也有专用来进行有限元前、后处理的软件如 HYPERMESH，能与主流的大型通用商业软件兼容，为用户提供更加强大、高效的模型建立、网格划分以及结果处理功能。

下面对当前比较流行的有限元软件进行介绍。

1）ABAQUS

ABAQUS 是能够解决线性分析和许多复杂的非线性问题的通用有限元软件，最初版本在 1978 年发布。ABAQUS 最初为解决非线性物理行为而设计，其具有非常丰富的单元库和材料模型库，可以模拟金属、橡胶、高分子材料、复合材料、钢筋混凝土，可压缩超弹性泡沫材料以及土壤和岩石等典型工程材料和地质材料。ABAQUS 还可以进行热传导分析、热电耦合分析、声学分析、岩土力学分析（流体渗流/应力耦合分析）、压电介质分析等。ABAQUS 有两个主求解器模块，ABAQUS Standard 和 ABAQUS Explicit，对某些特殊问题还提供专用模块。ABAQUS 具有解决庞大复杂问题和模拟高度非线性问题的独特优点。

2）ANSYS

ANSYS 是融结构、流体、电场、磁场和声场分析于一体的大型通用有限元分析软件。其主要特点是具有较好的前处理功能，如结合建模与网格划分。可以进行电磁场分析、声场分析、压电分析以及多物理场耦合分析，模拟多物理介质的相互作用，具有灵敏度分析及优化分析能力；后处理的计算结果有多种显示和表达能力。ANSYS 软件系统主要包括 ANSYS/Mutiphysics 多物理场仿真分析工具、LS-DYNA 显式瞬态动力分析工具、Design Space 设计前期 CAD 集成工具、Design Xploere 多目标快速优化工具和 FE-SAFE 结构疲劳耐久性分析工具等。ANSYS 已经在工业界得到了广泛认可和应用。

3）MSC NASTRAN

NASTRAN 最初是 1966 年美国国家航天局（NASA）为满足当时航空航天工业对结构分析的迫切需要而主持开发的大型应用有限元程序。在 1969 年 NASA 推出第一个 NASTRAN 版本。之后有多家公司对 NASTRAN 进行维护与改进，推出了多个不尽相同的版本。其中 MSC 公司对原始的 NASTRAN 做了大量改进，采用了新单元库、增强了程序功能、改进了用户界面、提高了运算效率及精度，在 1971 年推出了自己的专利版本：MSC NASTRAN，并不断向着 CAE 仿真工具的高度自动化和智能化方向发展。至今，其功能覆盖了绝大多数工程应用领域，并为用户提供了方便的模块化功能选项，包括基本分析模块、动力学分析模块、热传导模块、非线性分析模块、设计灵敏度分析及优化模块、超单元分析模块、气动弹性分析模块、DMAP 用户开发工具模块及高级对称分析模块。同时，其具有多学科分析、结构装配建模、自动化结构优化、高性能计算等优势功能。此外，MSC 公司通过开发、并购与代理销售，为用户提供了非常丰富的系列产品，如另一著名的多功能有限元分析软件 MARC，也是该公司旗下的。

4) ADINA

ADINA 出现于 1975 年，由 K. J. Bathe 博士及其团队开发，由于其强大的功能，拥有工程界、科学研究界、教育界等众多用户。1986 年，ADINA R&D 公司成立，开启其商业化发展之路。ADINA 程序包含四个核心模块：ADINA Structures 用于分析固体结构的线性及非线性；ADINA Thermal 用于分析固体传热等温度场体；ADINA CFD 用于分析可压缩及不可压缩流体的流动以及热传递；ADINA EM 用于分析电磁现象。当系统响应受到几个不同物理场的相互影响时，这些模块可以联合在一起解决多物理场问题。例如流体-结构相互作用、热力学分析、压电耦合、焦耳加热、流场-传质耦合、流体及结构中的电磁力等。此外，ADINA 程序套件中还有一个图形用户界面(也被称为 AUI)，其中包含一个实体建模模块 ADINA-M，用于执行前处理和后处理任务。此外，程序还提供与众多有限元前后处理软件(如 IDEAS NX、Femap、Nastran、EnSight 等)及采用 Parasolid 内核的 CAD 软件的交互接口。

1.4.3 国内有限元软件的发展

我国有限元研究起步较早，第一个具有自主版权的有限元软件系统是 JIGFEX，在 20 世纪 70 年代由大连理工大学钟万勰院士组织开发，于 1981 年通过了由中国国家教育部组织的技术鉴定，随后投入工程应用，在运七飞机、气垫船、直线粒子加速器、重庆长江大桥等许多重要工程结构设计分析中应用。大连理工大学于 2007 年启动了新一代计算力学软件平台 SiPESC 的研发工作。SiPESC 以开放性、大规模计算和集成性为发展目标，主要采用"平台+插件"的软件体系结构、面向对象方法与 UML 技术、跨平台编程环境、XML 语言以及设计模式等软件设计方法和技术实现。在 CAE 方面，SiPESC 实现了面向大规模组合结构的开放式结构有限元分析系统、结构拓扑优化计算系统及集成化优化计算系统、结构热传导分析系统、多孔介质耦合场分析系统等。在其后十几年时间里，JIGFEX 软件系统在应用中不断发展，并相继发展了一批分支软件，如微机通用有限元分析软件系统 DDJ-W、海洋石油平台设计分析软件 DASOS-J、高层建筑结构设计分析软件 DASTAB、屈曲稳定分析软件 DDJTJQ、建筑结构计算机辅助设计软件 FCAD、结构优化设计软件 DDDU、计算机辅助结构优化设计软件 MCADS、JIGFEX 的微机版本 JIGFEX-W 以及结构与多孔介质相互作用动力学与渗流分析软件 DIASS 等。经过三十多年的研究开发和应用成果积累，在这些软件的基础上，发展了具有创新算法和自主版权的大型通用有限元分析和优化设计的集成化软件系统 JIFEX，目前已发展到 5.0 版，是一款实用方便、高性能的有限元软件。

另外，中国建筑科学研究院开发的 PKPM 结构计算软件，由于加入了我国的结构设计规范，在土木工程领域得到了非常广泛的应用并解决了大量的工程结构计算问题。吉林大学自主研发的三重非线性有限元分析软件 KMAS，具有简捷的前数据处理方式，回弹模拟的准确性在多数情况下高于国外的同类 CAE 软件。由中科院数学与系统科学研究所梁国平教授领导开发的有限元程序自动生成系统 FEPG，采用元件化程序设计方法和人工智能技术，根据有限元法统一的数学原理及内在规律，以类似数学公式推导的方式，能由微分方程表达式和算法表达式自动产生有限元源程序。其适用于求解各种领域的各种工程与科学的有限元问题，尤其适合于各类学科的科学研究与高校的有限元教学。

国内目前还有一些高校及软件公司在进行自主有限元程序的开发，但在软件的交互设计、集成程度、适用范围等方面，都与国际上的大型有限元商用软件存在较大差距。

本章小结

本章主要介绍了有限元法的基本思想，有限元发展的主要阶段以及趋势，有限元法的特点及基本分析过程，并对目前常用的有限元软件进行了简单介绍。

有限元法作为一种数值计算方法，其核心思想是离散化与数值近似，化无限自由度问题为有限自由度问题，再整体分析。有限元法从出现至今已经有 70 多年历史，已经发展应用到科学及工程领域计算的各个方面，在求解的问题的广度及深度方面都有很大的发展，为相关行业生产力的提高做出了巨大的贡献。有限元法的分析过程主要包括结构离散、插值函数建立、单元分析以及整体分析。有限元软件可分为专用软件及商用软件两大类，是诸多领域科学及工程研究的重要工具。

第 2 章　弹性力学平面问题的有限元法

弹性力学问题可分为空间弹性力学问题和平面弹性力学问题，而平面弹性力学问题又分为平面应力问题和平面应变问题。在某些情况下，空间问题可以近似地按平面问题处理。用有限元求解弹性力学问题的思路与求解平面杆系问题的有限元法相似，即首先将连续体离散化，使结构变成有限个单元的组合体，离散的单元形状可以是三角形、矩形或多边形，并认为单元之间只在节点处相互连接，作用在结构上的载荷可以用静力等效的原则，简化为作用在节点上的等效节点载荷列阵。这样在载荷作用下的连续结构，可用由作用在节点处载荷和只在节点处连接的结构代替，而在位移很小或位移为零处的节点设置链杆，并把这些链杆看成是结构的支座。图 2-0-1(a)所示的深梁，经离散后如图 2-0-1(b)所示。

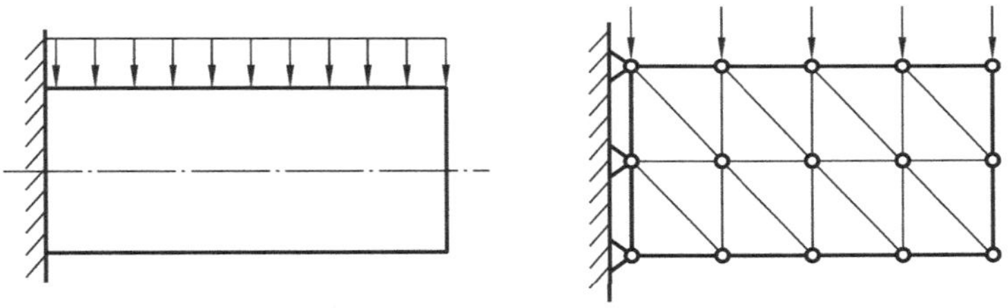
(a)　　(b)

图 2-0-1　离散前与离散后的深梁

结构经离散后进行单元分析，研究每个单元内力与变形参数的关系，特别注意研究单元节点处内力与变形的关系。若用节点位移作为基本未知数，便能导出节点力与节点位移的关系，即可求得单元刚度矩阵。在进行单元分析后，把各单元按连续条件与平衡条件重新拼装成一个整体，得到所有节点力与节点位移的关系(刚度方程)，从而便可得出整体刚度矩阵。根据建立的结构刚度方程，引入边界约束条件，确定出各节点的位移未知数。本章将重点介绍弹性力学平面问题的有限元法。

2.1　弹性力学平面问题的简介

在工程实际中，所有结构都是空间三维物体，作用于物体上的外力一般都为空间力系。但是如果所研究的结构与受力符合平面问题的特点时，往往可以把三维空间问题简化到二维平面。这种简化处理方式能够有效地节省分析和计算的工作量，而得到的结果仍能满足工程精度要求。弹性力学中将平面问题分为平面应力问题和平面应变问题。

2.1.1 平面应力问题

当工程结构满足以下两个条件，则称为平面应力问题。

(1) 几何条件。研究的结构是一块很薄的等厚度薄板，即一个方向上的几何尺寸远远小于其余两个方向上的几何尺寸。

(2) 载荷条件。作用于薄板上的载荷平行于板平面且沿厚度方向均匀分布，而在两板面上无外力作用。

如图 2-1-1(a)所示结构属于平面应力问题；而图 2-1-1(b)中的载荷方向和图 2-1-1(c)所示结构的尺寸不符合平面应力问题的特点，都不属于平面应力问题。

设薄板的厚度为 t，以薄板的中面为 xOy 面，以垂直于中面的任一直线为 z 轴。由于板面上 $z=\pm\dfrac{t}{2}$ 处不受力，则有

$$(\sigma_z)_{z=\pm\frac{t}{2}}=0,(\tau_{yz})_{z=\pm\frac{t}{2}}=0,(\tau_{zx})_{z=\pm\frac{t}{2}}=0$$

实际上在板内部这三个应力分量不等于零，因为板很薄，外力又不沿厚度变化，同时应力连续分布，所以这些应力相对于所研究的问题可以忽略不计。所以可以认为板内各点存在以下关系：

$$\sigma_z=0,\quad \tau_{yz}=0,\quad \tau_{zx}=0$$

由剪切应力互等定理得 $\tau_{zy}=0$，$\tau_{xz}=0$，并且 $\tau_{yx}=\tau_{xy}$，所以这类问题任一点的应力状态可通过 xOy 平面内的 3 个应力分量 σ_x，σ_y，τ_{xy} 描述，并称这类问题为平面应力问题。

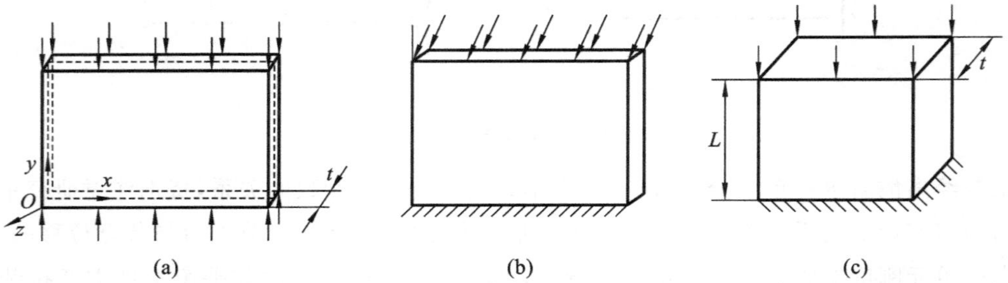

图 2-1-1　平面应力问题与非平面应力问题

根据物理方程，可得平面应力问题的应变为

$$\gamma_{yz}=\gamma_{zy}=0,\quad \gamma_{zx}=\gamma_{xz}=0$$

并且

$$\varepsilon_z=-\frac{\mu}{E}(\sigma_x+\sigma_y)$$

即除 ε_z 外平面应力问题不沿厚度变化。虽然 ε_z 和与它有直接关系的 z 方向位移 w 均不为 0，即 $\varepsilon_z\neq 0$，$w\neq 0$，但是它们都不是独立变量，可用其他独立变量来表示。

可得到描述平面应力问题的 8 个独立的基本变量如下：

$$\left.\begin{aligned}\boldsymbol{\sigma}&=[\sigma_x\quad \sigma_y\quad \tau_{xy}]^{\mathrm{T}}\\ \boldsymbol{\varepsilon}&=[\varepsilon_x\quad \varepsilon_y\quad \gamma_{xy}]^{\mathrm{T}}\\ \boldsymbol{d}&=[u\quad v]^{\mathrm{T}}\end{aligned}\right\}\tag{2-1-1}$$

它们只是 x 和 y 的函数，不随 z 的变化而变化。式(2-1-1)中三个应变量间关系为

$$\boldsymbol{\varepsilon}=\begin{bmatrix}\varepsilon_x\\ \varepsilon_y\\ \gamma_{xy}\end{bmatrix}=\begin{bmatrix}\dfrac{\partial u}{\partial x}\\ \dfrac{\partial v}{\partial y}\\ \dfrac{\partial u}{\partial y}+\dfrac{\partial v}{\partial x}\end{bmatrix}=\begin{bmatrix}\dfrac{\partial}{\partial x} & 0\\ 0 & \dfrac{\partial}{\partial y}\\ \dfrac{\partial}{\partial y} & \dfrac{\partial}{\partial x}\end{bmatrix}\begin{bmatrix}u\\ v\end{bmatrix} \tag{2-1-2}$$

$$\boldsymbol{\sigma}=\boldsymbol{D}\boldsymbol{\varepsilon} \tag{2-1-3}$$

式中

$$\boldsymbol{D}=\frac{E}{1-\mu^2}\begin{bmatrix}1 & \mu & 0\\ \mu & 1 & 0\\ 0 & 0 & (1-\mu)/2\end{bmatrix} \tag{2-1-4}$$

称为平面应力问题的弹性矩阵。

2.1.2　平面应变问题

当弹性力学问题满足以下两个特点时，为平面应变问题。

(1) 几何条件。所研究结构是长柱体(理论上假设为无限长结构)，且横截面沿长度方向不变，即长度方向的尺寸远远大于横截面尺寸。

(2) 载荷条件。作用于长柱体结构上的载荷平行于横截面且沿纵向方向均匀分布，两端面不受力。

如图 2-1-2(a)所示结构属于平面应变问题；而图 2-1-2(b)中载荷沿结构纵向非均匀分布，图 2-1-2(c)中结构截面形状不能简化为等截面，所以都不属于平面应变问题。

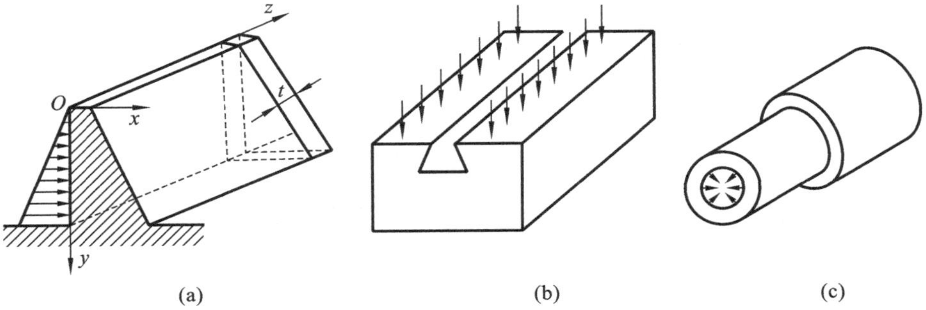

图 2-1-2　平面应变问题与非平面应变问题

设结构的纵向为 z 轴方向，垂直于 z 轴的横截面为 xOy 平面，由于纵向尺寸足够长，在远离结构两端垂直 z 轴的横截面皆可看作对称面，所有各点都只会在 xOy 面上移动，不会有 z 方向的移动。横截面内的其他两个位移分量 u、v 也与 z 无关，即

$$w=0,\quad u=u(x,y),\quad v=v(x,y)$$

由几何方程可得平面应变问题的应变特点为

$$\varepsilon_z=\gamma_{yz}=\gamma_{zx}=0$$

根据物理方程，可得这类结构的应力特点

$$\tau_{yz}=\tau_{zx}=0,\quad \sigma_z=\mu(\sigma_x+\sigma_y)$$

与平面应力问题一样，平面应变问题的独立基本变量也只有 8 个，并且应力与应变，位移与应变之间的关系也基本和平面应力问题的相同，只是弹性矩阵变为

$$\boldsymbol{D}=\frac{E(1-\mu)}{(1+\mu)(1-2\mu)}\begin{bmatrix}1 & \mu/(1-\mu) & 0\\ \mu/(1-\mu) & 1 & 0\\ 0 & 0 & \dfrac{1-2\mu}{2(1-\mu)}\end{bmatrix} \tag{2-1-5}$$

将式(2-1-4)与式(2-1-5)相比较得，把平面应力问题弹性矩阵中的 E 换成 $E/(1-\mu^2)$，μ 换成 $\mu/(1-\mu)$，就可以得到平面应变问题的弹性矩阵。

2.2　连续介质的离散化

用矩阵位移法分析杆系结构时，我们把每一杆作为一个单元，这些单元在节点上互相连接，以节点位移作为基本的未知量进行分析。由于节点的个数是有限的，所以节点平衡方程的个数也是有限的，从而可以借助线性代数(或矩阵)方程组进行分析。

在一个连续介质中，互相连接的点是无限的，具有无限个自由度，使数值解法难以进行。有限元法把杆系结构的矩阵分析方法推广应用于连续介质：把连续介质离散化，用有限个单元的组合体代替原来的连续介质，这样一组单元只在有限个节点上相互连接，因而只包含有限个自由度，可用矩阵方法进行分析。

如图 2-2-1(a)所示，在 A、B 之间，如果用一桁架承受荷重 $\boldsymbol{P}$，可以把每一杆件看作一个单元，各单元只在公共节点上互相连接，由各节点的平衡条件不难求出各杆件的内力。

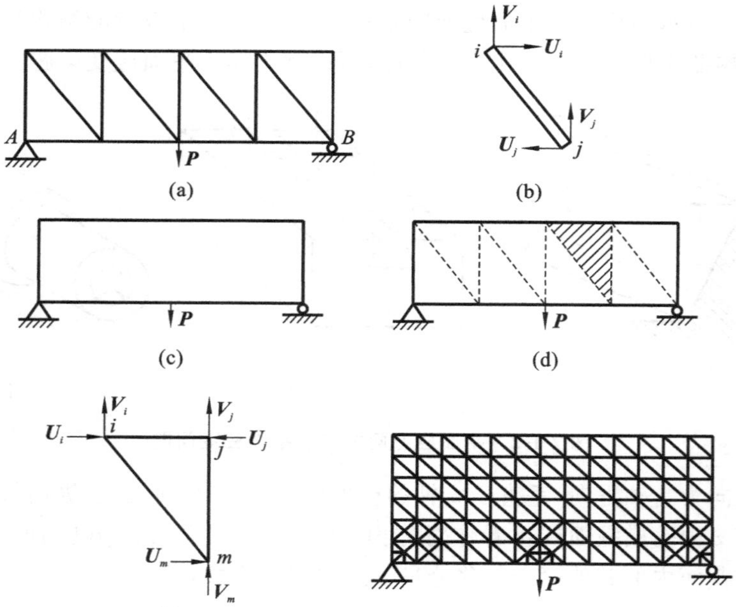

图 2-2-1　结构的离散化

(a) 桁架；(b) 杆件单元；(c) 平板；(d) 平板简化为几个单元的组合；
(e) 平面单元；(f) 典型的单元划分

如果用一块平板去承受荷重 $\boldsymbol{P}$，这块平板具有无限个自由度。现仿照桁架，用一组虚线把它划分为几个三角形单元，假定各单元只在公共节点上互相连接，如图 2-2-1(d)所示，以节点位移为未知量，根据节点上的平衡条件建立一个代数方程组，用以求出节点位移，然后再由节点位移求出各单元内的应力。这样，从表面上看，平板的计算与桁架的计算就差不多了，但实际上两者是有重大差别的。对于桁架来说，各单元只在节点上连接，此外各单元之间无其他联系。如果把每个杆件进一步划分为几个单元，更细致地计算一次，将得到同样的结果。至于平板，在相邻单元的公共边界上，本来位移和应力都是连续的，现在假定各单元只在公共节点上互相连接，计算结果在相邻单元公共边界上的位移和应力都可能是不连续的，因而会带来误差。

两相邻单元只在公共节点上具有相同的位移，在公共边界上可能出现位移差如图 2-2-2 中阴影部分所示。如果加密计算网格，把单元划分得小一些，位移差也会随之而减小。因此，为了保证必要的计算精度，必须采用密集的计算网格，在应力集中区域，如支点或集中力附近，还应局部加密网格，如图 2-2-1(f)所示。此外有时为了提高计算精度，还可在单元设计上想一些办法。例如，按位移法求解时，对三节点三角形单元，通常把单元位移函数取为坐标的线性函数，因而在相邻单元公共边界上，位移将是连续的，但应力还是不连续的。因此，用有限元法计算连续介质，所得到的不是精确解，只是近似解。这一点是不同于杆系结构的。但是，高速度大容量电子计算机的应用，可使计算网格很密集，计算精度完全可以满足工程上的需要。

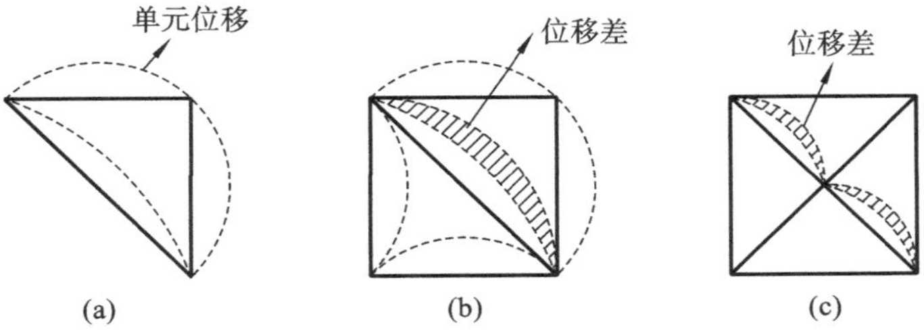

图 2-2-2　结构的离散化

(a) 单元位移；(b) 相邻单元公共边界上的位移差；(c) 加密网格(减小位移差)

在有限元法中，一个二维连续介质用有限个二维单元的组合体去代替；一个三维连续介质用有限个三维单元的组合体去代替。当然，在这些单元中应保持原介质的一切材料特性。

连续介质的有限元分析包含三个基本方面：介质的离散化、单元特性计算以及单元组合体的结构分析。

对于二维连续介质，以建筑在岩石基础上的支墩坝为例，用有限元法进行分析的步骤如下。

(1) 用虚拟的直线把原介质剖分成有限个三角形单元，这些直线是单元的边界，几条直线的交点称为节点。

(2) 假定各单元在节点上互相铰接，节点位移是基本的未知量。

(3) 选择一个函数，用单元的三个节点的位移唯一地表示单元内部任一点的位移，此函数称为位移函数。

(4) 通过位移函数，用节点位移唯一地表示单元内任一点的应变；再利用广义胡克定律，用节点位移可唯一地表示单元内任一点的应力。

(5) 利用能量原理，找到与单元内部应力状态等效的节点力；再利用单元应力与节点位移的关系，建立等效节点力与节点位移的关系，这是有限元法求解应力问题的最重要的一步。

(6) 将每一单元所承受的载荷，按静力等效原则移置到节点上。

(7) 在每一节点建立用节点位移表示的静力平衡方程，得到一个线性方程组；解出这个方程组，求出节点位移，然后可求得每个单元的应力。

2.3　常应变三角形单元分析

现在我们来分析一个任意形状的三节点三角形平面单元的力学性质。图 2-3-1 所示为一个三角形的节点单元 $\boldsymbol{e}$，节点为 i、j、m，节点顺序按逆时针方向排列，对于其中任一节点 i，节点位移表示为 $\boldsymbol{\delta}_i = [u_i \quad v_i]^{\mathrm{T}}$，节点力表示为 $\boldsymbol{F}_i = [U_i \quad V_i]^{\mathrm{T}}$，单元节点位移列阵和节点力列阵可分别表示为

$$\boldsymbol{\delta}^e = [\boldsymbol{\delta}_i \quad \boldsymbol{\delta}_j \quad \boldsymbol{\delta}_m]^{\mathrm{T}} = [u_i \quad v_i \quad u_j \quad v_j \quad u_m \quad v_m]^{\mathrm{T}}$$

$$\boldsymbol{F}^e = [\boldsymbol{F}_i \quad \boldsymbol{F}_j \quad \boldsymbol{F}_m]^{\mathrm{T}} = [U_i \quad V_i \quad U_j \quad V_j \quad U_m \quad V_m]^{\mathrm{T}}$$

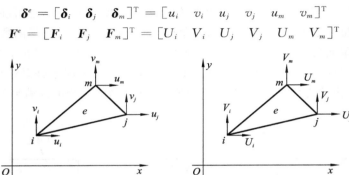

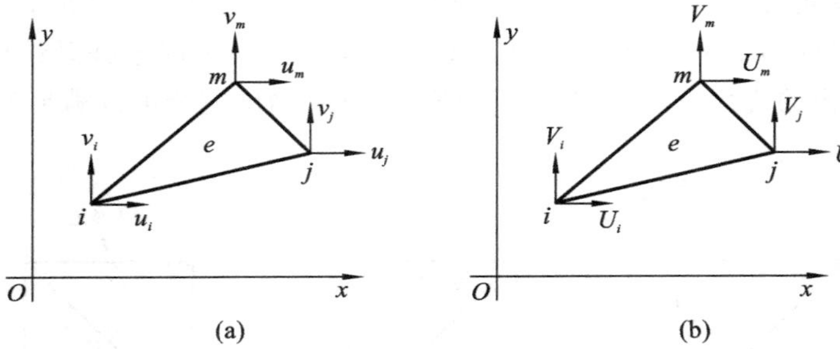

图 2-3-1　三节点三角形单元

单元三个节点的坐标分别为 $i(x_i, y_i)$、$j(x_j, y_j)$、$m(x_m, y_m)$。在进行单元分析时的主要任务是列出节点位移列阵和节点力列阵的转换关系，即

$$\boldsymbol{F}^e = \boldsymbol{k}^e \boldsymbol{\delta}^e \tag{2-3-1}$$

其中的转换矩阵 $\boldsymbol{k}^e$ 称为单元刚度矩阵。在对单元进行分析时，其步骤如下：

(1) 由节点位移及坐标确定出单元内部各点位移；

(2) 由单元内部节点的位移确定出对应的应变；

(3) 根据应力-应变的关系由单元应变确定出相应的应力；

(4) 根据虚功方程由应力确定出节点力；

(5) 由单元的节点位移求出单元的节点力，据此求出单元的刚度矩阵。

2.3.1　位移模式

虽然有限元法把连续体离散成有限个单元的集合体，但仍认为每一个单元是均匀、连续、各向同性的完全弹性体，弹性力学基本方程在各单元中都是成立的。

如果知道单元内的位移分布规律，即知道位移函数 $u(x,y)$ 和 $v(x,y)$，那么由几何方程、物理方程就可确定单元内的应变和应力。如果只知道单元的节点位移，则不能直接求得单元内的应变和应力。

有限元法克服这一困难的绝妙办法是:在一个单元的范围内,假定包含若干待定常数的近似位移函数 $u(x,y)$、$v(x,y)$,称为单元位移模式。在单元内,位移 u、v 应是 x、y 的连续函数,在各节点处,u、v 的值应等于各节点的位移。只要 u、v 中所包含的待定常数的个数等于单元的自由度数,就可以利用单元节点位移分量确定出所有的待定常数,进而得到用节点位移表达单元内任一点位移的位移插值函数。因此,单元形状和节点数目选取不同时,所设位移模式也就不同。

将所研究的平面区域划分为若干个三节点三角形单元,选用位移函数时,最简便的做法是把单元位移 u、v 表示成节点坐标 x、y 的函数。由于三节点三角形单元有 6 个自由度,因此位移函数为

$$\left.\begin{aligned} u(x,y) &= \alpha_1 + \alpha_2 x + \alpha_3 y \\ v(x,y) &= \alpha_4 + \alpha_5 x + \alpha_6 y \end{aligned}\right\} \tag{2-3-2}$$

式中 $\alpha_1,\cdots,\alpha_6$ 是 6 个待定的位移参数,可由三个节点位移 (u_i,v_i)、(u_j,v_j)、(u_m,v_m) 唯一确定。对所研究的弹性体来说,其内部各点的位移情况比较复杂,我们不可能用一个简单的线性位移模式来描述其内部各点的位移变化情况。但采用有限单元的方法,把一个连续体离散成许多个小单元,在一个单元局部范围内各点的位移变化情况就简单许多,就能用简单的线性位移函数来近似描述其内部的唯一情况,这样整个弹性体内部各点的位移情况就可用各单元的位移情况来近似表述。

位移函数式可写成矩阵形式,即

$$\boldsymbol{\delta}(x,y) = \begin{bmatrix} u(x,y) \\ v(x,y) \end{bmatrix} = \begin{bmatrix} 1 & x & y & 0 & 0 & 0 \\ 0 & 0 & 0 & 1 & x & y \end{bmatrix} \begin{bmatrix} \alpha_1 \\ \alpha_2 \\ \alpha_3 \\ \alpha_4 \\ \alpha_5 \\ \alpha_6 \end{bmatrix} \tag{2-3-3(a)}$$

或写成

$$\boldsymbol{\delta}(x,y) = \boldsymbol{f}(x,y)\boldsymbol{\alpha} \tag{2-3-3(b)}$$

式中

$$\boldsymbol{\alpha} = [\alpha_1 \quad \alpha_2 \quad \alpha_3 \quad \alpha_4 \quad \alpha_5 \quad \alpha_6]^{\mathrm{T}}$$

$$\boldsymbol{f}(x,y) = \begin{bmatrix} 1 & x & y & 0 & 0 & 0 \\ 0 & 0 & 0 & 1 & x & y \end{bmatrix}$$

下面我们根据三个节点的位移和坐标来确定位移参数

$$\boldsymbol{\alpha} = [\alpha_1 \quad \alpha_2 \quad \alpha_3 \quad \alpha_4 \quad \alpha_5 \quad \alpha_6]^{\mathrm{T}}$$

将三个节点的位移和坐标代入式(2-3-2),对于式(2-3-2)中第一式,有

$$\left.\begin{aligned} u_i &= \alpha_1 + \alpha_2 x_i + \alpha_3 y_i \\ u_j &= \alpha_1 + \alpha_2 x_j + \alpha_3 y_j \\ u_m &= \alpha_1 + \alpha_2 x_m + \alpha_3 y_m \end{aligned}\right\} \tag{2-3-4}$$

解得

$$\alpha_1 = \frac{|\boldsymbol{A}_1|}{\boldsymbol{A}}, \quad \alpha_2 = \frac{|\boldsymbol{A}_2|}{\boldsymbol{A}}, \quad \alpha_3 = \frac{|\boldsymbol{A}_3|}{\boldsymbol{A}} \tag{2-3-5}$$

其中

$$|\mathbf{A}_1| = \begin{vmatrix} u_i & x_i & y_i \\ u_j & x_j & y_j \\ u_m & x_m & y_m \end{vmatrix}, \quad |\mathbf{A}_2| = \begin{vmatrix} 1 & u_i & y_i \\ 1 & u_j & y_j \\ 1 & u_m & y_m \end{vmatrix}$$

$$|\mathbf{A}_3| = \begin{vmatrix} 1 & x_i & u_i \\ 1 & x_j & u_j \\ 1 & x_m & u_m \end{vmatrix}, \quad |\mathbf{A}| = \begin{vmatrix} 1 & x_i & y_i \\ 1 & x_j & y_j \\ 1 & x_m & y_m \end{vmatrix}$$

四个行列式可分别写成

$$|\mathbf{A}| = 2\Delta \tag{2-3-6}$$

$$\left.\begin{aligned} |\mathbf{A}_1| &= u_i a_i + u_j a_j + u_m a_m \\ |\mathbf{A}_2| &= u_i b_i + u_j b_j + u_m b_m \\ |\mathbf{A}_3| &= u_i c_i + u_j c_j + u_m c_m \end{aligned}\right\} \tag{2-3-7}$$

式中，Δ 是三角形单元的面积，即

$$\Delta = \frac{1}{2}(x_i y_j + x_j y_m + x_m y_i) - \frac{1}{2}(x_j y_i + x_m y_j + x_i y_m) \tag{2-3-8}$$

三组常数 a、b、c 都是与角节点坐标有关的常数，可由下面轮换公式得到，即

$$\begin{aligned} a_i &= x_j y_m - x_m y_j \\ b_i &= y_j - y_m \qquad \overrightarrow{\underleftarrow{(i \quad j \quad m)}} \\ c_i &= x_i - x_j \end{aligned} \tag{2-3-9}$$

将式(2-3-7)代入式(2-3-5)有

$$\left.\begin{aligned} \alpha_1 &= \frac{1}{2\Delta}(a_i u_i + a_j u_j + a_m u_m) \\ \alpha_2 &= \frac{1}{2\Delta}(b_i u_i + b_j u_j + b_m u_m) \\ \alpha_3 &= \frac{1}{2\Delta}(c_i u_i + c_j u_j + c_m u_m) \end{aligned}\right\} \tag{2-3-10}$$

同理将三节点坐标及位移代入式(2-3-2)中第二式，有

$$\left.\begin{aligned} \alpha_4 &= \frac{1}{2\Delta}(a_i v_i + a_j v_j + a_m v_m) \\ \alpha_5 &= \frac{1}{2\Delta}(b_i v_i + b_j v_j + b_m v_m) \\ \alpha_6 &= \frac{1}{2\Delta}(c_i v_i + c_j v_j + c_m v_m) \end{aligned}\right\} \tag{2-3-11}$$

式(2-3-10)，式(2-3-11)可写成矩阵的形式，即

$$\boldsymbol{\alpha} = \mathbf{A}\boldsymbol{\delta}^e \tag{2-3-12}$$

式中

$$\mathbf{A} = \frac{1}{2\Delta}\begin{bmatrix} a & 0 & a_j & 0 & a_m & 0 \\ b & 0 & b_j & 0 & b_m & 0 \\ c & 0 & c_j & 0 & c_m & 0 \\ 0 & a_i & 0 & a_j & 0 & a_m \\ 0 & b_i & 0 & b_j & 0 & b_m \\ 0 & c_i & 0 & c_j & 0 & c_m \end{bmatrix}$$

$$\boldsymbol{\delta}^e = [u_i \quad v_i \quad u_j \quad v_j \quad u_m \quad v_m]^{\mathrm{T}}$$

由式(2-3-3(b))有

$$\boldsymbol{\delta}(x,y)=\boldsymbol{f}(x,y)\boldsymbol{A}\boldsymbol{\delta}^e \tag{2-3-13}$$

将 $\boldsymbol{f}(x,y)$ 及 $\boldsymbol{A}$ 代入上式化简后有

$$\boldsymbol{\delta}(x,y)=\begin{bmatrix}u(x,y)\\v(x,y)\end{bmatrix}$$

$$=\begin{bmatrix}N_i(x,y) & 0 & N_j(x,y) & 0 & N_m(x,y) & 0\\ 0 & N_i(x,y) & 0 & N_j(x,y) & 0 & N_m(x,y)\end{bmatrix}\begin{bmatrix}u_i\\v_i\\u_j\\v_j\\u_m\\v_m\end{bmatrix} \tag{2-3-14}$$

其中 $N_i(x,y)$、$N_j(x,y)$、$N_m(x,y)$ 可由轮换公式求得

$$N_i(x,y)=\frac{1}{2\Delta}(a_i+b_ix+c_iy) \tag{2-3-15}$$

式(2-3-14)也可以写成

$$\boldsymbol{\delta}(x,y)=\boldsymbol{N}(x,y)\boldsymbol{\delta}^e \tag{2-3-16}$$

由式(2-3-14)可知，当其他节点位移皆为零而 $u_1=1$ 或 $v_1=1$ 时，则有 $u(x,y)=N_1(x,y)$ 或 $v(x,y)=N_1(x,y)$，所以函数 $N_1(x,y)$ 表示当节点 1 发生单位位移时，在单元内部产生的位移分布形态，$N_2(x,y)$、$N_3(x,y)$ 也有类似性质。因此 $N_1(x,y)$、$N_2(x,y)$、$N_3(x,y)$ 称为位移的形态函数，$\boldsymbol{N}(x,y)$称为形态矩阵。

$N_i(x,y)$ 具有如下的性质：

(1) 形态函数 $N_i(x,y)$ 在节点 i 处的值等于 1，即 $N_i(x,y)=1$，有

$$N_i(x,y)=\frac{1}{2\Delta}[x_iy_m-x_my_i+(y_j-y_m)x_i+(x_m-x_j)y_i]=1$$

(2) 单元内任一点处，三个形态函数值之和等于 1，即

$$N_i(x,y)+N_j(x,y)+N_m(x,y)$$
$$=\frac{1}{2\Delta}(a_i+b_ix+c_iy)+\frac{1}{2\Delta}(a_j+b_jx+c_jy)+\frac{1}{2\Delta}(a_m+b_mx+c_my)=1$$

(3) 三角形单元任一边上的形态函数与该边所对的节点无关。

下面讨论所选位移函数的收敛性，所谓收敛性就是当网格逐渐加密时有限元的数值解答应当收敛于问题的正确解答，为了保证有限元解答的收敛性，所选用的位移模式应当满足下列条件。

(1) 位移函数中应当有常数项及一次项，即单元的刚体位移状态和均匀应变状态应当全部包含在位移模式中。

该条件是收敛的必要条件，又称为完备条件。从物理上理解所谓刚体位移条件，就是在该单元本身不受力，没有应变的条件下由其他单元受力变形引起该单元整体刚体运动(均匀移动和转动)时，单元的位移模式应该是允许的。所谓均匀应变状态就是把弹性体划分的单元数趋于越来越多、各单元尺寸变得很小时单元内各点的应变近似为一常量。

(2) 位移模式应当保证相邻单元在公共边界处位移的连续性。

该条件称为协调条件。协调条件可以保证弹性体在载荷作用下，在单元内和相邻单元之间不会出现开裂和重叠现象。

下面验证式(2-3-2)所示的线性位移模式是否满足收敛性要求。

$$\gamma_{xy}=\frac{u}{y}+\frac{v}{x}=\alpha_3+\alpha_5$$

$$\varepsilon_x=\frac{u}{x}=\alpha_2$$

$$\varepsilon_y=\frac{v}{y}=\alpha_6$$

可以看到上边三式都是常量，即线性位移模式满足常应变条件。设单元产生刚性位移，原点的水平位移为 u_0，竖向位移为 v_0，绕 z 轴的转角为 θ（逆时针为正），则单元内任一点 (x,y) 的位移为

$$\begin{cases}u(x,y)=u_0-\theta y\\ v(x,y)=v_0-\theta x\end{cases}\tag{2-3-17}$$

显然式(2-3-17)所反映的刚性位移状态全部包含在式(2-3-2)所示的线性位移模式中，因此位移模式的完备条件得到验证。

协调条件要求相邻单元在其公共边界上有唯一的位移函数，设有两个单元的公共边界为直线 ij，由于采用了线性位移模式，两单元的边线 ij 在变形前为直线，变形后仍为直线。又因为两个单元在公共节点 i 和 j 处位移相等，因此边线 ij 在变形后保持密合，即相邻单元既不开裂，也不重台。由此可得出：线性位移模式能够保持相邻单元之间位移的连续性。线性位移模式的协调性也得到验证。

2.3.2 单元应变函数

由式(2-3-14)可得到

$$\left.\begin{aligned}u(x,y)&=N_1(x,y)u_1+N_2(x,y)u_2+N_3(x,y)u_3\\ v(x,y)&=N_1(x,y)v_1+N_2(x,y)v_2+N_3(x,y)v_3\end{aligned}\right\}\tag{2-3-18}$$

式中 $N_1(x,y)$、$N_2(x,y)$、$N_3(x,y)$ 由式(2-3-15)给出，对变量 x、y 求偏导数有

$$\frac{\partial N_i}{\partial x}=\frac{b_i}{2\Delta},\frac{\partial N_i}{\partial y}=\frac{c_i}{2\Delta}\quad \overrightarrow{\underleftarrow{(1\quad 2\quad 3)}}\tag{2-3-19}$$

将式(2-3-18)代入得

$$\left.\begin{aligned}\varepsilon_x&=\frac{u}{x}=\frac{1}{2\Delta}(b_1u_1+b_2u_2+b_3u_3)\\ \varepsilon_y&=\frac{v}{y}=\frac{1}{2\Delta}(c_1v_1+c_2v_2+c_3v_3)\\ y_{xy}&=\frac{u}{y}+\frac{v}{x}=\frac{1}{2\Delta}[(c_1u_1+c_2u_2+c_3u_3)+(b_1v_1+b_2v_2+b_3v_3)]\end{aligned}\right\}\tag{2-3-20}$$

写成矩阵形式有

$$\begin{bmatrix}\varepsilon_x\\ \varepsilon_y\\ \gamma_{xy}\end{bmatrix}=\frac{1}{2\Delta}\begin{bmatrix}b_1&0&b_2&0&b_3&0\\ 0&c_1&0&c_2&0&c_3\\ c_1&b_1&c_1&b_2&c_1&b_3\end{bmatrix}\begin{bmatrix}u_1\\ v_1\\ u_2\\ v_2\\ u_3\\ v_3\end{bmatrix}\tag{2-3-21(a)}$$

简写成

$$\boldsymbol{\varepsilon} = \boldsymbol{B}\boldsymbol{\delta}^e \tag{2-3-21(b)}$$

式中

$$\boldsymbol{B} = \frac{1}{2\Delta}\begin{bmatrix} b_1 & 0 & b_2 & 0 & b_3 & 0 \\ 0 & c_1 & 0 & c_2 & 0 & c_3 \\ c_1 & b_1 & c_1 & b_2 & c_1 & b_3 \end{bmatrix} \tag{2-3-22}$$

$$\boldsymbol{\delta}^e = [u_1 \quad v_1 \quad u_2 \quad v_2 \quad u_3 \quad v_3]^{\mathrm{T}}$$

式(2-3-21)是由单元节点位移 $\boldsymbol{\delta}^e$ 求应变 $\boldsymbol{\varepsilon}$ 的转换式，转换矩阵 $\boldsymbol{B}$ 称为几何矩阵，由式(2-3-20)看出，单元内各点的应变分量都是常量，这种单元通常称为常应变三角形单元。

2.3.3　单元应力函数

根据应力与应变的转换式 $\boldsymbol{\sigma}=\boldsymbol{D}\boldsymbol{\varepsilon}$，有

$$\boldsymbol{\sigma} = \boldsymbol{D}\boldsymbol{\varepsilon} = \boldsymbol{D}\boldsymbol{B}\boldsymbol{\delta}^e = \boldsymbol{S}\boldsymbol{\delta}^e \tag{2-3-23}$$

式中，$\boldsymbol{S}=\boldsymbol{D}\boldsymbol{B}$。

通过式(2-3-23)可由单元节点位移求得单元应力，故矩阵 $\boldsymbol{S}$ 称为应力转换矩阵。对平面应力、平面应变问题分别有

$$\boldsymbol{D} = \frac{E}{1-\mu^2}\begin{bmatrix} 1 & \mu & 0 \\ \mu & 1 & 0 \\ 0 & 0 & \dfrac{1-\mu}{2} \end{bmatrix} \tag{2-3-24}$$

$$\boldsymbol{D} = \frac{E(1-\mu)}{(1+\mu)(1-2\mu)}\begin{bmatrix} 1 & \dfrac{\mu}{1-\mu} & 0 \\ \dfrac{\mu}{1-\mu} & 1 & 0 \\ 0 & 0 & \dfrac{1-2\mu}{2(1-\mu)} \end{bmatrix} \tag{2-3-25}$$

2.3.4　初应变

初应变是指与应力无关，由温度变化、收缩、晶体生长等因素引起的应变，可表示为

$$\{\varepsilon_0\} = \begin{Bmatrix} \varepsilon_{x0} \\ \varepsilon_{y0} \\ \gamma_{xy0} \end{Bmatrix} \tag{2-3-26}$$

一般来说，单元内的初应变是不均匀的，并是坐标的函数，但是当单元充分小时，单元内的初应变可采用一个平均值，也就是采用一个常量。这一点与上节所述单元内应变为常量是一致的。以温度变形为例，设单元内温度为 $T(x,y)$，计算初应变时将采用平均温度

$$\overline{T} = \frac{1}{A}\iint T(x,y)\mathrm{d}x\mathrm{d}y$$

当 $T(x,y)$ 为 x 和 y 的线性函数时，由上式可得

$$\overline{T} = \frac{T_i + T_j + T_m}{3}$$

式中，T_i、T_j、T_m 分别为节点 i、j、m 的温度。

对于非线性温度，仍可近似地应用上式，所引起的误差与采用线性位移函数的误差属于同阶。

对于平面应力问题，温度 $\overline{T}$ 引起的初应变为

$$\{\varepsilon_0\} = \begin{Bmatrix} \alpha\overline{T} \\ \alpha\overline{T} \\ 0 \end{Bmatrix} \tag{2-3-27}$$

式中，α 为线膨胀系数。

由于温度变化在各向同性介质中不引起剪切变形，所以 $\gamma_{xy0} = 0$。

对于平面应变问题，温度 $\overline{T}$ 引起的初应变为

$$\{\varepsilon_0\} = (1+\mu)\begin{Bmatrix} \alpha\overline{T} \\ \alpha\overline{T} \\ 0 \end{Bmatrix} \tag{2-3-28}$$

式中，μ 为材料的泊松比。

对于层状各向异性材料，线膨胀系数可能随着方向变化而变化。如图 2-3-2 所示，设 x' 和 y' 方向的线膨胀系数分别是 α_1 和 α_2，在局部坐标系 $x'O'y'$ 中，平面应力问题的初应变为

$$\{\varepsilon_0'\} = \begin{Bmatrix} \varepsilon_{x'0} \\ \varepsilon_{y'0} \\ \gamma_{x'y'0} \end{Bmatrix} = \begin{Bmatrix} \alpha_1\overline{T} \\ \alpha_2\overline{T} \\ 0 \end{Bmatrix} \tag{2-3-29}$$

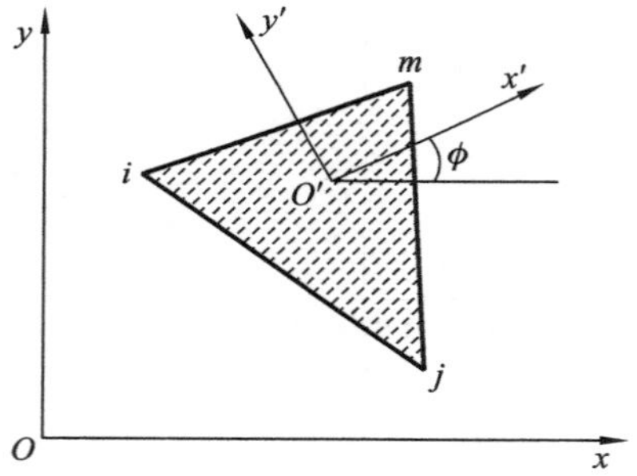

图 2-3-2　层状材料中的单元

为了得到整体坐标系 xOy 中的初应变，应进行如下变化：

$$\{\varepsilon_0'\} = [\theta]^{\mathrm{T}}\{\varepsilon_0\} \tag{2-3-30}$$

对于如图 2-3-2 所示的角度 ϕ，不难求得

$$[\theta] = \begin{bmatrix} \cos^2\phi & \sin^2\phi & -2\sin\phi\cos\phi \\ \sin^2\phi & \cos^2\phi & 2\sin\phi\cos\phi \\ \sin\phi\cos\phi & -\sin\phi\cos\phi & \cos^2\phi - \sin^2\phi \end{bmatrix} \tag{2-3-31}$$

经过变换后，在整体坐标系 xOy 中，初应变的剪切分量 γ_{xy0} 可能不等于零。

2.3.5　节点力

图 2-3-3(a)所示为三角形单元的实际力系，单元节点力列阵为 $\boldsymbol{F}^e$，单元应力列阵为 $\boldsymbol{\sigma}$。图 2-3-3(b)所示为虚设的位移状态，单元节点虚位移列阵为 $\boldsymbol{\delta}^{*e}$，应变列阵为 $\boldsymbol{\varepsilon}^*$。实际受力状态在虚设位移上做虚功。由虚功方程有

$$\boldsymbol{\delta}^{*e^{\mathrm{T}}}\boldsymbol{F}^e = \boldsymbol{\varepsilon}^{*\mathrm{T}}\boldsymbol{\sigma}t\,\mathrm{d}x\mathrm{d}y \tag{2-3-32}$$

将 $\boldsymbol{\varepsilon}^* = \boldsymbol{B}\boldsymbol{\delta}^{*e}\boldsymbol{\varepsilon}^{*e}$代入上式得

$$\boldsymbol{\delta}^{*e^{\mathrm{T}}}\boldsymbol{F}^e = \boldsymbol{\delta}^{*e^{\mathrm{T}}}\boldsymbol{B}^{\mathrm{T}}\boldsymbol{\sigma}\mathrm{d}x\mathrm{d}y \tag{2-3-33}$$

由于虚位移 $\boldsymbol{\delta}^{*e}$是任意的，故有

$$F^e = B^{\mathrm{T}}\sigma t\,\mathrm{d}x\mathrm{d}y \tag{2-3-34}$$

在常应变三角形单元中，B 和 σ 都是常量矩阵，且 $\mathrm{d}x\mathrm{d}y=\Delta$，故有

$$F^e = B^{\mathrm{T}}\sigma t\Delta \tag{2-3-35}$$

式(2-3-35)为由应力推算节点力 F^e 的转换式，其转换矩阵为 $B^{\mathrm{T}}t\Delta$。

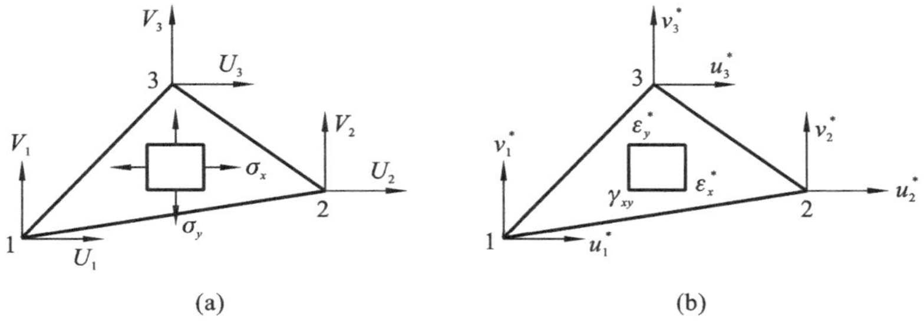

图 2-3-3　三角形单元实际力系

2.3.6　单元刚度矩阵

由式(2-3-23)和式(2-3-34)有

$$F^e = B^{\mathrm{T}}\sigma t\Delta = B^{\mathrm{T}}D\varepsilon t\Delta = B^{\mathrm{T}}DB\delta^e t\Delta = B^{\mathrm{T}}DBt\Delta\delta^e = k^e\delta^e \tag{2-3-36(a)}$$

式中

$$k^e = B^{\mathrm{T}}DBt\Delta = B^{\mathrm{T}}St\Delta \tag{2-3-36(b)}$$

式(2-3-36(a))称为单元刚度方程；k^e 称为单元刚度矩阵。

弹性力学平面问题的三角形三节点单元的刚度矩阵是 6×6 阶的，同样具有对称性和奇异性等特点。为了直观起见，三角形三节点的单元刚度矩阵 k^e 可按节点写成分块形式，即

$$\begin{bmatrix} F_1 \\ F_2 \\ F_3 \end{bmatrix}^e = \begin{bmatrix} k_{11} & k_{12} & k_{13} \\ k_{21} & k_{22} & k_{23} \\ k_{31} & k_{32} & k_{33} \end{bmatrix} \begin{bmatrix} \delta_1 \\ \delta_2 \\ \delta_3 \end{bmatrix}^e \tag{2-3-37}$$

式中，子块 k_{ij} 是 2×2 阶矩阵，它是节点 i 的节点力子向量 F_i 与节点 j 的位移子向量 δ_i 之间的刚度矩阵。

例 2-1　求图 2-3-4 所示等腰直角三角形单元的刚度矩阵 k^e，设 $u=0$，厚度为 t_0。

解　根据 $1(0,a)$、$2(0,0)$、$3(a,0)$ 点及

$$a_1 = x_2y_3 - x_3y_2$$
$$a_2 = x_3y_1 - x_1y_3$$
$$a_3 = x_1y_2 - x_2y_1$$
$$b_1 = y_2 - y_3$$
$$b_2 = y_3 - y_1$$
$$b_3 = y_1 - y_2$$
$$c_1 = x_3 - x_2$$
$$c_2 = x_1 - x_3$$
$$c_3 = x_2 - x_1$$

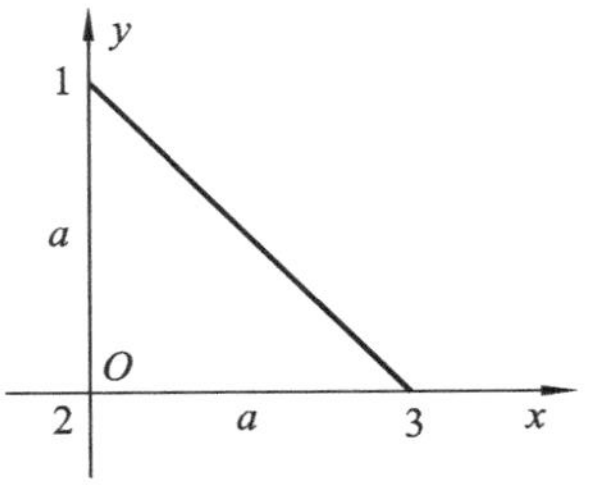

图 2-3-4　等腰直角三角形单元

可得

$$\Delta = \frac{1}{2}a^2,\quad b_1 = 0,\quad c_1 = a,\quad b_2 = -a,\quad c_2 = -a,\quad b_3 = a,\quad c_3 = 0$$

代入式(2-3-22)则有

$$\boldsymbol{B} = \frac{1}{a^2}\begin{bmatrix} 0 & 0 & -a & 0 & a & 0 \\ 0 & a & 0 & -a & 0 & 0 \\ a & 0 & -a & -a & 0 & a \end{bmatrix} = \frac{1}{a}\begin{bmatrix} 0 & 0 & -1 & 0 & 1 & 0 \\ 0 & 1 & 0 & -1 & 0 & 0 \\ 1 & 0 & -1 & -1 & 0 & 1 \end{bmatrix}$$

由于 $u=0$,平面应力与应变问题的 $\boldsymbol{D}$ 相同,则有

$$\boldsymbol{D} = E\begin{bmatrix} 1 & 0 & 0 \\ 0 & 1 & 0 \\ 0 & 0 & \frac{1}{2} \end{bmatrix} = \frac{E}{2}\begin{bmatrix} 2 & 0 & 0 \\ 0 & 2 & 0 \\ 0 & 0 & 1 \end{bmatrix}$$

应力转换矩阵 $\boldsymbol{S}=\boldsymbol{DB}$,将 $\boldsymbol{B}$、$\boldsymbol{S}$ 及 t、Δ 代入式(2-3-36(b))求得单元刚度矩阵为

$$\boldsymbol{k}^e = \boldsymbol{B}^{\mathrm{T}}\boldsymbol{DB}t\Delta = \frac{Et}{4}\begin{bmatrix} 1 & 0 & -1 & -1 & 0 & 1 \\ 0 & 2 & 0 & -2 & 0 & 0 \\ -1 & 0 & 3 & 1 & -2 & -1 \\ -1 & -2 & 1 & 3 & 0 & -1 \\ 0 & 0 & -2 & 0 & 2 & 0 \\ 1 & 0 & -1 & -1 & 0 & 1 \end{bmatrix}$$

2.4　整体刚度方程的建立

2.4.1　整体刚度矩阵

以图 2-4-1 所示的结构为例来说明整体刚度矩阵的建立,将其离散化为三角形网格,共有四个单元,整体编码为 1 到 6,单元局部编码 1、2、3 均示于图中,按逆时针方向顺序排列在节点 4、5、6 处共有 4 根杆,在 1、2 两点有节点载荷 P_{1x},P_{2x},P_{2y}。在不考虑位移边界条件的情况下,列出每个节点的平衡方程,将这些方程集合在一起,就得出结构的整体平衡方程组。单元

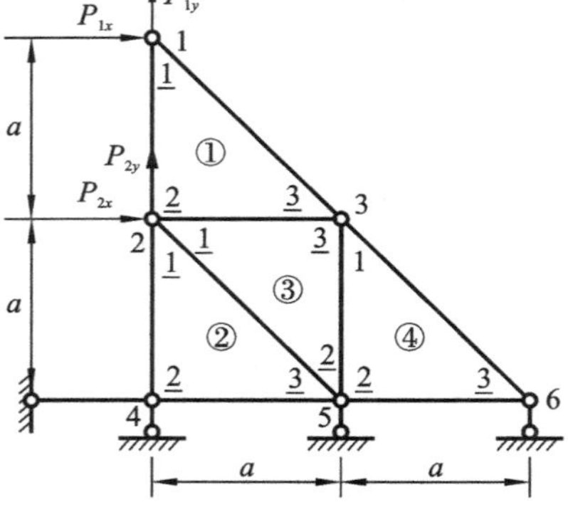

图 2-4-1　杆系结构图

号、局部码、整体码之间的对应关系如表 2-4-1 所示。

表 2-4-1　单元编码对应表

单元号	局部码	整体码
①	$\underline{1}\ \underline{2}\ \underline{3}$	1 2 3
②	$\underline{1}\ \underline{2}\ \underline{3}$	2 4 5
③	$\underline{1}\ \underline{2}\ \underline{3}$	2 3 5
④	$\underline{1}\ \underline{2}\ \underline{3}$	3 5 6

结构的整体平衡方程组为

$$\begin{bmatrix} K_{11} & K_{12} & K_{13} & K_{14} & K_{15} & K_{16} \\ K_{21} & K_{22} & K_{23} & K_{24} & K_{25} & K_{26} \\ K_{31} & K_{32} & K_{33} & K_{34} & K_{35} & K_{36} \\ \cdots & \cdots & \cdots & \cdots & \cdots & \cdots \\ K_{61} & K_{62} & K_{63} & K_{64} & K_{65} & K_{66} \end{bmatrix} \begin{bmatrix} \delta_1 \\ \delta_2 \\ \cdots \\ \cdots \\ \delta_6 \end{bmatrix} = \begin{bmatrix} F_1 \\ F_2 \\ \cdots \\ \cdots \\ F_6 \end{bmatrix}$$

上式可简写成

$$\boldsymbol{K\delta} = \boldsymbol{F} \tag{2-4-1}$$

式中 $\boldsymbol{\delta}$ 是整个结构的节点位移列阵；$\boldsymbol{F}$ 是整体结构的节点载荷列阵；$\boldsymbol{K}$ 是结构的整体刚度矩阵。其中方程式(2-4-1)称为整体刚度方程，要建立式(2-4-1)关键是要求出整体刚度矩阵 $\boldsymbol{K}$。一般采用直接刚度法，将各单元刚度矩阵对号入座，即每个单元刚度矩阵对整体刚度矩阵做贡献，每个单元刚阵贡献完毕，则整体刚度矩阵的组集结束。

某一三角形单元 e 的单元刚度矩阵 $\boldsymbol{k}^e$ 是 6×6 阶矩阵，它的分块形式如式(2-3-37)所示，其中 9 个子块是按节点局部码排列的，而图 2-4-1 所示结构的整体刚度矩阵 $\boldsymbol{K}$ 是 12×12 阶矩阵，它可分为 6×6＝36 个子块，这些子块是按节点整体码排列的。

在此必须指出：

(1) 在整体刚度矩阵组集时应首先把单元刚度矩阵中子块的局部编码转换成对应的整体编码，然后再用对号入座方法，叠加到整体刚度矩阵对应的子块中；

(2) 整体刚度矩阵中的子块应该是相关单元刚度矩阵中相应子块的叠加，如果两个节点并不直接相关，则它们在整体刚度矩阵中的子块应为零。

对于图 2-4-1 所示网格，以整体刚度矩阵中的 K_{23} 为例来说明它的含义。它的力学意义为节点 3 发生单位位移时在节点 2 上要加的节点力。和节点 2、节点 3 相关联的单元有两个，即单元①和单元③。当节点 3 发生单位位移时，通过单元①和单元③同时在节点 2 上引起节点力，将相关单元①和③作用在节点 2 上的节点力相叠加，才能得到节点 2 上的总节点力。由单元刚度矩阵的物理意义可知，此种情况下单元①和单元③作用在节点 2 上的节点力分别是子块 $k_{23}^{①}$、$k_{23}^{③}$。而与此不相关的单元在节点 2 上产生的节点力等于零，即它们在整体刚度矩阵中的子块为零。

在图 2-4-1 所示网格中，各点坐标为 1(0,2a)，2(0,a)，3(a,a)，4(0,0)，5(a,0)，6(2a,0)。若 u＝0，弹性力学平面应力与应变问题的弹性矩阵相同，则有

$$\boldsymbol{D}=\frac{E}{2}\begin{bmatrix}2&0&0\\0&2&0\\0&0&1\end{bmatrix}$$

对于单元①，局部码和整体码的坐标分别是：$\underline{1}$,1(0,2a)；$\underline{2}$,2(0,a)；$\underline{3}$,3(a,a)。

$$b_1=y_2-y_3=0,b_2=y_3-y_1=-a,b_3=y_1-y_2=a$$

$$c_1=x_3-x_2=a,c_2=x_1-x_3=-a,c_3=x_2-x_1=0$$

由式(2-3-22)，则有

$$\boldsymbol{B}=\frac{1}{2\Delta}\begin{bmatrix}b_1&0&b_2&0&b_3&0\\0&c_1&0&c_2&0&c_3\\c_1&b_1&c_2&b_2&c_3&b_3\end{bmatrix}=\frac{1}{a}\begin{bmatrix}0&0&-1&0&1&0\\0&1&0&-1&0&0\\1&0&-1&-1&0&1\end{bmatrix}$$

$$\boldsymbol{S}=\boldsymbol{DB}=\frac{E}{2a}\begin{bmatrix}0&0&-2&0&2&0\\0&2&0&-2&0&0\\1&0&-1&-1&0&1\end{bmatrix}$$

求得单元①的刚度矩阵为

$$\boldsymbol{k}^{①}=\boldsymbol{B}^{\mathrm{T}}\boldsymbol{S}t\Delta=\frac{Et}{4}\begin{bmatrix}1&0&-1&-1&0&1\\0&2&0&-2&0&0\\-1&0&3&1&-2&-1\\-1&-2&1&3&0&-1\\0&0&-2&0&2&0\\1&0&-1&-1&0&1\end{bmatrix}$$

单元②、③、④的单元刚度矩阵与单元①在局部码的单元刚度矩阵相同，根据单元整体码与局部码的关系，故各单元在整体码下的排列形式分别为

$$\boldsymbol{k}^{①}=\begin{bmatrix}k_{11}&k_{12}&k_{13}\\k_{21}&k_{22}&k_{23}\\k_{31}&k_{32}&k_{33}\end{bmatrix}\quad\boldsymbol{k}^{②}=\begin{bmatrix}k_{22}&k_{24}&k_{25}\\k_{42}&k_{44}&k_{45}\\k_{52}&k_{54}&k_{55}\end{bmatrix}$$

$$\boldsymbol{k}^{③}=\begin{bmatrix}k_{22}&k_{23}&k_{25}\\k_{32}&k_{33}&k_{35}\\k_{52}&k_{53}&k_{55}\end{bmatrix}\quad\boldsymbol{k}^{④}=\begin{bmatrix}k_{33}&k_{35}&k_{36}\\k_{53}&k_{55}&k_{56}\\k_{63}&k_{65}&k_{66}\end{bmatrix}$$

整体刚度矩阵组集是按整体码进行的，即将上述各单元子块，对号入座叠加到整体刚度矩阵中，最后得

$$\boldsymbol{K}=\begin{bmatrix}k_{11}^{①}&k_{12}^{①}&k_{13}^{①}&0&0&0\\k_{21}^{①}&k_{22}^{①}+k_{22}^{②}+k_{22}^{③}&k_{23}^{①}+k_{23}^{③}&k_{24}^{②}&k_{25}^{②}+k_{25}^{③}&0\\k_{31}^{①}&k_{32}^{①}+k_{32}^{③}&k_{33}^{①}+k_{33}^{③}+k_{33}^{④}&0&k_{35}^{③}+k_{35}^{④}&k_{36}^{④}\\0&k_{42}^{②}&0&k_{44}^{②}&k_{45}^{②}&0\\0&k_{52}^{②}+k_{52}^{③}&k_{53}^{③}+k_{53}^{④}&k_{54}^{②}&k_{55}^{②}+k_{55}^{③}+k_{55}^{④}&k_{56}^{④}\\0&0&k_{63}^{④}&0&k_{65}^{④}&k_{66}^{④}\end{bmatrix}\tag{2-4-2}$$

将各子块元素代入，叠加并整理，最后得出

$$
\boldsymbol{K}=\frac{Et}{4}\begin{bmatrix}
1 & 0 & -1 & -1 & 0 & 1 & & & & & & \\
 & 2 & 0 & -6 & 0 & 0 & & & & & & \\
 & & 6 & 1 & -4 & -1 & -1 & -1 & 0 & 1 & & \\
 & & & 6 & -1 & -2 & 0 & -2 & 1 & 0 & & \\
 & & & & 6 & 1 & 0 & 0 & -2 & -1 & 0 & 1 \\
 & & & & & 6 & 0 & 0 & -1 & -4 & 0 & 0 \\
 & & & & & & 3 & 1 & -2 & -1 & & \\
 & & & & & & & 3 & 0 & -1 & & \\
 & & & & & & & & 6 & 1 & -2 & -1 \\
 & & & & & & & & & 6 & 0 & -1 \\
 & & & & & & & & & & 2 & 0 \\
 & & & & & & & & & & & 1
\end{bmatrix} \tag{2-4-3}
$$

2.4.2　等效节点载荷列阵、总载荷列阵

在整体分析时，作用于结构上的力必须是节点载荷，但在实际结构上的载荷常常没有作用在节点上，例如体力、面力等，需要按静力等效的原则将它们向节点移置，移置后的节点载荷称为等效节点载荷，用 $\boldsymbol{F}_{\mathrm{E}}$ 表示。这里所谓的静力等效原则是原非节点载荷在任何虚位移上做的虚功应该等于等效节点载荷在相应的虚位移上做的虚功。另外直接作用于节点上的载荷称为直接节点载荷用 $\boldsymbol{F}_{\mathrm{D}}$ 表示，作用在节点上的总节点载荷列阵可表示为

$$\boldsymbol{F}_{\mathrm{C}}=\boldsymbol{F}_{\mathrm{D}}+\boldsymbol{F}_{\mathrm{E}} \tag{2-4-4}$$

1. 集中载荷的等效节点载荷

在图 2-4-2(a)中，设作用在任意点 $C(x_0, y_0)$ 上的集中载荷为

$$\boldsymbol{P}=[P_x \quad P_y]^{\mathrm{T}}$$

单元等效节点载荷列阵为

$$\boldsymbol{F}_{\mathrm{E}}^{e}=[X_i \quad Y_i \quad X_j \quad Y_j \quad X_m \quad Y_m]^{\mathrm{T}}$$

点 $C(x_0, y_0)$ 相应的虚位移为

$$\boldsymbol{\delta}_c^{*}=[u_0^{*} \quad v_0^{*}]^{\mathrm{T}}$$

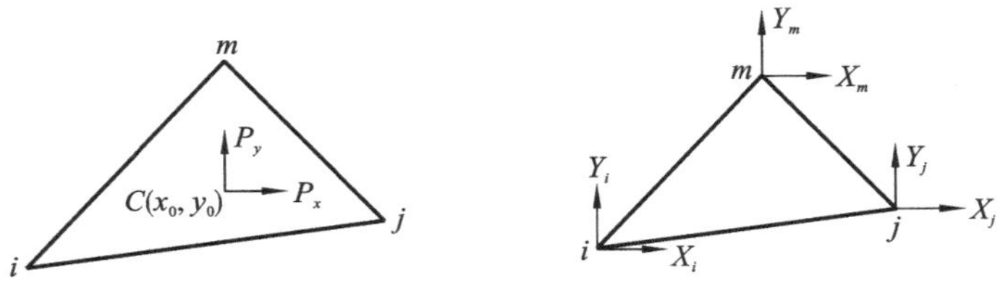

(a)　(b)

图 2-4-2　单元载荷示意图

该单元上各点相应的虚位移为 $\boldsymbol{\delta}^{*e}=[u_i^{*} \quad v_i^{*} \quad u_j^{*} \quad v_j^{*} \quad u_m^{*} \quad v_m^{*}]^{\mathrm{T}}$，按静力等效的原则有 $\boldsymbol{\delta}_c^{*\mathrm{T}}\boldsymbol{P}=\boldsymbol{\delta}^{*e\mathrm{T}}\boldsymbol{F}_{\mathrm{E}}^{e}$。

将 $\boldsymbol{\delta}_c^{*}=\boldsymbol{N}(x_0, y_0)\boldsymbol{\delta}^{*e}$ 代入上式有

$$\boldsymbol{\delta}_c^{*e\mathrm{T}}\boldsymbol{F}_{\mathrm{E}}^{e}=\boldsymbol{\delta}^{*e\mathrm{T}}\boldsymbol{N}(x_0, y_0)^{\mathrm{T}}\boldsymbol{P} \tag{2-4-5}$$

并考虑到虚位移的任意性，得

$$\boldsymbol{F}_{\mathrm{E}}^{e}=\boldsymbol{N}(x_0,y_0)^{\mathrm{T}}\boldsymbol{P} \tag{2-4-6(a)}$$

即

$$\boldsymbol{F}_{\mathrm{E}}^{e}=[N_iP_x \quad N_iP_y \quad N_jP_x \quad N_jP_y \quad N_mP_x \quad N_mP_y]^{\mathrm{T}} \tag{2-4-6(b)}$$

2. 体力的等效节点载荷列阵

设单元受到分布体力 $\boldsymbol{p}=[X \quad Y]^{\mathrm{T}}$，若单元厚度为 t，则单元体力 $t\mathrm{d}x\mathrm{d}y$ 上的体力 $\boldsymbol{p}t\mathrm{d}x\mathrm{d}y$ 可看成集中载荷，由式(2-4-6(a))有

$$\boldsymbol{F}_{\mathrm{E}}^{e}=t\boldsymbol{N}^{\mathrm{T}}\boldsymbol{p}t\mathrm{d}x\mathrm{d}y=t[N_iX \quad N_iY \quad N_jX \quad N_jY \quad N_mX \quad N_mY]^{\mathrm{T}}\mathrm{d}x\mathrm{d}y \tag{2-4-7}$$

设单元重度为 y，则有 $X=0, Y=-y$，代入上式得

$$X_i=0,\quad Y_i=-ytN_i\mathrm{d}x\mathrm{d}y=-\frac{ytA}{3}=-\frac{W}{3}\quad \overrightarrow{\underleftarrow{(i\quad j\quad m)}}$$

$$\boldsymbol{F}_{\mathrm{E}}^{e}=-\frac{W}{3}[0\quad 1\quad 0\quad 1\quad 0\quad 1]^{\mathrm{T}}$$

式中，A 为单元的面积；W 为单元自重。只要把单元自重平均分配到三个节点上即可。

3. 面力的等效节点载荷列阵

设单元的某边上受到分布面力 $\boldsymbol{p}=[X \quad Y]^{\mathrm{T}}$，把微分面积 $t\mathrm{d}s$ 上的面力 $\boldsymbol{p}t\mathrm{d}s$ 视为集中载荷 $\boldsymbol{F}$，对整个边长积分则有

$$\boldsymbol{F}_{\mathrm{E}}^{e}=\int t_s\boldsymbol{N}^{\mathrm{T}}\boldsymbol{p}\mathrm{d}s=\int t_s[N_iX \quad N_iY \quad N_jX \quad N_jY \quad N_mX \quad N_mY]^{\mathrm{T}}\mathrm{d}s \tag{2-4-8}$$

2.4.3　整体刚度方程

某结构的约束和载荷情况如图 2-4-3 所示。节点 1、4 上有水平方向的位移约束，节点 4、6 上有垂直方向的约束，节点 3 上作用有集中力(P_x, P_y)。

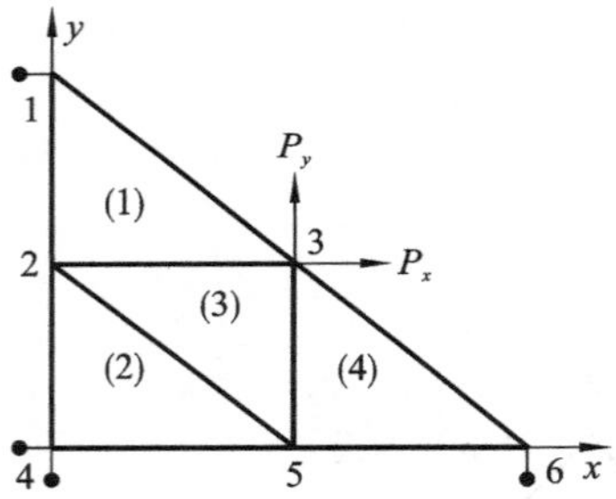

图 2-4-3　某结构的约束及载荷情况

整体刚度矩阵 $\boldsymbol{K}$ 求出后，结构上的节点力可以表示为

$$\{F\}=\boldsymbol{K}\{\delta\} \tag{2-4-9}$$

根据力的平衡，节点上的节点力与节点载荷或约束反力平衡。用$\{P\}$表示节点载荷和支杆反力，则可以得到节点的平衡方程：

$$\boldsymbol{K}\{\delta\}=\{P\} \tag{2-4-10}$$

这样构成的节点平衡方程组，在右边向量$\{P\}$中存在未知量，因此在求解平衡方程之前，要根据节点的位移约束情况修改方程(2-4-10)。先考虑节点 n 有水平方向位移约束，与节点 n 水平方向对应的平衡方程为

$$\boldsymbol{K}_{2n-1,1}u_1+\boldsymbol{K}_{2n-1,2}v_1+\cdots+\boldsymbol{K}_{2n-1,2n-1}u_n+\boldsymbol{K}_{2n-1,2n}v_n+\cdots=P_{2n-1} \tag{2-4-11}$$

根据支承情况，方程(2-4-11)应该换成下面的方程：

$$u_n=0 \tag{2-4-12}$$

对比式(2-4-11)和式(2-4-12)，在式(2-4-10)中应该做如下修正。

在矩阵 $\boldsymbol{K}$ 中，将第 $2n-1$ 行的对角线元素 $\boldsymbol{K}_{2n-1,2n-1}$ 改为 1，该行中全部非对角线元素改为 0；在$\{P\}$中，第 $2n-1$ 个元素改为 0。为了保持矩阵 $\boldsymbol{K}$ 的对称性，将第 $2n-1$ 列的全部非对角

线元素也改为 0。

同理，如果节点 n 在垂直方向有唯一约束，则式(2-4-10)中的第 $2n$ 个方程修改为

$$v_n = 0$$

在矩阵 $\boldsymbol{K}$ 中，第 $2n$ 行的对角线元素改为 1，该行中全部非对角线元素改为 0；在 $\{P\}$ 中，第 $2n$ 个元素改为 0。为了保持矩阵 $\boldsymbol{K}$ 的对称性，将第 $2n$ 列的全部非对角线元素也改为 0。

修正后的式(2-4-10)变为

$$\begin{bmatrix} & & & & & & 0 & 0 & & & & \\ & & & & & & 0 & 0 & & & & \\ & & & & & & 0 & 0 & & & & \\ & & & & & & 0 & 0 & & & & \\ & & & & & & 0 & 0 & & & & \\ & & & & & & 0 & 0 & & & & \\ 0 & 0 & 0 & 0 & 0 & 0 & 1 & 0 & 0 & 0 & 0 & 0 \\ 0 & 0 & 0 & 0 & 0 & 0 & 0 & 1 & 0 & 0 & 0 & 0 \\ & & & & & & 0 & 0 & & & & \\ & & & & & & 0 & 0 & & & & \\ & & & & & & 0 & 0 & & & & \\ & & & & & & 0 & 0 & & & & \end{bmatrix} \begin{Bmatrix} u_1 \\ v_1 \\ u_2 \\ v_2 \\ \\ \\ \\ \\ u_n \\ v_n \\ \\ \\ \end{Bmatrix} = \begin{Bmatrix} P_1 \\ P_2 \\ P_3 \\ P_4 \\ \\ \\ \\ \\ P_{2n-1} \\ P_{2n} \\ \\ \\ \end{Bmatrix} \tag{2-4-13}$$

图 2-4-3 所示结构的整体刚度矩阵在修改后得到以下的形式：

$$\begin{bmatrix} 1 & 0 & 0 & 0 & 0 & 0 & 0 & 0 & 0 & 0 & 0 & 0 \\ & & & & & & 0 & 0 & & & & 0 \\ & & & & & & 0 & 0 & & & & 0 \\ & & & & & & 0 & 0 & & & & 0 \\ & & & & & & 0 & 0 & & & & 0 \\ & & & & & & 0 & 0 & & & & 0 \\ & & & & & & 1 & 0 & 0 & 0 & 0 & 0 \\ & & & & & & & 1 & 0 & 0 & 0 & 0 \\ & & & & & & & & & & & 0 \\ & & & & & & & & & & & 0 \\ & & & & & & & & & & & 0 \\ & & & & & & & & & & & 1 \end{bmatrix} \frac{Et}{2} \tag{2-4-14}$$

如果节点 n 处存在一个已知非零的水平方向位移 u_n^*，这时的约束条件为

$$u_n = u_n^* \tag{2-4-15}$$

在矩阵 $\boldsymbol{K}$ 中，第 $2n-1$ 行的对角线元素 $\boldsymbol{K}_{2n-1,2n-1}$ 乘上一个大数 A，向量 $\{P\}$ 中的对应换成 $A\boldsymbol{K}_{2n-1,2n-1}u_n^*$，其余的系数保持不变。方程改为

$$\boldsymbol{K}_{2n-1,1}u_1 + \boldsymbol{K}_{2n-1,2}v_1 + \cdots + A\boldsymbol{K}_{2n-1,2n-1}u_n + \boldsymbol{K}_{2n-1,2n}v_n + \cdots = A\boldsymbol{K}_{2n-1,2n-1}u_n^* \tag{2-4-16}$$

A 的取值要足够大，例如取 10^{10}。只有这样，方程(2-4-16)才能与方程(2-4-15)等价。如果节点 n 处存在一个已知非零的垂直方向位移 v_n^*，这时的约束条件为

$$v_n = v_n^*$$

也可以采用同样的方法修改整体刚度矩阵。

2.4.4 计算结果的整理

有限元法的计算结果包括结构的节点位移和单元应力，对于节点位移一般无须进行整理。当全部节点位移列阵 $\boldsymbol{\delta}$ 已经求得后，任一单元的单元应力可按下式求得

$$\boldsymbol{\sigma}^n = \boldsymbol{D}^n\boldsymbol{B}^n\boldsymbol{\delta}^{e^n} = \boldsymbol{S}^n\boldsymbol{\delta}^{e^n} \tag{2-4-17}$$

其中 $\boldsymbol{D}^n$、$\boldsymbol{B}^n$、$\boldsymbol{S}^n$ 分别为该单元的弹性矩阵、几何矩阵和应力矩阵，$\boldsymbol{\delta}^{e^n}$ 是只包含 n 个单元的节点位移。由于采用的是常应变单元，因此，求得的应力在整个单元内部是相同的，习惯上将它们标注在单元形心处，如图 2-4-4(a)所示。由图 2-4-4(b)推出的式(2-3-21)可直接用来求解各单元主应力和主平面角，即

$$\left.\begin{matrix}\sigma_1\\ \sigma_2\end{matrix}\right\} = \frac{\sigma_x+\sigma_y}{2} \pm \sqrt{\left(\frac{\sigma_x-\sigma_y}{2}\right)^2+\tau_{xy}^2}$$

$$\theta = \frac{180^\circ}{\pi}\arctan\left(\frac{\tau_{xy}}{\sigma_y-\sigma_{\min}}\right) = 90^\circ - 57.29578^\circ\arctan\left(\frac{\tau_{xy}}{\sigma_y-\sigma_{\min}}\right)$$

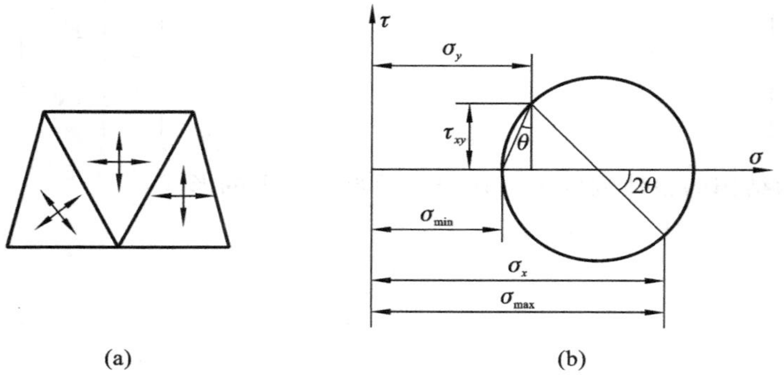

图 2-4-4　单元主应力示意

1. 绕节点平均法

该方法就是把结构内部环绕某一节点的各单元中的常应力加以平均作为该节点处的应力。

2. 二单元平均法

该方法就是把相邻单元中的常应力加以平均作为公共边中点处的应力。

使用以上两种方法时，应注意以下几点。

(1) 为了使推出来的应力能较好地反映出实际应力情况，绕节点平均法中的各单元面积及各单元在该点处的角度不能相差太大。二单元平均法中两个相邻单元的面积也不能相差太大。

(2) 只能对厚度及弹性常数相同的单元进行平均计算，因为如果相邻单元具有不同的厚度或不同的弹性常数，其应力必有突变。

(3) 推算内部各点或边界点的应力时，可先对应力分量进行平均，然后求主应力，也可先求各单元主应力，再对主应力加以平均。只要用来平均的各单元的主应力方向比较接近，两种平均的结果相差不大。

需要指出的是，用有限元法计算弹性力学问题时，采用精度较低的三节点三角形单元，在

数值计算之前应根据网格划分原则精心划分网格，在计算之后要仔细整理计算结果。这样来提高计算精度比单纯地加密网格更有效。经验表明，在超过一定限度以后，单纯靠加密网格一般很难提高精度，有时反而可能使精度有所降低。由此可见，在数值计算时，单元的划分和计算结果的整理都很重要。

2.5　整体刚度矩阵

用有限元法求解结构问题时当结构规模很大、节点数目很多时整体刚度矩阵的阶数通常是很大的，而计算机的内存容量是有限的。为了解决这个矛盾，下面对整体刚度矩阵的特点进行讨论，在编制计算程序时将利用这些特点去寻求节省计算机容量的途径。

2.5.1　整体刚度矩阵的特点

1. 对称性

根据功的互等定理，整体刚度矩阵是个对称矩阵，即 $\boldsymbol{K}_{ij}=\boldsymbol{K}_{ji}$。因此可以只存储矩阵的上三角部分或下三角部分从而可节省近半的存储容量。

2. 稀疏性

整体刚度矩阵是一个稀疏矩阵，其绝大部分元素都为零，非零元素的个数只占元素总数的很小一部分。以图 2-4-5(a)所示结构为例，其整体刚度矩阵中非零子块(▲表示非零子块)的分布情况如图 2-4-5(b)所示，取节点 1 进行研究，包括它本身在内，与其相邻的节点共有 4 个，即 1、2、4、5。把这 4 个节点称为节点 1 的相关点，只有这 4 个相关节点产生位移时，才会在节点 1 产生节点力。所以第 1 行只有 4 个非零子块。对于节点 5，它的相关节点最多，有 7 个，所以第 5 行有 7 个非零子块。在弹性力学平面问题中，一个节点的相关节点一般不会超过 7 个，因此，整体刚度矩阵各行的非零子块一般也不会超过 7 个。

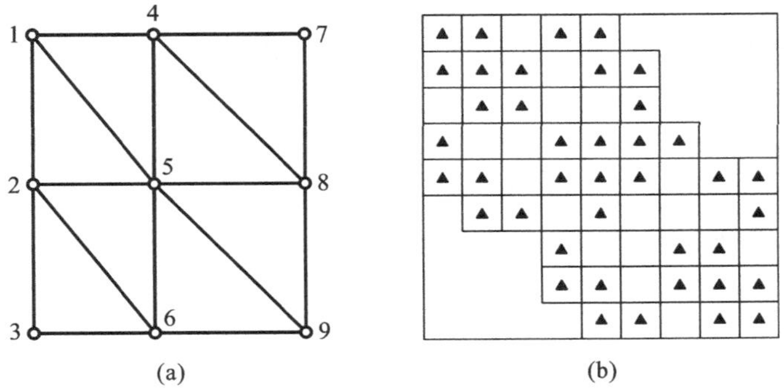

图 2-4-5　单元及矩阵分布情况

3. 带形分布规律

整体刚度矩阵中的非零元素分布在以主对角线元素为中心的斜形锯齿状的带形区域内。一般来说，每行宽度不相同，每行中从第一个非零元素开始到最后一个非零元素的宽度称为该行的宽度，从而对角线元素起到最后一个非零元素的宽度称为行半带宽，用 d 表示。

行半带宽 d 的计算公式如下。

第一自由度行半带宽为

$$d_{m,1}=(\text{与 } m \text{ 点相邻节点码最大差值}+1)\times f \tag{2-5-1}$$

第二自由度行半带宽为

$$d_{m,2}=(\text{与 } m \text{ 点相邻节点码最大差值}+1)\times f-1 \tag{2-5-2}$$

其中，f 为点的自由度。

2.5.2 整体刚度矩阵非零元素存储的两种方法

1. 二维半等带宽存储法

利用矩阵对称性只存储上半带元素的存储方式叫半带存储。如果将矩阵 $\boldsymbol{K}$ 中每行的半带宽 d_i 算出，选取最大值 $d_{i\max}$ 作为实际存储的带宽 D，即 $D=d_{i\max}$，那么这种存储方式称为半等带宽存储。

二维半等带宽存储法是将整体刚度矩阵的上三角形部分按最大半带宽 D 存储在二维矩阵 $\boldsymbol{K}'$ 中，该矩阵的体积主要取决于 D 的大小，矩阵 $\boldsymbol{K}'$ 中的元素，各行除带内非零元素以外，某些行尚存有大量带外的零元素，占用了许多内存，所以有必要寻求一种更节省的存储方法。

2. 一维变带宽存储法

一维变带宽存储法，只需算出每行的半带宽 d，依照每行顺序，顺次将元素存储在一维矩阵 $\boldsymbol{A}_k$ 内。$\boldsymbol{A}_k$ 的总存储量为 $\sum d_i(i=1,2,\cdots,n)$，d_i 越小则总存储量越省。一维变带宽存储方式被认为是目前最节省的存储方式。

在此需要指出的是，单元节点编号的方式不同会对存储量产生重要的影响，这是因为采用不同的方式编码，相应的半带宽 d_i 也可能不同。

2.6 有限元程序设计要点

采用有限元法对工程问题进行分析时，将遇到大量的数值计算，所以我们要借助于计算机以及有限元程序，才能完成复杂繁重的计算分析工作。有限元程序设计是有限元研究的重要组成部分，在对工程实际问题采用有限元法进行求解时，基本都要借助有限元程序完成。有限元程序是有限元理论和方法的载体，是理论用于实践必不可少的工具。在市面上已经有许多大型商业软件可用于求解我们遇到的大多数工程问题，但学习有限元程序设计有助于我们理解有限元法。同时，在进行有限元法相关的创新科研工作时，有限元程序设计是当今科研工作者必须掌握的内容。

2.6.1 有限元程序设计基础

有限元程序设计是将有限元法运用于实际过程中必不可少的一步，设计一个用于结构分析的有限元法程序，要求设计者掌握如下知识：

(1) 掌握一种程序开发语言，如 C++、C、Fortran、MATLAB 以及其他可用于计算的计算机编程语言，各种开发语言各具优势，都可以用于有限元程序的实现；

(2) 数值方法，如线性和非线性代数方程的求解、矩阵特征值的求解以及数值积分等；

(3) 有限元分析的基本理论，有限元法求解问题的原理、方法及基本步骤。

由于一般的软件工程师不懂有限元法的原理,所以有限元程序开发通常由相关领域的工程师或科研工作者主导。以结构分析领域为例,掌握结构分析程序设计方法,是以计算机辅助设计为主要标志的现代工程设计方法对结构工程师及科研工作者的要求,作为结构工程师或科研工作者,必须具备对有限元结构分析程序的使用、阅读、修改和编写的基础知识与相关技能。

有限元程序的总体组成可分为三个部分:前处理部分、有限元分析计算部分以及后处理部分。有限元分析计算部分是有限元程序的核心,其根据离散模型的数据文件进行有限元计算,有限元分析的原理和采用的数值方法集中在该部分,此部分也是有限元分析准确可靠的关键决定部分。

有限元分析所使用的离散模型数据文件主要包括:模型的节点数、节点坐标与节点编码,单元数据与单元编码,材料和载荷信息等。工程实际问题的离散模型数据文件十分庞大,一般情况下,采用人工编辑方法处理工作量太大,且容易出错,是不可取的。因此需要采取有限元前处理程序。前处理程序需要根据具体问题的几何形状及精度要求决定网格的划分,自动完成该过程,有的还需要提供结构的网格图以及网格质量的检测功能。前处理程序的功能在很大程度上决定了有限元程序使用的方便性。

有限元分析结果是由离散模型得到的,输出的数据量通常十分庞大,难以整理,难以直接对结果进行分析,因此,一个功能齐全的有限元软件还需要具有强大的后处理功能,能够按照使用者的要求提供相关曲线图、等值线图、矢量图等结果显示功能。这一部分的功能对有限元程序结果分析提供了很大的便利性。

程序设计工作经历了纯技巧阶段,已经形成软件工程这一学科,对工程软件的质量评价也已经形成了相关标准。一个高质量的程序应该具有较好的可管理性与运行可靠性。可管理性要求程序具有良好的可读性,易于调试、修改与发展,使用方便且运行效率高等特性。可靠性要求程序能正确无误地完成规定功能,当出错误中止时能够输出相关提示信息。

2.6.2　结构化有限元程序设计

结构化程序设计方法是一种传统的软件设计方法,大多商用有限元程序如ASKS、ANSYS、NASTRAN等,其计算内核都是采用结构化程序方法设计的,编程语言通常采用Fortran。结构化程序设计的基本要点是自顶向下、逐步求精,以及模块化设计,其基本思想是把一个复杂问题的求解过程划分成若干阶段进行。每一阶段所解决的问题都控制在较容易理解与处理的范围,直到把原来问题变换成若干个易于编程的子问题,对应通过子模块实现为止。这种程序逐步分解和细化是从抽象的做什么到怎么做的过程。程序的基本结构包括顺序结构、选择结构与循环结构。在采用结构化方法编写有限元程序时,要同时兼顾程序的清晰性、可读性与运行效率,形成良好的程序设计风格。

2.6.3　面向对象的有限元程序设计

在传统的结构化程序中,要将完整的整个有限元分析过程划分成若干相互独立的子过程,对于程序开发者来说是十分困难的,并且,单个有限元软件都只能解决一定范围的实际问题,功能有限,要增加或修改程序的功能,通常需要对程序进行全局修改与整合,工作量将十分庞大。这种传统的有限元程序设计方法是面向过程的，尽管程序开发者想尽力提高程序代码的重复利用率，但实际上该种编程模式下代码重用成分很少，随着程序功能增强，程序开发的工作量往往会大幅增加。

面向对象的程序设计在20世纪80年代后期出现，是大型软件系统开发技术取得的重大成就。而面向对象技术的基本思想在于高度的数据抽象和封装能力，将其应用于有限元程序分析与设计，改变了以往面向过程的有限元程序结构，对程序的扩展性和代码重用性产生了巨大的推动作用。研究人员已经逐渐认识到将面向对象的技术用于有限元程序开发的优势，使得面向对象的方法在有限元程序开发上逐渐流行。面向对象语言的继承性、封装性、多态性大大简化了有限元程序的编程过程，增大了代码的重用率，使得程序更加易于扩充与维护。

采用面向对象的方法，在有限元程序中，可以通过定义矩阵运算的类，方便对向量与矩阵直接进行运算操作，相对于面向过程的方法中定义函数处理的方法，类的运用使得程序更加简便直观。有限元法的全部思想都可以定义适当的类，以节点为例，可以定义相应的节点类，将节点的数据如节点编号、坐标矢量、自由度编号等相关信息组合在一起，作为类的数据成员，通过访问节点类的对象，就可以得到节点的所有参数信息。采用面向对象的方法设计有限元程序，可以更直观地体现有限元的思想，同时也是实现有限元算法的一种大的发展趋势。

本章小结

本章从弹性力学平面问题理论出发，对采用有限元法分析弹性力学平面问题的过程进行了介绍。对常应变三角形单元的位移模式、单元应变函数、单元应力函数进行了介绍。通过实例叙述了单元刚度矩阵到整体刚度矩阵的建立方式以及有限元方程的建立过程，并对整体刚度矩阵的特点进行了总结。最后介绍了有限元程序设计的基础以及面向过程与面向对象的程序设计方法。

第 3 章　平面杆系结构的有限元法

平面杆系结构有限元法在结构力学中称为杆件有限元法，又叫结构矩阵分析方法。结构矩阵分析方法是以传统结构力学理论为基础、以矩阵作为数学表述形式、以电子计算机作为计算手段的计算方法。此方法采用节点位移作为基本未知量，借助矩阵进行分析，并利用计算机解决各种杆系结构受力、变形等计算问题。

3.1　杆单元的刚度矩阵

3.1.1　平面杆系结构

平面杆系结构是工程上常见的一类结构，此类结构所有的杆件轴线与载荷作用线均在同一平面上。例如，平面桁架、平面刚架、连续梁等同属此类结构。对此类结构进行分析时，可将每一杆件作为结构的单元（简称为杆单元），杆单元的端点称为节点结构，可看成由有限个杆单元在节点处连接组合而成。对此类结构的有限元分析在工程上具有重要的意义。

下面，通过一个例题来说明用有限元法分析平面杆系结构的一般步骤。

例 3-1　图 3-1-1(a)所示为一平面超静定桁架结构，在载荷 P 作用下，求各杆件的轴力。

解　此结构可看成由 14、24、34 三个杆单元组成，如图 3-1-1(b)所示。每个杆单元的两端为杆单元的节点。各节点的水平、铅直位移分别用 u、v 表示。

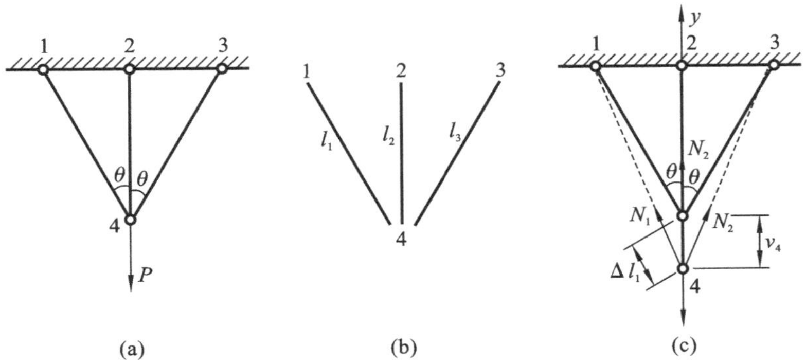

图 3-1-1　超静定桁架

各杆单元的轴力 N 是待求的未知数。其几何、物理性质如下。

长度

$$l_1 = l_3$$

横截面面积

$$A_1 = A_3$$

弹性模量

$$E_1 = E_3$$

由题设条件可知

$$u_1 = u_2 = u_3 = u_4 = 0, v_1 = v_2 = v_3 = 0, v_4 \neq 0$$

在载荷 P 作用下，各杆单元变形为

$$\Delta l_1 = v_4 \cos\theta = \Delta l_3, \Delta l_2 = v_4$$

各杆单元的伸长量为 $\Delta l_i = \dfrac{Nl_i}{EA}(i = 1,2,3)$，各杆单元的轴力分别为

$$\left.\begin{aligned} N_1 &= \frac{E_1 A_1}{l_1} v_4 \cos\theta \\ N_2 &= \frac{E_2 A_2}{l_2} v_4 \\ N_3 &= \frac{E_3 A_3}{l_3} v_4 \cos\theta \end{aligned}\right\} \tag{3-1-1}$$

式(3-1-1)建立了节点位移 v 和轴力 N 的关系。

我们把单元节点上所受的力称为节点力，节点力一般用坐标分量表示。本例中各杆单元在节点 4 处、y 方向的节点力大小为

$$\left.\begin{aligned} N_{1y} &= N_1 \cos\theta = \frac{E_1 A_1}{l_1} v_4 \cos^2\theta = k_1 v_4 \\ N_{2y} &= N_2 = \frac{E_2 A_2}{l_2} v_4 = k_2 v_4 \\ N_{3y} &= N_3 \cos\theta = \frac{E_3 A_3}{l_3} v_4 \cos^2\theta = k_3 v_4 \end{aligned}\right\} \tag{3-1-2}$$

式中的 $k_1 = \dfrac{E_1 A_1}{l_1}\cos^2\theta$、$k_2 = \dfrac{E_2 A_2}{l_2}$、$k_3 = \dfrac{E_3 A_3}{l_3}\cos^2\theta$ 分别称为杆单元 14、24、34 的单元刚度系数。它的物理意义：节点 4 产生单位铅直位移时的铅直节点力，或称为节点 4 的铅直位移对各单元节点 4 的铅直刚度贡献。

现在考虑节点 4 的平衡条件，各杆件对节点 4 的节点力和上述杆单元所受的节点力大小相等，方向相反。对节点 4 来说，由平衡方程有

$$N_{1y} + N_{2y} + N_{3y} - P = 0$$

由式(3-1-2)得

$$(k_1 + k_2 + k_3) v_4 = P$$

令

$$k_1 + k_2 + k_3 = k$$

则

$$k v_4 = P$$

这就是结构平衡方程，也是位移法计算桁架受力的基本形式，对于复杂结构来说，式中的 k_1、k_2、k_3 三个量都是矩阵。由此式可得，节点 4 的位移为

$$v_4 = \frac{P}{k} = \frac{P}{k_1 + k_2 + k_3} = \frac{P}{2k_1 + k_2} \tag{3-1-3}$$

式中：P 是外载荷；k 是结构的整体刚度系数，它是由单元刚度系数 $k_i(i = 1,2,3)$ 按照某种规

则叠加起来的：

将式(3-1-3)代入式(3-1-1)，得各杆单元的轴力如下：

$$\left.\begin{aligned} N_1 &= N_3 = \frac{N_{1y}}{\cos\theta} = \frac{k_1 v_4}{\cos\theta} = \frac{k_1 P}{(2k_1 + k_2)\cos\theta} \\ N_2 &= \frac{k_2 P}{2k_1 + k_2} \end{aligned}\right\}$$

这种以位移作为基本未知量，通过节点平衡方程求出节点位移，再由位移反推出各杆单元内力的方法，称为位移法。

由例 3-1 可将求解结构内力的步骤归纳如下。

(1) 划分单元：把一个结构划分成有限个单元，各单元通过节点拼合成整体(桁架问题：一般把每个杆件作为一个单元)。

(2) 形成单元刚度系数：进行单元分析，求出各单元的刚度系数(或矩阵)。

(3) 形成整体刚度系数：由单元刚度系数组成整体刚度系数(或矩阵)。

(4) 求解方程：除去边界上被固定的节点外，对可以产生位移的各节点利用平衡条件求出它们的位移，然后由节点位移求出各单元的内力。我们把这种方法称为平面杆系结构的有限元法。

3.1.2　杆单元的刚度矩阵

由上面简单例题的分析我们知道，只有得到了单元的刚度系数，才能组成结构整体刚度矩阵，从而建立整体平衡方程并求解，所以杆单元刚度系数(矩阵)的形成在用有限元法对结构进行分析中占有十分重要的位置，下面介绍杆单元的刚度矩阵。

图 3-1-2 所示为桁架中某一等截面直杆。桁架中的杆件只受轴力作用，故此杆为一杆单元，用 i、j 分别表示它的两个端节点，坐标轴 x 轴由 i 指向 j，y 轴按右手法则确定。xOy 坐标称为单元的局部坐标。

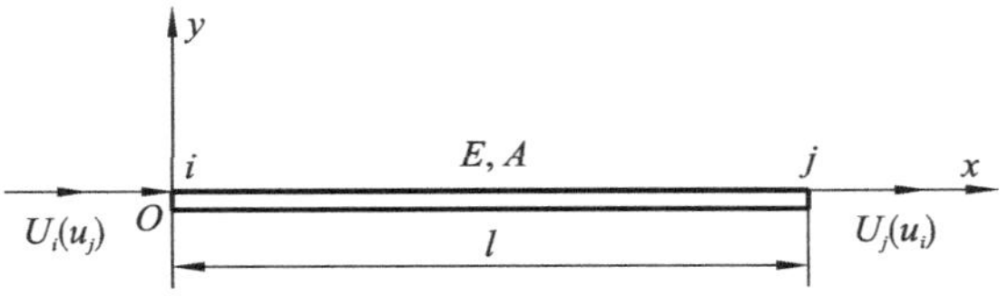

图 3-1-2　受轴力的等截面直杆

因为单元只受轴力，所以只有伸长或缩短变形，杆单元两端各有一个水平节点位移 u_i 和 u_j，两节点的位移有以下三种情况。

(1) 节点 i 固定，仅节点 j 有位移，即 $u_i = 0, u_j \neq 0$，则有

单元应变为

$$\varepsilon = \frac{u_j}{l}$$

单元应力为

$$\sigma = \frac{E}{l} u_j$$

单元左端节点力为

$$U_i = -A\sigma = -\frac{EA}{l}u_j$$

单元右端节点力为

$$U_j = A\sigma = \frac{EA}{l}u_j$$

(2) 节点 j 固定,仅节点 i 有位移,即 $u_j = 0, u_i \neq 0$, 则有

单元应变为

$$\varepsilon = -\frac{u_i}{l}$$

单元应力为

$$\sigma = -\frac{E}{l}u_i$$

单元左端节点力为

$$U_i = -A\sigma = \frac{EA}{l}u_i$$

单元右端节点力为

$$U_j = A\sigma = -\frac{EA}{l}u_i$$

(3) 两个节点都有位移,这时的节点力为以上两种情况的叠加,左右两端的节点力为

$$U_i = \frac{EA}{l}u_i - \frac{EA}{l}u_j$$

$$U_j = -\frac{EA}{l}u_i + \frac{EA}{l}u_j$$

写成矩阵形式,可得

$$\begin{bmatrix} U_i \\ U_j \end{bmatrix} = \frac{EA}{l}\begin{bmatrix} 1 & -1 \\ -1 & 1 \end{bmatrix}\begin{bmatrix} u_i \\ u_j \end{bmatrix}$$

$$\boldsymbol{F}^e = \boldsymbol{k}^e\boldsymbol{\delta}^e \tag{3-1-4}$$

式中:$F^e = \begin{bmatrix} U_i \\ U_j \end{bmatrix}$ 称为杆单元节点力向量(列阵);$\boldsymbol{\delta}^e = \begin{bmatrix} u_i \\ u_j \end{bmatrix}$ 称为单元节点位移向量(列阵),而

$$\boldsymbol{k}^e = \frac{EA}{l}\begin{bmatrix} 1 & -1 \\ -1 & 1 \end{bmatrix} \tag{3-1-5}$$

称为单元刚度矩阵,简称单刚。它的每一个元素 k_{ij} 的意义:当节点 j 产生单位位移时在节点 i 上所引起的节点力,即节点 j 对节点 i 的刚度贡献。

以上只是考虑了节点 i、j 沿杆轴方向的位移,实际上还可能产生垂直于杆轴线方向的位移 v_i、v_j(在小变形条件下,这种微小的垂直位移对桁架杆件的内力并无影响),若考虑这种位移,可把单元刚度矩阵扩展为四阶,单元节点力为

$$\boldsymbol{F}^e = \begin{bmatrix} \boldsymbol{F}_i \\ \boldsymbol{F}_j \end{bmatrix} = \begin{bmatrix} U_i \\ V_i \\ U_j \\ V_j \end{bmatrix} = \frac{EA}{l}\begin{bmatrix} 1 & 0 & -1 & 0 \\ 0 & 0 & 0 & 0 \\ -1 & 0 & 1 & 0 \\ 0 & 0 & 0 & 0 \end{bmatrix}\begin{bmatrix} u_i \\ v_i \\ u_j \\ v_j \end{bmatrix} \tag{3-1-6}$$

式中：$\boldsymbol{F}^e=\begin{bmatrix}\boldsymbol{F}_i\\ \boldsymbol{F}_j\end{bmatrix}$为单元节点力向量；$\boldsymbol{\delta}^e=[u_i \quad v_i \quad u_j \quad v_j]^{\mathrm{T}}$为单元节点位移向量，而单元刚度矩阵为

$$\boldsymbol{k}^e=\frac{EA}{l}\begin{bmatrix}1 & 0 & -1 & 0\\ 0 & 0 & 0 & 0\\ -1 & 0 & 1 & 0\\ 0 & 0 & 0 & 0\end{bmatrix}$$

由以上讨论可以得出等截面直杆单元具有以下性质：

(1) 单元刚度矩阵只与杆单元的刚度（截面积、长度、弹性模量）有关，与载荷及支撑情况无关；

(2) 单元刚度矩阵的每一列元素之和为零，这是静力学平衡条件的反映；

(3) 单元刚度矩阵的行列式为零，也就是说，单元刚度矩阵为奇异矩阵；

(4) 单元刚度矩阵是对称矩阵，这是结构力学中互等定理的反映，单元刚度矩阵对角线上的元素恒为正，说明节点的自我贡献为正。

3.1.3　整体坐标中斜杆的单元刚度矩阵

在铰接桁架中，经常遇到斜杆单元，在对其进行有限元分析的时候，用 xOy 表示整体坐标系，用 $\bar{x}O\bar{y}$ 表示局部坐标系，如图 3-1-3 所示。

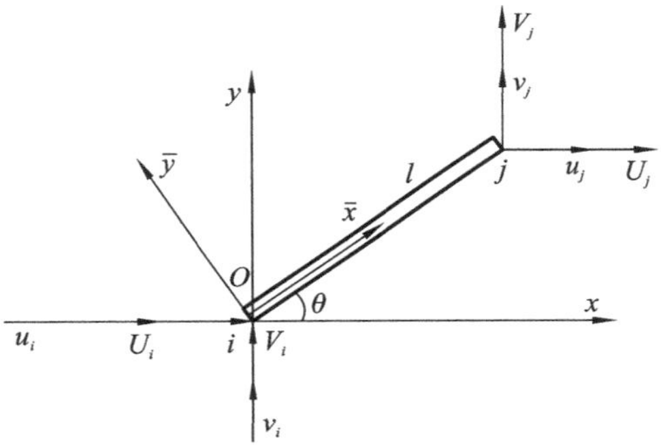

图 3-1-3　斜杆单元

节点位移和节点力的符号规定如下：与坐标轴 x、y 取相同方向者为正，反之为负。单元节点力向量和单元节点位移向量分别为

$$\boldsymbol{F}^e=\begin{bmatrix}U_i\\ V_i\\ U_j\\ V_j\end{bmatrix},\boldsymbol{\delta}^e=\begin{bmatrix}u_i\\ v_i\\ u_j\\ v_j\end{bmatrix}$$

设杆单元长度为 l，由图 3-1-3 中的几何关系可得

$$l^2=(x_j-x_i)^2+(y_j-y_i)^2$$

两边微分，可得

$$l\mathrm{d}l = (x_j - x_i)(\mathrm{d}x_j - \mathrm{d}x_i) + (y_j - y_i)(\mathrm{d}y_j - \mathrm{d}y_i)$$

上式两端各除以 l,并令

$$\alpha = \cos\theta = \frac{x_j - x_i}{l}, \quad \beta = \sin\theta = \frac{y_j - y_i}{l}$$

则

$$\mathrm{d}l = \alpha(\mathrm{d}x_j - \mathrm{d}x_i) + \beta(\mathrm{d}y_j - \mathrm{d}y_i)$$

杆件受力变形后,节点 i 的坐标将从 (x_i, y_i) 变为 $(x_i + u_i, y_i + v_i)$,即有

$$\mathrm{d}x_i = u_i, \quad \mathrm{d}y_i = v_i, \quad \mathrm{d}x_j = u_j, \quad \mathrm{d}y_j = v_j$$

因此,杆的应变为

$$\varepsilon = \frac{\mathrm{d}l}{l} = \frac{\alpha}{l}(u_j - u_i) + \frac{\beta}{l}(v_j - v_i)$$

则斜杆单元轴力为

$$N = EA\varepsilon = \frac{EA}{l}[\alpha(u_j - u_i) + \beta(v_j - v_i)] \tag{3-1-7}$$

规定轴力以拉力为正,则单元的节点力分量为

$$U_i = -N\cos\theta = -\frac{EA}{l}(-\alpha^2 u_i + \alpha^2 u_j - \alpha\beta v_i + \alpha\beta v_j)$$

$$V_i = -N\sin\theta = -\frac{EA}{l}(-\alpha\beta u_i + \alpha\beta u_j - \beta^2 v_i + \beta^2 v_j)$$

$$U_j = N\cos\theta = \frac{EA}{l}(-\alpha^2 u_i + \alpha^2 u_j - \alpha\beta v_i + \alpha\beta v_j)$$

$$V_j = N\sin\theta = \frac{EA}{l}(-\alpha\beta u_i + \alpha\beta u_j - \beta^2 v_i + \beta^2 v_j)$$

写成矩阵形式为

$$\boldsymbol{F}^e = \begin{bmatrix} U_i \\ V_i \\ U_j \\ V_j \end{bmatrix} = \frac{EA}{l}\begin{bmatrix} \alpha^2 & \alpha\beta & -\alpha^2 & -\alpha\beta \\ \alpha\beta & \beta^2 & -\alpha\beta & -\beta^2 \\ -\alpha^2 & -\alpha\beta & \alpha^2 & \alpha\beta \\ -\alpha\beta & -\beta^2 & \alpha\beta & \beta^2 \end{bmatrix}\begin{bmatrix} u_i \\ v_i \\ u_j \\ v_j \end{bmatrix} = \boldsymbol{K}^e\boldsymbol{\delta}^e \tag{3-1-8(a)}$$

式中

$$\boldsymbol{K}^e = \frac{EA}{l}\begin{bmatrix} \alpha^2 & \alpha\beta & -\alpha^2 & -\alpha\beta \\ \alpha\beta & \beta^2 & -\alpha\beta & -\beta^2 \\ -\alpha^2 & -\alpha\beta & \alpha^2 & \alpha\beta \\ -\alpha\beta & -\beta^2 & \alpha\beta & \beta^2 \end{bmatrix} \tag{3-1-8(b)}$$

是斜杆单元在整体坐标系下的单元刚度矩阵。式(3-1-8(a))也可写成分块形式

$$\begin{bmatrix} \boldsymbol{F}_i \\ \boldsymbol{F}_j \end{bmatrix} = \begin{bmatrix} \boldsymbol{K}_{ii} & \boldsymbol{K}_{ij} \\ \boldsymbol{K}_{ji} & \boldsymbol{K}_{jj} \end{bmatrix}\begin{bmatrix} \boldsymbol{\delta}_i \\ \boldsymbol{\delta}_j \end{bmatrix} \tag{3-1-8(c)}$$

其中, $\boldsymbol{F}_i = \begin{bmatrix} U_i \\ V_i \end{bmatrix}$, $\boldsymbol{F}_j = \begin{bmatrix} U_j \\ V_j \end{bmatrix}$, $\boldsymbol{\delta}_j = \begin{bmatrix} u_j \\ v_j \end{bmatrix}$, $\boldsymbol{\delta}_i = \begin{bmatrix} u_i \\ v_i \end{bmatrix}$, $\boldsymbol{K}_{ii} = \frac{EA}{l}\begin{bmatrix} \alpha^2 & \alpha\beta \\ \alpha\beta & \beta^2 \end{bmatrix}$

$$\boldsymbol{K}_{ij} = \boldsymbol{K}_{ji} = \frac{EA}{l}\begin{bmatrix} -\alpha^2 & -\alpha\beta \\ -\alpha\beta & -\beta^2 \end{bmatrix}, \quad \boldsymbol{K}_{jj} = \frac{EA}{l}\begin{bmatrix} \alpha^2 & \alpha\beta \\ \alpha\beta & \beta^2 \end{bmatrix}$$

由式(3-1-8)的三种形式可以看出，在整体坐标系中建立的单元刚度矩阵也具有对称性、奇异性等性质。

上面用分析位移几何关系的办法直接得到了整体坐标系中的单元刚度矩阵。整体坐标系中的单元刚度矩阵也可以利用坐标转换关系，由局部坐标下的单元刚度矩阵直接算出。由式(3-1-6)可把局部坐标下单元节点力写为

$$\boldsymbol{F}^e=\begin{bmatrix}U_i\\V_i\\U_j\\V_j\end{bmatrix}=\frac{EA}{l}\begin{bmatrix}1&0&-1&0\\0&0&0&0\\-1&0&1&0\\0&0&0&0\end{bmatrix}\begin{bmatrix}u_i\\v_i\\u_j\\v_j\end{bmatrix}$$

或

$$\boldsymbol{F}^e=\boldsymbol{k}^e\boldsymbol{\delta}^e \tag{3-1-9}$$

由图 3-1-3 可知，在局部坐标和整体坐标之间，节点力的转换关系为

$$\left.\begin{aligned}U_i&=U_i\cos\theta+V_i\sin\theta\\V_i&=-U_i\sin\theta+V_i\cos\theta\\U_j&=U_j\cos\theta+V_j\sin\theta\\V_j&=-U_j\sin\theta+V_j\cos\theta\end{aligned}\right\}$$

即

$$\begin{bmatrix}U_i\\V_i\\U_j\\V_j\end{bmatrix}=\begin{bmatrix}\alpha&\beta&0&0\\-\beta&\alpha&0&0\\0&0&\alpha&\beta\\0&0&-\beta&\alpha\end{bmatrix}\begin{bmatrix}U_i\\V_i\\U_j\\V_j\end{bmatrix}$$

或

$$\boldsymbol{F}^e=\boldsymbol{\lambda}\boldsymbol{F}^e \tag{3-1-10}$$

式中

$$\boldsymbol{\lambda}=\begin{bmatrix}\alpha&\beta&0&0\\-\beta&\alpha&0&0\\0&0&\alpha&\beta\\0&0&-\beta&\alpha\end{bmatrix} \tag{3-1-11}$$

式中的 λ 为坐标转换矩阵。

同理，可以推求出两个坐标系的杆端位移之间的关系，它们之间也存在着类似的关系，即

$$\boldsymbol{\delta}^e=\boldsymbol{\lambda}\boldsymbol{\delta}^e \tag{3-1-12}$$

将式(3-1-10)、式(3-1-12)代入式(3-1-9)，得到

$$\boldsymbol{\lambda}\boldsymbol{F}^e=\boldsymbol{k}^e\boldsymbol{\lambda}\boldsymbol{\delta}^e$$

上式两端同时左乘以 λ^{-1}，得到

$$\boldsymbol{F}^e=\boldsymbol{\lambda}^{-1}\boldsymbol{k}^e\boldsymbol{\lambda}\boldsymbol{\delta}^e$$

由于 $\boldsymbol{\lambda}$ 是正交矩阵，所以 $\boldsymbol{\lambda}^{-1}=\boldsymbol{\lambda}^{\mathrm{T}}$，由上式可得

$$\boldsymbol{F}^e=\boldsymbol{\lambda}^{\mathrm{T}}\boldsymbol{k}^e\boldsymbol{\lambda}\boldsymbol{\delta}^e$$

或

$$\boldsymbol{F}^e=\boldsymbol{K}^e\boldsymbol{\delta}^e$$

式中

$$K^e = \lambda^{T} k^e \lambda \tag{3-1-13}$$

式(3-1-13)就是由局部坐标下的单元刚度矩阵 k^e 求整体坐标下单元刚度矩阵 k^e 的转换公式。不难验证，将 k^e 和 λ 代入式(3-1-13)，就可以得到与式(3-1-8)完全相同的 k^e。

3.1.4 空间杆

空间桁架的有限元公式是平面桁架的扩展。在空间桁架中，每个单元的位移由 6 个未知量表示，即 U_{iX}、U_{iY}、U_{iZ}、U_{jX}、U_{jY}、U_{jZ}。因为每个节点（结合点）可以在 3 个方向上移动，角度 θ_X、θ_Y、θ_Z 定义了每个杆件相对整体坐标系的方向，如图 3-1-4 所示。

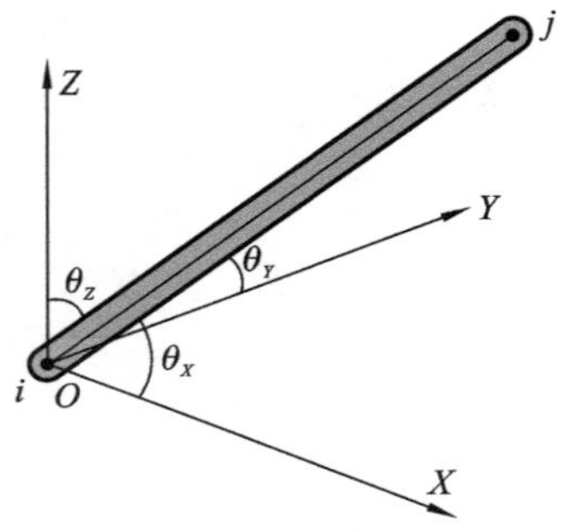

图 3-1-4 空间杆单元

方向余弦可以根据杆节点 i 和节点 j 的坐标和杆的长度的差分得出，即满足以下关系：

$$\cos\theta_X = \frac{X_j - X_i}{L} \tag{3-1-14}$$

$$\cos\theta_Y = \frac{Y_j - Y_i}{L} \tag{3-1-15}$$

$$\cos\theta_Z = \frac{Z_j - Z_i}{L} \tag{3-1-16}$$

这里 L 是杆的长度，由下式给出：

$$L = \sqrt{(X_j - X_i)^2 + (Y_j - Y_i)^2 + (Z_j - Z_i)^2} \tag{3-1-17}$$

对于空间桁架，推导单元刚度矩阵的过程和推导二维桁架单元刚度矩阵的过程相同。下面开始推导空间桁架的单元刚度矩阵，首先通过变换矩阵将整体坐标下的位移和力与局部坐标下的位移和力联系起来，然后应用杆的二力杆属性，利用与方程类似的矩阵关系导出单元刚度矩阵 $K^{(e)}$。不过要注意，空间桁架单元刚度矩阵是 6×6 阶矩阵，而不是二维桁架单元的 4×4阶矩阵。对于空间桁架单元，单元刚度矩阵为

$$K^{(e)} = K\begin{bmatrix} \cos^2\theta_X & \cos\theta_X\cos\theta_Y & \cos\theta_X\cos\theta_Z & -\cos^2\theta_X & -\cos\theta_X\cos\theta_Y & -\cos\theta_X\cos\theta_Z \\ \cos\theta_X\cos\theta_Y & \cos^2\theta_Y & \cos\theta_Y\cos\theta_Z & -\cos\theta_X\cos\theta_Y & -\cos^2\theta_Y & -\cos\theta_Y\cos\theta_Z \\ \cos\theta_X\cos\theta_Z & \cos\theta_Y\cos\theta_Z & \cos^2\theta_Z & -\cos\theta_X\cos\theta_Z & -\cos\theta_Y\cos\theta_Z & -\cos^2\theta_Z \\ -\cos^2\theta_X & -\cos\theta_X\cos\theta_Y & -\cos\theta_X\cos\theta_Z & \cos^2\theta_X & \cos\theta_X\cos\theta_Y & \cos\theta_X\cos\theta_Z \\ -\cos\theta_X\cos\theta_Y & -\cos^2\theta_Y & -\cos\theta_Y\cos\theta_Z & \cos\theta_X\cos\theta_Y & \cos^2\theta_Y & \cos\theta_Y\cos\theta_Z \\ -\cos\theta_X\cos\theta_Z & -\cos\theta_Y\cos\theta_Z & -\cos^2\theta_Z & \cos\theta_X\cos\theta_Z & \cos\theta_Y\cos\theta_Z & \cos^2\theta_Z \end{bmatrix} \tag{3-1-18}$$

对于空间桁架，单元刚度矩阵的组合过程（应用边界条件和求解位移）与二维桁架的分析过程完全相同。

3.1.5 整体刚度矩阵

从平面桁架中取出一个节点 i，如图 3-1-5(a)所示。以此节点为端点的杆单元有 ij、im、ip，这些单元称为节点 i 的相关单元；节点 j、m、p 称为节点 i 的相关节点。设节点 i 上作用有

水平载荷和垂直载荷。各杆单元在节点 i 受的节点力为 U_{ij}、V_{ij}，U_{im}、V_{im}，U_{ip}、V_{ip}。根据受力平衡，作用于杆单元的节点力与作用于节点的节点力大小相等，方向相反。节点 i 的受力如图 3-1-5(c)所示，据此可得节点 i 的平衡方程为

$$X_i - U_{ij} - U_{im} - U_{ip} = 0$$
$$Y_i - V_{ij} - V_{im} - V_{ip} = 0$$

即

$$\sum_{e=j,m,p} U_{ie} = X_i, \quad \sum_{e=j,m,p} V_{ie} = Y_i$$

式中的 $\sum\limits_{e=j,m,p}$ 表示求和遍及节点 i 的相关单元。与节点 i 无关的单元不进入上述求和式。

杆单元 ij 在节点 i 的节点力为

$$\boldsymbol{F}_i^e = \begin{bmatrix} U_i \\ V_i \end{bmatrix} = \sum_{s=i,j} \boldsymbol{K}_{is}\boldsymbol{\delta}_s$$

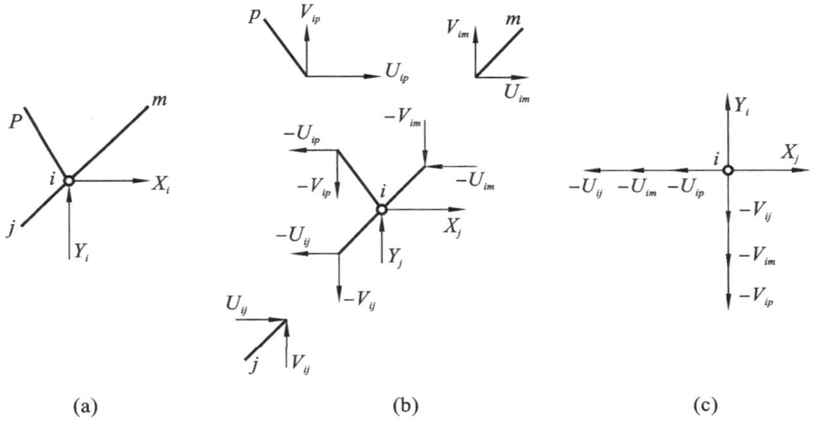

图 3-1-5　平面桁架节点分析

同理，可得节点 i 的其他相关单元对节点 i 的节点力贡献，相加后得节点 i 所受的全部相关单元的节点力为

$$\boldsymbol{F}_i = \sum_e \boldsymbol{F}_i^e = \sum_e \begin{bmatrix} U_i \\ V_i \end{bmatrix} = \sum_e \left(\sum_{s=i,j} \boldsymbol{K}_{is}\boldsymbol{\delta}_s \right)$$

节点载荷为

$$\boldsymbol{P}_i = \begin{bmatrix} X_i \\ Y_i \end{bmatrix}$$

因此，可得节点 i 的平衡方程为

$$\sum_e \left(\sum_{s=i,j} \boldsymbol{K}_{is}\boldsymbol{\delta}_s \right) = \boldsymbol{P}_i$$

对每个节点都可写出形如上式的方程。若节点的编号为 1，2，3，…，n(整体编码)，则可逐个写出它们的平衡方程，得到一个 $2n$ 阶线性方程组

$$\boldsymbol{K\delta} = \boldsymbol{P} \tag{3-1-19}$$

这就是结构矩阵位移方程，也称为总刚度矩阵方程，其中

$$\boldsymbol{\delta}=\begin{bmatrix}\boldsymbol{\delta}_1\\\boldsymbol{\delta}_2\\\vdots\\\boldsymbol{\delta}_n\end{bmatrix}=\begin{bmatrix}u_1\\v_1\\u_2\\v_2\\\vdots\\u_n\\v_n\end{bmatrix},\boldsymbol{P}=\begin{bmatrix}\boldsymbol{P}_1\\\boldsymbol{P}_2\\\vdots\\\boldsymbol{P}_n\end{bmatrix}=\begin{bmatrix}X_1\\Y_1\\X_2\\Y_2\\\vdots\\X_n\\Y_n\end{bmatrix}$$

式中，$\boldsymbol{\delta}$ 为全部节点位移组成的位移列阵；$\boldsymbol{P}$ 为全部节点载荷组成的载荷列阵；$\boldsymbol{K}$ 为结构的整体刚度矩阵，它是一个 $2n$ 阶方阵，简称总刚或整刚。

综上所述，整体刚度矩阵是一个 $2n$ 阶方阵，其子块 $\boldsymbol{K}_{rs}$ 表示节点 s 对节点 r 的整体刚度贡献，并且

$$\boldsymbol{K}_{rs}=\sum K_{rs} \tag{3-1-20}$$

整体刚度系数 K_{rs} 的物理意义是结构第 s 个自由度的单位变形所引起的第 r 个节点力。由平衡方程求出节点位移之后，由应力矩阵可以计算出各单元的内力。所以，形成整体刚度矩阵是结构分析的关键。

3.1.6　关于总刚阵的修正

对于式(3-1-19)所示的整体刚度方程，因为整体刚度矩阵具有奇异性，所以还不能由此求解。要消除整体刚度矩阵的奇异性可通过引入边界约束条件来实现。从力学意义上讲，结构没有受到约束(边界条件)的作用，它的节点位移将是不确定的，只有限制了结构的刚体运动后，才能求出确定的节点位移值。

一般工程中遇到的杆系结构，都有一定的位移边界条件。所谓位移边界条件，就是通常所说的约束条件或支承条件，对于图 3-1-6 所示桁架，其边界条件和节点 2 的位移条件分别为

$$u_1=v_1=v_4=0,\quad v_2=b$$

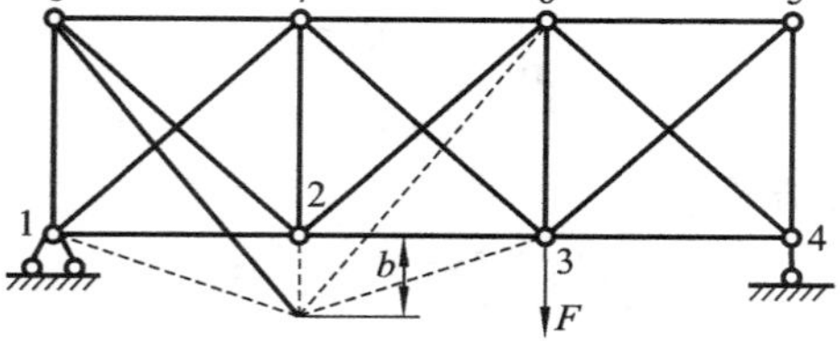

图 3-1-6　工程桁架示意图

将诸如此类的边界、约束条件引入总刚方程，其奇异性自然得到排除。通过解总刚方程，便可求得节点位移。

3.2　平面刚架单元的刚度矩阵

3.2.1　平面梁单元的刚度矩阵

上面讨论的杆单元只受轴力作用,下面讨论杆系结构的另一种单元——梁单元,对于简单的平面直梁单元,通常可以忽略轴力的影响,只考虑剪切与弯曲变形的影响,以简化计算。

图 3-2-1 所示刚架可认为是由 3 个单元 12、23、34 在节点 1、2、3、4 处固结而成。图 3-2-2(a)所示等截面梁单元 ij 的长度为 l,惯性矩为 I,弹性模量为 E。在局部坐标 $\bar{x}$、$\bar{y}$ 及局部码 ij 下,单元的节点力(广义力)向量与节点位移(广义位移)向量为

$$\boldsymbol{F}^e=\begin{bmatrix}\boldsymbol{F}_i\\\boldsymbol{F}_j\end{bmatrix}=\begin{bmatrix}V_i\\M_i\\V_j\\M_j\end{bmatrix},\quad \boldsymbol{\delta}^e=\begin{bmatrix}\boldsymbol{\delta}_i\\\boldsymbol{\delta}_j\end{bmatrix}=\begin{bmatrix}v_i\\\theta_i\\v_j\\\theta_j\end{bmatrix} \tag{3-2-1}$$

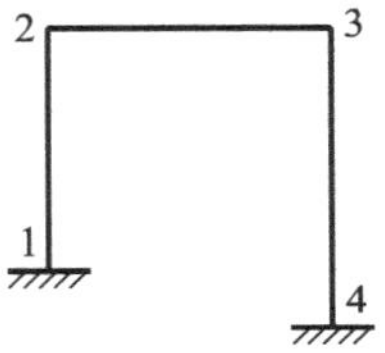

图 3-2-1　刚架

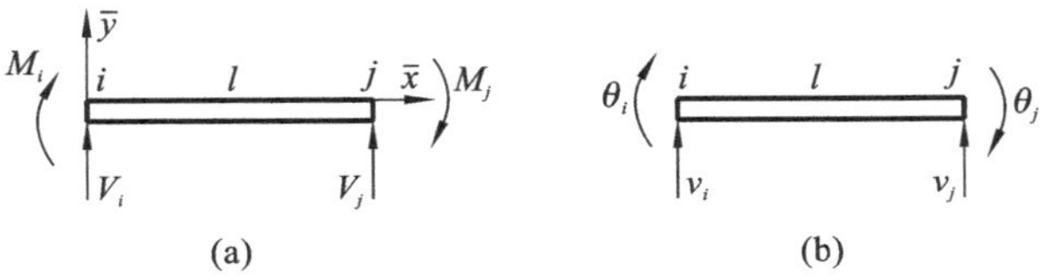

图 3-2-2　等截面梁单元

规定各角位移顺时针为正。由结构力学可知,当 $v_i=1,\theta_i=\theta_j=0,v_j=0$ 时,梁单元的各节点力如图 3-2-3(a)所示,即

$$V_i=\frac{12EI}{l^3},M_i=-\frac{6EI}{l^2}$$

$$V_j=-\frac{12EI}{l^3},M_j=-\frac{6EI}{l^2}$$

以上 4 个量是节点 i 的侧移对节点 i、j 的节点力贡献。单元刚度矩阵 $\boldsymbol{k}^e$ 中第 1 列的 4 个元素分别为上述 4 个节点力,写成列阵形式,即

$$\frac{EI}{l^3}\begin{bmatrix}12\\-6l\\-12\\-6l\end{bmatrix}$$

同理,可计算出当 $\theta_i=1,v_i=v_j=0,\theta_j=0$ 时的节点力,如图 3-2-3(b)所示,即

$$V_i = -\frac{6EI}{l^2}, M_i = \frac{4EI}{l}$$

$$V_j = \frac{6EI}{l^2}, M_j = \frac{2EI}{l}$$

这是节点 i 的转角对节点 i、j 的节点力贡献。因此单元刚度矩阵 $\boldsymbol{k}^e$ 中第 2 列的 4 个元素写成列阵形式，即

$$\frac{EI}{l^3}[-6l \quad 4l^2 \quad 6l \quad 2l^2]^{\mathrm{T}}$$

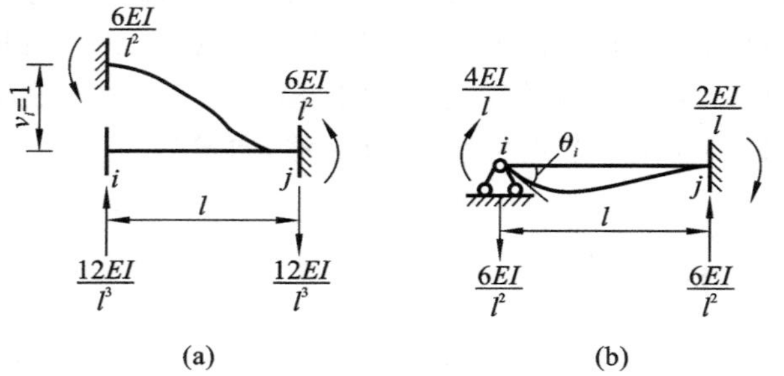

图 3-2-3　梁单元的各节点力

同理，可计算出节点 j 的侧移和转角对节点 i、j 的节点力贡献。综合所得结果，得到水平梁单元的节点力与节点位移之间的关系为

$$\begin{bmatrix} V_i \\ M_i \\ V_j \\ M_j \end{bmatrix} = \frac{EI}{l^3}\begin{bmatrix} 12 & -6l & -12 & -6l \\ -6l & 4l^2 & 6l & 2l^2 \\ -12 & 6l & 12 & 6l \\ -6l & 2l^2 & 6l & 4l^2 \end{bmatrix}\begin{bmatrix} v_i \\ \theta_i \\ v_j \\ \theta_j \end{bmatrix} \tag{3-2-2}$$

式中

$$\boldsymbol{K}^e = \frac{EI}{l^3}\begin{bmatrix} 12 & -6l & -12 & -6l \\ -6l & 4l^2 & 6l & 2l^2 \\ -12 & 6l & 12 & 6l \\ -6l & 2l^2 & 6l & 4l^2 \end{bmatrix}$$

是梁单元在局部坐标系下的单元刚度矩阵。

有时，式(3-2-2)写为

$$\begin{bmatrix} V_i \\ \dfrac{M_i}{l} \\ V_j \\ \dfrac{M_j}{l} \end{bmatrix} = \frac{EI}{l^3}\begin{bmatrix} 12 & -6l & -12 & -6l \\ -6l & 4l^2 & 6l & 2l^2 \\ -12 & 6l & 12 & 6l \\ -6l & 2l^2 & 6l & 4l^2 \end{bmatrix}\begin{bmatrix} v_i \\ l\theta_i \\ v_j \\ l\theta_j \end{bmatrix} \tag{3-2-3}$$

或用梁单元的两节点相对挠度(见图 3-2-4)Δ_{ij} 代替节点的绝对侧移，即

$$\Delta_{ij} = V_i - V_j$$

这时，梁的节点力和节点位移分别为

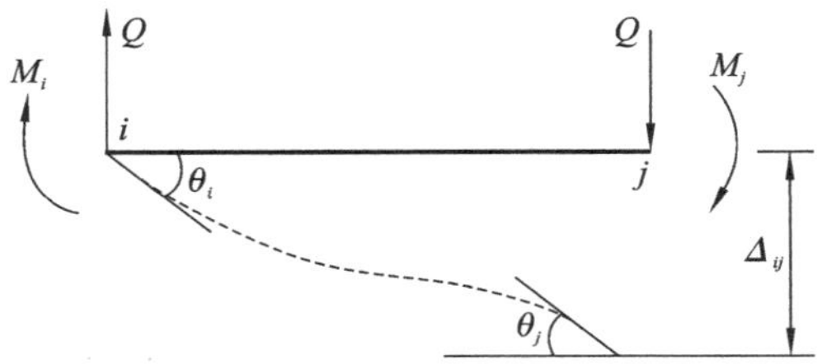

图 3-2-4　两节点相对挠度

$$\boldsymbol{M}^e = \begin{bmatrix} M_i \\ M_j \\ Q \end{bmatrix},\quad \boldsymbol{\delta}^e = \begin{bmatrix} \theta_i \\ \theta_j \\ \Delta_{ij} \end{bmatrix}$$

在式(3-2-2)中，令 $v_i = 0, v_j = -\Delta_{ij}$ 可求得梁单元节点力与节点位移关系如下：

$$\boldsymbol{M}^e = \begin{bmatrix} M_i \\ M_j \\ Q \end{bmatrix} = \frac{EI}{l}\begin{bmatrix} 4 & 2 & -\frac{6}{l} \\ 2 & 4 & -\frac{6}{l} \\ -\frac{6}{l} & -\frac{6}{l} & \frac{12}{l^2} \end{bmatrix}\begin{bmatrix} \theta_i \\ \theta_j \\ \Delta_{ij} \end{bmatrix} \tag{3-2-4}$$

式中的 M、θ、Δ_{ij} 以顺时针方向为正，剪力 Q 则以其力偶顺时针方向为正。

3.2.2　平面刚架单元

平面刚架中的梁单元常常会承受弯矩、剪力、轴力的共同作用，如图 3-2-5 所示。对于短而粗的梁单元，轴向力和剪切变形的影响有时候不容忽视，在计算中必须考虑。也就是在上面讨论的单元节点上再加入轴向的位移 u_i、u_j。下面讨论其单元刚度矩阵。

图 3-2-5 所示单元，在局部坐标下单元节点力向量和单元节点位移向量分别为

$$\boldsymbol{F}^e = \begin{bmatrix} \boldsymbol{F}_i \\ \boldsymbol{F}_j \end{bmatrix} = \begin{bmatrix} U_i \\ V_i \\ M_i \\ U_j \\ V_j \\ M_j \end{bmatrix},\ \boldsymbol{\delta}^e = \begin{bmatrix} \boldsymbol{\delta}_i \\ \boldsymbol{\delta}_j \end{bmatrix} = \begin{bmatrix} u_i \\ v_i \\ \theta_i \\ u_j \\ v_j \\ \theta_j \end{bmatrix} \tag{3-2-5}$$

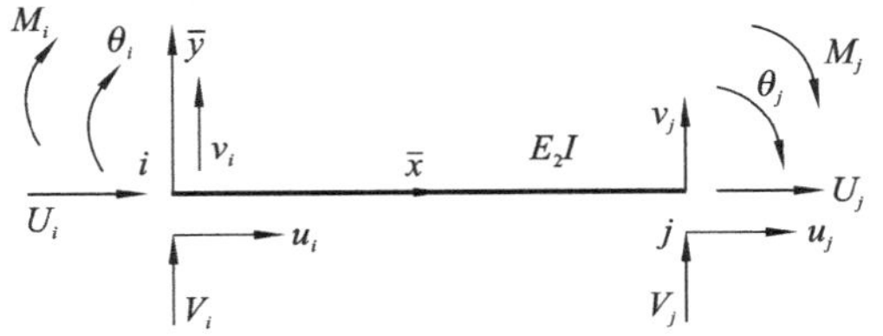

图 3-2-5　梁单元受力情况

经推导得单元在局部坐标系中的刚度方程如下：

$$\begin{bmatrix} U_i \\ V_i \\ M_i \\ U_j \\ V_j \\ M_j \end{bmatrix} = \begin{bmatrix} \frac{EA}{l} & 0 & 0 & -\frac{EA}{l} & 0 & 0 \\ 0 & \frac{12EI}{l^3} & -\frac{6EI}{l^2} & 0 & -\frac{12EI}{l^3} & -\frac{6EI}{l^2} \\ 0 & -\frac{6EI}{l^2} & \frac{4EI}{l} & 0 & \frac{6EI}{l^2} & \frac{2EI}{l} \\ -\frac{EA}{l} & 0 & \frac{EA}{l} & 0 & 0 & 0 \\ 0 & -\frac{12EI}{l^3} & -\frac{6EI}{l^2} & 0 & \frac{12EI}{l^3} & \frac{6EI}{l^2} \\ 0 & \frac{6EI}{l^2} & \frac{2EI}{l} & 0 & \frac{6EI}{l^2} & \frac{4EI}{l} \end{bmatrix} \begin{bmatrix} u_i \\ v_i \\ \theta_i \\ u_j \\ v_j \\ \theta_j \end{bmatrix} \tag{3-2-6}$$

由式(3-2-6)可以看出其中的单元刚度矩阵是对称的、分块的，也是奇异的。

下面用式(3-1-13)所述的转换矩阵的办法，求单元在整体坐标 xiy 下的单刚。在图 3-2-6 中，单元节点力在两种坐标下的关系为

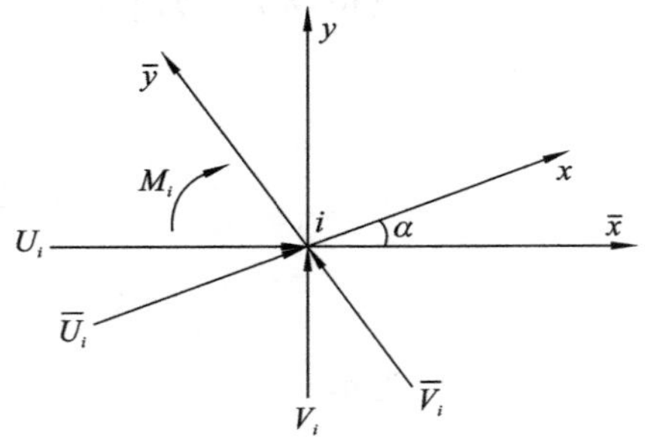

图 3-2-6　单元节点力

$$U_i = U_i\cos\alpha + V_i\sin\alpha$$
$$V_i = -U_i\sin\alpha + V_i\cos\alpha$$
$$M_i = M_i$$
$$U_j = U_j\cos\alpha + V_j\sin\alpha$$
$$V_j = -U_j\sin\alpha + V_j\cos\alpha$$
$$M_j = M_j$$

写成矩阵形式，则有

$$\begin{bmatrix} U_i \\ V_i \\ M_i \\ U_j \\ V_j \\ M_j \end{bmatrix} = \begin{bmatrix} \cos\alpha & \sin\alpha & 0 & & & \\ -\sin\alpha & \cos\alpha & 0 & & \mathbf{0} & \\ 0 & 0 & 1 & & & \\ & & & \cos\alpha & \sin\alpha & 0 \\ & \mathbf{0} & & -\sin\alpha & \cos\alpha & 0 \\ & & & 0 & 0 & 1 \end{bmatrix} \begin{bmatrix} U_i \\ V_i \\ M_i \\ U_j \\ V_j \\ M_j \end{bmatrix}$$

简写为

$$\boldsymbol{F}^e = \boldsymbol{\lambda} \boldsymbol{F}^e \tag{3-2-7}$$

由此可得，局部坐标下的单元刚度矩阵化为整体坐标下的单元刚度矩阵的转换矩阵为

$$\boldsymbol{\lambda} = \begin{bmatrix} \cos\alpha & \sin\alpha & 0 & & & \\ -\sin\alpha & \cos\alpha & 0 & & \mathbf{0} & \\ 0 & 0 & 1 & & & \\ & & & \cos\alpha & \sin\alpha & 0 \\ & \mathbf{0} & & -\sin\alpha & \cos\alpha & 0 \\ & & & 0 & 0 & 1 \end{bmatrix} \tag{3-2-8}$$

这种坐标转换关系也可用于节点载荷的转换，即

$$\boldsymbol{P}^e = \boldsymbol{\lambda} \boldsymbol{P}^e$$

因为 $\boldsymbol{\lambda}$ 是非奇异阵，且正交，故

$$\boldsymbol{P}^e = \boldsymbol{\lambda}^{-1}\boldsymbol{P}^e = \boldsymbol{\lambda}^{\mathrm{T}}\boldsymbol{P}^e \tag{3-2-9}$$

3.2.3　整体刚度矩阵

下面介绍整体刚架分析，要想得到刚架的平衡方程 $\boldsymbol{K\delta}=\boldsymbol{P}$，关键是要建立整体刚度矩阵 $\boldsymbol{K}$，整体刚度矩阵可通过矩阵转换法求得。

第 i 个单元的节点力与节点位移的关系式可写为

$$\boldsymbol{F}_i = \boldsymbol{k}_{ii}\boldsymbol{S}_i \tag{3-2-10}$$

若结构共有 n 个单元，形成 n 个形如式(3-2-10)的式子，可排成矩阵形式，即

$$\begin{bmatrix} F_i \\ \vdots \\ F_3 \\ \vdots \\ F_n \end{bmatrix} = \begin{bmatrix} k_{11} & & & \\ & 0 & & \mathbf{0} \\ & & k_{33} & \\ & \mathbf{0} & & 0 \\ & & & & k_{nn} \end{bmatrix} \begin{bmatrix} S_1 \\ \vdots \\ S_3 \\ \vdots \\ S_n \end{bmatrix}$$

或记为

$$\boldsymbol{F}=\boldsymbol{kS} \tag{3-2-11}$$

在上式中，各单元节点力方程只是简单排列，而平衡方程中各量是经过组装的。设各单元位移向量简单排列所得的 $\boldsymbol{S}$ 与结构的节点位移向量 $\boldsymbol{\delta}$ 的关系为

$$\boldsymbol{S}=\boldsymbol{A\delta} \tag{3-2-12}$$

式中，$\boldsymbol{A}$ 为转换矩阵。

若给结构以虚位移，相应的节点虚位移向量为 $\boldsymbol{\delta}^*$；各单元节点虚位移的简单排列则为 $\boldsymbol{S}^*=\boldsymbol{A\delta}^*$，节点载荷的虚功为 $\boldsymbol{\delta}^{*\mathrm{T}}\boldsymbol{P}$，单元节点力的虚功总和为 $\boldsymbol{S}^{*\mathrm{T}}\boldsymbol{F}$。由虚功原理，则有

$$\boldsymbol{\delta}^{*\mathrm{T}}\boldsymbol{P} = \boldsymbol{S}^{*\mathrm{T}}\boldsymbol{F} = (\boldsymbol{A\delta}^*)^{\mathrm{T}}\boldsymbol{F} = \boldsymbol{\delta}^{*\mathrm{T}}\boldsymbol{A}^{\mathrm{T}}\boldsymbol{F}$$

考虑到 $\boldsymbol{\delta}^*$ 的任意性，经过推导可得

$$\boldsymbol{P} = \boldsymbol{A}^{\mathrm{T}}\boldsymbol{F} = \boldsymbol{A}^{\mathrm{T}}\boldsymbol{kS} = \boldsymbol{A}^{\mathrm{T}}\boldsymbol{kA\delta}$$

与 $\boldsymbol{K\delta}=\boldsymbol{P}$ 比较，得

$$\boldsymbol{K} = \boldsymbol{A}^{\mathrm{T}}\boldsymbol{kA} \tag{3-2-13}$$

式(3-2-13)称为整体刚度矩阵的转换公式。

作用在单元上的载荷分为直接节点载荷和非节点载荷，非节点载荷按静力等效的原则化为节点载荷即载荷移置。通过引入约束条件对整体刚度方程进行修正可求得节点的位移和内力。下面通过一算例来说明用平面刚架单元对结构进行分析的方法。

例 3-2　在图 3-2-7 所示刚架中，两杆为尺寸相同的等截面杆件，横截面面积为 $A=0.5\ \mathrm{m}^2$，截面惯性矩为 $I=\dfrac{1}{24}\mathrm{m}^4$，弹性模量 $E=3\times10^7\ \mathrm{kPa}$，受力如图 3-2-13 所示。解此结构。

解

(1) 单元划分及节点编号如图 3-2-7 所示。

(2) 求局部坐标下的单元刚度矩阵 $\boldsymbol{k}^e$。

$$\frac{EA}{l} = 300\times10^4\ \mathrm{kN/m},\quad \frac{4EI}{l} = 100\times10^4\ \mathrm{kN\cdot m}$$

$$\frac{6EA}{l^2}=30\times10^4\ \mathrm{kN/m},\quad \frac{12EI}{l^3}=12\times10^4\ \mathrm{kN\cdot m}$$

因为两单元的形状相同，则有

$$\boldsymbol{k}^{①}=\boldsymbol{k}^{②}=\begin{bmatrix}300&0&0&-300&0&0\\0&12&-30&0&-12&-30\\0&-30&100&0&30&50\\-300&0&0&300&0&0\\0&-12&30&0&12&30\\0&-30&50&0&30&100\end{bmatrix}\times10^4$$

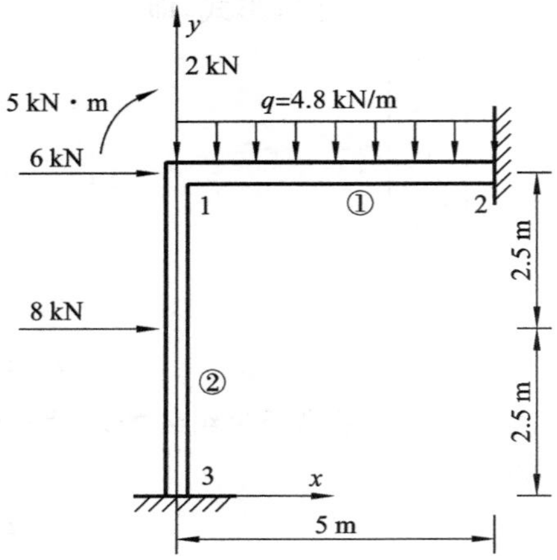

图 3-2-7 刚架

(3) 求整体坐标下的单元刚度矩阵 $\boldsymbol{k}^e$。

由式(3-2-8)，对单元①有 $\alpha=0,\cos\alpha=1,\sin\alpha=0$，则有

$$\boldsymbol{\lambda}^{①}=\begin{bmatrix}1&&&&&\\&1&&&\boldsymbol{0}&\\&&1&&&\\&&&1&&\\&\boldsymbol{0}&&&1&\\&&&&&1\end{bmatrix}=I\quad(6\text{ 阶单位矩阵})$$

对单元②有 $\alpha=90^\circ,\cos\alpha=0,\sin\alpha=1$，则有

$$\boldsymbol{\lambda}^{②}=\begin{bmatrix}1&&&&&\\&1&&&\boldsymbol{0}&\\&&1&&&\\&&&1&&\\&\boldsymbol{0}&&&1&\\&&&&&1\end{bmatrix}=\boldsymbol{I}$$

整体坐标下的单元刚度矩阵为

$$\boldsymbol{K}^{①}=\boldsymbol{\lambda}^{①\mathrm{T}}\boldsymbol{k}^{①}\boldsymbol{\lambda}^{①}=\boldsymbol{I}^{\mathrm{T}}\boldsymbol{k}^{①}\boldsymbol{I}=\boldsymbol{k}^{①}=\begin{bmatrix}300&0&0&-300&0&0\\0&12&-30&0&-12&-30\\0&-30&100&0&30&50\\-300&0&0&300&0&0\\0&-12&30&0&12&30\\0&-30&50&0&30&100\end{bmatrix}\times10^4$$

$$\boldsymbol{K}^{②}=\boldsymbol{\lambda}^{②\mathrm{T}}\boldsymbol{k}^{②}\boldsymbol{\lambda}^{②}=\begin{bmatrix}300&0&0&-300&0&0\\0&12&-30&0&-12&-30\\0&-30&100&0&30&50\\-300&0&0&300&0&0\\0&-12&30&0&12&30\\0&-30&50&0&30&100\end{bmatrix}\times10^4$$

(4) 组集整体刚度矩阵。

用编码法，将单元刚度各子块对应的局部节点号改写成相应的整体码，按此码将单元刚度矩阵中的元素在整体刚度矩阵中“对号入座”，同行列号位上的填入元素相加，则有

$$\boldsymbol{K}=\begin{bmatrix}300+12 & 0 & -30 & -300 & 0 & 0 & -12 & 0 & -30\\ 0 & 12+300 & -30 & 0 & -12 & -30 & 0 & -300 & 0\\ -30 & -30 & 100+100 & 0 & 30 & 50 & 30 & 0 & 50\\ -300 & 0 & 0 & 300 & 300 & 0 & 0 & 0 & 0\\ 0 & 12 & 30 & 0 & 0 & 30 & 0 & 0 & 0\\ 0 & -30 & 50 & 0 & 0 & 100 & 0 & 0 & 0\\ -12 & 0 & 30 & 0 & 0 & 0 & 12 & 0 & 30\\ 0 & -300 & 0 & 0 & 0 & 0 & 0 & 300 & 0\\ -30 & 0 & 50 & 0 & 0 & 0 & 30 & 0 & 100\end{bmatrix}\times 10^4$$

(5) 组集结构的载荷向量。

将载荷 $q=4.8\ \text{kN/m}$，$P=8\ \text{kN}$ 移置为单元的等效节点载荷。对于单元①，当只有分布载荷时，则有

$$\boldsymbol{F}^{①}=\begin{bmatrix}0\\ \dfrac{ql}{2}\\ -\dfrac{ql^2}{12}\\ 0\\ \dfrac{ql}{2}\\ \dfrac{ql^2}{12}\end{bmatrix}=\begin{bmatrix}0\\ 12\\ -10\\ 0\\ 12\\ 10\end{bmatrix}\tag{3-2-14}$$

将式(3-2-14)各元素反号，得单元的等效节点载荷，即

$$\boldsymbol{F}^{①}=\begin{bmatrix}0\\ -12\\ 10\\ 0\\ -12\\ -10\end{bmatrix}\tag{3-2-15}$$

对于单元②，当只有集中载荷时，则有

$$\boldsymbol{F}^{\text{P}②}=\begin{bmatrix}0\\ \dfrac{P}{2}\\ \dfrac{Pl}{8}\\ 0\\ \dfrac{P}{2}\\ -\dfrac{Pl}{8}\end{bmatrix}=\begin{bmatrix}0\\ 4\\ 5\\ 0\\ 4\\ -5\end{bmatrix}\tag{3-2-16}$$

反号后，得到单元的等效节点载荷，即

$$\bar{\boldsymbol{F}}^{②}=\begin{bmatrix}0\\-4\\-5\\0\\-4\\5\end{bmatrix}$$

将 $\bar{\boldsymbol{F}}^{②}$ 再化为整体坐标下的 $\boldsymbol{F}^{②}$。由式(3-2-7)可推出

$$\boldsymbol{F}^{②}=\boldsymbol{\lambda}^{②\mathrm{T}}\bar{\boldsymbol{F}}^{②}$$

所以

$$\boldsymbol{F}^{②}=\begin{bmatrix}0&-1&0&&&\\1&0&0&&\boldsymbol{0}&\\0&0&1&&&\\&&&0&-1&0\\&\boldsymbol{0}&&1&0&0\\&&&0&0&1\end{bmatrix}\begin{bmatrix}0\\-4\\-5\\0\\-4\\5\end{bmatrix}=\begin{bmatrix}4\\0\\-5\\4\\0\\5\end{bmatrix}\tag{3-2-17}$$

将式(3-2-15)、式(3-2-17)按整体节点相叠加，则得两个非节点载荷 P 和 q 引起的结构等效节点载荷，即

$$\boldsymbol{F}_{\mathrm{E}}=\begin{bmatrix}4\\-12\\10-5\\0\\-12\\-10\\4\\0\\5\end{bmatrix}$$

最后，将节点载荷 6 kN、2 kN 和 5 kN 与上式相叠加，则得刚架的结构载荷向量，即

$$\boldsymbol{F}_{\mathrm{C}}=\begin{bmatrix}4+6\\-12+2\\5+5\\0\\-12\\-10\\4\\0\\5\end{bmatrix}=\begin{bmatrix}10\\-10\\10\\0\\-12\\-10\\4\\0\\5\end{bmatrix}$$

考虑到约束反力最终将在处理边界条件时被消去，$\boldsymbol{F}_{\mathrm{C}}$ 中没有计入约束反力。

(6) 引入支承条件，列平衡方程。

由题可知，支承条件为 $\delta_2=\delta_3=0$，平衡方程修改为

$$10^4 \times \begin{bmatrix} 312 & 0 & -30 & & \\ 0 & 312 & -30 & \mathbf{0} & \mathbf{0} \\ -30 & -30 & 200 & & \\ & \mathbf{0} & & k_{22} & \\ & \mathbf{0} & & & k_{33} \end{bmatrix} \begin{bmatrix} u_1 \\ v_1 \\ \theta_1 \\ u_2 \\ v_2 \\ \theta_2 \\ u_3 \\ v_3 \\ \theta_3 \end{bmatrix} = \begin{bmatrix} 10 \\ -10 \\ 10 \\ 0 \\ 0 \\ 0 \\ 0 \\ 0 \\ 0 \end{bmatrix}$$

解上式得

$$\begin{bmatrix} u_1 \\ v_1 \\ \theta_1 \end{bmatrix} = \begin{bmatrix} 3.7002 \\ -2.7101 \\ 5.1485 \end{bmatrix} \times 10^5$$

(7) 求各梁端的内力。

单元①

$$\boldsymbol{F}^{①} = 10^{-2} \begin{bmatrix} 300 & 0 & 0 & -300 & 0 & 0 \\ 0 & 12 & -30 & 0 & -12 & -30 \\ 0 & -30 & 100 & 0 & 30 & 50 \\ -300 & 0 & 0 & 300 & 0 & 0 \\ 0 & -12 & -30 & 0 & 12 & 30 \\ 0 & -30 & 50 & 0 & 30 & 100 \end{bmatrix} \begin{bmatrix} 3.7002 \\ -2.7101 \\ 5.1485 \\ 0 \\ 0 \\ 0 \end{bmatrix} + \begin{bmatrix} 0 \\ 12 \\ -10 \\ 0 \\ 12 \\ 10 \end{bmatrix} = \begin{bmatrix} 11.1006 \\ 10.1302 \\ -4.0385 \\ -11.1006 \\ 13.8698 \\ 13.3873 \end{bmatrix}$$

单元②

$$\boldsymbol{F}^{②} = 10^{-2} \begin{bmatrix} 300 & 0 & 0 & -300 & 0 & 0 \\ 0 & 12 & -30 & 0 & -12 & -30 \\ 0 & -30 & 100 & 0 & 30 & 50 \\ -300 & 0 & 0 & 300 & 0 & 0 \\ 0 & -12 & -30 & 0 & 12 & 30 \\ 0 & -30 & 50 & 0 & 30 & 100 \end{bmatrix} \begin{bmatrix} 0 \\ 0 \\ 0 \\ -2.7101 \\ -3.7002 \\ 5.1485 \end{bmatrix} + \begin{bmatrix} 0 \\ 4 \\ 5 \\ 0 \\ 4 \\ -5 \end{bmatrix} = \begin{bmatrix} 8.1303 \\ 2.8995 \\ 6.4643 \\ -8.1303 \\ 5.1005 \\ -0.9615 \end{bmatrix}$$

3.3　空间杆件结构的有限元算例

杆系结构是由若干杆件组成的，在土木、建筑、机械、船舶和水利等工程中应用广泛。在杆系结构中，多根杆件的汇交连接处称为节点。在每一节点，各杆端之间不得有相对线位移。节点分为铰节点和刚节点。在铰节点上，各杆件之间的夹角可以自由变，铰节点不能传递力矩；在刚节点上，各杆件之间夹角保持不变，刚节点能传递力矩。杆系结构在生产和生活中应用广泛，比较常见的有平面杆系和空间杆系。前面介绍了杆系结构的有限元求解中刚度矩阵的确定，本节选择某油田平台的火炬臂为有限元分析对象，探讨对空间杆系结构进行有限元分析所遇到的问题以及相应的解决措施。

选择的油田平台火炬臂高度约为 27.385 m，横截面形状为三角形，由根部至顶部逐渐变窄,火炬臂的根部与平台甲板为三点式焊接连接。从尺寸来看,此火炬臂为常规的火炬臂,钢管材料为 Q235 钢,结构形状如图 3-3-1 所示。此火炬臂工作时间较长,结构的稳定性下降,表面也有不同程度的损坏;现要搭建火炬臂脚手架对其进行修复和保养,需要对此火炬臂的承载能力和搭建脚手架的安全稳定性进行评估计算,确保在修复和保养工作过程中的安全性和施工的顺利进行。

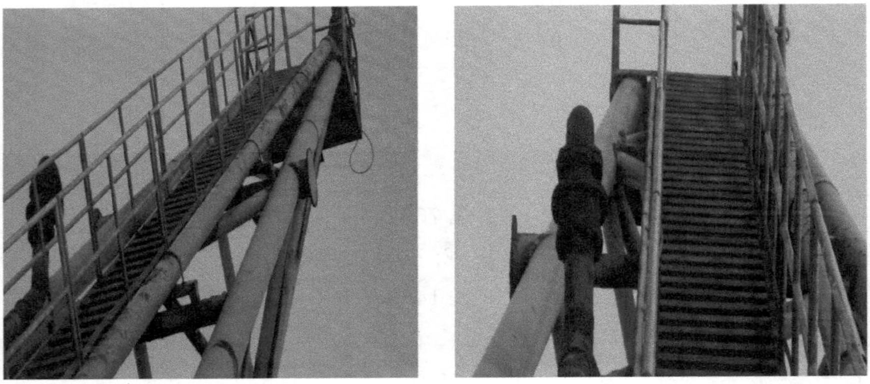

图 3-3-1　火炬臂的实物图

对于这样的一个空间杆系结构,为对其进行有限元分析,首先需要对该结构进行三维建模,在三维建模的过程中,主要存在的问题体现在连接处,即如何在三维建模中实现杆件之间的有效连接是建模的重点和难点。

在建立图 3-3-2 所示的三维模型时,主要考虑节点位置处的各根杆件的连接问题。因为该结构中各杆件均为刚性连接,所以可以采用各根杆件直接固结在一起的方式对其进行限定,即在连接处将其视为一体进行研究分析。若在建立三维模型时模型中存在其他的连接方式,比如铰接,则可以通过限制各杆件之间的自由度对其进行建模,也可以通过使用不同连接方式下的刚度矩阵对其进行限制。在三维建模中,主要的难点就在于连接处的处理上,要在保证贴切实际的基础上做最大限度的简化,以为之后的有限元分析提供便利。

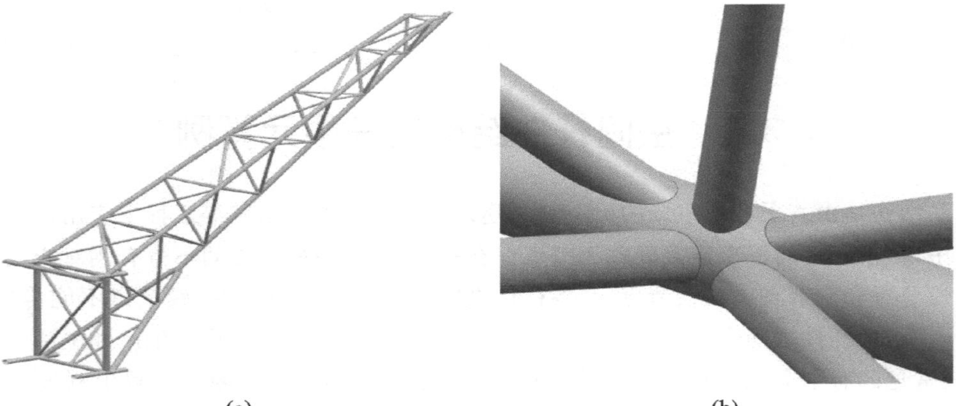

(a)　　(b)

图 3-3-2　油田平台火炬臂的三维建模及连接处结构

三维模型建立完成后,将三维模型导入 ABAQUS/CAE 软件中,进行快速网格划分,将模型有限单元化。得到的网格划分后的模型如图 3-3-3(a)所示。

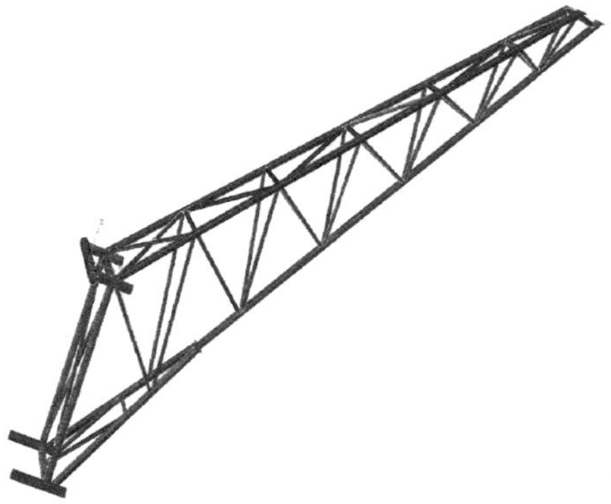

(a)

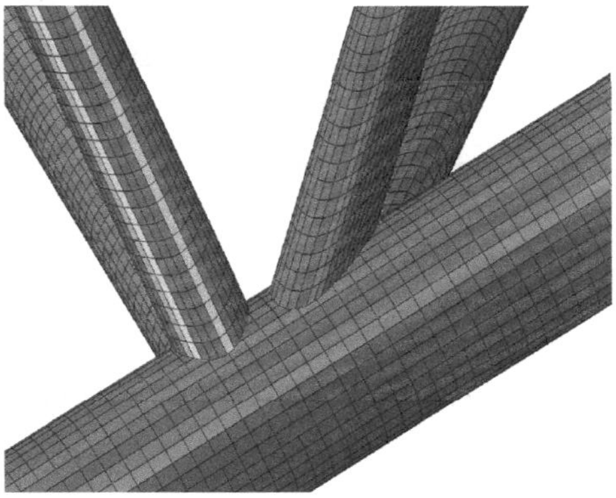

(b)

图 3-3-3　油田平台火炬臂的网格化后的三维模型

由于钢管的厚度相比于长度来说很小，加之钢管部件之间为焊接连接，其接口之间连接复杂，而且接口不规则，必须对接口处进行细化的网格划分，才能够保证划分的网格导入 ABAQUS 软件进行分析计算的准确性，接口处的网格划分如图 3-3-3(b)所示。在该算例中，由于结构比较简单，故该结构可以直接采用快速网格化的方法对模型进行网格划分。但是若对于较为复杂的模型，则需将复杂部分从整体中拆分出来，然后对该模型局部进行进一步的网格调整以达到模型计算的要求。

网格划分完成后，需要对各部件之间的连接方式进行定义，本算例将焊接连接简化为 ABAQUS/CAE 环境中的 tie 连接，整体的 tie 连接如图 3-3-4(a)所示。由于面-面连接选取的主面非常贴近次面的接口，因此选取这样的 tie 连接比较接近实际的焊接连接，局部具体示意图如图 3-3-4(b)所示。

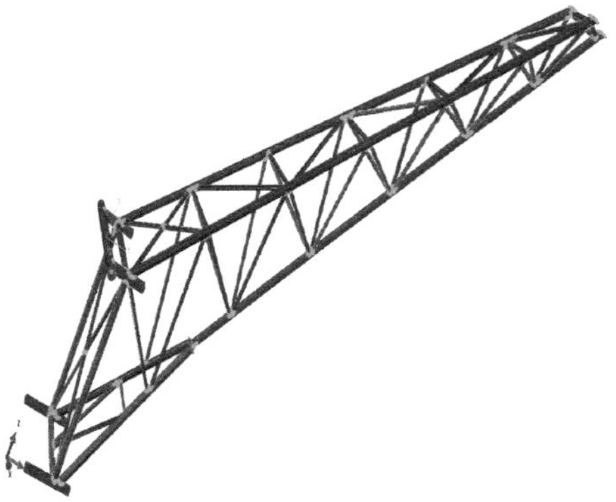

(a)

(b)

图 3-3-4　整体模型的 tie 连接图

定义了连接的属性，在结构上完成载荷的加载和边界条件的定义之后，即可利用 ABAQUS/CAE 进行有限元的计算，得到的计算结果云图如图 3-3-5 所示。

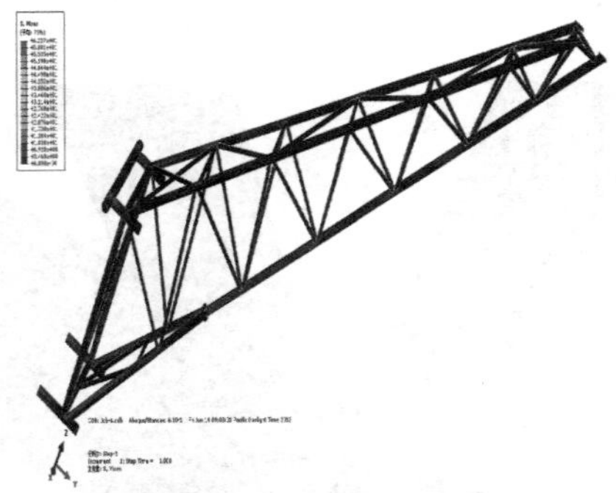

(a)火炬臂整体自重条件下的应力云图

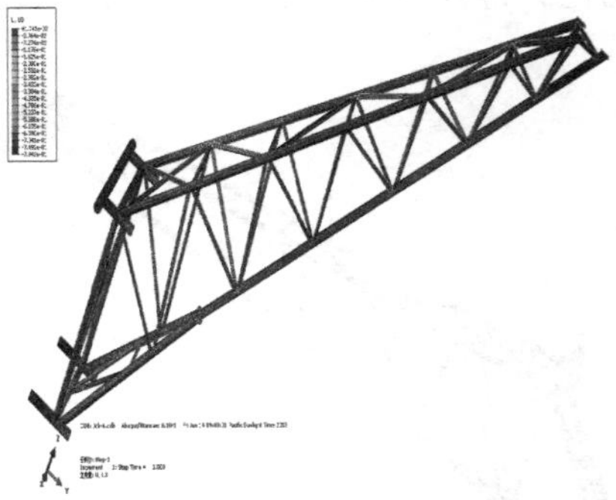

(b)火炬臂整体自重条件下的位移云图

图 3-3-5　结果云图

本章小结

本章介绍了桁架分析中的基本假设,描述了使用整体坐标系和局部坐标系的重要性,强调了它们在描述节点位移时的作用,并介绍了通过变换矩阵联系不同参照系给出的信息的方法。介绍了单元刚度矩阵和总刚度矩阵的区别,并描述了如何将单元刚度矩阵组合成桁架的总刚度矩阵。介绍了将边界条件和载荷应用到总体矩阵以得到节点位移的解的方法,并描述了如何从位移结果得到每个杆件的内力和应力。

第 4 章　板壳问题的有限元法

在工程结构中，如果构件具有在两个方向的几何尺寸为同一数量级，而在另外一个方向的几何尺寸较前两个方向的小一个量级的特点，那么可以称这种构件为二维板件。实际上，此处采用了一种假设，而正是这种假设，可以避免因求解方程系数矩阵时元素间相差过大而造成的困难。另外，根据受到的载荷作用不同，二维板件亦可以分为弯曲板与平面应力板两种。

壳体结构通常是指层状的结构。它的受力特点是外力作用在结构体的表面上，如压力容器、潜艇外壳等。壳体由两个称为壳面的曲面所限定，且壳面之间的距离比物体的其他尺寸小得多。在壳体中，还有两个概念，即壳中面和壳厚度，壳中面定义为距离两壳面等距离的点所形成的曲面，而中面的法线被两壳面截断的长度则称为壳厚度。

4.1　平板弯曲的有限元法

薄板弯曲问题的有限元分析，同平面问题、空间问题的有限元分析过程一样，也分为离散化、单元分析、整体分析，但该类单元一般不能满足位移的全部协调性要求，所以单元类型分为协调元与非协调元。关于薄板分析，通常对变形与应力分析做 Kirchhoff 假设。

(1) 直法线假设：变形前与中面垂直的直线，变形后仍是垂直于中面的直线，且线段长度保持不变。

(2) 厚度方向位移不变假设：薄板中面内各点没有平行于中面的位移，即中面内任意一点沿 x 方向及 y 方向的位移 $u_0=0$、$v_0=0$，而且只有沿中面法线方向的挠度 w_0，在忽略挠度 w 沿板厚的变化时，可认为在同一厚度各点的挠度相同，都等于中面的挠度。

(3) 互不挤压假设：应力分量 σ_z、τ_{zx}、τ_{zy} 远小于其他三个应力分量 σ_x、σ_y、τ_{xy}，并取 $\sigma_z=0$，即平行于板中面的各层互不挤压。

由弹性力学知，所谓薄板是指板厚 t 与板面最小特征尺寸 b 的比值在下列范围内的平板：

$$\left(\frac{1}{80}\sim\frac{1}{100}\right)<\frac{t}{b}<\left(\frac{1}{5}\sim\frac{1}{8}\right) \tag{4-1-1}$$

平分板厚的平面称为板的中面。下面简要介绍弹性薄板理论的一些基本公式。

4.1.1　薄板小挠度弯曲的基本方程式

1. 薄板的几何方程

如图 4-1-1 所示，取板的中面为 xOy 平面，z 轴垂直于 xOy 平面。薄板由于弯曲变形而产生的位移场为

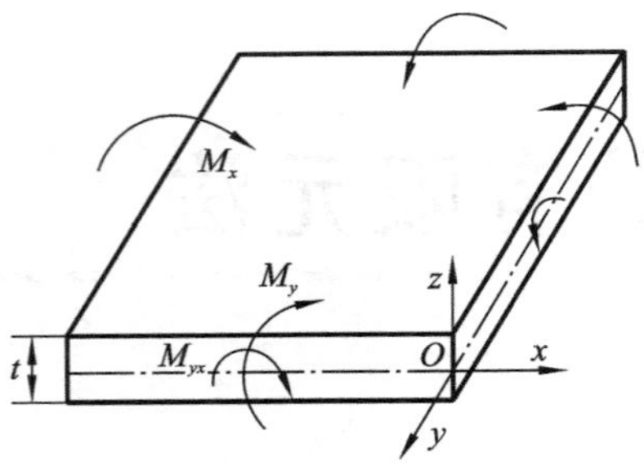

图 4-1-1　薄板弯曲的坐标与广义力

$$
\left.\begin{aligned}
u &= -z\frac{\partial w}{\partial x}\\
v &= -z\frac{\partial w}{\partial y}\\
w &= w(x,y) \qquad \left(-\frac{t}{2}\leqslant z\leqslant\frac{t}{2}\right)
\end{aligned}\right\}\tag{4-1-2}
$$

其中，t 为板的厚度。由几何方程可以得到薄板的应变场的矩阵形式为

$$
\boldsymbol{\varepsilon}=\begin{bmatrix}\varepsilon_x\\ \varepsilon_y\\ \varepsilon_z\end{bmatrix}=\begin{bmatrix}-z\dfrac{\partial^2 w}{\partial x^2}\\ -z\dfrac{\partial^2 w}{\partial y^2}\\ -2z\dfrac{\partial^2 w}{\partial x\partial y}\end{bmatrix}=z\boldsymbol{k}\tag{4-1-3}
$$

在此，定义

$$
\boldsymbol{k}=\begin{Bmatrix}k_x\\ k_y\\ k_z\end{Bmatrix}=\begin{bmatrix}-\dfrac{\partial^2 w}{\partial x^2}\\ -\dfrac{\partial^2 w}{\partial y^2}\\ -2\dfrac{\partial^2 w}{\partial x\partial y}\end{bmatrix}=\boldsymbol{\Gamma}w\tag{4-1-4}
$$

其中

$$
\boldsymbol{\Gamma}=\begin{bmatrix}-\dfrac{\partial^2}{\partial x^2}\\ -\dfrac{\partial^2}{\partial y^2}\\ -2\dfrac{\partial^2}{\partial x\partial y}\end{bmatrix}\tag{4-1-5}
$$

此处，$\boldsymbol{k}$ 为薄板的曲率场或称为薄板的广义应变，k_x，k_y 和 k_{xy} 分别表示薄板弯曲后中面在 x 方向的曲率、y 方向的曲率以及在 x 和 y 方向的扭率。

2. 薄板的平衡方程

薄板的弯矩场或称为薄板的广义应力包括垂直于 x 轴和垂直于 y 轴的截面上单位长度的弯矩、垂直于 $x(y)$ 轴截面上单位长度的扭矩，即

$$
\boldsymbol{M}=\begin{bmatrix}M_x\\ M_y\\ M_{xy}\end{bmatrix}\tag{4-1-6}
$$

根据应力沿 z 方向成线性分布的性质，由薄板的弯矩场可以计算出板内任一点的应力，即

$$
\sigma_x=\frac{12M_x}{t^3}Z,\quad \sigma_y=\frac{12M_y}{t^3}Z,\quad \tau_{xy}=\frac{12M_{xy}}{t^3}Z\tag{4-1-7}
$$

相应地，薄板的弯矩场可以使用应力求出，即

$$M_x = \int_{-\frac{t}{2}}^{\frac{t}{2}} z\sigma_x \mathrm{d}z, \quad M_y = \int_{-\frac{t}{2}}^{\frac{t}{2}} z\sigma_y \mathrm{d}z, \quad M_{xy} = \int_{-\frac{t}{2}}^{\frac{t}{2}} z\tau_{xy} \mathrm{d}z \tag{4-1-8}$$

引入垂直于 x 轴、y 轴的截面上单位长度横向剪力 Q_x、Q_y 与 z 方向板的横向分布载荷 q，可以得到板的平衡方程为

$$\left.\begin{aligned} \frac{\partial M_x}{\partial x} + \frac{\partial M_{xy}}{\partial y} - Q_x = 0 \\ \frac{\partial M_{xy}}{\partial x} + \frac{\partial M_{xy}}{\partial y} - Q_y = 0 \\ \frac{\partial M_x}{\partial x} + \frac{\partial M_y}{\partial y} + q = 0 \end{aligned}\right\} \tag{4-1-9}$$

根据以上板的平衡方程，可以得到使用弯矩、扭矩和载荷表示的平衡方程，即

$$\frac{\partial^2 M_x}{\partial x^2} + 2\frac{\partial^2 M_{xy}}{\partial x \partial y} + \frac{\partial^2 M_y}{\partial y^2} + q = 0 \tag{4-1-10}$$

3. 薄板物理方程与位移法基本微分方程

板的广义应力与广义应变关系为

$$\boldsymbol{M} = \boldsymbol{D}_b \boldsymbol{k} \tag{4-1-11}$$

其中，$\boldsymbol{D}_b$ 为弹性系数矩阵，对于各向同性材料有

$$\boldsymbol{D}_b = \frac{Et^3}{12(1-\mu^2)}\begin{bmatrix} 1 & \mu & 0 \\ \mu & 1 & 0 \\ 0 & 0 & \frac{1-\mu}{2} \end{bmatrix} = D_0 \begin{bmatrix} 1 & \mu & 0 \\ \mu & 1 & 0 \\ 0 & 0 & \frac{1-\mu}{2} \end{bmatrix} \tag{4-1-12}$$

其中，D_0 为板的弯曲刚度，其定义为

$$D_0 = \frac{Et^3}{12(1-\mu^2)} \tag{4-1-13}$$

将 $\boldsymbol{k}$ 的值代入，化简后可以得到薄板弯曲问题按照位移法求解的基本方程：

$$D_0\left(\frac{\partial^4 w}{\partial x^4} + 2\frac{\partial^4 w}{\partial x^2 \partial y^2} + \frac{\partial^4 w}{\partial y^4}\right) = q \tag{4-1-14}$$

4. 薄板边界条件

薄板弯曲问题的边界条件可以分为如下三种情况。

（1）在固支边 S_1 上，给定位移 $\overline{w}$ 和截面转角 $\bar{\theta}_n$，即

$$w\,|_{S_1} = \overline{w}, \quad \frac{\partial w}{\partial n}\,|_{S_1} = \bar{\theta}_n \tag{4-1-15}$$

其中，n 表示边界的外法线方向。

（2）在简支边 S_2 上，给定位移 $\overline{w}$ 和力矩 $\overline{M}_n$，即

$$w\,|_{S_2} = \overline{w}, \quad M_n\,|_{S_2} = \overline{M}_n \tag{4-1-16}$$

（3）在自由边 S_3 上，给定力矩 $\overline{M}_n$ 和横向载荷 $\overline{F}_n$，即

$$M_n\,|_{S_3} = \overline{M}_n, \left(Q_n + \frac{\partial M_{ns}}{\partial s}\right)|_{S_3} = \overline{F}_n \tag{4-1-17}$$

式中：s 表示边界的切线方向；Q_n 是边界截面上单位长度的横向剪力。

$$Q_n = \frac{\partial M_n}{\partial n} + \frac{\partial M_{ns}}{\partial s} = -\frac{Et^3}{12(1-\mu^2)}\frac{\partial}{\partial n}\left(\frac{\partial^2 w}{\partial n^2} + \frac{\partial^2 w}{\partial s^2}\right) \tag{4-1-18}$$

4.1.2　矩形薄板单元

1. 位移函数的选取

如图 4-1-2 所示，矩形薄板单元有 12 个自由度，而薄板的变形则只取决于板的 z 向挠度 w，w 只是 x、y 的函数，因此，可取位移函数为

$$w = \alpha_1 + \alpha_2 x + \alpha_3 y + \alpha_4 x^2 + \alpha_5 xy + \alpha_6 y^2 + \alpha_7 x^3 + \alpha_8 x^2 y + \alpha_9 xy^2 + \alpha_{10} y^3 + \alpha_{11} x^3 y + \alpha_{12} xy^3 \tag{4-1-19}$$

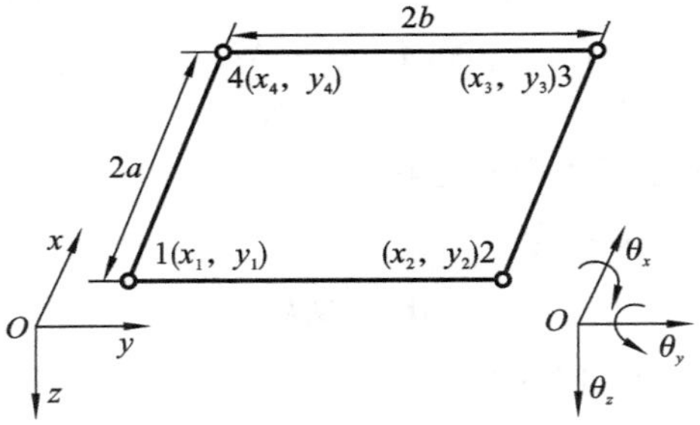

图 4-1-2　矩形薄板单元

2. 位移函数的收敛性分析

(1) 单元内位移函数是连续的。

(2) 位移函数的前三项反映了单元的刚体位移。

$w = \alpha_1$ 反映了单元沿 z 方向的刚体平移，$\theta_x = \dfrac{\partial w}{\partial x} = \alpha_3$ 与 $\theta_y = -\dfrac{\partial w}{\partial y} = -\alpha_2$ 分别反映了单元绕 x 轴和 y 轴的刚体转动。

(3) 位移函数的二次项反映了单元的常应变。

对板件而言，常应变是指曲率与常扭率，曲率 $\chi_x = -2\dfrac{\partial^2 w}{\partial x^2} = -2\alpha_4$ 反映了 x 方向常曲率状态，$\chi_y = -\dfrac{\partial^2 w}{\partial y^2} = -2\alpha_6$ 则反映了 y 方向常曲率状态，而扭率 $\chi_{xy} = -2\dfrac{\partial^2 w}{\partial x \partial y} = -2\alpha_5$ 反映了 x 和 y 方向常扭率状态。

(4) 相邻单元公共边界上位移的协调性分析

在边 1-2 上，$y = -b$，所以挠度 w 是 x 的三次函数，在此给出假设

$$w = a_1 + a_2 x + a_3 x^2 + a_4 x^3 \tag{4-1-20}$$

可以发现，以上关于挠度的表达式中含有四个未知数，为了求解该未知数，可以利用节点 1 和节点 2 处的两个节点位移 w_1、w_2 以及切线转角 $\theta_{y1} = -\left(\dfrac{\partial w}{\partial x}\right)_1$、$\theta_{y2} = -\left(\dfrac{\partial w}{\partial x}\right)_2$，依据以上四个表达式就可以唯一确定所有四个未知数。

对于以 1-2 边为公共边的两个相邻单元来说，由于两个单元在节点 1 和节点 2 有相同的位移和切线转角值，因此这两个单元可根据以上四个表达式确定完全相同的挠度方程，这表明两个单元在公共边界上有相同的挠度。这就同时保证了在单元公共边界上挠度 w 和切向转

角的连续性。

同样的，在边 1-2 上，法向导数 $\theta_x = \dfrac{\partial w}{\partial y}$ 是 x 的三次函数，依然做出假设

$$\theta_x = b_1 + b_2 x + b_3 x^2 + b_4 x^3 \tag{4-1-21}$$

为了确定式(4-1-21)中的四个未知数，同样需要四个表达式。但是，根据节点 1 和节点 2 只能提供条件 θ_{x1} 和 θ_{x2}，所以关于法向导数的未知数不能够完全确定，这就是说两个相邻单元在公共边界 1-2 上的法向导数方程不完全相同，故位移函数不能保证单元间边界上法向导数的连续性。

综上所述，矩形单元的位移函数式反映了单元的刚体位移和常应变条件，相邻单元的位移协调性要求只是部分得到满足，因而，它是一个非协调单元。

4.1.3　三角形薄板单元

三角形单元可以较好地适用于不规则边界形状的情况，因此在实际中取得了较多的应用。三角形单元的典型示意图如图 4-1-3 所示。

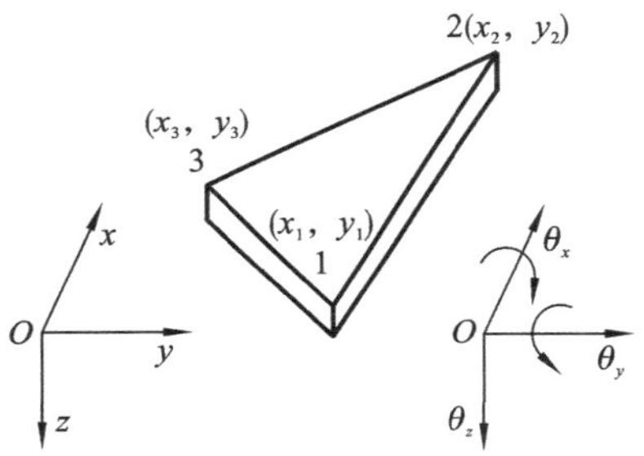

图 4-1-3　三节点三角形薄板单元

由图可知，每个节点有三个位移参数，故每个单元有九个节点位移参数。如果将挠度 w 的插值函数假设为 x 和 y 的多项式，则该多项式应该包括九项。但是，一个完整的三次多项式应该包括十项，即可以假设为

$$\begin{aligned} w = {} & c_1 + c_2 x + c_3 y + c_4 x^2 + c_5 xy + c_6 y^2 \\ & + c_7 x^3 + c_8 x^2 y + c_9 xy^2 + c_{10} y^3 \end{aligned} \tag{4-1-22}$$

可以看到，该表达式相较于三角形薄板单元的节点位移参数多余了一项，则该项必须删除。与矩形单元的挠度插值函数相仿，式(4-1-22)中的前六项代表刚度位移和常应变，这是保证单元收敛所必需的。但是，其中的三次项删去任何一项，都不能保证 x 和 y 的对称性。为了保证 x 和 y 的对称性，有以下两种多项式形式可以选取。

第一种为

$$\begin{aligned} w(x,y) &= c_1 + c_2 x + c_3 y + c_4 x^2 + c_5 y^2 + c_6 x^3 + c_7 x^2 y + c_8 xy^2 + c_9 y^3 \\ &= [1 \quad x \quad y \quad x^2 \quad y^2 \quad x^3 \quad x^2 y \quad xy^2 \quad y^3]\{c\} \\ &= [P(x,y)]\{c\} \end{aligned} \tag{4-1-23}$$

其中

$$\{c\} = [c_1 \quad c_2 \quad c_3 \quad c_4 \quad c_5 \quad c_6 \quad c_7 \quad c_8 \quad c_9]^{\mathrm{T}} \tag{4-1-24}$$

第二种为

$$\begin{aligned} w(x,y) &= c_1 + c_2 x + c_3 y + c_4 xy + c_5 x^2 + c_6 y^2 + c_7 x^3 + c_8 (xy^2 + x^2 y) + c_9 y^3 \\ &= [1 \quad x \quad y \quad xy \quad x^2 \quad y^2 \quad x^3 \quad xy^2 + x^2 y \quad y^3]\{c\} \\ &= [P(x,y)]\{c\} \end{aligned} \tag{4-1-25}$$

值得注意的是，第一种多项式形式由于舍弃了二次项 xy，所以常扭率 $\dfrac{\partial^2 w}{\partial x \partial y}$ 无法得到保

证，不能满足收敛准则中的完备性要求。而对于第二种多项式形式，当三角形的两边分别平行于坐标轴 x 轴与 y 轴时，则无法通过节点位移协调条件来确定位置参数 λ_i，所以必须在划分单元时避免平行的情况，该多项式形式才可用。

将节点坐标代入以上两种多项式中，可以得到

$$\boldsymbol{\delta}^e = \boldsymbol{G}\{c\} \tag{4-1-26}$$

$$\{c\} = \boldsymbol{G}^{-1}\boldsymbol{\delta}^e \tag{4-1-27}$$

再将以上获得的表达式代入原多项式中，有

$$w = [P(x,y)]\boldsymbol{G}^{-1}\boldsymbol{\delta}^e = \boldsymbol{N}\boldsymbol{\delta}^e \tag{4-1-28}$$

此处

$$\begin{aligned}\boldsymbol{N} &= [P(x,y)]\boldsymbol{G}^{-1} \\ &= [N_1 \quad N_{x1} \quad N_{y1} \quad N_2 \quad N_{x2} \quad N_{y2} \quad N_3 \quad N_{x3} \quad N_{y3}]\end{aligned} \tag{4-1-29}$$

将式(4-1-29)代入薄板的曲率场表达式中，可得到

$$\boldsymbol{k} = \boldsymbol{B}\{\boldsymbol{\delta}\}^e \tag{4-1-30}$$

其中

$$\boldsymbol{B} = \begin{bmatrix} \dfrac{\partial^2 N_1}{\partial x^2} & \dfrac{\partial^2 N_{x1}}{\partial x^2} & \dfrac{\partial^2 N_{y1}}{\partial x^2} & \dfrac{\partial^2 N_2}{\partial x^2} & \cdots & \dfrac{\partial^2 N_{y3}}{\partial x^2} \\ -\dfrac{\partial^2 N_1}{\partial y^2} & \dfrac{\partial^2 N_{x1}}{\partial y^2} & \dfrac{\partial^2 N_{y1}}{\partial y^2} & \dfrac{\partial^2 N_2}{\partial y^2} & \cdots & \dfrac{\partial^2 N_{y3}}{\partial y^2} \\ 2\dfrac{\partial^2 N_1}{\partial x \partial y} & 2\dfrac{\partial^2 N_{x1}}{\partial x \partial y} & 2\dfrac{\partial^2 N_{y1}}{\partial x \partial y} & 2\dfrac{\partial^2 N_2}{\partial x \partial y} & \cdots & 2\dfrac{\partial^2 N_{y3}}{\partial x \partial y} \end{bmatrix}_{3\times 9} \tag{4-1-31}$$

单元刚度矩阵为

$$\boldsymbol{K}^e = \iint_R \boldsymbol{B}^T \boldsymbol{D}_b \boldsymbol{B} \mathrm{d}x\mathrm{d}y \tag{4-1-32}$$

其中

$$\boldsymbol{D}_b = \frac{Et^3}{12(1-\mu^2)} \begin{bmatrix} 1 & \mu & 0 \\ \mu & 1 & 0 \\ 0 & 0 & \dfrac{1-\mu}{2} \end{bmatrix} \tag{4-1-33}$$

综上所述，以上所提出的两种薄板单元的位移函数均满足单元边界上位移的连续性，但是不能满足法向导数的连续性，因而是非协调单元。

4.1.4　板的有限元静力分析

材料夹杂是工程实际中非常重要的研究内容，也是人们尝试改善材料性质的重要途径。当前，多孔材料、夹层材料及声学超材料均是典型的材料夹杂问题。声学超材料是将两种不同属性的材料进行耦合与夹杂，操纵弹性波或声波在其中传播的特性，是当前热门的研究领域。对于材料夹杂问题，有限元分析是揭示其力学机理的有效手段。此外，通过材料夹杂板的实例分析，有利于读者理解板壳相关理论知识，并利用基础理论指导工程有限元分析。

本节利用 ABAQUS 来分析矩形材料夹杂板的静力学特征，说明工程软件中板结构静力学分析的大致过程，以及讨论材料夹杂对板静力学特性的影响。板几何中心处有个 $\phi 20$ 的不同类型材料区域，四个角均布四个 $\phi 10$ 的不同类型材料区域，如图 4-1-4 所示。深色圆形区域

与浅色矩形区域的材料属性不同，其中圆形区域：弹性模量 400 Gpa，泊松比为 0.3。矩形区域：弹性模量 200 Gpa，泊松比为 0.3。板的边界条件为左边固支，其他边界自由。在右边边界上施加方向向右的均布载荷，其大小为 100 MPa。

打开 ABAQUS/CAE 软件，创建五个圆形板和含五个圆孔的矩形板，然后将圆形板与含圆孔的矩形板进行装配。为后续定义材料属性与划分网格，合并部件时应在相交边界选项处勾选“保持”选项。装配后的夹杂复合板结构如图 4-1-5 所示。

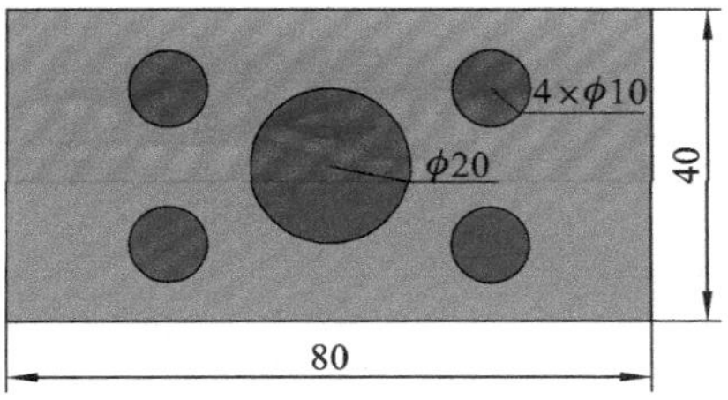

图 4-1-4　板结构示意图

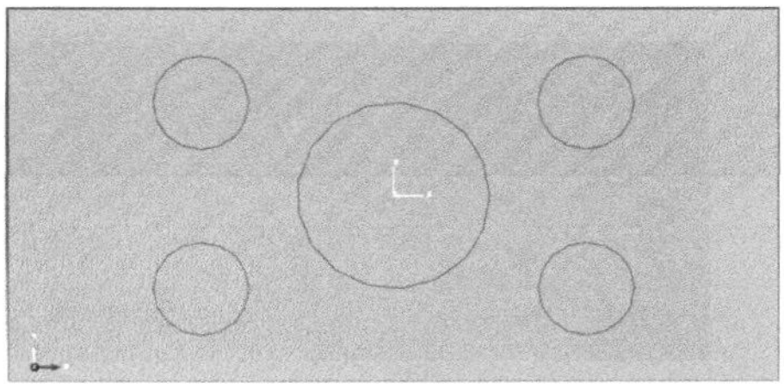

图 4-1-5　合并后的夹杂复合板结构

在材料属性模块，创建圆形板的材料参数及矩形板的材料参数，并创建截面属性，将截面属性赋予夹杂复合板。随后，创建分析步与输出变量。在载荷模块中，在矩形板的左侧创建约束 U1、U3 和 UR2 三个自由度的边界条件，而在板的右侧施加大小为 100 MPa，方向水平向右的均布载荷。载荷与边界条件创建完成后，如图 4-1-6 所示。

进入网格模块进行网格划分。对于夹杂板，因不同区域有不同的材料属性，且材料属性有较大差异，因此网格划分的质量将直接影响计算结果。根据夹杂板几何形状与材料分布情况，采用沿边布种的方式，即矩形板的左右两侧边缘单元尺寸近似为 2，上下边缘单元尺寸近似为 4，大小圆区域的单元尺寸近似为 0.5，选用 CPS4R 类型单元，网格划分结果如图 4-1-7 所示。本例中对有较大弹性模量的圆形夹杂区域进行了网格细化，这样的划分有利于更好地模拟夹杂对矩形板应力状态的影响。

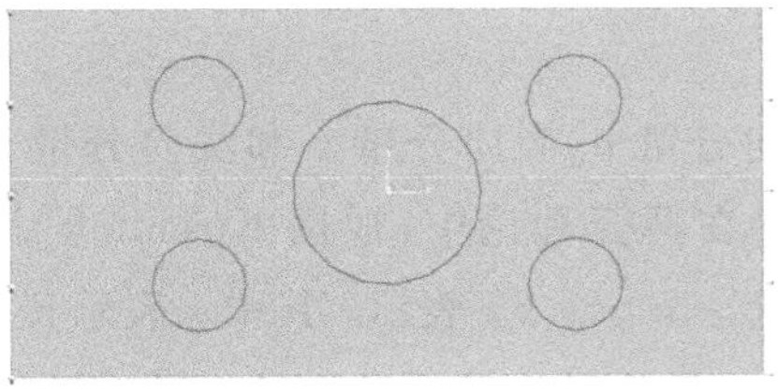

图 4-1-6　边界条件与载荷定义示意图

图 4-1-7　矩形板网格划分结果

利用 ABAQUS/Standard 求解器求解，输出变形和应力云图。由图 4-1-8 可知，夹杂引起应力集中，危险点（Mises 应力最大值）出现在夹杂孔边应力集中处（红色区域），失效将从该区域开始，并沿横向延伸。另外，从位移图可以看出，夹杂一定程度影响了平板拉伸时位移场的均匀分布。在左右两端没有夹杂的区域，位移近似地呈线性均匀分布，而在夹杂区域因为弹性模量差异，位移不再均匀分布。

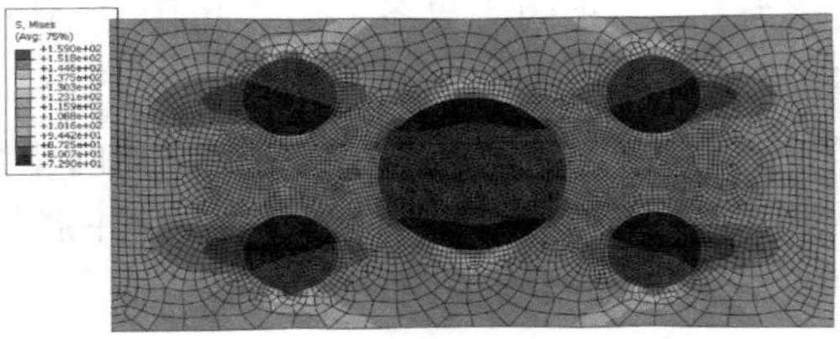

(a)Mises应力云图分布

(b)U，U1分布

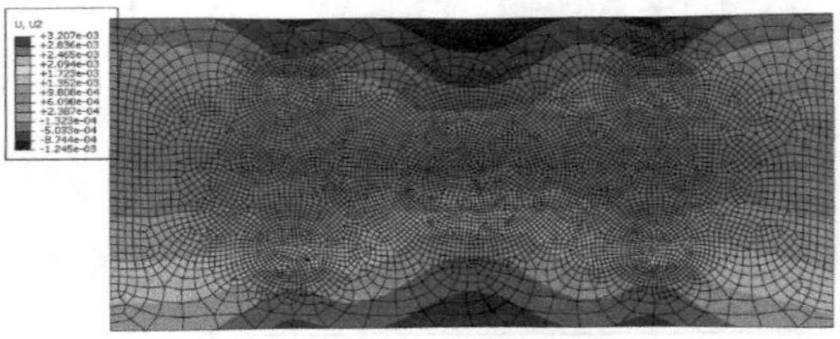

(c)U，U2分布

图 4-1-8　场变量云图分布

4.2　轴对称壳体单元

轴对称壳体在工程中得到了广泛的应用。基于薄壳理论的轴对称壳体单元，在厚度方向引入了壳体理论的 Kirchhoff 假设，因此，轴对称壳体单元本质上是一维单元，从而使分析大为简化。

轴对称壳体单元最早提出时是在子午线方向为直线的截锥单元，此种单元表达格式简单，用于实际分析一般也可达到合理的精度。但是模拟曲率较大的壳体时，不仅需要较多的单元，而且还可能产生附加弯矩，因此，很多学者又提出了一系列在子午线方向为曲线的单元。之后又有研究工作者提出了考虑横向剪切变形的中厚壳单元。此处只考虑基于薄壳理论的轴对称壳体单元。

轴对称壳体中面内任一点的位移可由其经(子午)向分量 u、周向分量 v 和法向分量 w 确定，面上任一点位置由角 φ 和 θ 确定，如图 4-2-1 所示。在薄壳理论中，根据 Kirchhoff 假设，壳体内任一点的应变可通过中面的六个广义应变 ε_s、ε_s、$\gamma_{s\theta}$、k_s、k_θ、$k_{s\theta}$ 表示。其中 s 表示径向的弧长，θ 为周向坐标；ε_s、ε_s、$\gamma_{s\theta}$ 表示中面内的伸长和剪切；k_s、k_θ、$k_{s\theta}$ 表示中面曲率和扭率的变化。在薄壳理论中，与上述六个广义应变分量相对应的六个广义应力分量为 N_s、N_θ、$N_{s\theta}$、M_s、M_θ、$M_{s\theta}$。其中 N_s、N_θ、$N_{s\theta}$ 分别是壳体内垂直于 s 或 θ 方向的截面上单位长度的内力；M_s、M_θ、$M_{s\theta}$ 是相应截面上单位长度的力矩。

如果轴对称壳体所承受的载荷以及支承条件都是轴对称的，则壳体的位移与变形也将是轴对称的。这时只有经向位移分量 u 和法向位移分量 w，且 u 和 w 只是径向弧坐标 s 的函数，应变分量只有 ε_s、ε_θ、k_s、k_θ，应力分量只有 N_s、N_θ、M_s、M_θ。轴对称壳体的几何方程为

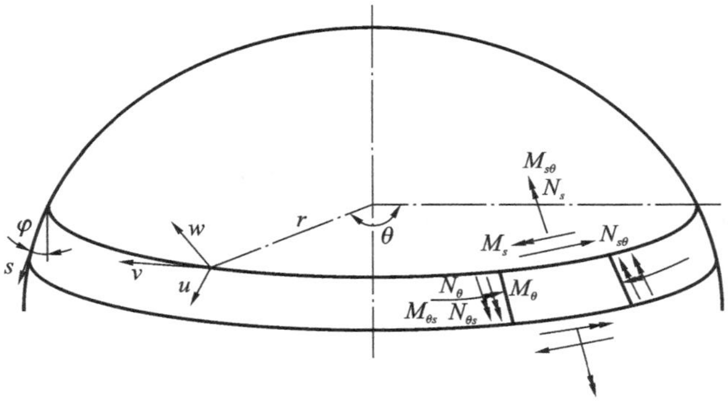

图 4-2-1　轴对称壳元的坐标、位移和内力示意图

$$\boldsymbol{\varepsilon}=\begin{bmatrix}\varepsilon_s\\ \varepsilon_\theta\\ k_s\\ k_\theta\end{bmatrix}=\begin{bmatrix}\dfrac{\mathrm{d}u}{\mathrm{d}s}+\dfrac{w}{R_s}\\ \dfrac{1}{r}(u\sin\varphi+w\cos\varphi)\\ -\dfrac{\mathrm{d}}{\mathrm{d}s}\left(\dfrac{\mathrm{d}w}{\mathrm{d}s}-\dfrac{u}{R_s}\right)\\ -\dfrac{\sin\varphi}{r}\left(\dfrac{\mathrm{d}w}{\mathrm{d}s}-\dfrac{u}{R_s}\right)\end{bmatrix} \tag{4-2-1}$$

物理方程为

$$\begin{bmatrix}N_s\\ N_\theta\\ M_s\\ M_\theta\end{bmatrix}=\frac{Et}{1-\mu^2}\begin{bmatrix}1 & \mu & 0 & 0\\ \mu & 1 & 0 & 0\\ 0 & 0 & \dfrac{t^2}{12} & \dfrac{t^2 u}{12}\\ 0 & 0 & \dfrac{t^2 u}{12} & \dfrac{t^2 u}{12}\end{bmatrix}\begin{bmatrix}\varepsilon_s\\ \varepsilon_\theta\\ k_s\\ k_\theta\end{bmatrix} \tag{4-2-2}$$

式中，φ 为子午线与对称轴的夹角，R_s 是径向的曲率半径，r 是平行圆半径(即中面上任一点的经向坐标)。

以薄壳截锥单元为例，其示意图如图 4-2-2 所示。实际上，轴对称截锥壳元是圆锥壳体的一部分。

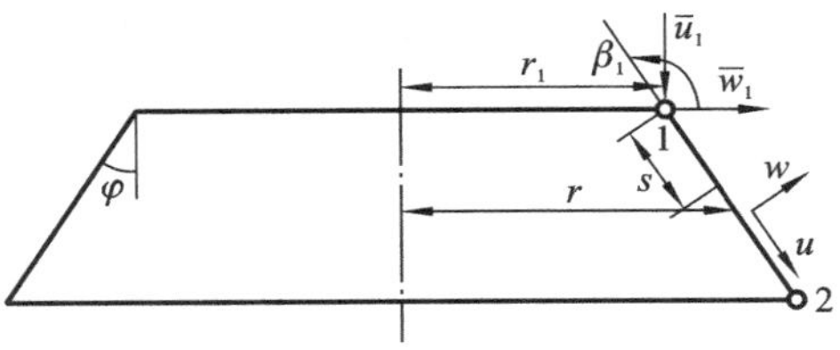

图 4-2-2　轴对称截锥壳元

该单元为子午面内轴对称薄壳单元，每个单元有两个节点，节点位移参数在轴对称载荷情况下可以表示为

$$\boldsymbol{\delta}_i=\begin{bmatrix}\bar{u}_i\\ \bar{w}_i\\ \beta_i\end{bmatrix}\quad (i=1,2) \tag{4-2-3}$$

单元的节点位移向量可表示成

$$\boldsymbol{\delta}^e = \begin{bmatrix} \boldsymbol{\delta}_1 \\ \boldsymbol{\delta}_2 \end{bmatrix} \tag{4-2-4}$$

其中 $\bar{u}_i$、$\bar{w}_i$ 是整体坐标系中的轴向位移和径向位移，β_i 是径向切线的转动。

实际上，单元中面上任一点在局部坐标系中的径向位移 u 和法向位移 w 可以表示成 s 的多项式，假设有如下表达式：

$$\left.\begin{aligned} u &= a_1 + a_2 s \\ w &= b_1 + b_2 s + b_3 s^2 + b_4 s^3 \end{aligned}\right\} \tag{4-2-5}$$

式中六个待定系数可由节点 1 和节点 2 的各个位移分量及其导数 u_1、w_1、$\left(\dfrac{\mathrm{d}w}{\mathrm{d}s}\right)_1$、$u_2$、$w_2$、$\left(\dfrac{\mathrm{d}w}{\mathrm{d}s}\right)_2$ 确定，与其他单元分析过程相同，可得到形函数矩阵、应变矩阵与单元刚度矩阵。不过求解之前需通过坐标变换得到局部坐标与整体坐标的关系。过程不再赘述。

轴对称壳在承受轴对称载荷的情况下唯一可能发生的刚体运动模式是沿 z 轴的移动，即 $\bar{u}$=常数，这时径向位移和法向位移为

$$u = \bar{u}\cos\varphi, \quad w = \bar{u}\sin\varphi \tag{4-2-6}$$

对于截锥单元，因为 φ 为常数，所以 u、w 也为常数。因为假设的经向位移与法向位移函数包含了 s 坐标的完整一次项，所以满足常应变与刚度位移的要求，又因为节点参数中包含了转动，所以满足单元间位移的协调性。因此，薄壳截锥单元是收敛的。

4.3 平板壳体单元

一般薄壳分析中有曲面薄壳单元(包括深壳单元和扁壳单元)和平板薄壳单元。在壳体分析时，一般都采用折板代替薄壳的方法，即用三角形或矩形薄板单元的组合代替壳体。应该注意的是，壳体同时承受产生横向弯曲和中面内变形的载荷作用，对于各向同性的平板型壳元来说，这两部分变形是相互独立的。平板型壳元就是某种平板弯曲单元与某种平面膜元的组合，平面膜元和板弯曲单元刚度矩阵的构造方法和方案可以被用来构造平板型壳元的刚度矩阵，其刚度矩阵由这两种单元的刚度矩阵组合而成。

如图 4-3-1 所示为局部坐标系 $x'y'z'$ 下矩形和三角形平板单元，它们同时受到弯曲和平面应力的作用。在实际应用中，三角形平板单元实用价值最大，可以适应壳体的复杂外形，且收敛性较好，故这里以三节点三角形平板单元为例进行分析。对于平面应力状态，有

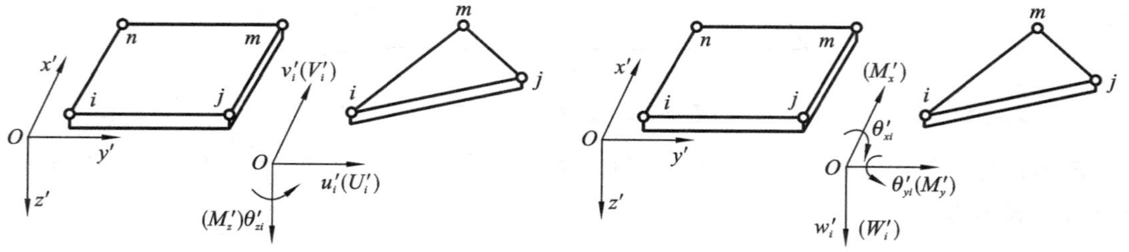

(a) “平面应力”与位移　　(b) “弯曲应力”与位移

图 4-3-1　受平面应力和弯曲应力的矩形单元与三角形单元

$$\boldsymbol{f}=\begin{bmatrix}u'\\v'\end{bmatrix}=\boldsymbol{N}^{\mathrm{p}}[u_1' \quad v_1' \quad u_2' \quad v_2' \quad u_3' \quad v_3'] \tag{4-3-1}$$

$$\boldsymbol{\varepsilon}=\boldsymbol{B}^{\mathrm{p}}[u_1' \quad v_1' \quad u_2' \quad v_2' \quad u_3' \quad v_3'] \tag{4-3-2}$$

$$K_{ij}^{\mathrm{p}}=\iint(\boldsymbol{B}_i^{\mathrm{p}})^{\mathrm{T}}\boldsymbol{D}^{\mathrm{p}}\boldsymbol{B}_j^{\mathrm{p}}\mathrm{d}x\mathrm{d}y \tag{4-3-3}$$

式中

$$N_i=\frac{1}{2A}(a_i+b_ix'+c_ix') \quad (i,j,m) \tag{4-3-4}$$

$$\boldsymbol{B}_i=\boldsymbol{L}N_i=\begin{bmatrix}\dfrac{\partial}{\partial x} & 0\\ 0 & \dfrac{\partial}{\partial y'}\\ \dfrac{\partial}{\partial y'} & \dfrac{\partial}{\partial x'}\end{bmatrix}\begin{bmatrix}N_i & 0\\ 0 & N_i\end{bmatrix} \quad (i,j,m) \tag{4-3-5}$$

$$\boldsymbol{S}_i=\boldsymbol{D}\boldsymbol{B}_i=\frac{E_0}{2(1-\mu_0^2)A}\begin{bmatrix}b_i & \mu_0c_i\\ \mu_0b_i & ci\\ \dfrac{1-\mu_0}{2}c_i & \dfrac{1-\mu_0}{2}b_i\end{bmatrix} \tag{4-3-6}$$

式中，a_i、b_i、c_i、a_j、b_j、c_j、a_m、b_m、c_m 均是取决于单元三个节点坐标的常数。值得注意的是，在式中加上标 p 是为了表示平面应力状态。

对于弯曲应力状态，单元应变取决于节点在 z' 方向的挠度 w'、绕 x' 轴的转角 θ_x' 及绕 y' 轴的转角 θ_y'。就三节点三角形平板单元而言，每个节点有 3 个自由度（w_i'，θ_{xi}'，θ_{yi}'），即共有 9 个自由度，有

$$\theta_{xi}=\left(\frac{\partial w'}{\partial y'}\right)_i, \quad \theta_{yi}=\left(\frac{\partial w'}{\partial x'}\right)_i \tag{4-3-7}$$

关于三角形薄板单元的位移函数，在本章前面对三角形薄板单元进行讲解时已经做了详细的介绍，这里不再赘述。而单元节点位移向量为

$$\{\delta^{\mathrm{b}}\}^e=[w_1' \quad \theta_{x1}' \quad \theta_{y1}' \quad w_2' \quad \theta_{x2}' \quad \theta_{y2}' \quad w_3' \quad \theta_{x3}' \quad \theta_{y3}'] \tag{4-3-8}$$

由薄板的广义应变公式可以得到

$$\left.\begin{aligned}
&\{\chi\}=\boldsymbol{B}^{\mathrm{b}}\{\delta^{\mathrm{b}}\}^{\varepsilon}\\
&\{\chi\}=\left[-\frac{\partial^2 w'}{\partial x'^2} \quad -\frac{\partial^2 w'}{\partial y'^2} \quad -2\frac{\partial^2 w'}{\partial x'\partial y'}\right]\\
&\boldsymbol{K}_{ij}^{\mathrm{b}}=\iint(\boldsymbol{B}_i^{\mathrm{b}})^{\mathrm{T}}\boldsymbol{D}^{\mathrm{b}}\boldsymbol{B}_j^{\mathrm{b}}\mathrm{d}x'\mathrm{d}y'\\
&\boldsymbol{D}^{\mathrm{b}}=\frac{Et^3}{12(1-\mu^2)}\begin{bmatrix}1 & \mu & 0\\ \mu & 1 & 0\\ 0 & 0 & \dfrac{1-\mu}{2}\end{bmatrix}
\end{aligned}\right\} \tag{4-3-9}$$

此处，在表达式中加入上标 b 是为了说明属于平板弯曲状态。

结合平面应力状态与平板弯曲状态，就可以得出平板壳元的各个矩阵表达式。需要指出的是，在局部坐标系中，节点位移参数不包括 θ_{zi}。但是为了将局部坐标系的刚度矩阵转换到总体坐标系，并进而进行集成，需要将 θ_z 也包括在节点位移参数中。因此，节点位移向量可以表

示为

$$\boldsymbol{a}'_i = [u'_i \quad v'_i \quad w'_i \quad \theta'_{xi} \quad \theta'_{yi} \quad \theta'_{zi}]^{\mathrm{T}} \tag{4-3-10}$$

平板壳体单元的刚度矩阵可表示为

$$\boldsymbol{K}_{ij} = \begin{bmatrix} \boldsymbol{K}_{ij}^{m} & & 0 & 0 & 0 & 0 \\ & & 0 & 0 & 0 & 0 \\ 0 & 0 & & & & 0 \\ 0 & 0 & & \boldsymbol{K}_{ij}^{b} & & 0 \\ 0 & 0 & & & & 0 \\ 0 & 0 & 0 & 0 & 0 & 0 \end{bmatrix} \tag{4-3-11}$$

式中的子矩阵 $\boldsymbol{K}_{ij}^{p}$ 和 $\boldsymbol{K}_{ij}^{m}$ 分别是平面应力问题和薄板弯曲问题的相应子矩阵。三角形平板薄壳单元的单元刚度矩阵是 18×18 阶矩阵，矩形平板薄壳单元的单元刚度矩阵是 24×24 阶矩阵。为了建立系统的刚度矩阵，需要确定一个总体坐标系并将各单元在局部坐标系内的刚度矩阵转换到总体坐标系中。具体坐标系的建立如图 4-3-2所示。

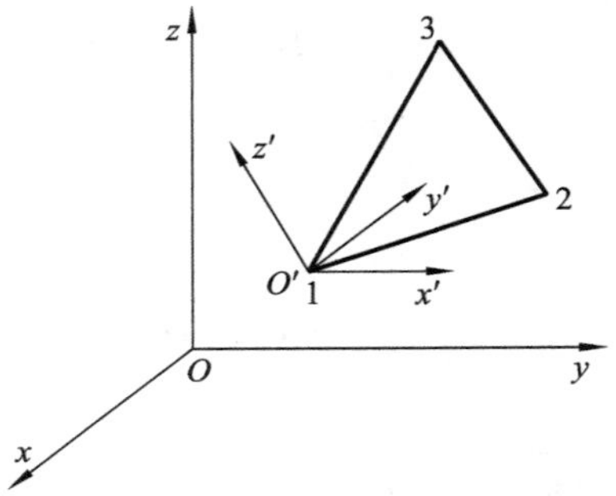

图 4-3-2　三角形平板单元的总体坐标系与局部坐标系示意图

用 x,y,z 表示总体坐标系，而局部坐标系依然使用 x',y',z' 表示。仍使用三角形单元为例，局部坐标系内的节点位移向量和节点力分别为

$$\begin{cases} \boldsymbol{a}'_i = [u'_i \quad v'_i \quad w'_i \quad \theta'_{xi} \quad \theta'_{yi} \quad \theta'_{zi}]^{\mathrm{T}} \\ \boldsymbol{F}'_i = [F'_{xi} \quad F'_{yi} \quad F'_{zi} \quad M'_{xi} \quad M'_{yi} \quad M'_{zi}]^{\mathrm{T}} \end{cases} \tag{4-3-12}$$

在总体坐标系下，单元节点位移向量和节点力分别为

$$\left.\begin{aligned} \boldsymbol{a}_i &= [u_i \quad v_i \quad w_i \quad \theta_{xi} \quad \theta_{yi} \quad \theta_{zi}]^{\mathrm{T}} \\ \boldsymbol{F}_i &= [F_{xi} \quad F_{yi} \quad F_{zi} \quad M_{xi} \quad M_{yi} \quad M_{zi}]^{\mathrm{T}} \end{aligned}\right\} \tag{4-3-13}$$

引入局部坐标系与总体坐标系的转换关系

$$\begin{cases} \boldsymbol{a}_i = \boldsymbol{T}\boldsymbol{a}'_i \\ \boldsymbol{F}_i = \boldsymbol{T}\boldsymbol{F}'_i \end{cases} \tag{4-3-14}$$

此处

$$\boldsymbol{T} = \begin{bmatrix} \lambda & 0 \\ 0 & \lambda \end{bmatrix}, \quad \boldsymbol{\lambda} = \begin{bmatrix} \lambda_{xx'} & \lambda_{xy'} & \lambda_{xz'} \\ \lambda_{yx'} & \lambda_{yy'} & \lambda_{yz'} \\ \lambda_{zx'} & \lambda_{zy'} & \lambda_{zz'} \end{bmatrix} \tag{4-3-15}$$

式中，$\lambda_{xx'} = \cos(x,x')$ 等是 x',y',z' 轴在总体坐标系的各个方向余弦。

由以上变换，整个单元在整个坐标系中的节点位移向量和节点力向量单元节点位移向量的转换关系可表示为

$$\left.\begin{aligned} \boldsymbol{a}^e &= \boldsymbol{P}\boldsymbol{a}'^e \\ \boldsymbol{F}^e &= \boldsymbol{P}\boldsymbol{F}'^e \end{aligned}\right\} \tag{4-3-16}$$

其中

$$P = \begin{bmatrix} T & 0 & 0 \\ 0 & T & 0 \\ 0 & 0 & T \end{bmatrix} \tag{4-3-17}$$

将式(4-3-14)带入局部坐标系中单元节点力向量和节点位移向量的关系式中

$$F'^e = K'^e a'^e \tag{4-3-18}$$

推导得到

$$F^e = T^{-1} K'^e a'^e = T^{-1} K'^e T a^e = K^e a^e F^e \tag{4-3-19}$$

故

$$K^e = T^{-1} K'^e T \tag{4-3-20}$$

式中，K^e 代表在总体坐标系中的单元刚度矩阵，由于 T 是正交矩阵，因此 $T^{-1} = T^T$，故式可以写成

$$\left.\begin{aligned} K^e &= T^T K'^e T \\ F^e &= T^T F^e \end{aligned}\right\} \tag{4-3-21}$$

集成总体坐标系内的各个单元刚度矩阵和载荷向量，就可以得到系统的求解方程。解之得到总体坐标系内的位移向量 a 以后，再转换回到局部坐标系的位移向量 a'，并进而计算单元内的应力等。

在集成总体刚度矩阵时，需要注意一种特殊情况，即如果汇交于一个节点的各个单元在同一平面内。由于在式中已令 θ_{xi} 方向的刚度系数为 0，在局部坐标系中，这个节点的第六个平衡方程将是 0=0。如果总体坐标系与这一局部坐标系 z' 方向一致，显然总体刚度矩阵的行列式 $|K|=0$，因而系统方程将不能有唯一解。如果总体坐标与局部坐标方向 z' 的不一致，经变换后，在此节点得到表面上正确的六个平衡方程，但它们实际上是线性相关的，仍然导致 $|K|=0$。为了克服这一困难，有两种方法可供选择。

(1) 在局部坐标系内建立节点平衡方程，并删去 θ'_{zi} 方向的平衡方程 0=0，于是剩下的方程满足唯一解的条件。但是，这种方法在程序处理上比较麻烦。

(2) 在此节点上，给以任意的刚度系数 K_{θ_x}，这时在局部坐标系中，此节点在 θ_{zi} 方向的平衡方程是 $K_{\theta_x}\theta_{xi} = 0$。经变换后，总体坐标中的系统方程满足唯一解的条件，即 $|K| \neq 0$。在解出的节点位移中包括 θ_{zi}，由于 θ_{zi} 与其他节点平衡方程无关，并与其他节点平衡方程无关，所以实际上给定任意的 K_{θ_z} 值都不影响计算结果。此法在程序上比较方便。

值得注意的是，关于以上的讨论主要以三角形平板单元为例，但实际上所得出的各个矩阵或向量的转换公式完全是一致的。对于其他形式的平板单元同样适用，只是根据单元节点数目和节点参数向量的具体定义，转换矩阵可能有所不同。

关于平板壳体单元，求不同单元的局部坐标的方向余弦也同样重要。如图 4-3-2 所示，三角形单元 3 个角点的坐标在总体坐标和局部坐标中分别表示为

$$X_i = \begin{Bmatrix} x_i \\ y_i \\ z_i \end{Bmatrix}, \quad X'_i = \begin{Bmatrix} x'_i \\ y'_i \\ z'_i \end{Bmatrix} \tag{4-3-22}$$

局部坐标系的原点 X'_0 可以选择在单元内的任一点，今以选取角点 1 为例进行分析，即有

$$X'_0 = X'_1 \tag{4-3-23}$$

如前所述，x'，y' 轴放在单元平面内，所以 z' 轴垂直于此平面，按角点 1→2→3 向右旋转

指向 z' 的正方向，令

$$\boldsymbol{X}_{12}=\boldsymbol{X}_2-\boldsymbol{X}_1=\begin{Bmatrix}x_2-x_1\\y_2-y_1\\z_2-z_1\end{Bmatrix}=\begin{Bmatrix}x_{12}\\y_{12}\\z_{12}\end{Bmatrix}\tag{4-3-24}$$

$$\boldsymbol{X}_{13}=\boldsymbol{X}_3-\boldsymbol{X}_1=\begin{Bmatrix}x_3-x_1\\y_3-y_1\\z_3-z_1\end{Bmatrix}=\begin{Bmatrix}x_{13}\\y_{13}\\z_{13}\end{Bmatrix}\tag{4-3-25}$$

则 z' 轴的方向余弦是

$$\boldsymbol{\lambda}_{z'}=\begin{Bmatrix}\lambda_{xz'}\\\lambda_{yz'}\\\lambda_{zz'}\end{Bmatrix}=\frac{x_{12}\times x_{13}}{|x_{12}\times x_{13}|}=\frac{1}{S}\begin{Bmatrix}A\\B\\C\end{Bmatrix}\tag{4-3-26}$$

其中 $\lambda_{xz'}=\cos(x,z')$ 等，以及

$$\left.\begin{aligned}A&=y_{12}z_{13}-y_{13}z_{12}\\B&=z_{12}x_{13}-z_{13}x_{12}\\C&=x_{12}y_{13}-x_{13}y_{12}\\S&=\sqrt{A^2+B^2+C^2}\end{aligned}\right\}\tag{4-3-27}$$

局部坐标系 x' 轴的具体方向是可以选择的，但应保持在单元平面内。如果将 x' 的方向选择在沿单元边界 12 方向，则 x' 轴的方向余弦是

$$\boldsymbol{\lambda}_{x'}=\begin{Bmatrix}\lambda_{xx'}\\\lambda_{yx'}\\\lambda_{zx'}\end{Bmatrix}=\frac{1}{l_{12}}\begin{Bmatrix}x_{12}\\y_{12}\\z_{12}\end{Bmatrix}\tag{4-3-28}$$

其中 $\lambda_{xx'}=\cos(x,x')$ 等，$l_{12}=\sqrt{(x_{12})^2+(y_{12})^2+(z_{12})^2}$。实际上，向量 $\boldsymbol{x}'_{12}$ 的方向余弦为用该向量的长度去除它的三个分量，而它的三个分量分别表示局部坐标 x'轴在总体坐标系中的方向余弦。

为了方便表示应力的计算结果，x 轴还可以选择和总体坐标系 Oxy 面平行，即 x' 轴是单元平面和 $z=z_1$ 平面的交线。从而可以得到 x' 轴的方向余弦

$$\boldsymbol{\lambda}_{x'}=\begin{Bmatrix}\lambda_{xx'}\\\lambda_{yx'}\\\lambda_{zx'}\end{Bmatrix}=\frac{1}{\sqrt{A^2+B^2}}\begin{Bmatrix}-B\\A\\0\end{Bmatrix}\tag{4-3-29}$$

y'轴的方向余弦可由 x',y',z' 三个轴构成右螺旋的要求决定，即

$$\boldsymbol{\lambda}_{y'}=\begin{Bmatrix}\lambda_{xy'}\\\lambda_{yy'}\\\lambda_{zy'}\end{Bmatrix}=\boldsymbol{\lambda}_{z'}\times\boldsymbol{\lambda}_{x'}=\begin{Bmatrix}\lambda_{zy'}\lambda_{zx'}-\lambda_{zz'}\lambda_{yx'}\\\lambda_{zz'}\lambda_{xx'}-\lambda_{xz'}\lambda_{zx'}\\\lambda_{xz'}\lambda_{yx'}-\lambda_{yz'}\lambda_{xx'}\end{Bmatrix}\tag{4-3-30}$$

因此，两个坐标轴之间的转换矩阵可以表示为

$$\boldsymbol{\lambda}=[\boldsymbol{\lambda}_{x'}\quad\boldsymbol{\lambda}_{y'}\quad\boldsymbol{\lambda}_{z'}]=\begin{bmatrix}\lambda_{xx'}&\lambda_{xy'}&\lambda_{xz'}\\\lambda_{yx'}&\lambda_{yy'}&\lambda_{yz'}\\\lambda_{zx'}&\lambda_{zy'}&\lambda_{zz'}\end{bmatrix}\tag{4-3-31}$$

并有

$$\boldsymbol{\lambda}^{\mathrm{T}}=\boldsymbol{\lambda}^{-1}\tag{4-3-32}$$

两个坐标系之间的坐标转换可表示为

$$\left.\begin{aligned} \boldsymbol{X} &= \boldsymbol{X}_0 + \boldsymbol{\lambda}\boldsymbol{X}' \\ \boldsymbol{X}' &= \boldsymbol{\lambda}^{\mathrm{T}}(\boldsymbol{X} - \boldsymbol{X}_0) \end{aligned}\right\} \tag{4-3-33}$$

其中

$$\boldsymbol{X}' = \begin{bmatrix} x' \\ y' \\ z' \end{bmatrix}, \quad \boldsymbol{X} = \begin{bmatrix} x \\ y \\ z \end{bmatrix} \tag{4-3-34}$$

对于平板单元，因为切向位移 u'，v' 和法向位移 w' 分别出现在薄膜应变 ε_x，ε_y，γ_{xy} 和弯曲应变 k_x，k_y，k_{xy} 当中，所以在单元内这两种应变是互补耦合的，表现在单元刚度矩阵实际上是平面应力单元和平板弯曲单元的简单叠加。它们的耦合仅出现在单元的交界面上，这是由于采用平板单元离散壳体结构时，相邻单元一般不在同一平面内，亦即在交界面的垂直方向一般不具有连续的切线，所以在一个单元平面内的薄膜内力传递到相邻单元时将有横向分量，从而引起弯曲效应。反之，一个单元的横向内力传递到相邻单元时将有切向分量，从而引起薄膜效应。

基于上述特点，尽管组成平板壳元的平面应力单元和平板弯曲单元满足协调性条件，如果 u'，v' 和 w' 在交界面上的插值函数不相同，则平板壳元在交界面上的位移仍是不协调的。例如通常的三节点三角形平面应力单元在交界面上，u'，v' 是线性函数，而基于经典薄板理论的三节点三角形板单元，w' 在交界面上是 3 次或者 5 次函数。因此为使交界面上位移协调，u'，v' 也应该是 3 次或者 5 次函数。确实也有 u'，v'，w' 同是 3 次函数的平板壳元用于实际分析。但是在这种单元中，和 w' 相仿，u'，v' 的一阶导数也将包括在节点位移参数当中。这样做将增加系统的自由度和表达格式的复杂性。另外，由于 u'，v' 的导数也即薄膜应变作为节点参数时，如果相邻单元的厚度或物性不同，将导致内力的不平衡性，从而使解产生较大的误差。

由于以上原因，平板壳元仍较多地采用 u，v 为线性函数的形式。如上所述，如果平板弯曲单元是基于经典薄板理论的，单元交界面上的位移协调性条件将不能满足。但是这种位移不协调性将随着单元的划分不断精细而减小，因为这时垂直于交界面的切线趋于连续。在极限情况，相邻单元处于同一平面，平面应力单元和平板弯曲单元互不耦合，如果它们各自的位移原来是满足协调条件的，则平板壳元在交界面上位移也是协调的。

从上述意义来看，位移和转动各自独立插值的 Mindlin 板单元用来和平面应力单元组合成平板壳元是有利的。因为此单元中 w 也是采用 C_0 型插值函数，和 u'，v' 的插值函数是相同的，所以单元交界面上位移协调性得到满足。而且，由于 Mindlin 板单元在单元交界面上法向转动的协调性也是满足的，在网格形状上可以避免为使非协调板单元为通过分析试验而带来的限制。

与轴对称壳的截锥单元情况类似，平板壳元的另一问题是由于相邻单元在交界面上的切线不连续可能给局部的应力以一定的扰动，克服此缺点的方法也是需要将单元划分得比较细。

4.4　超参数壳体单元

由上、下两个曲面及周边以壳体厚度方向的直线为母线的曲面所围成，给定每一对节点 $\boldsymbol{i}_{顶}$、$\boldsymbol{i}_{底}$ 的总体直角坐标，即可近似地规定单元的几何形状，为此令 ξ，η 为壳体中面上的曲线坐标，ζ 为厚度方向的直线坐标，$-1 \leqslant \xi, \eta, \zeta \leqslant 1$。于是壳体单元内任一点的总体坐标可近似地

表示为

$$\begin{Bmatrix} x \\ y \\ z \end{Bmatrix} = \sum_{i=1}^{n} N_i(\xi,\eta) \begin{Bmatrix} x_i \\ y_i \\ z_i \end{Bmatrix}_{\text{中面}} + \sum_{i=1}^{n} N_i(\xi,\eta) \frac{\zeta}{2} \boldsymbol{V}_{3i} \tag{4-4-1}$$

其中

$$\begin{Bmatrix} x_i \\ y_i \\ z_i \end{Bmatrix} = \frac{1}{2} \left[\begin{Bmatrix} x_i \\ y_i \\ z_i \end{Bmatrix}_{\text{顶}} + \begin{Bmatrix} x_i \\ y_i \\ z_i \end{Bmatrix}_{\text{底}} \right] \tag{4-4-2}$$

是中面节点的总体直角坐标系。

$$\boldsymbol{V}_{3i} = \begin{Bmatrix} \boldsymbol{V}_{3ix} \\ \boldsymbol{V}_{3iy} \\ \boldsymbol{V}_{3iz} \end{Bmatrix} = \begin{Bmatrix} x_i \\ y_i \\ z_i \end{Bmatrix}_{\text{顶}} - \begin{Bmatrix} x_i \\ y_i \\ z_i \end{Bmatrix}_{\text{底}} = \begin{Bmatrix} \Delta x_i \\ \Delta y_i \\ \Delta z_i \end{Bmatrix} \tag{4-4-3}$$

是从节点 $\boldsymbol{i}_{\text{底}}$ 到节点 $\boldsymbol{i}_{\text{顶}}$ 的向量。为适应以后描写位移的要求，$\boldsymbol{V}_{3i}$应选择在中面的法线方向，且$|\boldsymbol{V}_{3i}|$表示 i 点的厚度，亦即

$$t_i = |\boldsymbol{V}_{3i}| = \sqrt{\Delta x_i^2 + \Delta y_i^2 + \Delta z_i^2} \tag{4-4-4}$$

$\boldsymbol{V}_{3i}$的单位向量$\boldsymbol{v}_{3i}$的方向余弦 l_{3i}, m_{3i}, n_{3i} 表示如下。

$$\boldsymbol{v}_{3i} = \begin{Bmatrix} l_{1i} \\ m_{1i} \\ n_{1i} \end{Bmatrix} - \frac{1}{t_i} \begin{Bmatrix} \Delta x_i \\ \Delta y_i \\ \Delta z_i \end{Bmatrix} \tag{4-4-5}$$

根据壳体理论的基本假设，变形前中面的法线在变形后仍保持为直线，因此壳体内任一点的位移可由中面对应点沿总体坐标 x,y,z 方向的三个位移分量 u,v,w 及 $\boldsymbol{V}_{3i}$绕与它相垂直的两个正交向量的转动 α,β 所确定。超参数单元的示意图如图 4-4-1 所示。

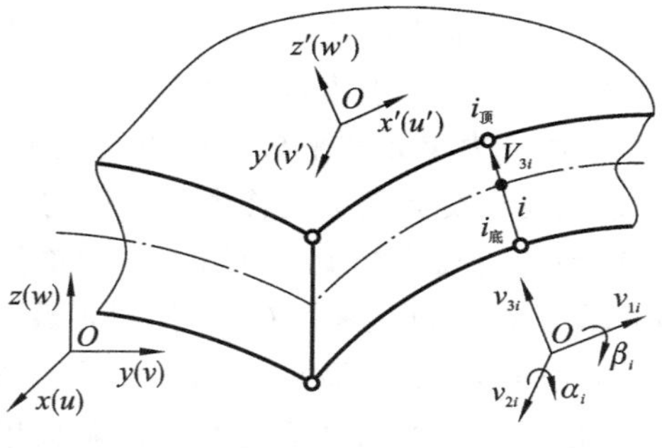

图 4-4-1　超参数单元的坐标以及位移

在壳体单元中，中面上任一点的上述 5 个量还应表示为它们的节点值（节点位移参数）的插值形式。现在用 $\boldsymbol{v}_{3i}$表示节点 $\boldsymbol{V}_{3i}$方向的单位向量，用 $\boldsymbol{v}_{1i}, \boldsymbol{v}_{2i}$表示与 $\boldsymbol{v}_{3i}$垂直并相互正交的单位向量，$\boldsymbol{v}_{3i}$绕它们的旋转角度分别是 β_i 和 α_i，则单元内的位移最后可表示成

$$\begin{Bmatrix} \boldsymbol{u} \\ \boldsymbol{v} \\ \boldsymbol{w} \end{Bmatrix} = \sum_{i=1}^{n} N_i(\xi,\eta) \begin{Bmatrix} \boldsymbol{u}_i \\ \boldsymbol{v}_i \\ \boldsymbol{w}_i \end{Bmatrix}_{\text{中面}} + \sum_{i=1}^{n} N_i(\xi,\eta) \zeta \frac{t_i}{2} \begin{bmatrix} l_{1i} & -l_{2i} \\ m_{1i} & -m_{2i} \\ n_{1i} & -n_{2i} \end{bmatrix} \begin{Bmatrix} \alpha_i \\ \beta_i \end{Bmatrix} \tag{4-4-6}$$

其中 l_{1i}, m_{1i}, n_{1i} 和 l_{2i}, m_{2i}, n_{2i} 分别是 v_{1i} 和 v_{2i} 的方向余弦，即

$$\boldsymbol{v}_{1i}=\begin{Bmatrix}l_{1i}\\m_{1i}\\n_{1i}\end{Bmatrix},\quad \boldsymbol{v}_{2i}=\begin{Bmatrix}l_{2i}\\m_{2i}\\n_{2i}\end{Bmatrix} \tag{4-4-7}$$

为简单起见，省略公式中“中面”下标，并将表达式写成标准形式

$$\begin{Bmatrix}\boldsymbol{u}\\\boldsymbol{v}\\\boldsymbol{w}\end{Bmatrix}=[N_1\quad N_2\quad \cdots\quad N_n]\begin{Bmatrix}\boldsymbol{a}_1\\\boldsymbol{a}_2\\\vdots\\\boldsymbol{a}_n\end{Bmatrix} \tag{4-4-8}$$

其中

$$\boldsymbol{a}_i=[u_i\quad v_i\quad w_i\quad \alpha_i\quad \beta_i](i=1,2,\cdots,n) \tag{4-4-9}$$

$$\boldsymbol{N}_i=\begin{bmatrix}N_i & 0 & 0 & N_i\zeta\dfrac{t_i}{2}l_{1i} & -N_i\zeta\dfrac{t_i}{2}l_{1i}\\0 & N_i & 0 & N_i\zeta\dfrac{t_i}{2}m_{1i} & -N_i\zeta\dfrac{t_i}{2}m_{1i}\\0 & 0 & N_i & N_i\zeta\dfrac{t_i}{2}n_{1i} & -N_i\zeta\dfrac{t_i}{2}n_{1i}\end{bmatrix} \tag{4-4-10}$$

单位向量 $\boldsymbol{v}_{1i}$，$\boldsymbol{v}_{2i}$ 可按下式定义

$$\boldsymbol{v}_{1i}=\frac{i\times\boldsymbol{V}_{3i}}{|i\times\boldsymbol{V}_{3i}|},\quad \boldsymbol{v}_{2i}=\frac{\boldsymbol{V}_{3i}\times\boldsymbol{v}_1}{|\boldsymbol{V}_{3i}\times\boldsymbol{v}_1|} \tag{4-4-11}$$

即

$$\boldsymbol{v}_{1i}=\begin{Bmatrix}l_{1i}\\m_{1i}\\n_{1i}\end{Bmatrix}=\frac{1}{\sqrt{\Delta y_i^2+\Delta z_i^2}}\begin{Bmatrix}0\\-\Delta z_i\\\Delta y_i\end{Bmatrix} \tag{4-4-12}$$

$$\boldsymbol{v}_{2i}=\begin{Bmatrix}l_{1i}\\m_{1i}\\n_{1i}\end{Bmatrix}=\frac{1}{t_i\sqrt{\Delta y_i^2+\Delta z_i^2}}\begin{Bmatrix}\Delta y_i^2+\Delta z_i^2\\-\Delta x_i\Delta y_i\\-\Delta x_i\Delta z_i\end{Bmatrix} \tag{4-4-13}$$

式中 $\boldsymbol{i}$ 是 x 轴方向的单位向量，如果 $\boldsymbol{V}_{3i}$ 和 $\boldsymbol{i}$ 平行，则上式中 $\boldsymbol{i}$ 用 y 轴方向的单位向量 $\boldsymbol{j}$ 代替。

为引入壳体理论中法线方向应力为零的假设，应在以法线方向为 z' 轴的局部坐标系 $x'y'z'$ 中计算应变和应力。

首先在 $\zeta=$常数的曲面上确定两个切向向量，例如

$$\left.\begin{aligned}\frac{\partial r}{\partial\xi}&=\frac{\partial x}{\partial\xi}\boldsymbol{i}+\frac{\partial y}{\partial\xi}\boldsymbol{j}+\frac{\partial z}{\partial\xi}\boldsymbol{k}\\\frac{\partial r}{\partial\eta}&=\frac{\partial x}{\partial\eta}\boldsymbol{i}+\frac{\partial y}{\partial\eta}\boldsymbol{j}+\frac{\partial z}{\partial\eta}\boldsymbol{k}\end{aligned}\right\} \tag{4-4-14}$$

其中 $\boldsymbol{i},\boldsymbol{j},\boldsymbol{k}$ 是 x,y,z 方向的单位向量。利用上述两个向量，可以得到法线方向的向量

$$\boldsymbol{V}_3=\frac{\partial r}{\partial\xi}\times\frac{\partial r}{\partial\eta}=\begin{vmatrix}\boldsymbol{i} & \boldsymbol{j} & \boldsymbol{k}\\\dfrac{\partial x}{\partial\xi} & \dfrac{\partial y}{\partial\xi} & \dfrac{\partial z}{\partial\xi}\\\dfrac{\partial x}{\partial\eta} & \dfrac{\partial y}{\partial\eta} & \dfrac{\partial z}{\partial\eta}\end{vmatrix} \tag{4-4-15}$$

当 $\boldsymbol{V}_3$ 确定以后，x'，y' 方向的单位向量可以按照和之前相同的规则确定，即

$$v_1 = \frac{i \times V_3}{|i \times V_3|}, \quad v_3 = \frac{V_3 \times i}{|V_3 \times i|} \tag{4-4-16}$$

同时

$$v_3 = \frac{V_3}{|V_3|} \tag{4-4-17}$$

这样就得到总体坐标系 x,y,z 和局部坐标系 x',y',z' 之间的转换关系

$$\boldsymbol{X} = \boldsymbol{\theta}\boldsymbol{X}', \quad \boldsymbol{X}' = \boldsymbol{\theta}^{\mathrm{T}}\boldsymbol{X} \tag{4-4-18}$$

其中

$$\boldsymbol{X} = [x \quad y \quad z], \quad \boldsymbol{X}' = [x' \quad y' \quad z'], \quad \boldsymbol{\theta} = [\boldsymbol{v}_1 \quad \boldsymbol{v}_2 \quad \boldsymbol{v}_3] = \begin{bmatrix} l_1 & l_2 & l_3 \\ m_1 & m_2 & m_3 \\ n_1 & n_2 & n_3 \end{bmatrix} \tag{4-4-19}$$

若 u',v',w' 是局部坐标系 x',y',z' 方向的位移分量，根据壳体理论 $\sigma_{z'}=0$ 的假设，在计算壳体变形能时，涉及的应变是

$$\boldsymbol{\varepsilon}' = \begin{Bmatrix} \varepsilon_{x'} \\ \varepsilon_{y'} \\ \gamma_{x'y'} \\ \gamma_{y'z'} \\ \gamma_{z'x'} \end{Bmatrix} = \begin{bmatrix} \dfrac{\partial u'}{\partial x'} \\ \dfrac{\partial v'}{\partial y'} \\ \dfrac{\partial u'}{\partial x'} + \dfrac{\partial v'}{\partial y'} \\ \dfrac{\partial v'}{\partial z'} + \dfrac{\partial w'}{\partial y'} \\ \dfrac{\partial u'}{\partial z'} + \dfrac{\partial w'}{\partial x'} \end{bmatrix} \tag{4-4-20}$$

为了最后以节点参数 α_i 表示 ε'，需要进行两次坐标变换。首先是利用转换矩阵 θ 将总体矩阵坐标系内位移的偏导数转换为局部坐标系内位移的偏导数，它们之间的关系是

$$\begin{bmatrix} \dfrac{\partial u'}{\partial x'} & \dfrac{\partial v'}{\partial x'} & \dfrac{\partial w'}{\partial x'} \\ \dfrac{\partial u'}{\partial y'} & \dfrac{\partial v'}{\partial y'} & \dfrac{\partial w'}{\partial y'} \\ \dfrac{\partial u'}{\partial z'} & \dfrac{\partial v'}{\partial z'} & \dfrac{\partial w'}{\partial z'} \end{bmatrix} = \boldsymbol{\theta}^{\mathrm{T}} \begin{bmatrix} \dfrac{\partial u}{\partial x} & \dfrac{\partial v}{\partial x} & \dfrac{\partial w}{\partial x} \\ \dfrac{\partial u}{\partial y} & \dfrac{\partial v}{\partial y} & \dfrac{\partial w}{\partial y} \\ \dfrac{\partial u}{\partial z} & \dfrac{\partial v}{\partial z} & \dfrac{\partial w}{\partial z} \end{bmatrix} \boldsymbol{\theta} \tag{4-4-21}$$

其次是将 u,v,w 对 x,y,z 的偏导数转换为对自然坐标 ξ,μ,ζ 的偏导数，转换关系为

$$\begin{bmatrix} \dfrac{\partial u}{\partial x} & \dfrac{\partial v}{\partial x} & \dfrac{\partial w}{\partial x} \\ \dfrac{\partial u}{\partial y} & \dfrac{\partial v}{\partial y} & \dfrac{\partial w}{\partial y} \\ \dfrac{\partial u}{\partial z} & \dfrac{\partial v}{\partial z} & \dfrac{\partial w}{\partial z} \end{bmatrix} = \boldsymbol{J}^{-1} \begin{bmatrix} \dfrac{\partial x}{\partial \xi} & \dfrac{\partial y}{\partial \xi} & \dfrac{\partial z}{\partial \xi} \\ \dfrac{\partial x}{\partial \eta} & \dfrac{\partial y}{\partial \eta} & \dfrac{\partial z}{\partial \eta} \\ \dfrac{\partial x}{\partial \zeta} & \dfrac{\partial y}{\partial \zeta} & \dfrac{\partial z}{\partial \zeta} \end{bmatrix} \tag{4-4-22}$$

其中

$$\boldsymbol{J} = \begin{bmatrix} \frac{\partial x}{\partial \xi} & \frac{\partial y}{\partial \xi} & \frac{\partial z}{\partial \xi} \\ \frac{\partial x}{\partial \eta} & \frac{\partial y}{\partial \eta} & \frac{\partial z}{\partial \eta} \\ \frac{\partial x}{\partial \zeta} & \frac{\partial y}{\partial \zeta} & \frac{\partial z}{\partial \zeta} \end{bmatrix} \tag{4-4-23}$$

最后可将 ε' 表示成

$$\boldsymbol{\varepsilon}' = [B_1' \quad B_2' \quad \cdots \quad B_n'] \begin{Bmatrix} a_1 \\ a_2 \\ \vdots \\ a_n \end{Bmatrix} \tag{4-4-24}$$

局部坐标系 x', y', z' 中的应力利用弹塑性关系可以表示成

$$\boldsymbol{\sigma}' = [\sigma_{x'} \quad \sigma_{y'} \quad \tau_{x'y'} \quad \tau_{y'z'} \quad \tau_{z'x'}] = \boldsymbol{D}\boldsymbol{\varepsilon}' \tag{4-4-25}$$

其中

$$\boldsymbol{D} = \frac{E}{1-\mu^2} \begin{bmatrix} 1 & v & 0 & 0 & 0 \\ \mu & 1 & 0 & 0 & 0 \\ 0 & 0 & \frac{1-\mu}{2} & 0 & 0 \\ 0 & 0 & 0 & \frac{1-\mu}{2k} & 0 \\ 0 & 0 & 0 & 0 & \frac{1-\mu}{2k} \end{bmatrix} \tag{4-4-26}$$

式中的 E, μ 是材料弹性模量和泊松比，最后两个与切应力 $\tau_{y'z'}$ 和 $\tau_{x'z'}$ 有关项中的系数 $k=1,2$。这是为了考虑切应力沿厚度方向不均匀分布的影响而引入的修正。

需要指出的是，这里所提出的确定 $\boldsymbol{V}_3$ 的方法是比较一般的，可以用于定义 $\boldsymbol{V}_{3i}$ 不是沿法线方向和壳体厚度不是常数的情况。如果 $\boldsymbol{V}_{3i}$ 是沿法线方向且壳体厚度是常数的情况，则壳体中面上各点的 $\boldsymbol{V}_3$ 可以比较方便地利用各节点的 $\boldsymbol{V}_{3i}$ 插值得到，即

$$\boldsymbol{V}_3 = \sum_{i=1}^{n} N_i(\xi, \eta) \boldsymbol{V}_{3i} \tag{4-4-27}$$

显然，此计算式的计算量要小得多。

单元刚度矩阵和载荷向量的计算公式与等参元的公式相同。其刚度矩阵为

$$\boldsymbol{K}^e = \int_{-1}^{1}\int_{-1}^{1}\int_{-1}^{1} \boldsymbol{B}'^{\mathrm{T}} \boldsymbol{D} \boldsymbol{B}' \, |\, \boldsymbol{J} \,|\, \mathrm{d}\xi \mathrm{d}\eta \mathrm{d}\zeta \tag{4-4-28}$$

其中 $\boldsymbol{B}'$ 和 $\boldsymbol{D}$ 分别是壳体局部坐标系的应变矩阵和弹性矩阵。需要指出的是，正如轴对称壳单元，超参壳元在引入一定的几何假设以后和位移及转动各自独立插值的壳元是相互等价的。因此，在形成单元刚度矩阵时，同样需要保证 $\boldsymbol{K}$ 的非奇异性和 $\boldsymbol{K}_s$ 的奇异性。

解出位移以后，便可得到 ε' 和 σ'。σ' 通常是工程实际感兴趣的，因为它有清晰的物理意义。但是应当指出，由公式计算所得的 σ' 中，横切应力 $\tau_{x'z'}$ 和 $\tau_{y'z'}$ 是壳体截面上的平均切应力，而实际切应力是抛物线分布的。在壳体内外表面上 $\tau_{x'z'} = \tau_{y'z'} = 0$，在中面上它们的数值为平均切应力的 1.5 倍，所以应按此对计算所得到的 σ' 进行修正。然后可根据需要计算主应力或总体坐标系中的应力 σ。后者的计算公式为

$$\begin{bmatrix}\sigma_x & \tau_{xy} & \tau_{xz}\\ \tau_{xy} & \sigma_y & \tau_{yz}\\ \tau_{xz} & \tau_{yz} & \sigma_z\end{bmatrix}=\boldsymbol{\theta}\begin{bmatrix}\sigma_{x'} & \tau_{x'y'} & \tau_{x'z'}\\ \tau_{x'y'} & \sigma_{y'} & \tau_{y'z'}\\ \tau_{x'z'} & \tau_{y'z'} & \sigma_{z'}\end{bmatrix}\boldsymbol{\theta}^{\mathrm{T}} \tag{4-4-29}$$

4.5　相对自由度壳体单元

相对自由度壳元是将相对自由度概念引入等参实体元而得到的。其三维等参元与相对自由度壳元示意图如图 4-5-1 所示。

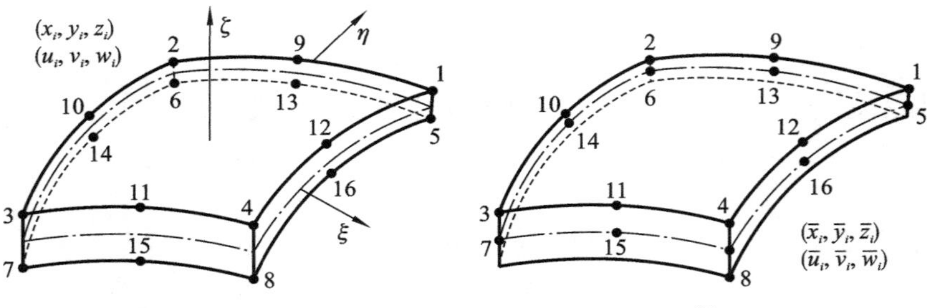

图 4-5-1　相对自由度壳元示意图

(a) 三维等参元；(b) 相对自由度壳元

该单元含有节点 16 个，其节点的坐标与位移插值表达式可以表示为

$$\begin{Bmatrix}x\\ y\\ z\end{Bmatrix}=\sum_{i=1}^{16}N_i\begin{Bmatrix}x_i\\ y_i\\ z_i\end{Bmatrix} \tag{4-5-1}$$

$$\begin{Bmatrix}u\\ v\\ w\end{Bmatrix}=\sum_{i=1}^{16}N_i\begin{Bmatrix}u_i\\ v_i\\ w_i\end{Bmatrix} \tag{4-5-2}$$

对于棱边中节点

$$\left.\begin{aligned}N_i&=\frac{1}{4}(1-\xi^2)(1+\eta\eta_i)(1+\zeta\zeta_i)(i=9,11,13,15)\\ N_i&=\frac{1}{4}(1+\xi\xi_i)(1-\eta^2)(1+\zeta\zeta_i)(i=10,12,14,16)\end{aligned}\right\} \tag{4-5-3}$$

对于顶节点

$$N_i=N_i^*-\frac{1}{2}(N_k+N_l)(i=1,2,\cdots,8) \tag{4-5-4}$$

其中

$$N_i^*=\frac{1}{8}(1+\xi\xi_i)(1+\eta\eta_i)(1+\zeta\zeta_i) \tag{4-5-5}$$

式中：N_k，N_l 表示和节点 i 相邻的两个棱边中节点 k，l 相对应的插值函数。为区别于以下引出的相对自由度壳元中的坐标和位移，将上面用到的坐标 x_i、y_i、z_i，位移 u_i、v_i、w_i 和插值函数 N_i 分别称为绝对坐标，绝对位移和绝对插值函数。

相对自由度壳元就是对绝对坐标和绝对位移进行线性组合以定义新的相对坐标 $\bar{x}_i$、$\bar{y}_i$、$\bar{z}_i$

和相对位移 $\bar{u}_i$、$\bar{v}_i$、$\bar{w}_i$。它们之间的线性关系如下。

$$\left.\begin{aligned}\bar{x}_i &= \frac{1}{2}(x_i - x_{i-4}) \\ \bar{x}_{i+4} &= \frac{1}{2}(x_i + x_{i-4})\end{aligned}\right\}(i = 1,2,3,4,9,10,11,12) \tag{4-5-6}$$

$$\left.\begin{aligned}\bar{u}_i &= \frac{1}{2}(u_i - u_{i+4}) \\ \bar{u}_{i+4} &= \frac{1}{2}(u_i + u_{i+4})\end{aligned}\right\}(i = 1,2,3,4,9,10,11,12) \tag{4-5-7}$$

其余坐标 $\bar{y}_i$，$\bar{z}_i$ 及位移 $\bar{v}_i$，$\bar{w}_i$ 具有类似的表达式。对以上各式略加分析，可以知道 $\bar{x}_{i+4}$，$\bar{y}_{i+4}$，$\bar{z}_{i+4}$　$(i = 1,2,3,4,9,10,11,12)$ 是原等参元节点 i 和节点 $i+4$ 的连线和中面交点，即新定义的中面节点的坐标。$\bar{u}_{i+4}$，$\bar{v}_{i+4}$，$\bar{w}_{i+4}$ 是该点的位移，而 $\bar{x}_i$，$\bar{y}_i$，$\bar{z}_i$ 是原等参节点 i 相对于中面节点 $\bar{x}_{i+4}$，$\bar{y}_{i+4}$，$\bar{z}_{i+4}$ 的距离，$\bar{u}_i$，$\bar{v}_i$，$\bar{w}_i$ 则是相应的相对位移。用相对壳元的节点坐标和节点位移表示原等参元的节点坐标和节点位移，则有

$$\left.\begin{aligned}x_i &= \bar{x}_i + \bar{x}_{i+4} \\ x_{i+4} &= \bar{x}_{i+4} - \bar{x}_i\end{aligned}\right\}(i = 1,2,3,4,9,10,11,12) \tag{4-5-8}$$

$$\left.\begin{aligned}u_i &= \bar{u}_i + \bar{u}_{i+4} \\ u_{i+4} &= \bar{u}_{i+4} - \bar{u}_i\end{aligned}\right\}(i = 1,2,3,4,9,10,11,12) \tag{4-5-9}$$

对于 y_i，z_i 和 v_i，w_i 有类似的表达式。将上述结论代入 16 节点三维等参元的坐标和位移插值表达式中，有

$$\begin{Bmatrix} x \\ y \\ z \end{Bmatrix} = \sum_{i=1}^{16} \overline{N}_i \begin{Bmatrix} \bar{x}_i \\ \bar{y}_i \\ \bar{z}_i \end{Bmatrix} \tag{4-5-10}$$

$$\begin{Bmatrix} u \\ v \\ w \end{Bmatrix} = \sum_{i=1}^{16} \overline{N}_i \begin{Bmatrix} \bar{u}_i \\ \bar{v}_i \\ \bar{w}_i \end{Bmatrix} \tag{4-5-11}$$

满足

$$\left.\begin{aligned}\overline{N}_i &= N_i - N_{i+4} \\ \overline{N}_{i+4} &= N_i + N_{i+4}\end{aligned}\right\}(i = 1,2,3,4,9,10,11,12) \tag{4-5-12}$$

式(4-5-12)是单元内坐标和位移改由相对节点坐标和相对节点位移插值的表达式。进而将它们代入应变矩阵和单元刚度矩阵表达式。算法步骤和原等参元完全相同，最后得到求解方程

$$\overline{\boldsymbol{K}}\,\bar{\boldsymbol{a}} = \overline{\boldsymbol{P}} \tag{4-5-13}$$

其中

$$\left.\begin{aligned}&\overline{\boldsymbol{K}} = \sum_e \overline{\boldsymbol{K}}^e, \overline{\boldsymbol{P}} = \sum_e \overline{\boldsymbol{P}}^e \\ &k^e = \int_{-1}^{1}\int_{-1}^{1}\int_{-1}^{1} \overline{B}^{\mathrm{T}} D \overline{B} \mid J \mid \mathrm{d}\xi\mathrm{d}\eta\mathrm{d}\zeta \\ &p^e = \int_{-1}^{1}\int_{-1}^{1}\int_{-1}^{1} \overline{N}^{\mathrm{T}} f \mid J \mid \mathrm{d}\xi\mathrm{d}\eta\mathrm{d}\zeta + \int_{-1}^{1}\int_{-1}^{1} \overline{N}^{\mathrm{T}} TA\,\mathrm{d}\eta\mathrm{d}\zeta + \cdots\end{aligned}\right\} \tag{4-5-14}$$

值得注意的是，T 作用在 $\xi=1$ 面上。经过讨论，不难发现相对自由度壳元实际上仍是等参元，只是对节点位移作了一个简单的线性变换，用相对位移代替了原来的绝对位移，以克服等参元直接应用于壳体分析时，因不同方向刚度相差过大而出现的数值困难。它不同于基于主从自由度原理的超参壳元，超参壳元是引入了壳体理论的假设，缩减了自由度（将上下表面节点的 6 个自由度，缩减为中面节点的 5 个自由度——3 个位移和 2 个转动），因此必须进一步采用基于壳体局部坐标的广义平面应力型应力-应变关系，这样也就必须增加从总体坐标到壳体局部坐标的变换。而相对自由度壳元则仍采用原来等参元中建立于总体坐标的三维应力-应变关系，因此不必引入总体坐标和局部坐标之间的变换，从而使表达格式保持比较简单的形式。

4.6 不同类型单元的联结

现在讨论三维实体单元和一般壳体单元的联结。这是轴对称实体单元和壳元联结问题的推广。解决问题的方法和步骤基本上和轴对称情况相同，只是三维情况比较复杂一些。

不失一般性，以如图 4-6-1 所示的 16 单元等参实体元和 8 节点超参壳元为例，进行讨论。为叙述方便，三维等参实体单元 $\xi=1$ 面上的节点号用 $1_t,1_b,2_t,2_b,3_t,3_b$ 表示，它们的节点位移参数是 $u_i,v_i,w_i(i=1_t,1_b,\cdots,3_t,3_b)$；超参壳元 $\xi=-1$ 面上的节点号用 1,2,3 表示，它们的节点位移参数是 $u_i,v_i,w_i,\alpha_i,\beta_i(i=1,2,3)$。两个单元中 $\boldsymbol{v}_{1i},\boldsymbol{v}_{2i},\boldsymbol{v}_{3i}$ 都是总体坐标系内的位移分量，α_i 和 β_i 是连接节点 i_b 和 i_t 的向量 $\boldsymbol{v}_{3i}$ 相绕与之相垂直的两个向量 $\boldsymbol{v}_{2i}$ 和 $\boldsymbol{v}_{3i}$ 的转动角度。

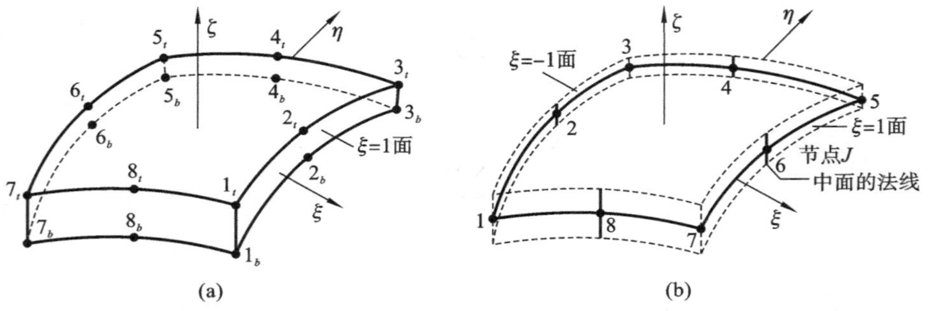

图 4-6-1 不同类型单元的联结

(a) 16 单元等参实体元；(b) 8 节点超参壳元

为建立两个单元节点位移参数之间的约束方程，首先将各个节点位移参数转换到局部坐标系 $\boldsymbol{v}_{1i},\boldsymbol{v}_{2i},\boldsymbol{v}_{3i}$ 中。其转换关系为

$$\begin{Bmatrix} u_i' \\ v_i' \\ w_i' \end{Bmatrix}=\boldsymbol{\lambda}^{\mathrm{T}}\begin{Bmatrix} u_i \\ v_i \\ w_i \end{Bmatrix}\quad (i=1_t,1_b,\cdots,1,2,3) \tag{4-6-1}$$

其中 u_i',v_i',w_i' 是沿 $\boldsymbol{v}_{1i},\boldsymbol{v}_{2i},\boldsymbol{v}_{3i}$ 的位移分量。

$$\boldsymbol{\lambda}=[\boldsymbol{v}_{1i}\quad \boldsymbol{v}_{2i}\quad \boldsymbol{v}_{3i}]=\begin{bmatrix} l_{1i} & l_{2i} & l_{3i} \\ m_{1i} & m_{2i} & m_{3i} \\ n_{1i} & n_{2i} & n_{3i} \end{bmatrix} \tag{4-6-2}$$

局部坐标系内节点位移参数之间的约束方程是

$$\left.\begin{aligned}u'_i=\frac{u'_{ie}+u'_{ib}}{2},v'_i=\frac{v'_{ie}+v'_{ib}}{2},w'_i=\frac{w'_{ie}+w'_{ib}}{2}\\ \beta_i=\frac{v'_{ib}-v'_{it}}{2},\alpha_i=\frac{u'_{it}-u'_{ib}}{2}\end{aligned}\right\}\tag{4-6-3}$$

式(4-6-3)也可以表示成为

$$\boldsymbol{C}=\begin{Bmatrix}u'_i-\dfrac{u'_{it}+u'_{ib}}{2}\\ v'_i-\dfrac{v'_{it}+v'_{ib}}{2}\\ w'_i-\dfrac{w'_{it}+w'_{ib}}{2}\\ \beta_i-\dfrac{v'_{ib}-v'_{it}}{2}\\ \alpha_i-\dfrac{u'_{it}-u'_{ib}}{2}\end{Bmatrix}=0\tag{4-6-4}$$

将上列约束方程引入计算程序的方法和轴对称情况相同，即可利用罚函数法或直接引入法。

如果在交界面上，和壳体单元的节点 i 相对应，在实体单元上有三个节点 i_t,i_m,i_b，它们分别布置在顶面、中面和底面上。这时为避免引入法向应变为零的过分约束，约束方程的正确表示应为

$$\boldsymbol{C}=\begin{Bmatrix}u'_i-u'_{im}\\ v'_i-v'_{im}\\ w'_i-w'_{im}\\ u'_{im}-\dfrac{u'_{it}+u'_{ib}}{2}\\ v'_{im}-\dfrac{v'_{it}+v'_{ib}}{2}\\ \beta_i-\dfrac{v'_{ib}-v'_{it}}{2}\\ \alpha_i-\dfrac{u'_{it}-u'_{ib}}{2}\end{Bmatrix}=0\tag{4-6-5}$$

以此类推可以列出和壳体单元每个节点相对应、实体单元有更多节点情况的约束方程。

上述约束方程是针对等参实体元和超参壳元的联结列出的。其原则和方法是一般的，即可用于其他形式实体单元和壳体单元的联结。

4.7　高速移动冲击内压下夹层圆柱壳的有限元分析

4.7.1　算例模型简介

脉冲爆震发动机(pause detonation engine，PDE)是 21 世纪最有前途的革命性航空航天

动力之一，它是一种利用脉冲式爆震波产生推力的新概念发动机，具有如下优点：①热循环效率高；②结构简单、重量轻、推重比大（大于 20）以及比冲大（大于 2100 s）；③单位燃料消耗率低；④适用范围广；⑤工作范围广等。PDE 既可用作导弹、靶机、诱饵机和无人机的动力，也可用作高超声速隐身侦察机的动力，未来还有可能用作军民用飞机甚至太空飞行器的推进装置。对于此类发动机的工作原理国内外已经有了很多研究，但是对发动机结构强度、振动以及寿命的技术研究却很少。图 4-7-1 所示为爆震发动机原理图及夹层脉冲爆震发动机燃烧室。

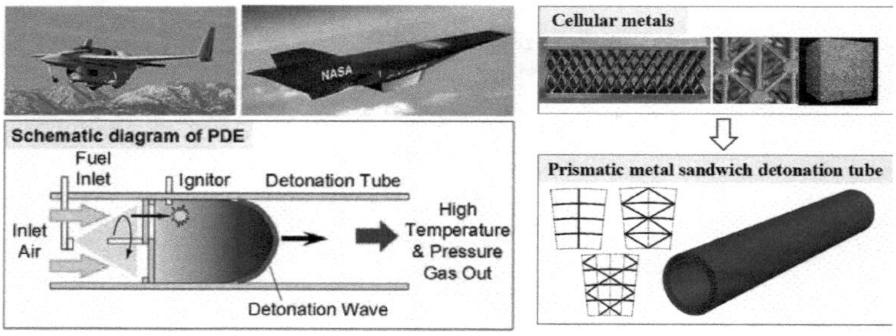

图 4-7-1　脉冲爆震发动机原理图及夹层脉冲爆震发动机燃烧室

新材料的不断涌现，对发动机结构和材料的设计带来了冲击。蜂窝夹芯结构在燃气涡轮发动机上已有大量应用，主要是具有蜂窝夹芯夹层的吸声衬垫和发动机罩、舱门、整流罩等。将多孔金属材料应用于脉冲爆震发动机的结构设计是一种很好的新的尝试和创新。用有限元软件 ABAQUS 对夹层圆柱壳在移动冲击内压作用下的结构响应进行分析，本节将分别取实际模型（取单胞）和等效模型（赋本构关系）进行计算分析对比，拟强化利用有限元软件辅助分析板壳结构的具体步骤。夹层燃烧室（圆管）的详细参数为：面板和夹芯的制备材料为 4340 钢，其物理特性以及夹层圆柱壳的几何参数见表 4-7-1。夹芯构型及等效本构关系见表 4-7-2。夹层圆管的示意图如图 4-7-2 所示。

表 4-7-1　夹层圆柱壳的几何参数

E/Pa	ρ/(kg/m^3)	ν	R_{in}/m	R_{out}/m	h_f/m	h_c/m	L/m
193×10^9	8×10^3	0.23	0.14	0.19	0.005	0.04	1

表 4-7-2　夹芯构型及等效本构关系

单胞构型	等效本构关系
Rectangular 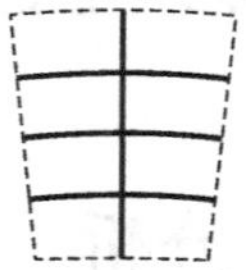 $t_c=0.4721h_f$	$\begin{bmatrix}\sigma_x\\ \sigma_\theta\\ \sigma_z\\ \tau_{\theta z}\\ \tau_{xz}\\ \tau_{x\theta}\end{bmatrix}=E\begin{bmatrix}0.2640 & 0.0430 & 0.01772 & 0 & 0 & 0\\ & 0.1869 & 0 & 0 & 0 & 0\\ & & 0.07705 & 0 & 0 & 0\\ & & & 0.002274 & 0 & 0\\ & sym & & & 0.007416 & 0\\ & & & & & 0.01799\end{bmatrix}\begin{bmatrix}\varepsilon_x\\ \varepsilon_\theta\\ \varepsilon_z\\ \gamma_{\theta z}\\ \gamma_{xz}\\ \gamma_{x\theta}\end{bmatrix}$

由于结构可以看作由一个元胞旋转得到，所以简化计算取 1/32 建模，通过添加适当的边界条件，可以得到整个模型的响应。模型的板的厚度比径向及轴向尺寸小得多，选三维可变形壳模型。通过画 1/32 截面的草图拉伸 1 m 得到模型，注意模型与原点的位置关系。在原点建

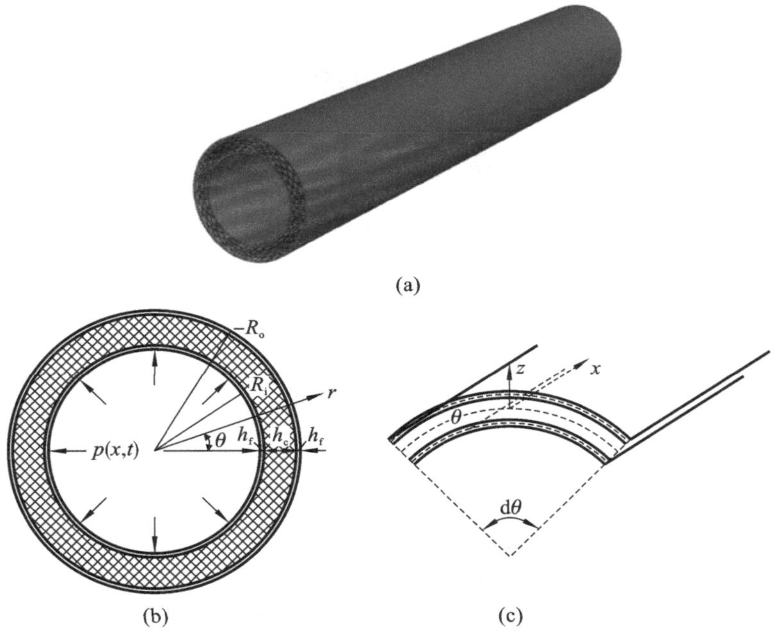

图 4-7-2　夹层圆管示意图

立一个圆柱局部坐标系。

该模型的边界条件为允许两端产生径向位移，即 $u_r \neq 0$ ，可能与实际情况有一定的差别；两边是周期边界条件，即模型关于 θ 轴对称，这样在计算完成的时候，只需将模型进行旋转就可以得到整个模型的结果。这两个边界条件都是定义在局部坐标系下的，定义时需要把整体坐标换成局部坐标，如图 4-7-3 与图 4-7-4 所示。

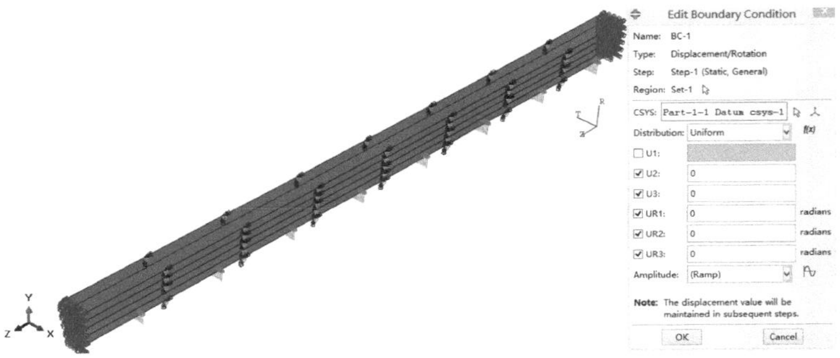

图 4-7-3　端部边界条件

静力载荷直接加载在模型内表面，$p_0 = 5$ MPa 。冲击载荷则需要定义载荷的幅值，定义形式如图 4-7-5 所示。

移动冲击载荷的定义则需要通过修改 input 文件（ * . inp）完成。移动载荷这里被离散地定义成为从一端依次延时施加的冲击载荷，每一次移动一个网格，直到加载到另一端，这样总共施加 200 个冲击载荷。

在 input 文件中需要修改冲击载荷的相关参数。首先在装配体（ * Assembly）里面定义单元集，并将单元集定义成相应的面，共 200 个面。如图 4-7-6 所示，网格使用全局布种的方式，尺寸为 0.005 m，这样轴线方向就有 200 个单元。

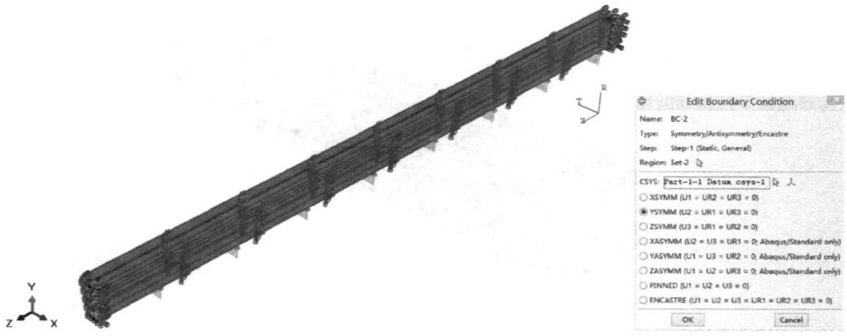

图 4-7-4　周期边界条件

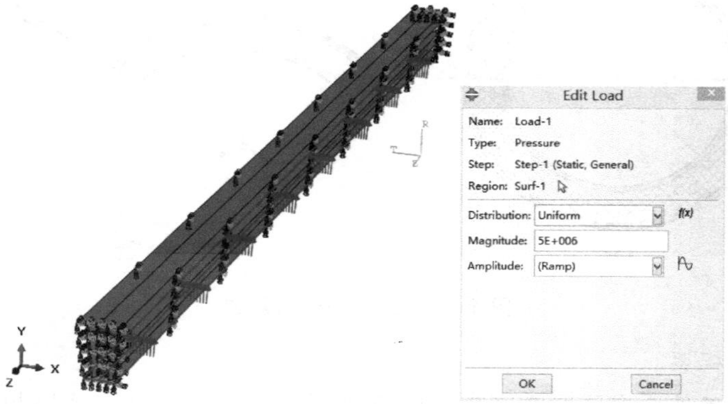

图 4-7-5　内压

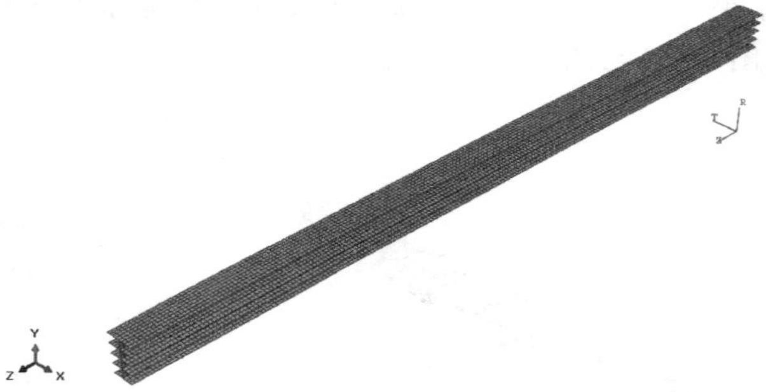

图 4-7-6　网格

从移动载荷下的响应 Mises 应力图(见图 4-7-7)可以看出,实际模型在移动载荷冲击下激发了许多阶的局部模态。

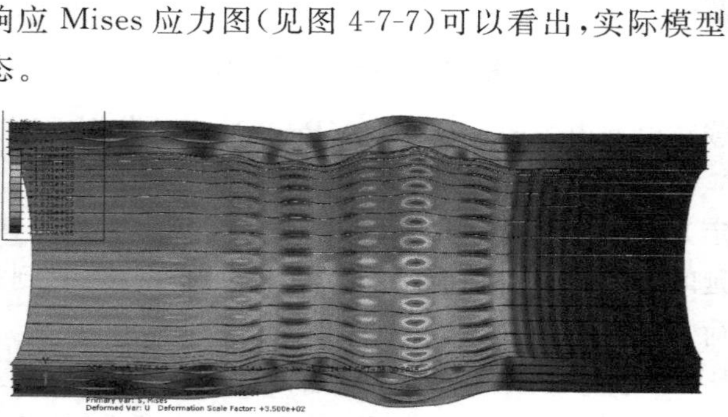

图 4-7-7　实际模型移动载荷下的响应 Mises 应力图(速度 $v=1704$ m/s,位移放大系数:350)

4.7.2　计算模型的等效模型构建

1. 部件

创建轴对称部件(见图 4-7-8)建立草图拆分(创建分区)。

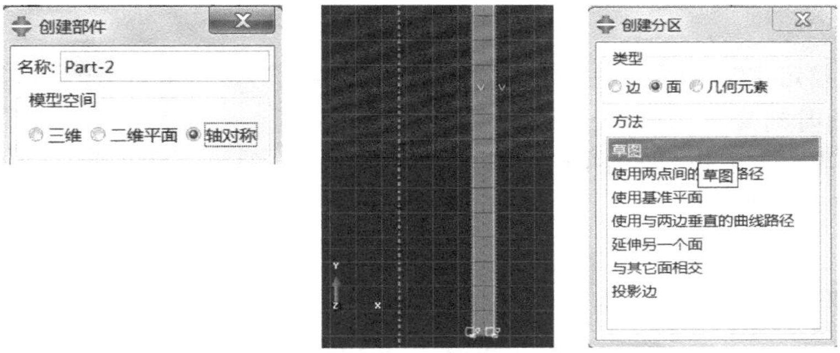

图 4-7-8　创建部件

2. 属性

把附好材料属性的两截面指派给部件,矩形单胞的夹芯等效本构关系(见图 4-7-9)已给出,需要注意:$x=2$,$y=3$,$z=1$。

数据

	D1111	D1122	D2222	D1133	D2233	D3333	D1212	D1313	D2323
1	14870650000	3419960000	50952000000	0	8299000000	36071700000	1431288000	438882000	3472070000

图 4-7-9　本构关系

由于等效模型夹芯的本构关系有别于以往的普通弹性材料属性,需要指派一个材料方向,在工具栏“指派”,“材料方向”全局坐标系下完成对夹芯的指派材料方向。

3. 装配(见图 4-7-10)

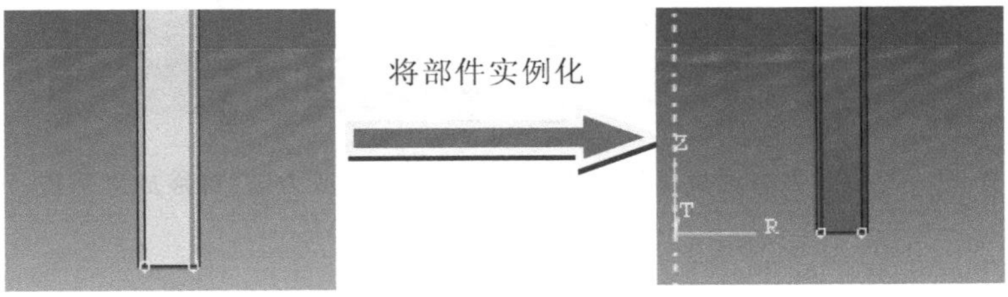

图 4-7-10　装配

4. 分析步

静载作用下:创建静力分析步($t=1$)。

阶跃和移动载荷作用下:创建动力显示分析步(t 约等于五倍的管长除以速度)。

5. 载荷

阶跃载荷作用下:对内径边界施加压强载荷,并对幅值曲线表做如下修改(见图 4-7-11)。

移动载荷作用下:定义第一个参考面(200 个),并在第一个参考面上施加阶跃载荷。修

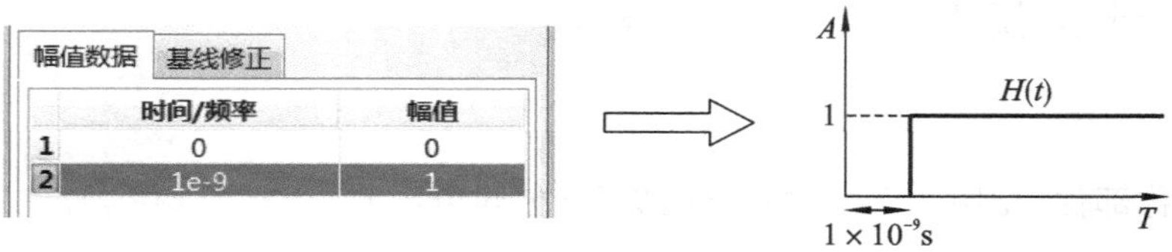

图 4-7-11　载荷幅值曲线表

改.inp 文件,批量定义参考面,批量添加载荷,作用在第 i 个($i=1,2,3,\cdots,200$)参考面上开始施加阶跃载荷的时刻为 $t=x(i)/v+\mathrm{d}t$。

边界条件:约束上下边界的轴向线位移和环向角位移,约束方式不唯一,但一定要与实际模型的约束方式相一致。

6. 网格

夹层网格加密(见图 4-7-12)。

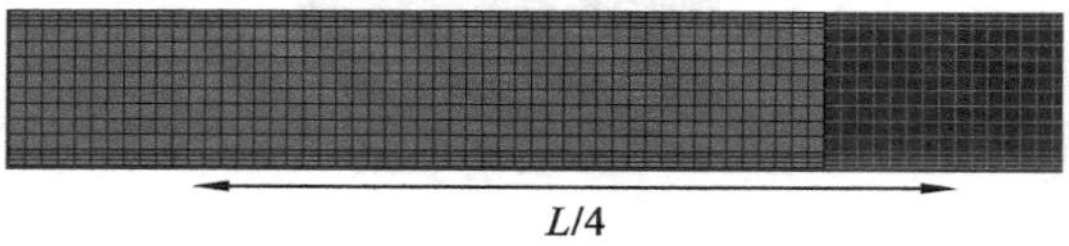

图 4-7-12　网格加密

7. 作业及可视化

等效模型各速度移动载荷下的响应 Mises 应力图如图 4-7-13 所示。

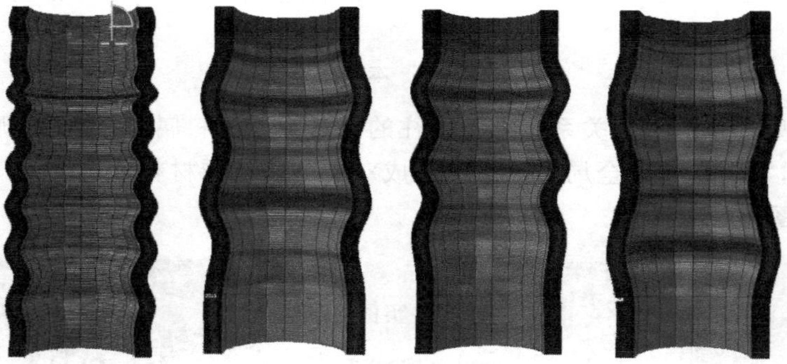

图 4-7-13　等效模型各速度移动载荷下的响应 Mises 应力图(位移放大系数:500)

4.7.3　结构的响应分析

1. 静载作用下结构的响应

表 4-7-3 列出圆管内壁在静载均布内压 $p_0=5$ MPa 作用下实际模型和等效模型的应变能 E、圆管跨中内、外面板的径向位移 u_r 以及周向(环向)应力 σ_θ 的值及相对误差,误差是以实际模型计算得到的。

表 4-7-3　实际模型和等效模型的静载响应

	应变能 E /J	径向位移 u_r /mm		周向(环向)应力 σ_θ /MPa	
		内面板	外面板	内面板	外面板
实际模型	84.26624	3.68063×10^{-2}	3.10043×10^{-2}	35.5069	21.0055
等效模型	79.0542	3.59356×10^{-2}	3.02671×10^{-2}	50.6088	32.5456
相对误差	6.19%	2.37%	2.38%	−42.53%	−54.94%

实际模型和等效模型的应变能 E 和径向位移 u_r 有较好的对应，但应力对应不好。原因是实际模型的纵向隔板的存在使得应力分布不均匀甚至出现应力不连续。这是等效处理要考虑的。

2. 阶跃载荷作用下的结构响应

圆管内壁在均布阶跃冲击内压 $p = p_0 H(t)$ 作用下，等效模型和实际模型的应变能 E 、圆管跨中内外面板的径向位移 u_r 以及周向(环向)应力 σ_θ 的幅值均对应较好(见图 4-7-14 至图 4-7-16)。但是可以比较看出等效模型和实际模型响应的振动频率是不一样的，这是由于两种模型的固有属性是不一样的，实际模型的振动频率要大于等效模型，这也解释了下面施加移动载荷时实际模型的临界速度大于等效模型。

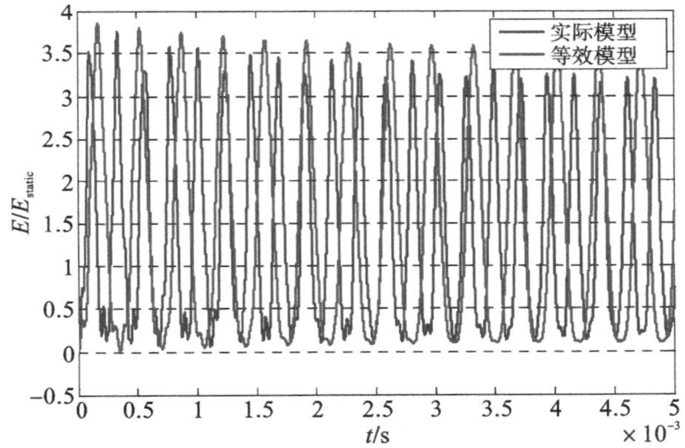

图 4-7-14　阶跃内压 $p = p_0 H(t)$ 作用下的应变能 E 的时间历程曲线

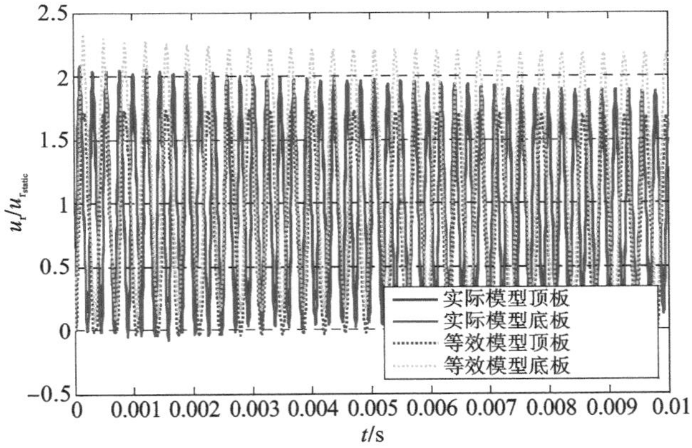

图 4-7-15　阶跃内压 $p = p_0 H(t)$ 作用下的径向位移 u_r 的时间历程曲线

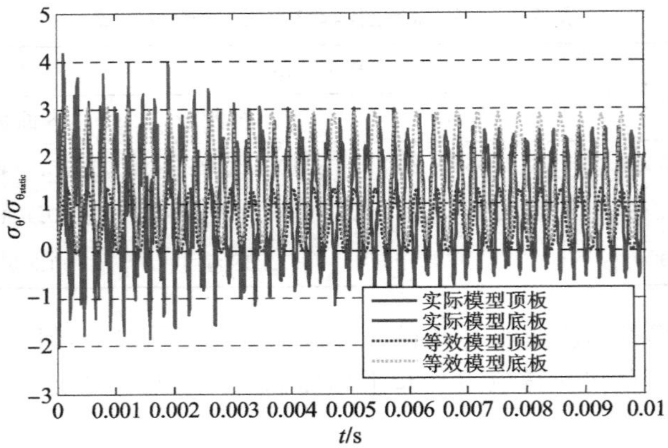

图 4-7-16　阶跃内压 $p=p_0H(t)$ 作用下的周向(环向)应力 σ_θ 的时间历程曲线

3. 移动内压作用下的结构响应

图 4-7-17 至图 4-7-19 是 600 m/s、800 m/s、1150 m/s 速度的移动内压作用时圆管跨中内、外面板的径向位移 u_r 的时间历程曲线，图 4-7-20 至图 4-7-22 是周向(环向)应力 σ_θ 时间历程曲线。可以看出，等效模型相比于实际模型有较大差别。移动内压速度为 600 m/s 时等效模型已经开始进入共振状态，但是实际模型在 1150 m/s 的速度时仍未进入共振区。

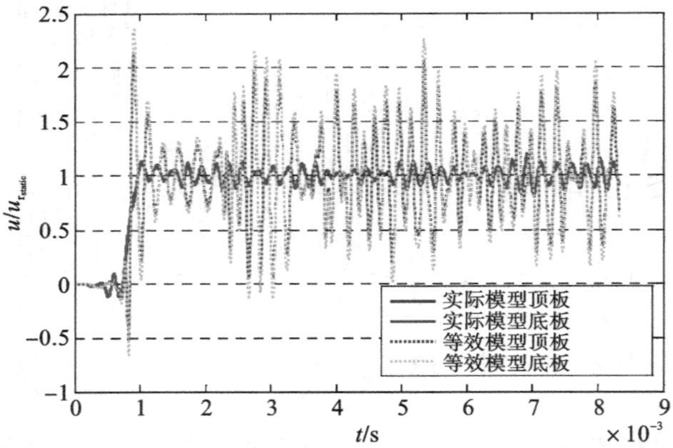

图 4-7-17　600 m/s 移动内压激励下的径向位移 u_r 时间历程曲线

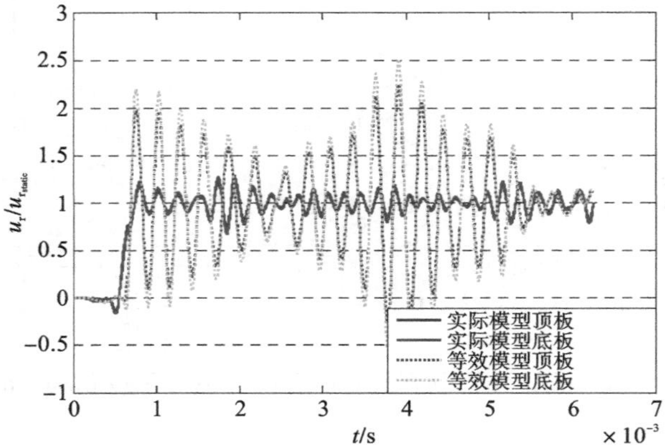

图 4-7-18　800 m/s 移动内压激励下的径向位移 u_r 时间历程曲线

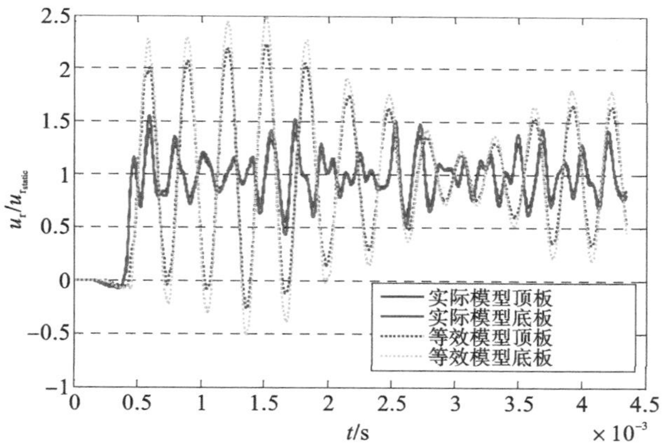

图 4-7-19　1150 m/s 移动内压激励下的径向位移 u_r 时间历程曲线

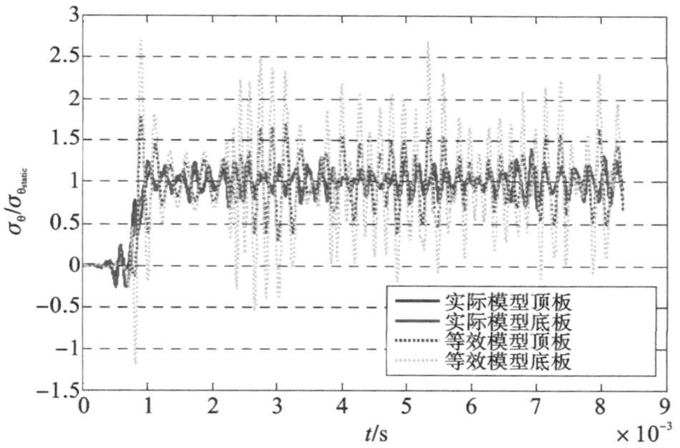

图 4-7-20　600 m/s 移动内压激励下的周向(环向)应力 σ_θ 时间历程曲线

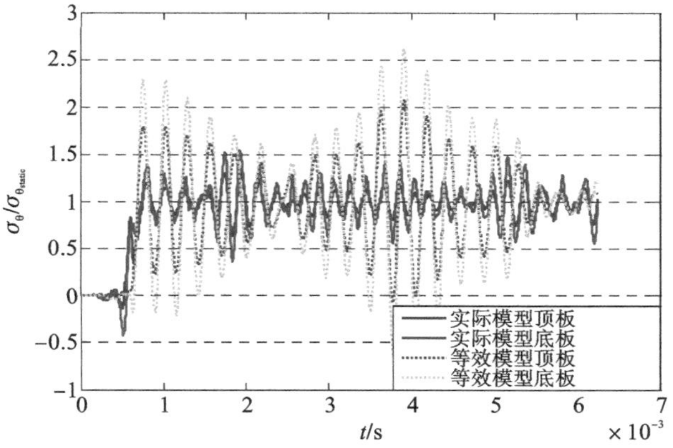

图 4-7-21　800 m/s 移动内压激励下的周向(环向)应力 σ_θ 时间历程曲线

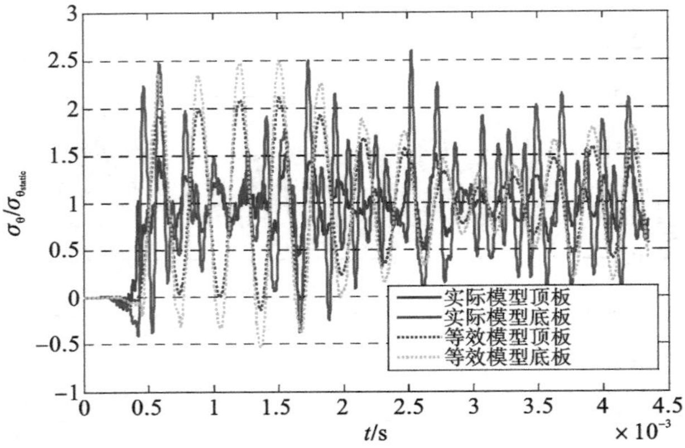

图 4-7-22　1150 m/s 移动内压激励下的周向(环向)应力 σ_θ 时间历程曲线

4. 临界移动速度

计算方法上,采用先取等分速度计算结构响应,然后对数据进行样条插值,求出插值后的极大值对应的速度,再执行计算比较是不是极大值,如此往复直到收敛。程序上,采用 MATLAB 下调用 ABAQUS 计算,后取回结果分析,判断收敛与否,然后再次调用。实践表明,在给出极值所在区间和一系列点的值的条件下,插值的方法不失为一种简单而高效的算法。图 4-7-23所示为实际模型和等效模型的临界速度曲线。

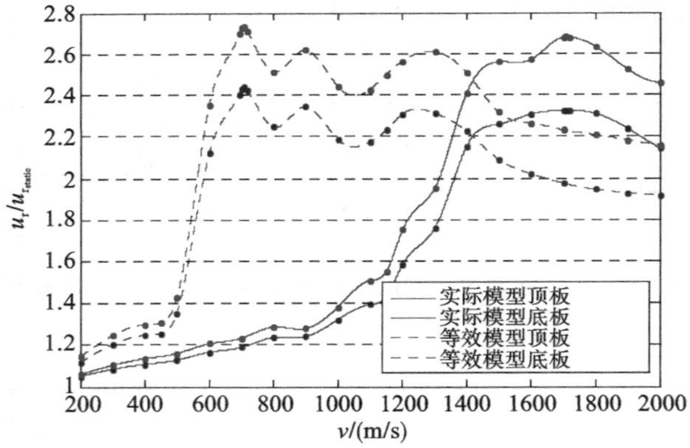

图 4-7-23　实际模型和等效模型的临界速度曲线

(实际模型临界速度 $v_c = 1704$ m/s,等效模型临界速度 $v_c = 706$ m/s)

5. 提高临界速度的设计方案

不改变内径和外径的大小,仅改变内部杆件的厚度,利用上述的计算方法,可以得到不同厚度结构的临界速度 $v_c = v_c(h)$ 。图 4-7-24 是不同厚度结构的临界速度,图 4-7-25 是不同厚度结构的比临界速度(临界速度除以夹层密度 $v_c(h)/\rho(h)$)。

根据不同设计要求有两种设计方案可供选择。若是达到最大临界速度的话,可根据不同厚度临界速度的极大值设计,即对应 $h/h_f \approx 0.5$,因为若再增加厚度,则临界速度提高不大。若是实现最大临界速度的同时又要尽量减重的双重目标的话,要根据不同厚度的比临界速度的拐点值设计,即在此值时再增加厚度会使结构变重而提高临界速度不多,对应于 $h/h_f = 0.2 \sim 0.3$ 。

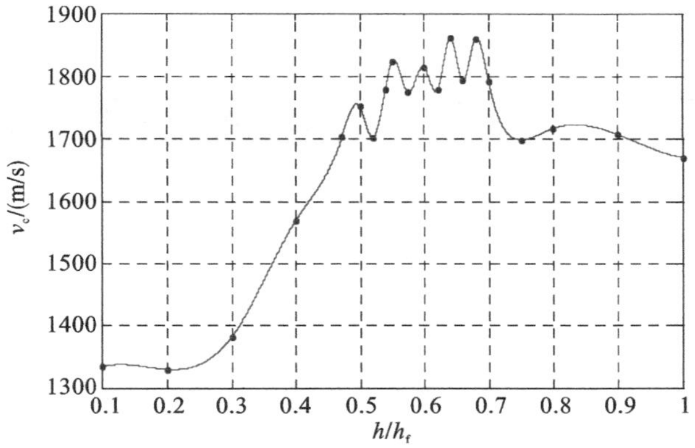

图 4-7-24　不同厚度结构的临界速度

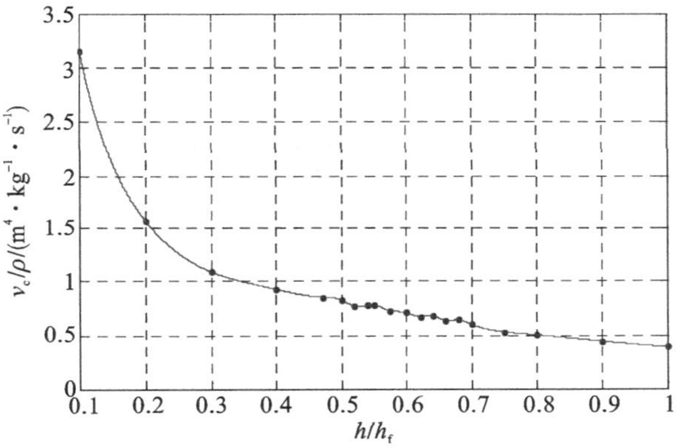

图 4-7-25　不同厚度结构的比临界速度

本章小结

本章讨论了平板壳元和三维蜕化壳元，并借助一个简单的平板静力学分析，从理论到软件的实际操作，详细地阐述了板壳问题的有限元法。壳体和平板的相同点在于都是几何上一个方向的尺寸远小于其余两个方向的尺度，因此在力学分析中引入了相同的基本假设。而不同点则在于平板的中面是平面，但是壳体的中面是曲面。因此，平板中薄膜应力状态和弯曲应力状态互不耦合，二者分别成为平面应力问题和平板弯曲问题的研究对象。本章关于轴对称薄壳单元的介绍，基本上可以诠释薄板单元上述的特点。本章重点描述了不同类型单元的联结，并利用工程软件计算案例，对本章理论内容进行了回顾与加强。

第 5 章　热传导问题的有限元法

在变温条件下工作的结构和部件，通常都存在温度应力，有的是稳定的温度应力，有的是随时间变化的瞬态温度应力。这些应力在结构应力中经常占有相当的比重，甚至成为设计结构或部件的控制应力。要计算这些应力首先要确定结构或构件工作所在的稳态或瞬态的温度场。由于结构的形状以及变温条件的复杂性，依靠传统的解析方法要精确地确定温度场往往是不可能的，有限元法是解决上述问题的有效工具。

本章就一般热黏弹性问题的数值计算给出了相应的有限元程序设计方法并介绍了利用伽辽金法建立稳态和瞬态的热传导问题有限元格式的过程。

5.1　热传导微分方程

根据平衡原理，在任意一段时间内，物体的任一微小部分所积蓄的热量(亦即温度增高所需的热量)，等于传入该微小部分的热量加上内部热源所供给的热量。取直角坐标系并取微小六面体 $\mathrm{d}x\mathrm{d}y\mathrm{d}z$，如图 5-1-1 所示。假定该六面体的温度在 $\mathrm{d}t$ 时间内由 T 升高到 $T+\frac{\partial T}{\partial t}\mathrm{d}t$，由于温度升高了，它所积蓄的热量是 $c\rho\mathrm{d}x\mathrm{d}y\mathrm{d}z\frac{\partial T}{\partial t}\mathrm{d}t$。式中，$\rho$ 为物体的密度，它的单位是 $\mathrm{kg/m^3}$；c 是比热容，它的单位是 kJ/(kg・℃)，也就是单位质量的物体温度升高 1 ℃时所需的热量。

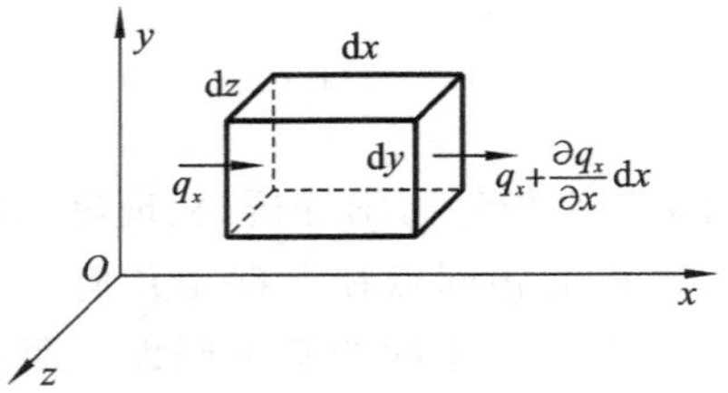

图 5-1-1　六面体热量流入图

在同一时间 $\mathrm{d}t$ 内，由六面体左面传入热量 $q_x\mathrm{d}x\mathrm{d}y\mathrm{d}t$，由右面传出热量 $\left(q_x+\frac{\partial q_x}{\partial x}\mathrm{d}x\right)\mathrm{d}x\mathrm{d}y\mathrm{d}t$。因此，传入的净热量为 $-\frac{\partial q_x}{\partial x}\mathrm{d}x\mathrm{d}y\mathrm{d}t$。由热传导的基本定律，热流密度与温度梯度成正比而方向相反，即

$$q=\lambda\nabla T$$

式中，比例常数 λ 为导热系数，它的因次是[热量][长度]$^{-1}$[时间]$^{-1}$[温度]$^{-1}$，单位为 kJ/(m・h・c・℃)，因此传入的净热量为 $\lambda\frac{\partial^2 T}{\partial x^2}\mathrm{d}x\mathrm{d}y\mathrm{d}z\mathrm{d}t$。同样，由上下两面及前后两面传入的净热量分别为 $\lambda\frac{\partial^2 T}{\partial y^2}\mathrm{d}x\mathrm{d}y\mathrm{d}z\mathrm{d}t$ 及 $\lambda\frac{\partial^2 T}{\partial z^2}\mathrm{d}x\mathrm{d}y\mathrm{d}z\mathrm{d}t$。这样，传入六面体的净热量总共是 $\lambda\left(\frac{\partial^2 T}{\partial x^2}+\frac{\partial^2 T}{\partial y^2}+\frac{\partial^2 T}{\partial z^2}\right)\mathrm{d}x\mathrm{d}y\mathrm{d}z\mathrm{d}t$，即 $\lambda\nabla^2T\mathrm{d}x\mathrm{d}y\mathrm{d}z\mathrm{d}t$。

该六面体的内部有热源，强度为 W(在单位时间、单位体积内供给的热量)，则该热源在时间 $\mathrm{d}t$ 内所供给的热量为 $W\mathrm{d}x\mathrm{d}y\mathrm{d}z\mathrm{d}t$。在这里，供热的热源作为正的热源，如金属通电时发热、混凝土硬化时发热、水结冰时发热等；吸热的热源作为负的热源，如水分蒸发时吸热、冰粒溶解

时吸热等。于是，根据热平衡原理，有

$$c\rho\mathrm{d}x\mathrm{d}y\mathrm{d}z\frac{\partial T}{\partial t}\mathrm{d}t=\lambda\nabla^{2}T\mathrm{d}x\mathrm{d}y\mathrm{d}z\mathrm{d}t+W\mathrm{d}x\mathrm{d}y\mathrm{d}z\mathrm{d}t \tag{5-1-1}$$

除以 $c\rho\mathrm{d}x\mathrm{d}y\mathrm{d}z\mathrm{d}t$，移项以后，即得热传导微分方程

$$\frac{\partial T}{\partial t}-\frac{\lambda}{c\rho}\nabla^{2}T=\frac{W}{c\rho} \tag{5-1-2}$$

简写为

$$\frac{\partial T}{\partial t}-\alpha\nabla^{2}T=\frac{W}{c\rho} \tag{5-1-3}$$

式中

$$\alpha=\frac{\lambda}{c\rho} \tag{5-1-4}$$

称为导温系数，它的因次是[长度]^2[时间]$^{-1}$，它的单位是 m^2/h。

方程(5-1-3)中的系数 λ,c,ρ,α 都可以近似地当作常量，但热源强度 W 却往往随时间的变化而有较大的变化，它是关于时间 t 的已知函数。

分析混凝土体在硬化发热期间的不稳定温度场时，通常用绝热温升来代替热源强度。把拌好了的一块混凝土放在绝热条件下，使混凝土硬化时所发的热量全部用于混凝土试块本身的温度，测量得到试块温度的增量 θ 称为绝热温升，它随时间（龄期）t 的变化大致如图 5-1-2 中的绝热温升曲线所示。将 $\frac{\partial\theta}{\partial t}$ 称为绝热温升率，可由绝热温升曲线的斜率得来。

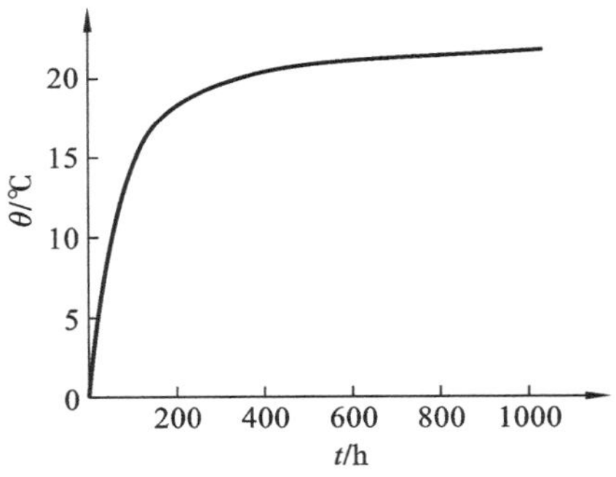

图 5-1-2　绝热温升曲线

由于混凝土试块不大，而且是处在绝热情况下，试块内的温度可以认为是均匀的。也就是说，它的温度只随时间变化而不是坐标的函数。这样就有 $\nabla^{2}T=0$，从而由式(5-1-3)得

$$\frac{\partial T}{\partial t}=\frac{W}{c\rho} \tag{5-1-5}$$

但这时的 $\frac{\partial T}{\partial t}$ 就是绝热温升率 $\frac{\partial\theta}{\partial t}$，因此又有

$$\frac{W}{c\rho}=\frac{\partial\theta}{\partial t}$$

再代回式(5-1-3)，即得混凝土热传导微分方程

$$\frac{\partial T}{\partial t}-\frac{\lambda}{c\rho}\nabla^{2}T=\frac{\partial\theta}{\partial t},\quad x\in V \tag{5-1-6}$$

如果经过长期热交换后，温度不再随时间而变化，就称为稳定温度场。这时热传导微分方程(5-1-6)就成为

$$\nabla^{2}T=0,\quad x\in V \tag{5-1-7}$$

为了能够求解热传导微分方程，从而求得温度场，必须已知物体在初瞬时的温度分布，即所谓初始条件；同时还必须已知初瞬时以后物体表面与周围介质之间进行热交换的规律，即所谓边界条件。初始条件和边界条件合称为边值条件，初始条件称为时间边值条件，而边界条件称为空间边值条件。

初始条件一般表示为如下的形式。

$$(T)_{t=0}=f(x,y,z),\quad x\in V \tag{5-1-8}$$

边界条件可以用 3 种方式给出。

第一类边界条件：已知物体表面上任意一点在所有各瞬时的温度，即

$$T = f(t), \quad x \in S_1 \tag{5-1-9}$$

式中，T 为物体表面的温度。

第二类边界条件：已知物体表面上任意一点的法向热流密度，即

$$q_n = \bar{q}_n$$

式中，脚码 n 表示物体表面的外法向。由式(5-1-1)，上式也可以改写为

$$-\lambda\frac{\partial T}{\partial n} = q_n = \bar{q}_n, \quad x \in S_2 \tag{5-1-10}$$

在绝热边界上，由于热流密度为零，由式(5-1-10)得到

$$\left(\frac{\partial T}{\partial n}\right) = 0, \quad x \in S_2 \tag{5-1-11}$$

第三类边界条件：已知物体边界上任意一点在所有各瞬时的运流(对流)放热情况。按照热量的运流定律，在单位时间内从物体表面传向周围介质的热流密度，是与两者的温度差成正比的，即

$$q_n = \beta(T - T_\alpha) \tag{5-1-12}$$

式中，T_α 为周围介质的温度；β 为运流放热系数，或简称为放热系数，它的因次是[热量][长度]$^{-2}$[时间]$^{-1}$[温度]$^{-1}$，它的单位是 kJ/(m^2 · h · c · ℃)。放热系数 β 依赖于周围介质的密度、黏度、流速、流态，还依赖于物体表面的曲率及糙率，它的数值范围是很大的。由式(5-1-1)，式(5-1-12)可以改写为

$$\frac{\partial T}{\partial n} = -\frac{\beta}{\lambda}(T T_\alpha), \quad x \in S_3 \tag{5-1-13}$$

如果周围介质的运流很大，运流几乎是完全的，则物体表面被迫取周围介质的温度，则上式简化为第一类边界条件

$$T = T_\alpha \tag{5-1-14}$$

如果运流很小，β 趋近于 0，则式(5-1-13)简化为绝热边界条件式(5-1-11)。

对于实际工程上提出的问题按照边值条件求解上述热传导微分方程，用函数求解几乎是不可能的。有限元法是非常有效的求解方法。

5.2 温度场的变分原理

5.2.1 稳定温度场的变分原理

稳定温度场由微分方程(5-1-7)和边界条件式(5-1-9)或式(5-1-10)和式(5-1-12)决定。在满足强制边界条件和边界条件式(5-1-9)的情况下，与微分方程(5-1-7)和边界条件式(5-1-10)、式(5-1-12)等效的伽辽金法为

$$\int_v \delta T \nabla^2 T \mathrm{d}v - \int_{S_2} \delta T\left(\frac{\partial T}{\partial n} + \frac{1}{\lambda}\bar{q}_n\right)\mathrm{d}s - \int_{S_3} \delta T\left(\frac{\partial T}{\partial n} + \frac{\beta}{\lambda}T - \frac{\beta}{\lambda}T_\alpha\right)\mathrm{d}s = 0 \tag{5-2-1}$$

经分部积分得

$$\int_v \left(\frac{\partial \delta T}{\partial x}\frac{\partial T}{\partial x}+\frac{\partial \delta T}{\partial y}\frac{\partial T}{\partial y}+\frac{\partial \delta T}{\partial z}\frac{\partial T}{\partial z}\right)\mathrm{d}v+\int_{S_2}\frac{1}{\lambda}\delta T\bar{q}_n\mathrm{d}s-\int_{S_3}\frac{\beta}{\lambda}\delta T(T_a-T)\mathrm{d}s=0$$

将上式各项乘以 $\alpha=\dfrac{\lambda}{c\rho}$，可改写为

$$\int_v \alpha\left(\frac{\partial T}{\partial x}\frac{\partial \delta T}{\partial x}+\frac{\partial T}{\partial y}\frac{\partial \delta T}{\partial y}+\frac{\partial T}{\partial z}\frac{\partial \delta T}{\partial z}\right)\mathrm{d}v+\int_{S_2}\frac{1}{cp}\delta T\bar{q}_n\mathrm{d}s-\int_{S_3}\bar{\beta}\delta T(T_a-T)\mathrm{d}s=0 \tag{5-2-2}$$

其中，

$$\bar{\beta}=\frac{\beta}{cp} \tag{5-2-3}$$

根据变分的运算规则，式(5-2-2)可进一步改写为

$$\delta \boldsymbol{\Pi}=0 \tag{5-2-4}$$

其中

$$\boldsymbol{\Pi}=\int_v \frac{\alpha}{2}\left[\left(\frac{\partial T}{\partial x}\right)^2+\left(\frac{\partial T}{\partial y}\right)^2+\left(\frac{\partial T}{\partial z}\right)^2\right]\mathrm{d}v+\int_{S_2}\frac{1}{cp}T\bar{q}_n\mathrm{d}s-\int_{S_3}\bar{\beta}T\left(T_a-\frac{1}{2}T\right)\mathrm{d}s \tag{5-2-5}$$

式(5-2-4)即为稳定温度场的变分原理，即在满足强制边界(5-2-5)的所有可能的温度场中，真实温度场使泛函式(5-2-5)取极值。可以证明式(5-2-5)等价于微分方程(5-1-7)和边界条件(5-1-10)、式(5-1-12)。当第二类边界为绝热边界时，式(5-2-5)所示泛函可简化为

$$\boldsymbol{\Pi}=\int_v \frac{\alpha}{2}\left[\left(\frac{\partial T}{\partial x}\right)^2+\left(\frac{\partial T}{\partial y}\right)^2+\left(\frac{\partial T}{\partial z}\right)^2\right]\mathrm{d}v+\int_{S_3}\bar{\beta}\left(\frac{1}{2}T^2-T_aT\right)\mathrm{d}s \tag{5-2-6}$$

5.2.2　瞬态稳定温度场的变分原理

经过与稳定温度场的变分原理类似的讨论和推导，可以得到瞬态稳定温度场变分原理：在满足强制边界条件(5-1-9)和初始条件(5-1-8)的所有可能的温度场中，真实温度场满足

$$\delta \boldsymbol{\Pi}=0$$

其中

$$\begin{aligned}\boldsymbol{\Pi}=&\int_v\left\{\frac{\alpha}{2}\left[\left(\frac{\partial T}{\partial x}\right)^2+\left(\frac{\partial T}{\partial y}\right)^2+\left(\frac{\partial T}{\partial z}\right)^2\right]+\left(\frac{\partial T}{\partial t}-\frac{\partial \theta}{\partial t}\right)T\right\}\mathrm{d}v\\&+\int_{S_2}\frac{1}{cp}T\bar{q}_n\mathrm{d}s-\int_{S_3}\bar{\beta}T\left(T_a-\frac{1}{2}T\right)\mathrm{d}s\end{aligned} \tag{5-2-7}$$

可以证明式(5-2-7)等价于热传导微分方程(5-1-6)和边界条件式(5-1-10)、式(5-1-12)。第二类边界为绝热边界式，式(5-2-7)所示的泛函可简化为

$$\boldsymbol{\Pi}=\int_v\left\{\frac{\alpha}{2}\left[\left(\frac{\partial T}{\partial x}\right)^2+\left(\frac{\partial T}{\partial y}\right)^2+\left(\frac{\partial T}{\partial z}\right)^2\right]+\left(\frac{\partial T}{\partial t}-\frac{\partial \theta}{\partial t}\right)T\right\}\mathrm{d}v+\int_{S_3}\bar{\beta}\left(\frac{1}{2}T^2-T_aT\right)\mathrm{d}s \tag{5-2-8}$$

5.3　稳定温度场

由 5.2 节知道，求解稳定温度场的问题归结为求泛函(5-2-6)的极值问题。将求解域划分为有限元网格，各单元的温度函数用该单元节点温度值插值得到。设单元的节点数为 m，则

单元的温度可以表示为

$$T(x,y,z)=T(\xi,\eta,\zeta)=\sum_{i=1}^{m}N_iT_i=\boldsymbol{N}\boldsymbol{T}^e \tag{5-3-1}$$

式中：$N_i(i=1,2,\cdots,m)$ 为形函数；$\boldsymbol{N}$ 为形函数矩阵；$\boldsymbol{T}^e$ 为单元节点温度列阵。

$$\boldsymbol{N}=[N_1 \quad N_2 \quad \cdots \quad N_m] \tag{5-3-2}$$

$$\boldsymbol{T}^e=[T_1 \quad T_2 \quad \cdots \quad T_m]^{\mathrm{T}} \tag{5-3-3}$$

有限元离散后的泛函等于各单元泛函之和，即

$$\begin{aligned}\boldsymbol{\Pi}&=\int_v\frac{\alpha}{2}\left[\left(\frac{\partial T}{\partial x}\right)^2+\left(\frac{\partial T}{\partial y}\right)^2+\left(\frac{\partial T}{\partial z}\right)^2\right]\mathrm{d}v+\int_{S_3}\bar{\beta}\left(\frac{1}{2}T^2-T_aT\right)\mathrm{d}s\\&=\sum_e\int_{v^e}\frac{\alpha}{2}\left[\left(\frac{\partial T}{\partial x}\right)^2+\left(\frac{\partial T}{\partial y}\right)^2+\left(\frac{\partial T}{\partial z}\right)^2\right]\mathrm{d}v+\sum_e\int_{S_3^e}\bar{\beta}\left(\frac{1}{2}T^2-T_aT\right)\mathrm{d}s\\&=\frac{1}{2}\sum_e(\boldsymbol{T}^e)^{\mathrm{T}}\int_{v^e}\alpha\left[\left(\frac{\partial\boldsymbol{N}^{\mathrm{T}}}{\partial x}\frac{\partial\boldsymbol{N}}{\partial x}\right)+\left(\frac{\partial\boldsymbol{N}^{\mathrm{T}}}{\partial y}\frac{\partial\boldsymbol{N}}{\partial y}\right)+\left(\frac{\partial\boldsymbol{N}^{\mathrm{T}}}{\partial z}\frac{\partial\boldsymbol{N}}{\partial z}\right)\right]\mathrm{d}v\boldsymbol{T}^e\\&\quad+\frac{1}{2}\sum_e(\boldsymbol{T}^e)^{\mathrm{T}}\int_{S_3^e}\bar{\beta}\boldsymbol{N}^{\mathrm{T}}\boldsymbol{N}\mathrm{d}s\boldsymbol{T}^e-\sum_e(\boldsymbol{T}^e)^{\mathrm{T}}\int_{S_3^e}\bar{\beta}T_a\boldsymbol{N}^{\mathrm{T}}\mathrm{d}s\end{aligned} \tag{5-3-4}$$

令

$$\left.\begin{aligned}\boldsymbol{h}&=\int_{v^e}\alpha\left[\left(\frac{\partial\boldsymbol{N}^{\mathrm{T}}}{\partial x}\frac{\partial\boldsymbol{N}}{\partial x}\right)+\left(\frac{\partial\boldsymbol{N}^{\mathrm{T}}}{\partial y}\frac{\partial\boldsymbol{N}}{\partial y}\right)+\left(\frac{\partial\boldsymbol{N}^{\mathrm{T}}}{\partial z}\frac{\partial\boldsymbol{N}}{\partial z}\right)\right]\mathrm{d}v\\\boldsymbol{g}&=\int_{S_3^e}\bar{\beta}\boldsymbol{N}^{\mathrm{T}}\boldsymbol{N}\mathrm{d}s\\\boldsymbol{f}&=\int_{S_3^e}\bar{\beta}T_a\boldsymbol{N}^{\mathrm{T}}\mathrm{d}s\end{aligned}\right\} \tag{5-3-5}$$

其中，$\boldsymbol{h}$ 为单元热传导矩阵，$\boldsymbol{g}$ 为放热边界对热传导矩阵的贡献矩阵，$\boldsymbol{f}$ 为单元温度载荷列阵。它们的元素分别为

$$\left.\begin{aligned}h_{ij}&=\alpha\int_{v^e}\left(\frac{\partial N_i}{\partial x}\frac{\partial N_j}{\partial x}\right)+\left(\frac{\partial N_i}{\partial y}\frac{\partial N_j}{\partial y}\right)+\left(\frac{\partial N_i}{\partial z}\frac{\partial N_j}{\partial z}\right)\mathrm{d}v\\g_{ij}&=\int_{S_3^e}\bar{\beta}N_iN_j\mathrm{d}s\\f_i&=\int_{S_3^e}\bar{\beta}T_aN_i\mathrm{d}s\end{aligned}\right\}\quad(i,j=1,2,\cdots,m) \tag{5-3-6}$$

再引进单元选择矩阵 $\boldsymbol{C}_e$，使得

$$\boldsymbol{T}^e=\boldsymbol{C}_e\boldsymbol{T} \tag{5-3-7}$$

式中，$\boldsymbol{T}$ 为整体节点温度列阵。将式(5-3-5)和式(5-3-7)代入式(5-3-4)，得

$$\boldsymbol{\Pi}=\frac{1}{2}\boldsymbol{T}^{\mathrm{T}}(\boldsymbol{H}+\boldsymbol{G})\boldsymbol{T}-\boldsymbol{T}^{\mathrm{T}}\boldsymbol{F} \tag{5-3-8}$$

其中，

$$\boldsymbol{H}=\sum_e\boldsymbol{C}_e^{\mathrm{T}}\boldsymbol{h}\boldsymbol{C}_e \tag{5-3-9}$$

$$\boldsymbol{G}=\sum_e\boldsymbol{C}_e^{\mathrm{T}}\boldsymbol{g}\boldsymbol{C}_e \tag{5-3-10}$$

$$\boldsymbol{F}=\sum_e\boldsymbol{C}_e^{\mathrm{T}}\boldsymbol{f} \tag{5-3-11}$$

根据变分原理，使泛函(5-3-9)的变分 $\delta\boldsymbol{\Pi}=0$，即 $\dfrac{\partial\boldsymbol{\Pi}}{\partial\boldsymbol{T}}=0$，得到稳定温度场的有限元支配

方程

$$(\boldsymbol{H}+\boldsymbol{G})\boldsymbol{T}=\boldsymbol{F} \tag{5-3-12}$$

这是线性代数方程组，求解该方程组便得到整体节点温度值 $\boldsymbol{T}$。需要指出的是，如同弹性力学问题，在集成整体矩阵后，还需引入至少限制“刚体运动”的给定位移条件。对于温度场问题，在集成整体矩阵以后，至少还需引入一个点的已知温度条件。

对于等参单元，式(5-3-5)中的各系数矩阵可以通过高斯数值积分计算。对于比较简单的单元，可以直接解析求出。例如，对于平面三节点三角形单元，形函数为

$$N_i=\frac{(a_i+b_ix+c_iy)}{2A}\quad(i,j,m)$$

式中，A 为三角形面积。代入式(5-3-6)，得

$$\boldsymbol{h}=\frac{\alpha}{4A}\begin{bmatrix}b_ib_i+c_ic_i & b_ib_j+b_ib_j & b_ib_m+c_ic_m\\ b_jb_i+c_jc_i & b_jb_j+c_jc_j & b_jb_m+c_jc_m\\ b_mb_i+c_mc_i & b_mb_j+c_mc_j & b_mb_m+c_mc_m\end{bmatrix}$$

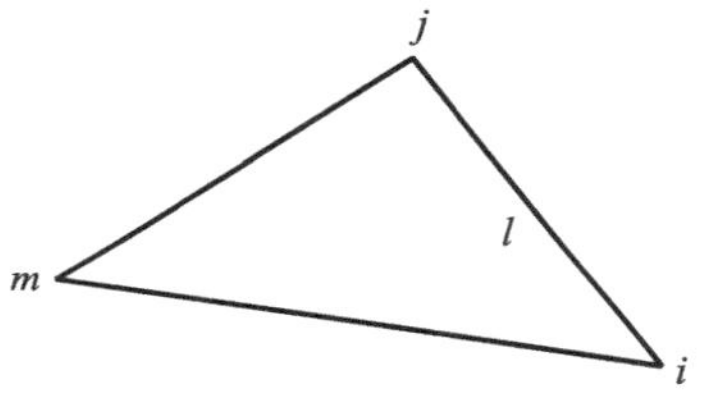

图 5-3-1 平面三节点三角形单元

当三角形 ij 边界为散热边界(见图 5-3-1)时，

$$\boldsymbol{g}=\frac{\bar{\beta}l}{6}\begin{bmatrix}2 & 1 & 0\\ 1 & 2 & 0\\ 0 & 0 & 0\end{bmatrix}$$

$$\boldsymbol{f}=\frac{\bar{\beta}T_al}{2}\begin{bmatrix}1\\ 1\\ 0\end{bmatrix}$$

5.4 瞬态温度场

瞬态温度场是空间和时间 t 的函数，相应的泛函如式(5-2-7)或式(5-2-8)所示。将求解域划分为有限元网格，各单元的温度函数用该单元节点温度值插值得到。设单元的节点数为 m，则单元的温度可以表示为

$$T(x,y,z,t)=T(\xi,\eta,\zeta,t)=\sum_{i=1}^{m}N_iT_i=\boldsymbol{N}\boldsymbol{T}^e \tag{5-4-1}$$

式中，$N_i(i=1,2,\cdots,m)$ 为形函数；$\boldsymbol{N}$ 为形函数矩阵，仍与式(5-3-2)相同；$\boldsymbol{T}^e$ 为单元节点温度列阵，如式(5-3-3)所示。但是现在各节点温度是随时间变化的。

$$\dot{T}(x,y,z,t)=\dot{T}(\xi,\eta,\zeta,t)=\sum_{i=1}^{m}N_i\dot{T}_i=\boldsymbol{N}^{\mathrm{T}}\dot{\boldsymbol{T}}^e \tag{5-4-2}$$

式中，$\dot{T}$ 为温度对时间的导数。

有限元离散后的泛函(5-2-8)等于各单元泛函之和,即

$$\begin{aligned}\boldsymbol{\Pi}&=\int_{v}\left\{\frac{\alpha}{2}\left[\left(\frac{\partial T}{\partial x}\right)^{2}+\left(\frac{\partial T}{\partial y}\right)^{2}+\left(\frac{\partial T}{\partial z}\right)^{2}\right]+\left(\frac{\partial T}{\partial t}-\frac{\partial\theta}{\partial t}\right)T\right\}\mathrm{d}v+\int_{S_3}\bar{\beta}\left(\frac{1}{2}T^{2}-T_{a}T\right)\mathrm{d}s\\&=\sum_{e}\int_{v^e}\left\{\frac{\alpha}{2}\left[\left(\frac{\partial T}{\partial x}\right)^{2}+\left(\frac{\partial T}{\partial y}\right)^{2}+\left(\frac{\partial T}{\partial z}\right)^{2}\right]+\left(\frac{\partial T}{\partial t}-\frac{\partial\theta}{\partial t}\right)T\right\}\mathrm{d}v+\sum_{e}\int_{S_3^e}\bar{\beta}\left(\frac{1}{2}T^{2}-T_{a}T\right)\mathrm{d}s\\&=\frac{1}{2}\sum_{e}(\boldsymbol{T}^e)^{\mathrm{T}}\int_{v^e}\alpha\left[\left(\frac{\partial\boldsymbol{N}^{\mathrm{T}}}{\partial x}\frac{\partial\boldsymbol{N}}{\partial x}\right)+\left(\frac{\partial\boldsymbol{N}^{\mathrm{T}}}{\partial y}\frac{\partial\boldsymbol{N}}{\partial y}\right)+\left(\frac{\partial\boldsymbol{N}^{\mathrm{T}}}{\partial z}\frac{\partial\boldsymbol{N}}{\partial z}\right)\right]\mathrm{d}v\boldsymbol{T}^e\\&\quad+\sum_{e}(\boldsymbol{T}^e)^{\mathrm{T}}\int_{v^e}(\boldsymbol{N}^{\mathrm{T}}\boldsymbol{N})\mathrm{d}v\dot{\boldsymbol{T}}^e-\sum_{e}(\boldsymbol{T}^e)^{\mathrm{T}}\int_{v^e}\left(\boldsymbol{N}^{\mathrm{T}}\frac{\partial\theta}{\partial t}\right)\mathrm{d}v\\&\quad+\frac{1}{2}\sum_{e}(\boldsymbol{T}^e)^{\mathrm{T}}\int_{S_3^e}\bar{\beta}\boldsymbol{N}^{\mathrm{T}}\boldsymbol{N}\mathrm{d}s\boldsymbol{T}^e-\sum_{e}(\boldsymbol{T}^e)^{\mathrm{T}}\int_{S_3^e}\bar{\beta}T_{a}\boldsymbol{N}^{\mathrm{T}}\mathrm{d}s\end{aligned}\tag{5-4-3}$$

令

$$\left.\begin{aligned}\boldsymbol{h}&=\int_{v^e}\alpha\left[\left(\frac{\partial\boldsymbol{N}^{\mathrm{T}}}{\partial x}\frac{\partial\boldsymbol{N}}{\partial x}\right)+\left(\frac{\partial\boldsymbol{N}^{\mathrm{T}}}{\partial y}\frac{\partial\boldsymbol{N}}{\partial y}\right)+\left(\frac{\partial\boldsymbol{N}^{\mathrm{T}}}{\partial z}\frac{\partial\boldsymbol{N}}{\partial z}\right)\right]\mathrm{d}v\\\boldsymbol{g}&=\int_{S_3^e}\bar{\beta}\boldsymbol{N}^{\mathrm{T}}\boldsymbol{N}\mathrm{d}s\\\boldsymbol{r}&=\int_{v^e}\boldsymbol{N}^{\mathrm{T}}\boldsymbol{N}\mathrm{d}v\\\boldsymbol{f}&=\int_{S_3^e}\bar{\beta}T_{a}\boldsymbol{N}^{\mathrm{T}}\mathrm{d}s+\int_{v^e}\frac{\partial\theta}{\partial t}\boldsymbol{N}^{\mathrm{T}}\mathrm{d}v\end{aligned}\right\}\tag{5-4-4}$$

式中,$\boldsymbol{h}$ 为单元热传导矩阵,$\boldsymbol{g}$ 为放热边界对热传导矩阵的贡献矩阵,$\boldsymbol{r}$ 为单元热容矩阵,$\boldsymbol{f}$ 为单元温度载荷列阵。其中,第一项是放热边界引起的,第二项是绝热温升引起的。它们的元素分别为

$$\left.\begin{aligned}h_{ij}&=\alpha\int_{v^e}\left(\frac{\partial N_i}{\partial x}\frac{\partial N_j}{\partial x}+\frac{\partial N_i}{\partial y}\frac{\partial N_j}{\partial y}+\frac{\partial N_i}{\partial z}\frac{\partial N_j}{\partial z}\right)\mathrm{d}v\\g_{ij}&=\int_{S_3^e}\bar{\beta}N_iN_j\mathrm{d}s\\r_{ij}&=\int_{V^e}N_iN_j\mathrm{d}v\\f_i&=\int_{S_3^e}\bar{\beta}T_aN_i\mathrm{d}s+\int_{V^e}\frac{\partial\theta}{\partial t}N_i\mathrm{d}v\end{aligned}\quad(i,j=1,2,\cdots,m)\right\}\tag{5-4-5}$$

再引进单元选择矩阵 $\boldsymbol{C}_e$,使得

$$\boldsymbol{T}^e=\boldsymbol{C}_e\boldsymbol{T},\ \dot{\boldsymbol{T}}^e=\boldsymbol{C}_e\dot{\boldsymbol{T}}\tag{5-4-6}$$

式中,$\boldsymbol{T}$ 为整体节点温度列阵。

将式(5-4-4)和式(5-4-6)代入式(5-4-3),得

$$\boldsymbol{\Pi}=\frac{1}{2}\boldsymbol{T}^{\mathrm{T}}(\boldsymbol{H}+\boldsymbol{G})\boldsymbol{T}+\boldsymbol{T}^{\mathrm{T}}\boldsymbol{R}\dot{\boldsymbol{T}}-\boldsymbol{T}^{\mathrm{T}}\boldsymbol{F}\tag{5-4-7}$$

其中,

$$\boldsymbol{H}=\sum_{e}\boldsymbol{C}_e^{\mathrm{T}}\boldsymbol{h}\boldsymbol{C}_e\tag{5-4-8}$$

$$\boldsymbol{G}=\sum_{e}\boldsymbol{C}_e^{\mathrm{T}}\boldsymbol{g}\boldsymbol{C}_e\tag{5-4-9}$$

$$\boldsymbol{R} = \sum_e \boldsymbol{C}_e^{\mathrm{T}} \boldsymbol{r} \boldsymbol{C}_e \tag{5-4-10}$$

$$\boldsymbol{F} = \sum_e \boldsymbol{C}_e^{\mathrm{T}} \boldsymbol{f} \boldsymbol{C}_e \tag{5-4-11}$$

根据变分原理，使泛函(5-4-7)的变分 $\delta\boldsymbol{\Pi} = 0$，即 $\dfrac{\partial \boldsymbol{\Pi}}{\partial T} = 0$，得到瞬态温度场的有限元支配方程

$$\boldsymbol{R}\dot{\boldsymbol{T}} + (\boldsymbol{H} + \boldsymbol{G})\boldsymbol{T} = \boldsymbol{F} \tag{5-4-12}$$

为了方便分析，把式(5-4-12)写成

$$\boldsymbol{R}\dot{\boldsymbol{T}} + \boldsymbol{K}\boldsymbol{T} = \boldsymbol{F} \tag{5-4-13}$$

其中，

$$\boldsymbol{K} = \boldsymbol{H} + \boldsymbol{G} \tag{5-4-14}$$

式中，$\boldsymbol{R}$ 为整体热容矩阵；$\boldsymbol{K}$ 为整体热传导矩阵；$\boldsymbol{F}$ 为整体温度载荷列阵。求解方程组(5-4-13)便得到各时刻整体节点温度值 $\boldsymbol{T}$。如果有已知温度的边界，还需引入已知温度条件对方程组进行处理。这是一个以时间 t 为变量的常微分线性代数方程组。有限元分析中求解该方程组通常有两种方法：差分法和模态叠加法。下面介绍应用较广泛的差分法。

首先将求解的时间域划分为若干个时间步：$t_0, t_1, t_2, \cdots, t_n, \cdots$。每一时间步的步长为 $\Delta t = t_{i+1} - t_i$，时间步长可以是等步长，也可以是不等步长。因为初始节点温度是已知的，当计算 t_1 时刻的节点温度 $\boldsymbol{T}_1$ 时，$\boldsymbol{T}_0$ 是已知的。所以可以假设当计算 t_{n+1} 时刻的节点温度 $\boldsymbol{T}_{n+1}$ 时，$\boldsymbol{T}_n$ 以及之前所有时刻的节点温度均已知。设 t_{n+1} 与 t_n 时刻之间的时间步长为 Δt，假设在 Δt 内的温度是线性变化的，如图 5-4-1。

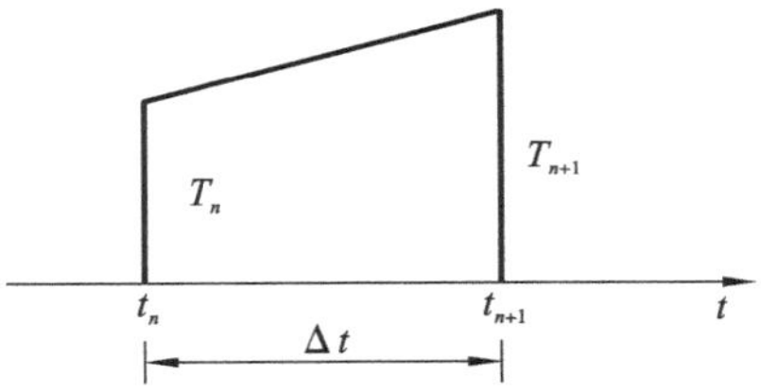

图 5-4-1　时间步长 Δt

即

$$\left.\begin{aligned} \boldsymbol{T}(t + s\Delta t) &= (1 - s)\boldsymbol{T}_n + s\boldsymbol{T}_{n+1} \\ \dot{\boldsymbol{T}}(t + s\Delta t) &= \frac{(\boldsymbol{T}_{n+1} - \boldsymbol{T}_n)}{\Delta t} \qquad (0 \leqslant s \leqslant 1) \end{aligned}\right\} \tag{5-4-15}$$

将式(5-4-15)代入式(5-4-13)，并将其中的 $\boldsymbol{F}$ 表示成与 $\boldsymbol{T}$ 相同的分布形式，则得到建立在 $(t_n + s\Delta t)$ 时刻的差分方程

$$\left(s\boldsymbol{K} + \frac{1}{\Delta t}\boldsymbol{R}\right)\boldsymbol{T}_{n+1} = \frac{1}{\Delta t}\boldsymbol{R}\boldsymbol{T}_n - (1 - s)\boldsymbol{K}\boldsymbol{T}_n + (1 - s)\boldsymbol{F}_n + s\boldsymbol{F}_{n+1} \tag{5-4-16}$$

从初始时刻 $t_0 = 0$ 开始，依次求解方程组(5-4-16)可以得到各时刻 $t_1, t_2, \cdots, t_n, \cdots$ 的节点温度列阵。

方程(5-4-16)是建立在 $(t_n + s\Delta t)$ 时刻的差分方程，也就说在 $(t_n + s\Delta t)$ 时间点是严格满足微分方程(5-4-16)的。因此，参数 s 的取值对解的精度和稳定性有很大的影响。当取 $s = 0$，0.5，1 时，分别得到向前差分、中点差分和向后差分。如果取 $s = \dfrac{2}{3}$，称为伽辽金差分。

5.5　非定常温度场的确定

在工程中，材料往往是在非定常温度场中工作的。由于约束的作用与黏性滞后的影响，在结构（构件）中产生了热应力。而对热传导问题的研究本身是在非定常温度场的基础上进行的。故本章首先介绍非定常温度场的确定。

一般情况下，物体中的温度 T 是质点坐标 (x,y,z) 与时间 t 的函数，对于非定常温度场 $T = T(x,y,z,t)$，热传导方程可表示为

$$\frac{\partial T}{\partial t} - \beta \nabla^2 T = \frac{Q}{c} \tag{5-5-1}$$

式中，c 为比热容，∇^2 为拉普拉斯算子，$\beta = \dfrac{k}{c\rho}$，k 为导热系数，ρ 为材料密度，$Q = Q(x,y,z,t)$ 为物体内热源强度。若物体内无热源，则式(5-5-1)可简化为

$$\frac{\partial T}{\partial t} = \beta \nabla^2 T \tag{5-5-2}$$

对于定常的无热源温度场，热传导方程为

$$\nabla^2 T = 0 \tag{5-5-3}$$

为确定出物体的温度场 T，热传导方程还应满足相应的初始条件及边界条件。

在工程实际中，非定常温度场一般无法得到解析形式。下面介绍求解非定常温度场的一种数值方法——有限差分法。

在温度场中，设 $T(x,y)$ 是连续函数，令 $\Delta x = \Delta y = h$，在点 i 的附近，$T(x,y)$ 可展开为泰勒级数

$$\begin{aligned} T = {} & T_i + \left(\frac{T'}{x}\right)_i (x - x_i) + \frac{1}{2!}\left(\frac{T''}{x^2}\right)_i (x - x_i)^2 \\ & + \frac{1}{3!}\left(\frac{T^{(3)}}{x^3}\right)_i (x - x_i)^3 + \frac{1}{4!}\left(\frac{T^{(4)}}{x^4}\right)_i (x - x_i)^4 + \cdots \end{aligned} \tag{5-5-4}$$

将 $x_c = x_i - h, x_a = x_i + h$（见图 5-5-1）代入式(5-5-4)，则有

$$T_c = T_i - \left(\frac{T'}{x}\right)_i h + \left(\frac{T''}{x^2}\right)_i \frac{h^2}{2} - \left(\frac{T^{(3)}}{x^3}\right)_i \frac{h^3}{6} + \left(\frac{T^{(4)}}{x^4}\right)_i \frac{h^4}{24} - \cdots \tag{5-5-5}$$

$$T_a = T_i + \left(\frac{T'}{x}\right)_i h + \left(\frac{T''}{x^2}\right)_i \frac{h^2}{2} + \left(\frac{T^{(3)}}{x^3}\right)_i \frac{h^3}{6} + \left(\frac{T^{(4)}}{x^4}\right)_i \frac{h^4}{24} + \cdots \tag{5-5-6}$$

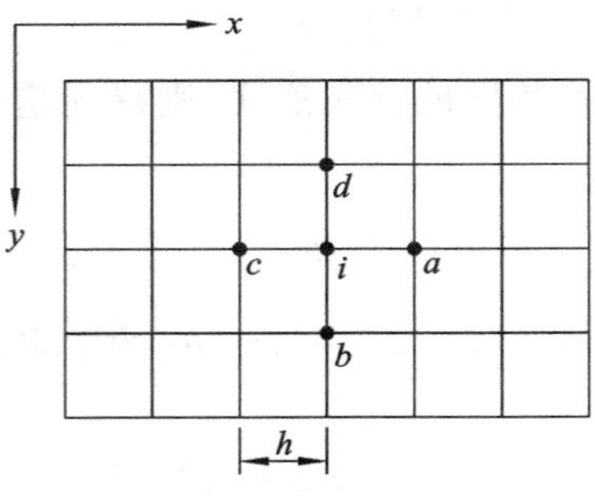

图 5-5-1　温度场的差分解

当 h 很小时，上式可简化为

$$T_c = T_i - \left(\frac{T'}{x}\right)_i h + \left(\frac{T''}{x^2}\right)_i \frac{h^2}{2} \tag{5-5-7}$$

$$T_a = T_i + \left(\frac{T'}{x}\right)_i h + \left(\frac{T''}{x^2}\right)_i \frac{h^2}{2} \tag{5-5-8}$$

解得

$$\left(\frac{T}{x}\right)_i = \frac{T_a - T_c}{2h}, \left(\frac{T''}{x^2}\right)_i = \frac{T_a - 2T_i + T_c}{h^2} \tag{5-5-9}$$

同理可得

$$\left(\frac{T}{y}\right)_i=\frac{T_b-T_d}{2h},\left(\frac{T''}{y^2}\right)_i=\frac{T_b-2T_i+T_d}{h^2} \tag{5-5-10}$$

所以有

$$\nabla^2 T=\frac{\partial^2 T}{\partial x^2}+\frac{\partial^2 T}{\partial y^2}\approx\frac{1}{h^2}(T_a+T_b+T_c+T_d-4T_i) \tag{5-5-11}$$

对于时间 t 应用差分法，根据式(5-5-2)，有

$$\left(\frac{T}{t}\right)_{i,j}\approx\frac{T_{i,j+1}-T_{i,j}}{\Delta t}$$

$$t_{j+1}=t_j+\Delta t \tag{5-5-12}$$

当无热源时，由式(5-5-2)得

$$\nabla^2 T=\frac{1}{\beta}\cdot\frac{\partial T}{\partial t} \tag{5-5-13}$$

由式(5-5-11)、式(5-5-12)、式(5-5-13)可知

$$\frac{T_{a,j}+T_{b,j}+T_{c,j}+T_{d,j}-4T_{i,j}}{h^2}=\frac{T_{i,j+1}-T_{i,j}}{\beta\Delta t}$$

则有

$$T_{i,j+1}=T_{i,j}+\frac{\beta\Delta t(T_{a,j}+T_{b,j}+T_{c,j}+T_{d,j}-4T_{i,j})}{h^2} \tag{5-5-14}$$

根据式(5-5-14)，可由 t_j 时的温度 $T_{i,j}$ 求出 t_{j+1} 时的温度 $T_{i,j+1}$。

将区域划分成网格后有 n 个节点，可写出 n 个有限差分方程，连同边界及初始条件，解这些方程组，可求出域内每一节点处的温度 $T_i(x,y)$ 的近似值。

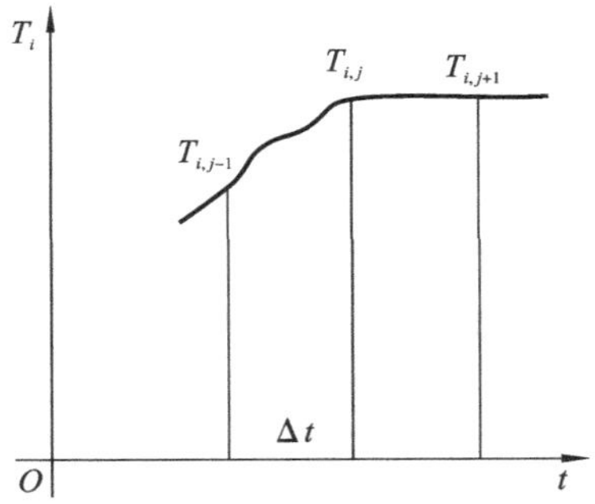

图 5-5-2　温度插值求解示意

5.6　热弹性问题的有限元法

5.6.1　热弹性平面应力问题的本构关系

在介绍热弹性问题的有限元法前，我们先介绍其本构关系。

对于各向同性弹性体的平面应力问题，设材料的线膨胀系数为 α，物体中某点处温度变化为 T，由广义胡克定律，由温度变化产生的应力-应变关系为

$$\begin{cases}\varepsilon_x=\dfrac{\sigma_x}{E}-\mu\dfrac{\sigma_y}{E}+\alpha T\\[2mm]\varepsilon_y=\dfrac{\sigma_y}{E}-\mu\dfrac{\sigma_x}{E}+\alpha T\\[2mm]\gamma_{xy}=\dfrac{2(1+\mu)}{E}\tau_{xy}\end{cases}$$

变换得

$$\begin{cases} \varepsilon_x - \alpha T = \dfrac{1}{E}(\sigma_x - \mu\sigma_y) \\ \varepsilon_y - \alpha T = \dfrac{1}{E}(\sigma_y - \mu\sigma_x) \\ \gamma_{xy} = \dfrac{2(1+\mu)}{E}\tau_{xy} \end{cases}$$

写成矩阵形式为

$$\boldsymbol{\varepsilon} - \boldsymbol{\varepsilon}_0 = \boldsymbol{C\sigma}$$

式中：$\boldsymbol{\varepsilon} = [\varepsilon_x \quad \varepsilon_y \quad \gamma_{xy}]^{\mathrm{T}}$，为应变矩阵；

$\boldsymbol{\varepsilon}_0 = [\alpha T \quad \alpha T \quad 0]^{\mathrm{T}}$，为温度变化引起的应变；

$$\boldsymbol{C} = \begin{bmatrix} \dfrac{1}{E} & -\dfrac{\mu}{E} & 0 \\ \text{对} & \dfrac{1}{E} & 0 \\ & \text{称} & \dfrac{2(1+\mu)}{E} \end{bmatrix}\text{，为柔性系数矩阵；}$$

$\boldsymbol{\sigma}_T = [\sigma_x \quad \sigma_y \quad \tau_{xy}]^{\mathrm{T}}$，为热应力矩阵；

$\boldsymbol{\varepsilon}=\boldsymbol{B\delta}^e$，$\boldsymbol{\delta}^e$为总应变$\boldsymbol{\varepsilon}^e$引起的单元节点位移矩阵。

用应变表示应力，则有

$$\boldsymbol{\sigma}_T = \boldsymbol{C}^{-1}(\boldsymbol{\varepsilon} - \boldsymbol{\varepsilon}_0) = \boldsymbol{D\varepsilon} - \boldsymbol{\sigma}_0 = \boldsymbol{DB\delta}^e - \boldsymbol{D\varepsilon}_0 = \boldsymbol{D}(\boldsymbol{B\delta}^e - \boldsymbol{\varepsilon}_0) \tag{5-6-1}$$

式中：

$$\boldsymbol{D} = \boldsymbol{C}^{-1} = \frac{E}{1-\mu^2}\begin{bmatrix} 1 & \mu & 0 \\ \mu & 1 & 0 \\ 0 & 0 & \dfrac{1-\mu^2}{2} \end{bmatrix}\text{，为弹性矩阵；}$$

$\boldsymbol{\sigma}_0 = \boldsymbol{D\varepsilon}_0$，为初应力矩阵。

5.6.2　单元刚度方程

弹性体非热应力本构方程为

$$\boldsymbol{\sigma} = \boldsymbol{DB\delta}^e$$

给出单元节点力矩阵为

$$\boldsymbol{F}^e = \int_A \boldsymbol{B}^{\mathrm{T}}\boldsymbol{DB\delta}^e b\,\mathrm{d}x\mathrm{d}y$$

则有热应力 $\boldsymbol{\sigma}_T$引起的单元节点力为

$$\boldsymbol{F}_T^e = \int_A \boldsymbol{B}^{\mathrm{T}}\boldsymbol{DB\delta}^e b\,\mathrm{d}x\mathrm{d}y - \int_A \boldsymbol{B}^{\mathrm{T}}\boldsymbol{D\varepsilon}_0 b\,\mathrm{d}x\mathrm{d}y = \boldsymbol{k}^e\boldsymbol{\delta}^e - \int_A \boldsymbol{B}^{\mathrm{T}}\boldsymbol{D\varepsilon}_0 b\,\mathrm{d}x\mathrm{d}y \tag{5-6-2}$$

式中：$\boldsymbol{k}^e = \int_A \boldsymbol{B}^{\mathrm{T}}\boldsymbol{DB}b\,\mathrm{d}x\mathrm{d}y$，为单元刚度矩阵；$b$ 为单元厚度。

由式(5-6-2)有

$$\boldsymbol{k}^e\boldsymbol{\delta}^e = \boldsymbol{F}_T^e + \boldsymbol{B}^{\mathrm{T}}\boldsymbol{D\varepsilon}_0 b\,\mathrm{d}x\mathrm{d}y$$

该式称为单元刚度方程。

5.6.3　温度载荷列阵

式(5-6-2)中的 $\int_A \boldsymbol{B}^{\mathrm{T}}\boldsymbol{D}\boldsymbol{\varepsilon}_0 b\mathrm{d}x\mathrm{d}y$ 项是由温度变化引起的节点载荷列阵，表示为

$$\boldsymbol{P}_T^e = \int_A \boldsymbol{B}^{\mathrm{T}}\boldsymbol{D}\boldsymbol{\varepsilon}_0 b\mathrm{d}x\mathrm{d}y$$

对于平面应力问题，若单元为三角形单元，上式可表示为

$$\boldsymbol{P}_T^e = \int_A \boldsymbol{B}^{\mathrm{T}}\boldsymbol{D}\alpha T[1\quad 1\quad 0]^{\mathrm{T}} b\mathrm{d}x\mathrm{d}y$$

由于位移函数为线性，即单元为三角形常应变单元，则有

$$\boldsymbol{P}_T^e = \boldsymbol{B}^{\mathrm{T}}\boldsymbol{D}\alpha T[1\quad 1\quad 0]^{\mathrm{T}}\Delta \tag{5-6-3}$$

式(5-6-3)中的 T 是温度变化场函数，难以给出解析式，即使能够给出，式(5-6-3)也不便于用它形成计算格式。一般将单元内部的温度 T 取为节点温度 T_i, T_j, T_m 插值函数的形式，若为线性插值函数，则式(5-6-3)为

$$\boldsymbol{P}_T^e = \boldsymbol{B}^{\mathrm{T}}\boldsymbol{D}\alpha[1\quad 1\quad 0]^{\mathrm{T}}\frac{1}{3}(T_i + T_j + T_m)\Delta \tag{5-6-4a}$$

式中：Δ 为单元面积。将 $\boldsymbol{B} = [B_i\quad B_j\quad B_m]$，$\boldsymbol{B}_k = \frac{1}{2\Delta}\begin{bmatrix} b_k & 0 \\ 0 & c_k \\ c_k & b_k \end{bmatrix}$，$(k = i, j, m)$ 和弹性矩阵 $\boldsymbol{D}$ 代入式(5-6-4a)，则温度载荷为

$$\begin{aligned} \boldsymbol{P}_{\mathrm{T}}^e &= [X_i\quad Y_i\quad X_j\quad Y_j\quad X_m\quad Y_m]^{\mathrm{T}} \\ &= \frac{\alpha(T_i + T_j + T_m)Eb}{6(1-\mu)}[b_i\quad c_i\quad b_j\quad c_j\quad b_m\quad c_m]^{\mathrm{T}} \end{aligned} \tag{5-6-4b}$$

这里要注意，X_i, Y_i 是由于单元节点 i, j, m 有变温而施于节点 i 的，一般来说，环绕节点 i 的各单元都有变温，都在节点 i 施加节点温度载荷。

由式(5-6-2)有

$$\boldsymbol{k}^e\boldsymbol{\delta}^e = \boldsymbol{F}_T^e + \boldsymbol{P}_T^e \tag{5-6-5}$$

5.6.4　温度应力

由式(5-6-1)，对常应变三角形单元，有

$$\boldsymbol{\sigma}_T = \boldsymbol{D}\boldsymbol{B}\boldsymbol{\delta}^e - \boldsymbol{D}\varepsilon_0 = \boldsymbol{D}\boldsymbol{B}\boldsymbol{\delta}^e - \boldsymbol{D}\alpha T[1\quad 1\quad 0]^{\mathrm{T}} = \boldsymbol{S}\boldsymbol{\delta}^e - \frac{E\alpha T}{1-\mu}[1\quad 1\quad 0]^{\mathrm{T}}$$

式中：$\boldsymbol{S} = \boldsymbol{D}\boldsymbol{B}$ 称为应力矩阵，取

$$T = \frac{1}{3}(T_i + T_j + T_m)$$

所以有

$$\boldsymbol{\sigma}_T = \boldsymbol{S}\boldsymbol{\delta}^e - \frac{E\alpha(T_i + T_j + T_m)}{3(1-\mu)}[1\quad 1\quad 0]^{\mathrm{T}} \tag{5-6-6}$$

此时的初应力为

$$\boldsymbol{\sigma}_0 = \frac{E\alpha(T_i + T_j + T_m)}{3(1-\mu)}[1\quad 1\quad 0]^{\mathrm{T}}$$

对于平面应变问题，分别用 $\dfrac{E}{1-\mu^2}$，$\dfrac{\mu}{1-\mu}$，$(1+\mu)\alpha$ 替换式(5-6-4b)和式(5-6-6)中的 E，μ，α 即可，此时有

$$\boldsymbol{P}_T^e = \frac{\alpha(T_i+T_j+T_m)Eb}{6(1-2\mu)}[b_i \quad c_i \quad b_j \quad c_j \quad b_m \quad c_m]^{\mathrm{T}}$$

$$\boldsymbol{\sigma}_T = \boldsymbol{S}\boldsymbol{\delta}^e - \frac{E\alpha(T_i+T_j+T_m)}{3(1-2\mu)}[1 \quad 1 \quad 0]^{\mathrm{T}}$$

其中，应力矩阵 $\boldsymbol{S}$ 为平面应变问题的应力矩阵。

5.7 热黏弹性问题的有限元法

松弛和蠕变是黏弹性材料两个重要的力学性质，松弛和蠕变两个力学性质之间存在着一一对应的关系，变温黏弹性蠕变形本构理论内容包括：变温蠕变曲线；由一组恒温蠕变曲线确定沿任一温度历史下的变温蠕变曲线；终态温度等效蠕变曲线；蠕变形变温黏弹性本构方程。本节仅介绍变温黏弹性蠕变形本构方程及其有限元法。关于变温黏弹性蠕变型本构理论的内容请参考有关学术期刊。

5.7.1 变温黏弹性蠕变形本构方程

在变温过程中，热黏弹性材料在经历了 0 到 t 的时间历程后，在 t 时刻的应变为

$$\varepsilon_{ij}(x,t) = \int_0^t J_{ijkt}(t-\tau)\frac{\mathrm{d}\sigma_{kl}(x,\tau)}{\mathrm{d}\tau}\mathrm{d}\tau + \int_0^t \alpha(T(x,t))\frac{\mathrm{d}T(x,\tau)}{\mathrm{d}\tau}\mathrm{d}\tau \tag{5-7-1}$$

式中：$T(x,t)$ 是质点在 t 时刻的温度历史；α 是温度为 T 时的线膨胀系数；$J_{ijkt}(t)$ 是终态温度等效蠕变曲线函数。

对各项同性材料，由式(5-7-1)，有

$$e_{ij} = \int_0^t J_1(t-\tau)\frac{\mathrm{d}S_{ij}(x,\tau)}{\mathrm{d}\tau}\mathrm{d}\tau \tag{5-7-2}$$

$$\varepsilon_{kk} = \int_0^t J_2(t-\tau)\frac{\mathrm{d}\sigma_{kk}(x,\tau)}{\mathrm{d}\tau}\mathrm{d}\tau + 3\int_0^t \alpha(T(x,t))\frac{\mathrm{d}T(x,\tau)}{\mathrm{d}\tau}\mathrm{d}\tau$$

式中：$e_{ij}=\varepsilon_{ij}-\dfrac{1}{3}\varepsilon_{kk}\delta_{ij}$；$S_{ij}=\sigma_{ij}-\dfrac{1}{3}\sigma_{kk}\delta_{ij}$，$J_1(t)$ 为终态温度等效剪切蠕变函数；$J_2(t)$ 为终态温度等效体积蠕变函数。

5.7.2 变温黏弹性蠕变形本构方程的有限元法

1. 蠕变形本构方程的矩阵形式

由式(5-7-2)简化得蠕变形本构方程的矩阵形式，其为

$$\boldsymbol{\varepsilon} = \boldsymbol{M}\boldsymbol{\sigma}(x,t) + \boldsymbol{N} \tag{5-7-3}$$

式中：

$$\boldsymbol{M} = \boldsymbol{M}_1 + \boldsymbol{M}_2 + \boldsymbol{M}_3, \quad \boldsymbol{N} = \boldsymbol{L}_1 + \boldsymbol{L}_2 + \boldsymbol{\varphi}_t, \quad \boldsymbol{\varphi}_t = \boldsymbol{\delta}^*\boldsymbol{\theta}(x,t)$$

$$\boldsymbol{M}_2 = \frac{1}{2}[J_1(t_1) - J_1(0)]\boldsymbol{M}_2^*, \quad \boldsymbol{M}_3 = \frac{1}{2}[J_2(t_1) - J_2(0)]\boldsymbol{M}_3^*$$

$$\boldsymbol{L}_1 = \boldsymbol{M}_2^*\left[\sum_{i=0}^{k-2}[J_1(t_k-t_i)-J_1(t_k-t_{i+1})]\times\frac{1}{2}[\sigma(x,t_i)+\sigma(x,t_{i+1})]\right.$$
$$\left.+\frac{1}{2}[J_1(t_1)-J_1(0)]\sigma(x,t_{k-1})\right]$$

$$\boldsymbol{L}_2 = \boldsymbol{M}_3^*\left[\sum_{i=0}^{k-2}[J_2(t_k-t_i)-J_2(t_k-t_{i+1})]\times\frac{1}{2}[\sigma(x,t_i)+\sigma(x,t_{i+1})]\right.$$
$$\left.+\frac{1}{2}[J_2(t_1)-J_2(0)]\sigma(x,t_{k-1})\right]$$

$$\boldsymbol{\delta}^* = \begin{bmatrix}\frac{1}{3} & \frac{1}{3} & \frac{1}{3} & 0 & 0 & 0\end{bmatrix}^{\mathrm{T}}$$

$$\boldsymbol{M}_1 = \begin{bmatrix}\frac{2}{3}J_1(0)+\frac{1}{3}J_2(0) & \frac{1}{3}(J_2(0)-J_1(0)) & \frac{1}{3}(J_2(0)-J_1(0)) & 0 & 0 & 0\\ & \frac{2}{3}J_1(0)+\frac{1}{3}J_2(0) & \frac{1}{3}(J_2(0)-J_1(0)) & 0 & 0 & 0\\ \text{对} & & \frac{2}{3}J_1(0)+\frac{1}{3}J_2(0) & 0 & 0 & 0\\ & & & J_1(0) & 0 & 0\\ & \text{称} & & & J_1(0) & 0\\ & & & & & J_1(0)\end{bmatrix}$$

$$\boldsymbol{M}_2^* = \begin{bmatrix}\frac{2}{3} & -\frac{1}{3} & -\frac{1}{3} & 0 & 0 & 0\\ & \frac{2}{3} & -\frac{1}{3} & 0 & 0 & 0\\ & & \frac{2}{3} & 0 & 0 & 0\\ & \text{对} & & 1 & 0 & 0\\ & & \text{称} & & 1 & 0\\ & & & & & 1\end{bmatrix},\quad \boldsymbol{M}_3^* = \begin{bmatrix}\frac{1}{3} & \frac{1}{3} & \frac{1}{3} & 0 & 0 & 0\\ & \frac{1}{3} & \frac{1}{3} & 0 & 0 & 0\\ & & \frac{1}{3} & 0 & 0 & 0\\ & \text{对} & & 0 & 0 & 0\\ & & \text{称} & & 0 & 0\\ & & & & & 0\end{bmatrix}$$

2. 有限元法

由式(5-7-3)变换，则有

$$\boldsymbol{\sigma} = \boldsymbol{A\varepsilon} + \boldsymbol{F} \tag{5-7-4}$$

式中：

$$\boldsymbol{A} = \boldsymbol{M}^{-1},\quad \boldsymbol{F} = -\boldsymbol{M}^{-1}\boldsymbol{N}$$

利用最小势能原理求得与式(5-6-6)形式相同的有限元列式。

若按应力求解，根据蠕变型本构方程的矩阵，由最小余能原理，可得到相应的有限元列式。

5.8　稳态热传导问题

5.8.1　热传导问题的基本方程

在一般三维问题中，假定一个被一闭曲面包围的区域为 Ω，其中瞬态温度场的场变量 $T(x,y,z,t)$ 在直角坐标系中应满足的微分方程展开形式是

$$\rho c\frac{\partial T}{\partial t}-\frac{\partial}{\partial x}\left(k_x\frac{\partial T}{\partial x}\right)-\frac{\partial}{\partial y}\left(k_y\frac{\partial T}{\partial y}\right)-\frac{\partial}{\partial z}\left(k_z\frac{\partial T}{\partial z}\right)-\rho Q=0\quad(\text{在}\,\Omega\,\text{内})\tag{5-8-1}$$

边界条件是

$$T=\overline{T}\quad(\text{在}\,\Gamma_1\,\text{边界上})\tag{5-8-2}$$

$$k_x\frac{\partial T}{\partial x}n_x+k_y\frac{\partial T}{\partial y}n_y+k_z\frac{\partial T}{\partial z}n_z=q\quad(\text{在}\,\Gamma_2\,\text{边界上})\tag{5-8-3}$$

$$k_x\frac{\partial T}{\partial x}n_x+k_y\frac{\partial T}{\partial y}n_y+k_z\frac{\partial T}{\partial z}n_z=h(T_a-T)\quad(\text{在}\,\Gamma_3\,\text{边界上})\tag{5-8-4}$$

式中：k_x,k_y,k_z 分别为材料沿 x,y,z 方向的导热系数；n_x,n_y,n_z 为边界外法线的方向余弦；$\overline{T}=\overline{T}(\Gamma,t)$ 为 Γ_1 边界上的给定温度；$q=q(\Gamma,t)$ 为 Γ_2 边界上的给定热流量；h 为传热系数。

$T_a=T_a(\Gamma,t)$ 在自然对流条件下，T_a 是外界环境温度；在强迫对流条件下，T_a 是边界层的绝热壁温度。边界应满足

$$\Gamma_1+\Gamma_2+\Gamma_3=\Gamma$$

其中 Γ 是 Ω 域的全部边界。

微分方程(5-8-1)是热量平衡方程。式中第 1 项是微体升温需要的能量；第 2,3,4 项是由 x,y 和 z 方向传入微体的热量；第 5 项是微体内热源产生的热量。

式(5-8-2)是在 Γ_1 边界上给定温度 $\overline{T}=\overline{T}(\Gamma,t)$，称为第一类边界条件，它是强制边界条件。式(5-8-3)是在 Γ_2 边界上给定热流量 $q=q(\Gamma,t)$，称为第二类边界条件，当 $q=0$ 时就是绝热边界条件。式(5-8-4)是在 Γ_3 边界上给定对流换热的条件，称为第三类边界条件。第二、三类边界条件是自然边界条件。

在一个方向上，例如 z 方向温度变化为零时，方程(5-8-1)就退化为二维问题的热传导微分方程。

$$\rho c\frac{\partial T}{\partial t}-\frac{\partial}{\partial x}\left(k_x\frac{\partial T}{\partial x}\right)-\frac{\partial}{\partial y}\left(k_y\frac{\partial T}{\partial y}\right)-\rho Q=0\quad(\text{在}\,\Omega\,\text{内})\tag{5-8-5}$$

这时场变量 $T(x,y,z,t)$ 不再是 z 的函数。场变量同时应满足的边界条件是

$$T=\overline{T}(\Gamma,t)\quad(\text{在}\,\Gamma_1\,\text{边界上})\tag{5-8-6}$$

$$k_x\frac{\partial T}{\partial x}n_x+k_y\frac{\partial T}{\partial y}n_y=q(\Gamma,t)\quad(\text{在}\,\Gamma_2\,\text{边界上})\tag{5-8-7}$$

$$k_x\frac{\partial T}{\partial x}n_x+k_y\frac{\partial T}{\partial y}n_y=h(T_a-T)\quad(\text{在}\,\Gamma_3\,\text{边界上})\tag{5-8-8}$$

对于轴对称问题，在柱坐标中场函数 $T(r,z,t)$ 应满足的微分方程是

$$\rho cr\frac{\partial T}{\partial t}-\frac{\partial}{\partial r}\left(k_r r\frac{\partial T}{\partial r}\right)-\frac{\partial}{\partial z}\left(k_y z\frac{\partial T}{\partial z}\right)-\rho rQ=0(\text{在}\,\Omega\,\text{内})\tag{5-8-9}$$

边界条件是

$$T=\overline{T}(\Gamma,t)\quad(\text{在}\,\Gamma_1\,\text{边界上})$$

$$k_r\frac{\partial T}{\partial r}n_r+k_z\frac{\partial T}{\partial y}n_z=q(\Gamma,t)\quad(\text{在}\,\Gamma_2\,\text{边界上})$$

$$k_r\frac{\partial T}{\partial r}n_r+k_z\frac{\partial T}{\partial z}n_z=h(T_a-T)\quad(\text{在}\,\Gamma_3\,\text{边界上})\tag{5-8-10}$$

求解瞬态温度场问题是求解在初始条件下，即

$$T=T_0(\text{当}\,t=0)\tag{5-8-11}$$

条件下满足瞬态热传导方程及边界条件的场函数 T，T 应是坐标和时间的函数。

如果边界上的 $\overline{T},q,T_a$ 及内部的 Q 不随时间变化，则经过一段时间的热交换之后，物体内

的各点温度也将不再随时间而变化，即

$$\frac{\partial T}{\partial t} = 0 \tag{5-8-12}$$

这时瞬态热传导方程就退化为稳态热传导方程了，由式(5-8-5)，在式(5-8-12)的情况下，得到三维问题的稳态热传导方程

$$\frac{\partial}{\partial x}\left(k_x \frac{\partial T}{\partial x}\right)+\frac{\partial}{\partial y}\left(k_y \frac{\partial T}{\partial y}\right)+\frac{\partial}{\partial z}\left(k_z \frac{\partial T}{\partial z}\right)+\rho Q = 0 (\text{在 } \Omega \text{ 内}) \tag{5-8-13}$$

由式(5-8-5)可得二维问题的稳态热传导方程

$$\frac{\partial}{\partial x}\left(k_x \frac{\partial T}{\partial x}\right)+\frac{\partial}{\partial y}\left(k_y \frac{\partial T}{\partial y}\right)+\rho Q = 0 (\text{在 } \Omega \text{ 内}) \tag{5-8-14}$$

求解稳态温度场的问题就是求满足稳态热传导方程及边界条件的场变量 T，T 只是坐标的函数，与时间无关。利用加权余量的伽辽金法可以得到以上微分方程和边界条件的等效积分提法。

稳态热传导问题，即稳态温度场问题与时间无关，可采用 C_0 型插值函数的有限单元进行离散以后，直接得到有限元求解方程。瞬态热传导问题，即瞬态温度场问题是依赖于时间的。在空间域有限元离散后，得到的是一阶常微分方程组，不能直接求解，其求解方式原则上与第六章将讨论的动力学问题类同，可采用模态叠加法或直接积分法，但从实际运用的角度出发，更多是采用后者。

5.8.2　稳态热传导有限元的一般格式

现以二维问题为例，说明用伽辽金法建立稳态热传导问题有限元格式的过程。构造近似场函数 $\widetilde{T}$ 并设 $\widetilde{T}$ 已满足 Γ_1 边界上的强制边界条件式(5-8-6)。将近似函数代入场方程(5-8-13)及边界条件式(5-8-7)和式(5-8-8)，因 $\widetilde{T}$ 的近似性，将产生余量，即

$$\begin{cases} R_a = \dfrac{\partial}{\partial x}\left(k_x \dfrac{\partial \widetilde{T}}{\partial x}\right)+\dfrac{\partial}{\partial y}\left(k_y \dfrac{\partial \widetilde{T}}{\partial y}\right)+\rho Q \\ R_{\Gamma_2} = k_x \dfrac{\partial \widetilde{T}}{\partial x} n_x + k_y \dfrac{\partial \widetilde{T}}{\partial y} n_y - q \\ R_{\Gamma_3} = k_r \dfrac{\partial T}{\partial r} n_r + k_z \dfrac{\partial T}{\partial z} n_z - h(T_a - T) \end{cases} \tag{5-8-15}$$

用加权余量法建立有限元格式的基本思想是使余量的加权积分为零，即

$$\int_{\Omega} R_a w_1 \mathrm{d}\Omega + \int_{\Gamma_2} R_{\Gamma_2} w_2 \mathrm{d}\Gamma + \int_{\Gamma_3} R_{\Gamma_3} w_3 \mathrm{d}\Gamma = 0 \tag{5-8-16}$$

式中：w_1, w_2, w_3 是权函数，式(5-8-16)的意义是使微分方程(5-8-14)和自然边界条件式(5-8-7)及式(5-8-8)在全域及边界上得到加权意义上的满足。

将式(5-8-15)代入式(5-8-16)并进行分部积分

$$\begin{aligned} & -\int_{\Omega}\left[\frac{\partial w_1}{\partial x}\left(k_x \frac{\partial \widetilde{T}}{\partial x}\right)+\frac{\partial w_1}{\partial y}\left(k_y \frac{\partial \widetilde{T}}{\partial y}\right)-\rho Q w_1\right]\mathrm{d}\Omega \\ & +\oint_{\Gamma} w_1\left(k_x \frac{\partial \widetilde{T}}{\partial x} n_x + k_y \frac{\partial \widetilde{T}}{\partial y} n_y\right)\mathrm{d}\Gamma \\ & +\int_{\Gamma_2}\left(k_x \frac{\partial \widetilde{T}}{\partial x} n_x + k_y \frac{\partial \widetilde{T}}{\partial y} n_y - q\right) w_2 \mathrm{d}\Gamma \\ & +\int_{\Gamma_3}\left(k_x \frac{\partial \widetilde{T}}{\partial x} n_x + k_y \frac{\partial \widetilde{T}}{\partial y} n_y - h(T_a - \widetilde{T})\right) w_3 \mathrm{d}\Gamma = 0 \end{aligned} \tag{5-8-17}$$

将空间域 Ω 离散为有限个单元体，在典型单元内各点的温度 T 可以近似地用单元的节点温度 T_i 插值得到

$$T=\widetilde{T}=\sum_{i=1}^{n_e}N_i(x,y)T_i=\boldsymbol{N}\boldsymbol{T}^e \tag{5-8-18}$$

$$\boldsymbol{N}=[N_1\quad N_2\quad \cdots\quad N_{n_e}] \tag{5-8-19}$$

式中：n_e 是每个单元的节点个数；$N_i(x,y)$ 是插值函数，它是 C_0 型插值函数，具有以下性质

$$N_i(x,y)=\begin{cases}0 & (\text{当 } j\neq i)\\ 1 & (\text{当 } j=i)\end{cases} \tag{5-8-20}$$

$$\sum N_i=1$$

由于近似场函数是构造在单元中的，因此式(5-8-17)中的积分可改写为对单元积分的总和。

用伽辽金法选择权函数

$$w_1=N_j\quad (j=1,2,\cdots,n) \tag{5-8-21}$$

由于是域全部离散得到的节点总数，在边界上不失一般性地选择

$$w_2=w_3=-w_1=-N_j\quad (j=1,2,\cdots,n) \tag{5-8-22}$$

因 $\widetilde{T}$ 已满足强制边界条件(在解方程前引入强制边界条件修正方程)。因此在 Γ_1 边界上不再产生余量，可令 w_1 在 Γ_1 边界上为零。将以上各式代入式(5-8-17)则可得到

$$\begin{aligned}&\sum\int_{\Omega^e}\left[\frac{\partial N_j}{\partial x}\left(k_x\frac{\partial \boldsymbol{N}}{\partial x}\right)+\frac{\partial N_j}{\partial y}\left(k_y\frac{\partial \boldsymbol{N}}{\partial y}\right)\right]\boldsymbol{T}^e\mathrm{d}\Omega\\&-\sum\int_{\Omega^e}\rho QN_j\mathrm{d}\Omega-\sum\int_{\Gamma_2^e}N_jq\mathrm{d}\Gamma\\&-\sum\int_{\Gamma_3^e}N_jT_ah\mathrm{d}\Gamma+\sum\int_{\Gamma_3^e}N_jh\boldsymbol{N}\boldsymbol{T}^e\mathrm{d}\Gamma=0\quad (j=1,2,\cdots,n)\end{aligned} \tag{5-8-23}$$

写成矩阵形式为

$$\begin{aligned}&\sum\int_{\Omega^e}\left[\left(\frac{\partial \boldsymbol{N}}{\partial x}\right)^{\mathrm{T}}k_x\frac{\partial \boldsymbol{N}}{\partial x}+\left(\frac{\partial \boldsymbol{N}}{\partial y}\right)^{\mathrm{T}}k_y\frac{\partial \boldsymbol{N}}{\partial y}\right]\boldsymbol{T}^e\mathrm{d}\Omega\\&-\sum\int_{\Omega^e}\boldsymbol{N}^{\mathrm{T}}\rho Q\mathrm{d}\Omega-\sum\int_{\Gamma_2^e}\boldsymbol{N}^{\mathrm{T}}q\mathrm{d}\Gamma\\&-\sum\int_{\Gamma_3^e}\boldsymbol{N}^{\mathrm{T}}T_ah\mathrm{d}\Gamma+\sum\int_{\Gamma_3^e}h\boldsymbol{N}^{\mathrm{T}}\boldsymbol{N}\boldsymbol{T}^e\mathrm{d}\Gamma=0\end{aligned} \tag{5-8-24}$$

式(5-8-24)是 n 个联立的线性代数方程组，用以确定 n 个节点温度 T_i。按照一般有限元格式，式(5-8-24)可表示为

$$\boldsymbol{K}\boldsymbol{T}=\boldsymbol{P} \tag{5-8-25}$$

式中：$\boldsymbol{K}$ 称为热传导矩阵；$\boldsymbol{T}=[T_1\quad T_2\quad \cdots\quad T_N]^{\mathrm{T}}$ 是节点温度矩阵；$\boldsymbol{P}$ 是温度载荷矩阵。矩阵 $\boldsymbol{K}$ 和 $\boldsymbol{P}$ 的元素分别表示如下。

$$K_{ij}=\sum\int_{\Omega^e}\left(k_x\frac{\partial N_i}{\partial x}\frac{\partial N_j}{\partial x}+k_y\frac{\partial N_i}{\partial y}\frac{\partial N_j}{\partial y}\right)\mathrm{d}\Omega+\sum\int_{\Gamma_3^e}hN_iN_jT\mathrm{d}\Gamma \tag{5-8-26}$$

$$P_i=\sum\int_{\Gamma_2^e}N_iq\mathrm{d}\Gamma+\sum\int_{\Gamma_3^e}N_iT_ah\mathrm{d}\Gamma+\sum\int_{\Omega^e}N_i\rho Q\mathrm{d}\Omega \tag{5-8-27}$$

式(5-8-26)中的第一项是各单元对热传导矩阵的贡献，第二项是第三类热交换边界条件对热传导矩阵的修正。式(5-8-27)中的三项分别为给定热流、热交换以及热源引起的温变载荷。可以看出热传导矩阵和温度载荷列阵都是由单元相应的矩阵集合而成。可将式(5-8-26)及式(5-8-27)改写成单元集成的形式

$$K_{ij} = \sum K_{ij}^e + \sum H_{ij}^e \tag{5-8-28}$$

$$P_i = \sum P_{q_i}^e + \sum P_{H_i}^e + \sum P_{Q_i}^e \tag{5-8-29}$$

式中：

$$K_{ij}^e = \int_{\Omega^e} \left(k_x \frac{\partial N_i}{\partial x} \frac{\partial N_j}{\partial x} + k_y \frac{\partial N_i}{\partial y} \frac{\partial N_j}{\partial y} \right) \mathrm{d}\Omega \tag{5-8-30}$$

$$H_{ij}^e = \int_{\Gamma_3^e} h N_i N_j T \mathrm{d}\Gamma \tag{5-8-31}$$

$$P_{q_i}^e = \int_{\Gamma_2^e} N_j q \mathrm{d}\Gamma \tag{5-8-32}$$

$$P_{H_i}^e = \int_{\Gamma_3^e} N_j h T^e \mathrm{d}\Gamma \tag{5-8-33}$$

$$P_{Q_i}^e = \int_{\Omega^e} \rho Q N_j \mathrm{d}\Omega \tag{5-8-34}$$

以上就是二维稳态热传导问题的有限元的一般格式。稳态热传导问题也存在变分的泛函，由变分法建立的有限元方程与用伽辽金法建立的有限元方程是一致的，读者可以作为练习加以证明。

由此我们可以知道，热传导问题属于 C_0 型问题，并由于温度场是标量场，有限元格式相对比较简单，这里仅将具有显式表达式的平面三角形单元加以具体化。

5.8.3　平面三节点三角形单元

下面讨论实际应用中常见的三节点三角形单元稳态热传导问题的有限元格式，图 5-8-1 所示为常见的三节点三角形单元。

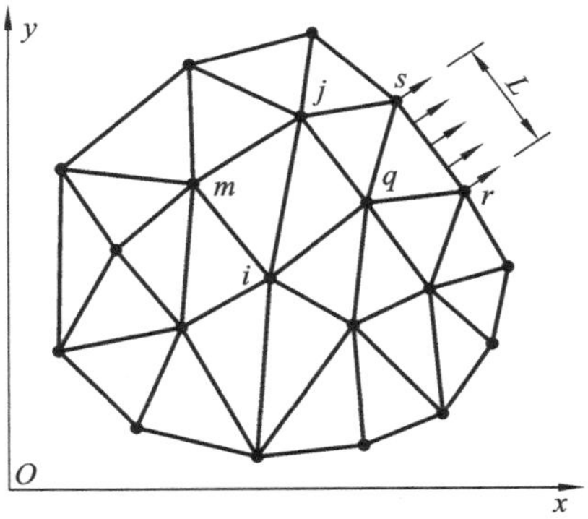

图 5-8-1　二维域划分为三角形单元

三角形单元的插值函数为

$$N_i = \frac{1}{2A}(a_i + b_i x + c_i y) \quad (i,j,m)$$

对于任意一单元 ijm，可将插值函数求导代入式(5-8-30)得到热传导矩阵元素

$$K_{ij}^e = \frac{k_x}{4A} b_i b_j + \frac{k_y}{4A} c_i c_j \tag{5-8-35}$$

单元热传导矩阵是

$$\boldsymbol{K}^e = \frac{k_x}{4A} \begin{bmatrix} b_i b_i & b_i b_j & b_i b_m \\ \text{对} & b_j b_j & b_j b_m \\ & \text{称} & b_m b_m \end{bmatrix} + \frac{k_y}{4A} \begin{bmatrix} c_i c_i & c_i c_j & c_i c_m \\ \text{对} & c_j c_j & c_j c_m \\ & \text{称} & c_m c_m \end{bmatrix} \tag{5-8-36}$$

对于具有第三类边界条件的边界单元，如 rsp 单元，除按照式(5-8-36)计算单元热传导矩阵外，还应计算第三类边界条件引起的对热传导矩阵的修正，修正项可将插值函数代入式(5-8-31)得到

$$\begin{cases} H_{sr}^e = H_{rs}^e = \int_l h N_r N_s \mathrm{d}l = \dfrac{1}{6} hL \\ H_{rr}^e = H_{ss}^e = \int_l h N_s^2 \mathrm{d}l = \dfrac{1}{3} hL \end{cases} \tag{5-8-37}$$

式中：L 是对流边界 rs 的边长，若单元中只有 rs 为对流换热边界，则对单元传热矩阵的修正是

$$\boldsymbol{H}^e=\frac{1}{6}hL\begin{bmatrix}2&1&0\\1&2&0\\0&0&0\end{bmatrix} \tag{5-8-38}$$

单元节点的编码顺序是 r,s,p。

单元的温度载荷可由式(5-8-32)～式(5-8-34)求得。当热源密度 Q 以及给定热流 q 都是常量时

$$P^e_{Q_i}=\frac{1}{3}\rho QA \quad (i,j,m)$$

$$P^e_{H_i}=\frac{1}{2}h\varphi_a L \quad (i=r,s) \quad (\text{当 } \Gamma_3 \text{ 为 } r-s \text{ 边时}) \tag{5-8-39}$$

$$P^e_{H_i}=\frac{1}{2}qL \quad (i=r,s) \quad (\text{当 } \Gamma_2 \text{ 为 } r-s \text{ 边时})$$

5.9　瞬态热传导问题

瞬态温度场与稳态温度场主要的区别在于瞬态温度场的场函数温度不仅是空间域 Ω 的函数，而且还是时间域 t 的函数。但是时间和空间两种并不耦合，因此建立有限元格式时可以采用部分离散的方法。

我们仍以二维问题为例来建立瞬态温度场有限元的一般格式。首先将空间域 Ω 离散为有限个单元体，在典型单元内温度 T 仍可以近似地用节点温度 T_i 插值得到，但要注意此时节点温度是时间的函数

$$T=\widetilde{T}=\sum_{i=1}^{n_e}N_i(x,y)T_i(t) \tag{5-9-1}$$

插值函数 N_i 只是空间域的函数，它与以前讨论过的问题一样，也应具有插值函数的基本性质。构造 $\widetilde{T}$ 时已经满足 Γ_1 上的边界条件，因此将式(5-9-1)代入场方程(5-8-5)和边界条件(5-8-7)、(5-8-8)式时将产生余量

$$R_\Omega=\frac{\partial}{\partial x}\left(k_x\frac{\partial\widetilde{T}}{\partial x}\right)+\frac{\partial}{\partial y}\left(k_y\frac{\partial\widetilde{T}}{\partial y}\right)+\rho Q-\rho c\frac{\partial\widetilde{T}}{\partial t} \tag{5-9-2}$$

$$R_{\Gamma_2}=k_x\frac{\partial\widetilde{T}}{\partial x}n_x+k_y\frac{\partial\widetilde{T}}{\partial y}n_y-q \tag{5-9-3}$$

$$R_{\Gamma_3}=k_x\frac{\partial\widetilde{T}}{\partial x}n_x+k_y\frac{\partial\widetilde{T}}{\partial y}n_y-h(T_a-\widetilde{T}) \tag{5-9-4}$$

令余量的加权积分为零，即

$$\int_\Omega R_\Omega w_1\,\mathrm{d}\Omega+\int_{\Gamma_2}R_{\Gamma_2}w_2\,\mathrm{d}\Gamma+\int_{\Gamma_3}R_{\Gamma_3}w_3\,\mathrm{d}\Gamma=0 \tag{5-9-5}$$

按伽辽金法选择权函数

$$w_1=N_j \quad (j=1,2,\cdots,n_e)$$

$$w_2=w_3=-w_1 \tag{5-9-6}$$

将式(5-9-6)代入式(5-9-5)，与稳态温度场建立有限元格式的过程类同，经分部积分后可以得到用以确定 n 个节点温度 φ_i 的矩阵方程组

$$\boldsymbol{C}\dot{\varphi}+\boldsymbol{K}\varphi=\boldsymbol{P} \tag{5-9-7}$$

这是一组以时间 t 为独立变量的线性常微分方程组。式中的 $\boldsymbol{C}$ 是热容矩阵，$\boldsymbol{K}$ 是热传导矩阵，$\boldsymbol{C}$ 和 $\boldsymbol{K}$ 都是对称正定矩阵。$\boldsymbol{P}$ 是温度载荷矩阵，$\boldsymbol{T}$ 是节点温度列阵，$\dot{\boldsymbol{T}}$ 是节点温度对时间的导数列阵，$\dot{\boldsymbol{T}}=\mathrm{d}\boldsymbol{T}/\mathrm{d}t$。矩阵 $\boldsymbol{K}$，$\boldsymbol{C}$ 和 $\boldsymbol{P}$ 的元素由单元相应的矩阵元素构成。

$$\begin{cases} K_{ij} = \sum_e K_{ij}^e + \sum_e H_{ij}^e \\ C_{ij} = \sum_e C_{ij}^e \\ P_i = \sum_e P_{Q_i}^e + \sum_e P_{q_i}^e + \sum_e P_{H_i}^e \end{cases} \tag{5-9-8}$$

单元的矩阵元素由下列各式给出。

单元对热传导矩阵的贡献为

$$K_{ij}^e = \int_{\Omega^e} \left(k_x \frac{\partial N_i}{\partial x}\frac{\partial N_j}{\partial x} + k_y \frac{\partial N_i}{\partial y}\frac{\partial N_j}{\partial y} \right) \mathrm{d}\Omega \tag{5-9-9}$$

单元热交换边界对热传导矩阵的修正为

$$H_{ij}^e = \int_{\Gamma_3^e} h N_i N_j \mathrm{d}\Gamma \tag{5-9-10}$$

单元对热容矩阵的贡献为

$$C_{ij}^e = \int_{\Omega^e} \rho c N_i N_j \mathrm{d}\Omega \tag{5-9-11}$$

单元热源产生的温度载荷为

$$P_{Q_i}^e = \int_{\Omega^e} \rho Q N_i \mathrm{d}\Omega \tag{5-9-12}$$

单元给定热流边界的温度载荷为

$$P_{q_i}^e = \int_{\Gamma_2^e} q N_i \mathrm{d}\Gamma \tag{5-9-13}$$

单元对流换热边界的温度载荷为

$$P_{H_i}^e = \int_{\Gamma_3^e} N_i h T^e \mathrm{d}\Gamma \tag{5-9-14}$$

至此，已将时间域和空间域的偏微分方程问题在空间域内离散为各节点温度 $T(t)$ 的常微分方程的初值问题。对于给定温度的边界 Γ_1 上的 n_1 个节点，方程组(5-9-7)中相应的式子应引入以下条件

$$T_i = \overline{T}_i \quad (i = 1,2,\cdots,n_1) \tag{5-9-15}$$

式中的 i 是 Γ_1 上 n_1 个节点的编号。

5.10　铝合金铸造轮毂的温度场分析

铸件的凝固阶段是铸件冷却降温过程中最重要的过程，因为铸造缺陷大多都是发生于这一阶段。对凝固过程进行模拟，分析轮毂铸件的冷却特点，对于优化铸造工艺，预测铸件缺陷与控制铸件的质量有十分重要的意义。本节将以铝合金轮毂为对象，对其铸造过程的温度场进行数值模拟，得到其铸造冷却过程的温度场分布。图 5-10-1 是模型的装配图，其包含了铝合金轮毂和砂型两部分。

计算前，必须在有限元分析软件中对砂型以及合金的材料参数进行设定，根据铸件与铸型的材料特性，将砂型的热物参数设置为均匀的，不随温度的改变而变化的，铝合金的密度、热导

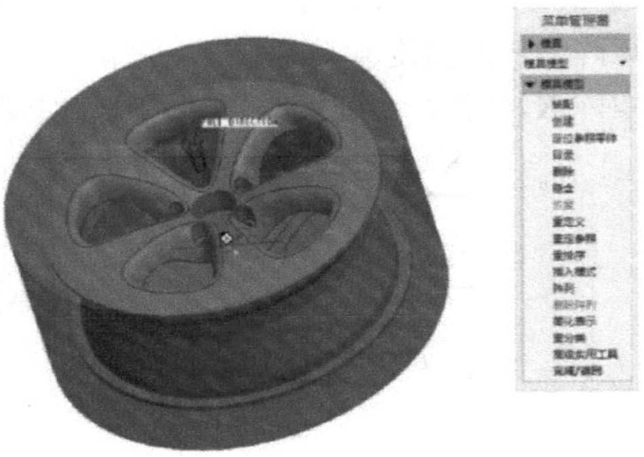

图 5-10-1　铝合金轮毂和砂型几何模型

率等材料特性随时间变化。本算例中轮毂材料为 ZL101 号铝合金，由于国内对该合金高温热物学参数并未有相对详尽的测试，因此，本算例中采用软件根据铝合金中各金属的配比对其进行热物性能参数的计算。合金各元素成分如表 5-10-1 所示。

表 5-10-1　合金元素成分

化学成分	Si	Mg	Fe	Cu	Mn	Zn	Ti	Al
质量分数	7.0	0.30	0.20	0.20	0.10	0.10	0.20	余量

合金的固液两相的温度范围为 567℃到 614℃，采用相关软件计算得到合金的材料参数随温度变化的曲线图如图 5-10-2 至图 5-10-5 所示。

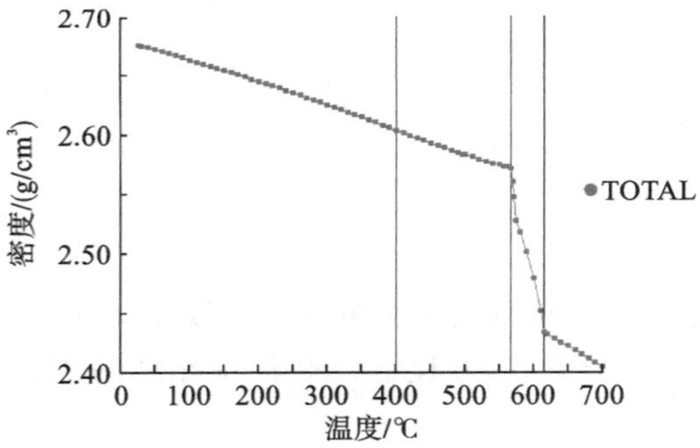

图 5-10-2　密度随温度变化曲线

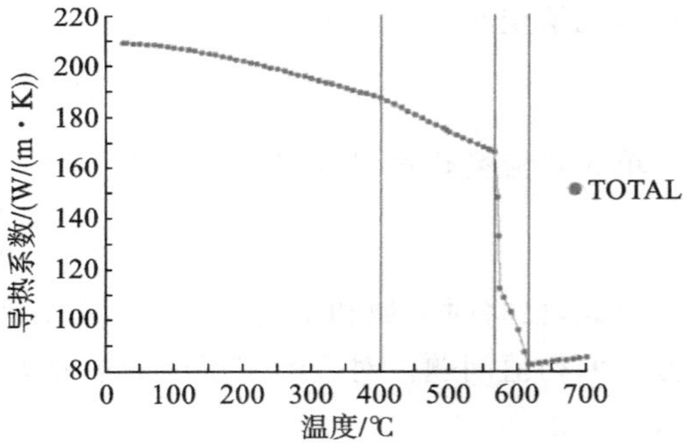

图 5-10-3　热导率随温度变化曲线

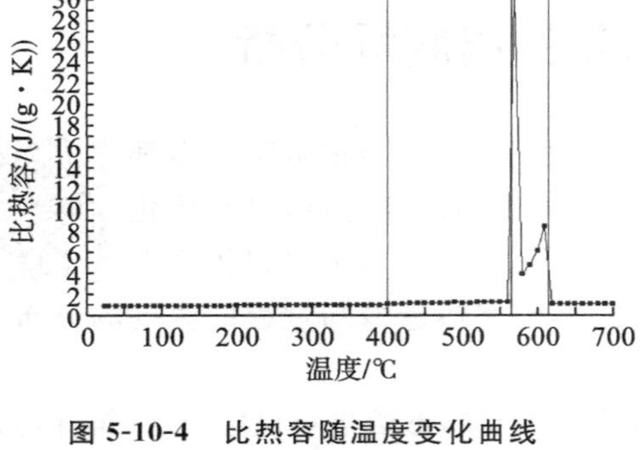

图 5-10-4　比热容随温度变化曲线

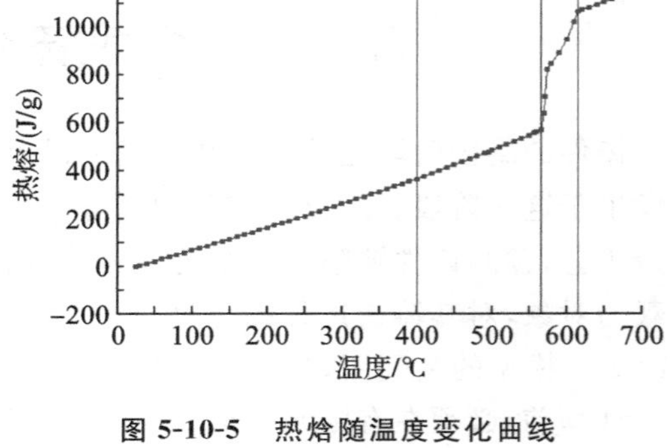

图 5-10-5　热焓随温度变化曲线

对于几何形状较复杂的轮毂，我们采用专业的三维软件进行曲面建模，导入到 ANSYS 进行分析。ANSYS 中的单元种类众多，能模拟热分析的有 40 种左右，只用作单纯的热分析的有十多种。由于对铝合金轮毂的铸造过程的温度场分析中，要考虑到相变过程，因此考虑到问题的非线性以及计算条件，分析中优先选择低阶的热单元。由于本算例中的模型为三维实体模型，可供选择的单元有 SOLID70（三维 8 节点六面体单元）、SOLID87（三维 10 节点四面体单元）和 SOLID90（三维 20 节点六面体单元）。由于 SOLID87 和 SOLID90 有中间节点，不适合非线性计算，所以本算例选取 SOLID70 单元来进行计算，满足低阶要求，适合本算例的非线性问题的计算。成功导入实体模型后，考虑到分析中结构的对称性，对模型进行分割，选取模型的 1/5 进行分析。为保证边铸件铸型的交界面的网格质量，要注意网格划分的顺序，先对铸件进行网格划分，再对铸型进行网格划分，保证砂型的网格由交界面到远离铸件处是由密到疏分布。图 5-10-6 是划分网格后的三维有限元模型。

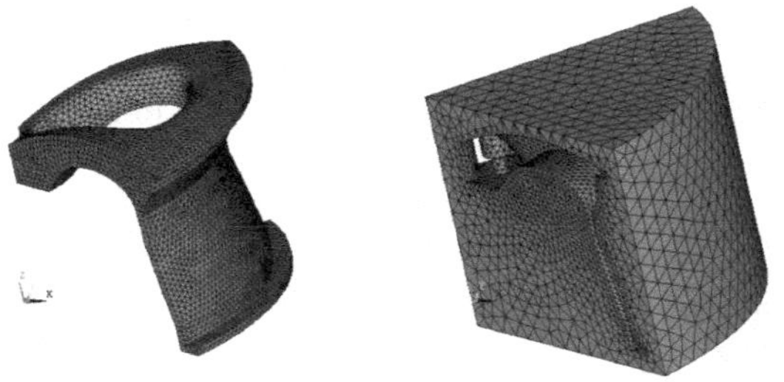

图 5-10-6　铸件及模具的三维网格图

得到模型后，需要进行相应的求解类型选择及求解条件设定。初始条件是指 $t=0$ 时，有限元模型各个节点上的温度。在此，考虑到砂型内部温度会因为在初始浇注时受到高温热冲击而发生较大的变化，对此类问题，一般先进行稳态热分析来确定铸件铸型的初始温度场。作稳态分析时，依次对铸型与铸件施加模具初始温度与浇注温度的载荷，通过稳态求解获得结果。

为得到瞬态分析的初始温度场，本算例中先对系统完成了 0.01 s 的稳态热分析，在此基础上再进行瞬态热分析。设置铝合金浇注温度为 680 ℃，砂型的初始温度为砂型预热温度，若不预热则设置为 25 ℃。对铸件来说凝固冷却过程是由初始温度逐渐冷却的过程，而对砂型来说，是由其初始温度先上升到接近铸件温度再与铸件一同冷却的过程。

本算例中的边界条件指铸件与砂型的热传导以及砂型界面的对流。在 ANSYS 中，对流系数一般被视为面载荷。对于砂型铸造，对流系数一般随温度不会有明显变化，可以当作常数处理。由于分析模型为部分模型，分析可知，其对称的分割面为绝热面，不对其进行设置，即默认其为绝热边界。实际冷却过程中，砂型周围空气温度一般变化不大，可视为常数，据此可设定环境温度为 25 ℃。

对问题的分析类型以及初始条件与边界条件确定后，要进行一些求解选项的确定，主要涉及的有最终载荷步时间、时间步长、最小及最大时间步长、KBC 选项、自动时间步长开关、迭代步数及线性搜索等。

为保证计算的收敛以及计算结果的准确性，同时兼顾计算效率，需要根据温度的变化梯度选择时间步长，即 ANSYS 中的自动时间步长。载荷步的类型根据铸造液瞬间充型的假设设置为阶跃载荷。求解之前打开自动时间步长，并对求解输出选项进行设置，将每个子步的结果写入到热分析文件中。

计算完成后，根据需要，通过 ANSYS 中的通用后处理器及时间历程处理器查看计算结果。同时，对结果云图进行周向的 4 倍扩展，既能比较完整地看到轮毂的整体特征，又能观察到对称截面上的计算结果。图 5-10-7 至图 5-10-10 是凝固过程中各个时刻温度场分布图。

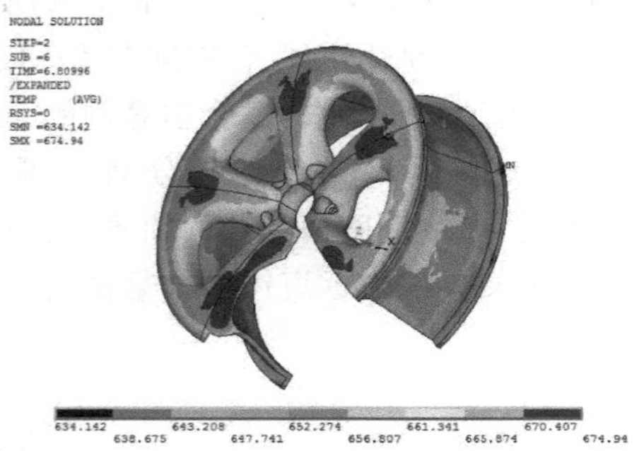

图 5-10-7　第 6.80996 秒时铸件温度场

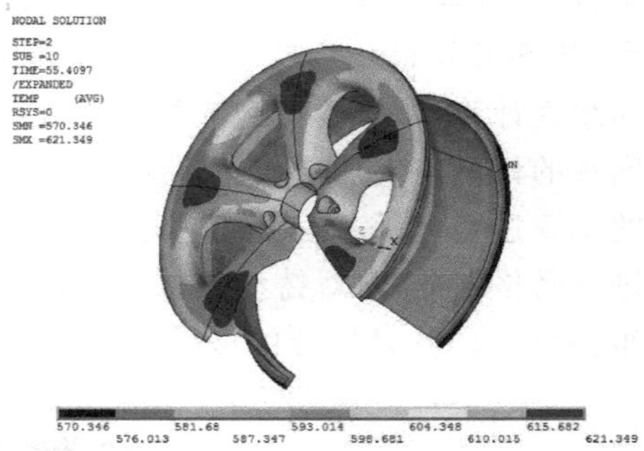

图 5-10-8　第 55.4097 秒时铸件温度场

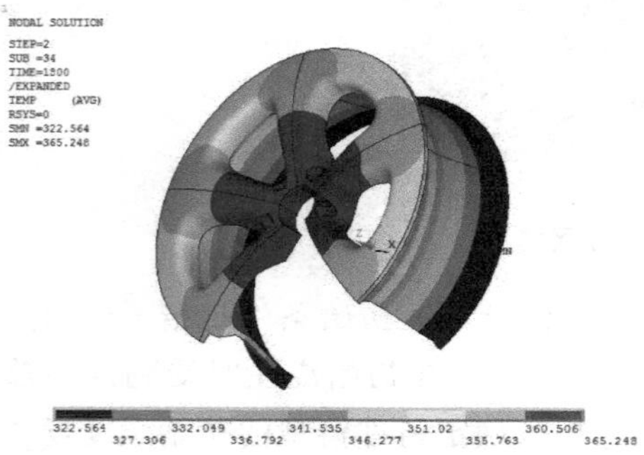

图 5-10-9　第 1800 秒时铸件温度场

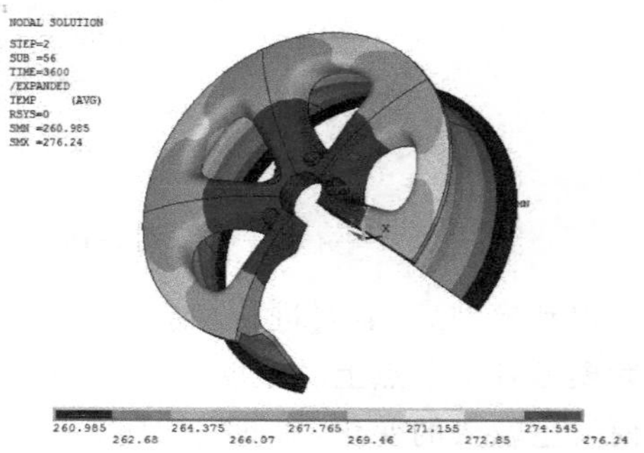

图 5-10-10　第 3600 秒时铸件温度场

本章小结

材料性质不依赖于温度的稳态温度场问题和线弹性静力学问题类似，同属不依赖于时间的平衡问题，有限元表达格式基本相同，只是由于稳态温度场问题中的场变量是标量，故更为简单一些。而瞬态温度场问题则和结构动力学问题类似，同属依赖于时间的传播问题。在空间域有限元离散后，得到的常微分方程组，通常需要用数值积分方法求解，具体求解方案及解的稳定性和时间步长选择等问题关系到求解过程的稳定性、收敛性及计算效率，是求解瞬态热传导问题时应加以注意的重点。

第6章 动力学问题的有限元法

动力学是研究物体的机械运动和作用力之间的关系，是牛顿经典力学的三大组成部分之一。为便于研究，在理论力学里面，常常忽略物体的形状或者大小等因素，把实际物体简化为质点、质点系或刚体等力学模型。质点动力学是动力学的基础，主要研究两类基本问题：一是已知质点的运动，求作用于质点上的力；二是已知作用于质点上的力，求质点的运动。

现实社会生产活动中也存在着许多动力学问题，尤其是结构动力学问题最为常见。结构动力学问题一般分为两类研究对象：其一是研究运动状态下工作的机械或结构；其二是承受动力载荷作用的工程结构。因此，结构动力学是为了研究结构体系的动力特性及其在动力载荷作用下的动力反应分析原理和方法提出的一门学科，其目的在于为结构的动力可靠性设计提供必要的基础，故现实生活中的这类问题不能简单地将实际物体当作质点、质点系或刚体来处理。正确分析和设计这类结构，在理论和实际上都具有重要的意义。

用有限元法求解结构动力学问题基本步骤依次如下：连续区域的离散化；构造插值函数；形成系统的求解方程；求解运动方程；计算结构的应变和应力。

6.1 运动方程

有限元法应用于结构的动力学问题时，在基本概念上，与静力有限元法类似。但此时不仅要考虑结构所受外载荷如体力、面力，还要考虑由于结构运动而引起的惯性力和阻尼力。结构离散化以后，在运动状态中各节点的动力平衡方程如下：

$$\boldsymbol{F}_i + \boldsymbol{F}_d + \boldsymbol{Q}(t) = \boldsymbol{F}_e \tag{6-1-1}$$

式中：$\boldsymbol{F}_i$、$\boldsymbol{F}_d$、$\boldsymbol{Q}(t)$分别为惯性力、阻尼力和节点载荷向量，$\boldsymbol{F}_e$ 为弹性力。

在动力学问题中，位移模式与静力问题的位移模式相同，单元位移 u,v,w 的插值可表示为

$$\begin{aligned} u(x,y,z,t) &= \sum_{i=1}^{n} N_i(x,y,z)u_i(t) \\ v(x,y,z,t) &= \sum_{i=1}^{n} N_i(x,y,z)v_i(t) \\ w(x,y,z,t) &= \sum_{i=1}^{n} N_i(x,y,z)w_i(t) \end{aligned} \tag{6-1-2}$$

或表示为

$$\boldsymbol{u} = \boldsymbol{N}\boldsymbol{a}^e \tag{6-1-3}$$

式中：$\boldsymbol{a}^e$ 为单元节点位移，它是时间 t 的函数；$\boldsymbol{N}$ 为插值函数。

弹性力向量可用节点位移 $\boldsymbol{a}$ 和刚度矩阵 $\boldsymbol{K}$ 表示，即

$$\boldsymbol{F}_e = \boldsymbol{K}\boldsymbol{a} \tag{6-1-4}$$

式中：刚度矩阵 $\boldsymbol{K}$ 的元素 $K_{i,j}$ 为节点 j 的单位位移在节点 i 引起的弹性力。

根据达朗贝尔原理，可利用质量矩阵 $\boldsymbol{M}$ 和节点加速度 $\ddot{\boldsymbol{a}}$ 表示惯性力

$$\boldsymbol{F}_i = -\boldsymbol{M}\ddot{\boldsymbol{a}} \tag{6-1-5}$$

式中：质量矩阵的元素 $M_{i,j}$ 为节点 j 的单位加速度在节点 i 引起的弹性力。

当结构具有黏滞阻尼，可用阻尼矩阵 $\boldsymbol{C}$ 和节点速度 $\dot{\boldsymbol{a}}$ 表示阻尼力

$$\boldsymbol{F}_d = -\boldsymbol{C}\dot{\boldsymbol{a}} \tag{6-1-6}$$

式中：阻尼矩阵的元素 $\boldsymbol{C}_{i,j}$ 为节点 j 的单位速度在节点 i 引起的阻尼力。

将式(6-1-3)至式(6-1-6)代入式(6-1-1)，得到运动方程

$$\boldsymbol{M}\ddot{\boldsymbol{a}}(t) + \boldsymbol{C}\dot{\boldsymbol{a}}(t) + \boldsymbol{K}\boldsymbol{a}(t) = \boldsymbol{Q}(t) \tag{6-1-7}$$

其中 $\ddot{\boldsymbol{a}}(t)$ 和 $\dot{\boldsymbol{a}}(t)$ 分别是系统的节点加速度向量和节点速度向量，$\boldsymbol{M}$、$\boldsymbol{C}$、$\boldsymbol{K}$ 和 $\boldsymbol{Q}(t)$ 分别由各自的单元矩阵和向量集成，即

$$\begin{aligned} \boldsymbol{M} &= \sum_e \boldsymbol{M}^e, \boldsymbol{C} = \sum_e \boldsymbol{C}^e \\ \boldsymbol{K} &= \sum_e \boldsymbol{K}^e, \boldsymbol{Q} = \sum_e \boldsymbol{Q}^e \end{aligned} \tag{6-1-8}$$

其中

$$\begin{aligned} \boldsymbol{M}^e &= \int_{V^e} \rho \boldsymbol{N}^{\mathrm{T}} \boldsymbol{N} \mathrm{d}V, \boldsymbol{C}^e = \int_{V^e} \mu \boldsymbol{N}^{\mathrm{T}} \boldsymbol{N} \mathrm{d}V \\ \boldsymbol{K}^e &= \int_{V^e} \boldsymbol{B}^{\mathrm{T}} \boldsymbol{D} \boldsymbol{B} \mathrm{d}V \\ \boldsymbol{Q}^e &= \int_{V^e} \boldsymbol{N}^{\mathrm{T}} \boldsymbol{F}_e \mathrm{d}V + \int_{S^e} \boldsymbol{N}^{\mathrm{T}} \overline{\boldsymbol{f}} \mathrm{d}s \end{aligned} \tag{6-1-9}$$

式中：$\overline{\boldsymbol{f}}$ 是作用在单元边界上的面力，$\boldsymbol{M}^e$、$\boldsymbol{C}^e$、$\boldsymbol{K}^e$ 和 $\boldsymbol{Q}^e$ 分别是单元的质量矩阵、阻尼矩阵、刚度矩阵和载荷向量。

和静力分析相比，动力分析中的平衡方程出现了惯性力和阻尼力，引入了质量矩阵和阻尼矩阵，最后得到的求解方程不是代数方程组，而是常微分方程组，其他的计算步骤和静力分析是完全相同的。用有限元法进行动力分析的优点在于，各单元的材料特性常数可以任意变化，在求出各单元的刚度矩阵、质量矩阵和阻尼矩阵以后，只要进行简单的叠加，即可得到整体的刚度矩阵、阻尼矩阵和质量矩阵。另一个重要优点是，如此获得的刚度矩阵、质量矩阵和阻尼矩阵是高度稀疏的，并易于排列成带状矩阵，所以便于计算。

运动方程式(6-1-7)是二阶微分方程组，包含位移对时间的二次求导，原则上可以利用解常微分方程组的常用算法求解。在有限元分析中，因为矩阵阶数很高，用这些常用算法费时费力，为了适用性，一般可选用直接积分法和振型叠加法。

从运动方程式(6-1-7)中解得节点的位移向量 $\boldsymbol{a}(t)$ 后，可以利用弹性动力学中的几何方程和物理方程计算所需要的应变 $\boldsymbol{\varepsilon}(t)$ 和应力 $\boldsymbol{\sigma}(t)$。

6.2　质量矩阵和阻尼矩阵

采用有限元法进行结构动力计算，必须建立结构系统的整体质量矩阵、阻尼矩阵和刚度矩阵，它们均由相应的单元矩阵按照通用的方法直接集合而成。由于动力问题中刚度矩阵的形

式与静力问题完全相同，只是采用动力本构参数即可，所以不再介绍。

6.2.1　协调质量矩阵和集中质量矩阵

单元质量矩阵又称一致质量矩阵或协调质量矩阵，表达式为

$$\boldsymbol{M}^e = \int_{V_e} \rho \boldsymbol{N}^{\mathrm{T}} \boldsymbol{N} \mathrm{d}V$$

其导出原理(Galerkin 方法)及采用的位移插值函数与导出刚度矩阵时一致，因而被称为一致质量矩阵。又因为其质量根据实际情况分布，单元的动能和势能是相互协调的，故也称为协调质量矩阵。采用一致质量法求出的整体质量矩阵是与整体刚度矩阵相仿的带状对称方阵。

有限元中还经常采用集中(或团聚)质量矩阵。它假定单元的质量集中分配于单元的节点上，每个节点所分配到的质量视该节点所管辖的范围而定。由于质量集中在节点上，无转动惯量，所以与转动自由度相关的质量系数为零。此外，任一节点的加速度仅在这一点上产生惯性力，对其他点没有作用，即质量矩阵中的非对角元素为零，所以得到的质量矩阵是对角线矩阵，其对角线上与转动自由度对应的元素为零。

将协调质量矩阵 $\boldsymbol{M}^e$ 转换为单元集中质量矩阵 $\boldsymbol{M}_l^e$，即对 $\boldsymbol{M}^e$ 进行对角化，方法有多种。以实体单元和结构单元中的两种典型单元为例，表明上述两种不同质量矩阵的具体表达式和它们之间的区别。

1. 平面应力-应变单元(平面等应变三角形单元)

1) 协调质量矩阵

位移插值函数是

$$\boldsymbol{N} = [N_1 \quad N_2 \quad N_3]\boldsymbol{I} \tag{6-2-1}$$

式中：$\boldsymbol{I}$ 是 2×2 单位矩阵。

$$N_i = (a_i + b_i x + c_i y)/2A \quad (i = 1,2,3)$$

式中：a_i，b_i，c_i 为系数；A 为三角形单元面积。

按照单元质量矩阵表达式

$$\boldsymbol{M}^e = \int_{V_e} \rho \boldsymbol{N}^{\mathrm{T}} \boldsymbol{N} \mathrm{d}V$$

可以计算得单元的协调质量矩阵

$$\boldsymbol{M}^e = \frac{W}{3}\left[\begin{array}{cc|cc|cc}
\frac{1}{2} & 0 & \frac{1}{4} & 0 & \frac{1}{4} & 0 \\
0 & \frac{1}{2} & 0 & \frac{1}{4} & 0 & \frac{1}{4} \\
\hline
\frac{1}{4} & 0 & \frac{1}{2} & 0 & \frac{1}{4} & 0 \\
0 & \frac{1}{4} & 0 & \frac{1}{2} & 0 & \frac{1}{4} \\
\hline
\frac{1}{4} & 0 & \frac{1}{4} & 0 & \frac{1}{2} & 0 \\
0 & \frac{1}{4} & 0 & \frac{1}{4} & 0 & \frac{1}{2}
\end{array}\right] \tag{6-2-2}$$

其中，$W = \rho t A$ 是单元的质量，ρ 是单元的密度，t 是单元的厚度，A 是单元的面积。

2）集中质量矩阵

单元的每一个节点上集中三分之一的质量，这样就得到单元的集中质量矩阵

$$\boldsymbol{M}_l^e = \frac{W}{3}\begin{bmatrix} 1 & 0 & 0 & 0 & 0 & 0 \\ 0 & 1 & 0 & 0 & 0 & 0 \\ 0 & 0 & 1 & 0 & 0 & 0 \\ 0 & 0 & 0 & 1 & 0 & 0 \\ 0 & 0 & 0 & 0 & 1 & 0 \\ 0 & 0 & 0 & 0 & 0 & 1 \end{bmatrix} \tag{6-2-3}$$

同样，$W = \rho t A$ 是单元的质量，ρ 是单元的密度，t 是单元的厚度，A 是单元的面积。

2. 梁弯曲单元（二节点经典梁单元）

1）协调质量矩阵

位移插值函数是

$$\boldsymbol{N} = [N_1 \quad N_2 \quad N_3 \quad N_4] \tag{6-2-4}$$

其中，

$$N_1 = 1 - \frac{3}{l^2}x^2 + \frac{2}{l^3}x^3, N_2 = x - \frac{2}{l}x^2 + \frac{1}{l^2}x^3$$

$$N_3 = \frac{3}{l^2}x^2 - \frac{2}{l^3}x^3, N_4 = -\frac{1}{l}x^2 + \frac{1}{l^2}x^3$$

按单元质量矩阵表达式 $\boldsymbol{M}^e = \int_{V_e} \rho \boldsymbol{N}^{\mathrm{T}} \boldsymbol{N} \mathrm{d}V$

可以计算得到单元的协调质量矩阵

$$\boldsymbol{M}^e = \frac{W}{420}\begin{bmatrix} 156 & -22l & 54 & 13l \\ & 4l^2 & -13l & -3l^2 \\ \text{对} & & 156 & 22l \\ & \text{称} & & 4l^2 \end{bmatrix} \tag{6-2-5}$$

其中，$W = \rho l A$ 是单元的质量，ρ 是单元的密度，l 是单元的长度，A 是截面面积。

2）集中质量矩阵

每个节点集中二分之一的质量，略去转动项，得到单元的集中质量矩阵为

$$\boldsymbol{M}_l^e = \frac{W}{2}\begin{bmatrix} 1 & 0 & 0 & 0 \\ 0 & 0 & 0 & 0 \\ 0 & 0 & 1 & 0 \\ 0 & 0 & 0 & 0 \end{bmatrix} \tag{6-2-6}$$

计算经验表明，在单元数目相同的条件下，集中质量矩阵和协调质量矩阵给出的计算精度是相差不多的。集中质量矩阵不但本身易于计算，而且由于它是对角线矩阵，可使动力计算简化很多。对于某些问题，如梁、板、壳等。由于可省去转动惯性项，运动方程的自由度数量可显著减少。在同一网格下，采用两种质量矩阵计算所得的结果很接近。采用集中质量矩阵求解时，自由度数目远远少于协调质量矩阵。但是，当采用高次单元时，推导集中质量矩阵是困难的。

研究表明，采用协调质量矩阵，只要离散时保持了单元之间的连续性，求得的频率代表结构真实自振频率的上限，而采用集中质量矩阵求得的频率为下限。因此，有学者建议在实际应

用中采用混合质量矩阵，即这两种矩阵的平均值。

6.2.2　振型阻尼矩阵

动力学方程中的阻尼项代表系统在运动中所耗散的能量。产生阻尼的原因是多方面的，例如滑动摩擦、空气阻力、材料内摩擦等。完全考虑这些因素来确定阻尼力是不可能的，通常用等效黏滞阻尼来代替，即认为固体材料的阻尼与黏滞流体中的黏滞阻尼相似，阻尼力与运动速度或应变速度呈线性关系。所谓等效是指假定的黏滞阻尼在振动一周所产生的能量耗散与实际阻尼相同。

假设阻尼力正比于运动速度，则单元阻尼矩阵为

$$\boldsymbol{C}^e = \int_{V_e} \mu \boldsymbol{N}^{\mathrm{T}} \boldsymbol{N} \mathrm{d}V \tag{6-2-7}$$

与协调质量矩阵类似，其又被称为协调阻尼矩阵，两者存在比例关系。一般将介质阻尼简化为协调阻尼。

除此之外，还有比例于应变速度的阻尼，例如由于材料内摩擦引起的结构阻尼可化简为这种情况，这时阻尼力可表示为 $\mu \boldsymbol{D}\dot{\boldsymbol{\varepsilon}}$，这样一来，可以得到单元阻尼矩阵

$$\boldsymbol{C}^e = \mu \int_{V_e} \boldsymbol{B}^{\mathrm{T}} \boldsymbol{D} \boldsymbol{B} \mathrm{d}V \tag{6-2-8}$$

此单元阻尼矩阵比例于单元刚度矩阵。

因为以后学习的系统的固有振型对于 $\boldsymbol{M}$ 和 $\boldsymbol{K}$ 是具有正交性的，因此固有振型对比例于 $\boldsymbol{M}$ 和 $\boldsymbol{K}$ 的阻尼矩阵 $\boldsymbol{C}$ 也是具有正交性的，所以这种阻尼矩阵称为比例阻尼或振型阻尼。利用系统的振型矩阵对运动方程进行坐标变化时，振型阻尼矩阵经过变化后和质量矩阵及刚度矩阵的情况相同，将是对角矩阵。这样一来，经变化后运动方程的各个自由度之间将是互不耦合的(见 6.4 节)，因此每个方程可以独立地求解，这将给计算带来很大方便。

式(6-2-9)和式(6-2-8)中的比例系数，在一般情况下是依赖于频率的。因此在实际分析中，要精确地决定阻尼矩阵是很困难的。通常不是直接计算阻尼矩阵 $\boldsymbol{C}$，而是根据实测资料，由振动过程中结构的能量消耗来决定阻尼矩阵，所以允许将实际结构的阻尼矩阵简化为 $\boldsymbol{M}$ 和 $\boldsymbol{K}$ 的线性组合，即

$$\boldsymbol{C} = \alpha \boldsymbol{M} + \beta \boldsymbol{K} \tag{6-2-9}$$

其中的 α，β 是不依赖于频率的常数，由实验确定。这种振型阻尼称为 Rayleigh 阻尼。

6.3　直接积分法

直接积分法的主要特点是不需要对系统方程进行坐标变换，而直接在离散的时间域上求其数值解。直接积分法基于两个概念，一是将在求解域范围内($0<t<T$)的任何时刻 t 都应满足运动方程式(6-1-7)而非任意时刻 t 完全满足；二是每一个计算时刻的速度和加速度由位移对时间的差分得到。由不同的差分格式引出不同的直接积分法，主要有中心差分法、威尔逊(Wilson-θ)法和 Newmark 法。从差分格式来看，与求解瞬态温度场问题一样，可以分为显式和隐式两种：显式差分就是可以由前一时刻 t 的解答直接求得下一个时刻 $t+\Delta t$ 的解答，中心差分是显式差分格式；隐式差分法必须在每一个时刻都求解方程，威尔逊法和 Newmark 法属于隐式差分法。

6.3.1 中心差分法

对二阶常微分运动方程,可用多种有限差分表达式建立其逐步积分公式。但是从计算效率考虑,在求解某些问题时使用中心差分法很有效。

在中心差分法中,加速度和速度可以用位移表示为

$$\ddot{\boldsymbol{a}}_t = \frac{1}{\Delta t^2}(\boldsymbol{a}_{t-\Delta t} - 2\boldsymbol{a}_t + \boldsymbol{a}_{t+\Delta t}) \tag{6-3-1}$$

$$\dot{\boldsymbol{a}}_t = \frac{1}{2\Delta t}(-\boldsymbol{a}_{t-\Delta t} + \boldsymbol{a}_{t+\Delta t}) \tag{6-3-2}$$

时间 $t+\Delta t$ 的位移求解 $\boldsymbol{a}_{t+\Delta t}$,可由下面时间 t 的运动方程得到满足而建立,即

$$\boldsymbol{M}\ddot{\boldsymbol{a}}_t + \boldsymbol{C}\dot{\boldsymbol{a}}_t + \boldsymbol{K}\boldsymbol{a}_t = \boldsymbol{Q}_t \tag{6-3-3}$$

为此将式(6-3-1)和式(6-3-2)代入式(6-3-3),得到

$$\left(\frac{1}{\Delta t^2}\boldsymbol{M} + \frac{1}{2\Delta t^2}\boldsymbol{C}\right)\boldsymbol{a}_{t+\Delta t} = \boldsymbol{Q}_t - \left(\boldsymbol{K} - \frac{2}{\Delta t^2}\boldsymbol{M}\right)\boldsymbol{a}_t - \left(\frac{1}{\Delta t^2}\boldsymbol{M} - \frac{1}{2\Delta t}\boldsymbol{C}\right)\boldsymbol{a}_{t-\Delta t} \tag{6-3-4}$$

如已经求得 $\boldsymbol{a}_{t-\Delta t}$ 和 $\boldsymbol{a}_t$,则从式(6-3-4)可以进一步解出 $\boldsymbol{a}_{t+\Delta t}$,所以式(6-3-4)是求解各个离散时间点解的递推公式,这种数值积分方法又称逐步积分法。按照式(6-3-4),为了计算 $\boldsymbol{a}_t$,除了初始运动条件,还需知道 $\boldsymbol{a}_{-\Delta t}$。为此利用式(6-3-1)和式(6-3-2)可以得到

$$\boldsymbol{a}_{-\Delta t} = \boldsymbol{a}_0 - \Delta t\dot{\boldsymbol{a}}_0 + \frac{\Delta t^2}{2}\ddot{\boldsymbol{a}}_0 \tag{6-3-5}$$

上式中 $\boldsymbol{a}_0$ 和 $\dot{\boldsymbol{a}}_0$ 可从给定的初始运动条件得到,而 $\ddot{\boldsymbol{a}}_0$ 则可以利用 $t=0$ 的运动方程式(6-3-3)得到

$$\ddot{\boldsymbol{a}}_0 = \boldsymbol{M}^{-1}(\boldsymbol{Q}_0 - \boldsymbol{C}\dot{\boldsymbol{a}}_0 - \boldsymbol{K}\boldsymbol{a}_0) \tag{6-3-6}$$

至此,我们可将利用中心差分法逐步求解运动方程的算法步骤归结如下。

1. 初始计算

(1) 形成刚度矩阵 $\boldsymbol{K}$、质量矩阵 $\boldsymbol{M}$ 和阻尼矩阵 $\boldsymbol{C}$。

(2) 给定 $\boldsymbol{a}_0$、$\dot{\boldsymbol{a}}_0$ 和 $\ddot{\boldsymbol{a}}_0$。

(3) 选择时间步长 Δt,$\Delta t < \Delta t_{cr}$,并计算积分常数 $c_0 = \frac{1}{\Delta t^2}$,$c_1 = \frac{1}{2\Delta t}$,$c_2 = 2c_0$,$c_3 = 1/c_2$。

(4) 计算 $\boldsymbol{a}_{-\Delta t} = \boldsymbol{a}_0 - \Delta t\dot{\boldsymbol{a}}_0 + c_3\ddot{\boldsymbol{a}}_0$

(5) 形成有效质量矩阵 $\widehat{\boldsymbol{M}} = c_0\boldsymbol{M} + c_1\boldsymbol{C}$

(6) 三角分解 $\widehat{\boldsymbol{M}}$:$\widehat{\boldsymbol{M}} = \boldsymbol{LDL}^{\mathrm{T}}$

2. 对于每一时间步长循环 ($t = 0, \Delta t, 2\Delta t, \cdots$)

(1) 计算时间 t 的有效载荷

$$\widehat{\boldsymbol{Q}}_t = \boldsymbol{Q}_t - (\boldsymbol{K} - c_2\boldsymbol{M})\boldsymbol{a}_t - (c_0\boldsymbol{M} - c_1\boldsymbol{C})\boldsymbol{a}_{t-\Delta t}$$

(2) 求解时间 $t+\Delta t$ 的位移

$$\boldsymbol{LDL}^{\mathrm{T}}\boldsymbol{a}_{t+\Delta t} = \widehat{\boldsymbol{Q}}_t$$

(3) 如果需要,计算时间 t 的加速度和速度

$$\ddot{\boldsymbol{a}}_t = c_0(\boldsymbol{a}_{t-\Delta t} - 2\boldsymbol{a}_t + \boldsymbol{a}_{t+\Delta t})$$

$$\dot{\boldsymbol{a}}_t = c_1(-\boldsymbol{a}_{t-\Delta t} + \boldsymbol{a}_{t+\Delta t})$$

(4) 如果需要,计算时间 $t+\Delta t$ 时刻的应力

$$\boldsymbol{\sigma}_{t+\Delta t} = \boldsymbol{DBa}_{t+\Delta t}$$

关于中心差分法还需要着重指出以下几点。

①中心差分法是显式算法。

由于递推公式(6-3-4)是从 t 时刻的运动方程导出关于 $t+\Delta t$ 时刻位移的线性代数方程组，所以，方程组的左端不含刚度矩阵 $\boldsymbol{K}$。若质量矩阵 $\boldsymbol{M}$ 和阻尼矩阵 $\boldsymbol{C}$ 为对角阵，则方程组解耦，无须联立求解。可通过式(6-3-7)得到位移的各个分量

$$a_{t+\Delta t}^{(i)} = \widehat{Q}_t^{(i)} / (c_0 M_{ii}) \tag{6-3-7}$$

其中 $a_{t+\Delta t}^{(i)}$ 和 $\widehat{Q}_t^{(i)}$ 分别是 $a_{t+\Delta t}$ 和 $\widehat{\boldsymbol{Q}}_t$ 向量的第 i 个分量，M_{ii} 是矩阵 $\boldsymbol{M}$ 的第 i 个对角元素，并假定 $M_{ii} > 0$。

显式算法的优点在非线性分析中将更有意义。由于在非线性分析中每一时间增量步的刚度矩阵是被修改了的，这时采用显式算法，避免了矩阵求逆的运算，计算上的好处更加明显。

②中心差分法是条件稳定算法。

利用它求解问题时，时间步长必须小于临界步长 Δt_{cr}，否则算法不稳定。

$$\Delta t \leqslant \Delta t_{cr} = \frac{T_n}{\pi} \tag{6-3-8}$$

其中 T_n 是有限元系统的最小固有振动周期。原则上可以利用一般矩阵特征值问题的求解方法得到 T_n，而实际上因为系统的最小固有振动周期总是大于或等于最小单元的固有振动周期。所以可用最小单元的固有振动周期替代式(6-3-8)中的 T_n，用以确认临界时间步长 Δt_{cr}。由此可见，最小单元的尺寸将决定中心差分法时间步长的选择。它的尺寸越小，Δt_{cr} 越小，从而使计算量越大，因此，要避免由于个别单元尺寸过小导致计算量增大。

③对于线性问题，若整个加载过程的时间增量不变，则每一增量步只需做第二部分各步骤；若时间增量发生变化，则需从第一部分的第三步做起，工作量有很大的增加，所以应减少时间增量的变动次数。

④显式算法用于求解由梁、板、壳等结构单元组成的系统的动态响应时，如果对角化后的质量矩阵 $\boldsymbol{M}$ 中已略去了与转动自由度相关的项，则 $\boldsymbol{M}$ 的实际阶数只是对于位移自由度的阶数。

⑤中心差分法比较适合于由冲击、爆炸类型载荷引起的波传播问题的求解。因为在上述问题中，都涉及严重的几何非线性、材料非线性和边界条件非线性，时间步长 Δt 的取值不仅仅受制于动力学解法，同时还受非线性问题求解的影响。所以改善动力解法提高临界值 Δt_{cr} 并不一定起决定性作用。而显式解法无须存储总刚度，不需要求解线性代数方程组所带来的内存和计算量的减少却是显而易见的。反之，不适用于结构动力学问题。

6.3.2　Newmark 方法

在 $t \sim t+\Delta t$ 的时间区域内，Newmark 积分法采用下列的假设

$$\dot{\boldsymbol{a}}_{t+\Delta t} = \dot{\boldsymbol{a}}_t + [(1-\delta)\ddot{\boldsymbol{a}}_t + \delta\ddot{\boldsymbol{a}}_{t+\Delta t}]\Delta t \tag{6-3-9}$$

$$\boldsymbol{a}_{t+\Delta t} = \boldsymbol{a}_t + \dot{\boldsymbol{a}}_t\Delta t + \left[\left(\frac{1}{2}-\alpha\right)\ddot{\boldsymbol{a}}_t + \alpha\ddot{\boldsymbol{a}}_{t+\Delta t}\right]\Delta t^2 \tag{6-3-10}$$

其中 α 和 δ 是按积分精度和稳定性要求决定的参数，α 和 δ 取不同数值则代表了不同的数值积分方案。因为 Newmark 方法实际上是线性加速度法的一种推广。

当 $\delta = 1/2, \alpha = 1/4$ 时，按平均加速度法这样无条件稳定的积分方案进行计算。此时，Δt 内的加速度为

$$\ddot{\boldsymbol{a}}_{t+\tau} = \frac{1}{2}(\ddot{\boldsymbol{a}}_t + \ddot{\boldsymbol{a}}_{t+\Delta t}) \tag{6-3-11}$$

当 $\delta = 1/2, \alpha = 1/6$ 时，相当于线性加速度法，因为这时它们能由式(6-3-12)时间间隔 Δt 内线性假设的加速度表达式的积分得到。

$$\ddot{\boldsymbol{a}}_{t+\tau} = \ddot{\boldsymbol{a}}_t + (\ddot{\boldsymbol{a}}_{t+\Delta t} - \ddot{\boldsymbol{a}}_t)\tau/\Delta t \quad (0 \leqslant \tau \leqslant \Delta t) \tag{6-3-12}$$

当 $\delta = 1/2, \alpha = 1/8$ 时，是台阶形加速度。如图 6-3-1 所示。

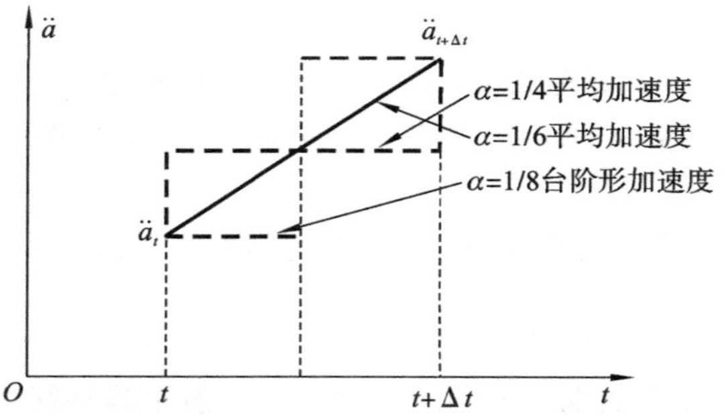

图 6-3-1　Newmark 法中 α 取不同值时的加速度插值

Newmark 方法中 $t+\Delta t$ 的位移解答 $\boldsymbol{a}_{t+\Delta t}$ 是通过满足时间 $t+\Delta t$ 的运动方程而得出的。即

$$\boldsymbol{M}\ddot{\boldsymbol{a}}_{t+\Delta t} + \boldsymbol{C}\dot{\boldsymbol{a}}_{t+\Delta t} + \boldsymbol{K}\boldsymbol{a}_{t+\Delta t} = \boldsymbol{Q}_{t+\Delta t} \tag{6-3-13}$$

为此从式(6-3-10)解得

$$\ddot{\boldsymbol{a}}_{t+\Delta t} = \frac{1}{\alpha \Delta t^2}(\boldsymbol{a}_{t+\Delta} - \boldsymbol{a}_t) - \frac{1}{\alpha \Delta t}\dot{\boldsymbol{a}}_t - \left(\frac{1}{2\alpha} - 1\right)\ddot{\boldsymbol{a}}_t \tag{6-3-14}$$

将式(6-3-14)代入式(6-3-9)，然后一并代入式(6-3-13)，所以得到从 $\boldsymbol{a}_t, \dot{\boldsymbol{a}}_t, \ddot{\boldsymbol{a}}_t$ 计算 $\boldsymbol{a}_{t+\Delta t}$ 的两步递推公式

$$\left(\boldsymbol{K} + \frac{1}{\alpha \Delta t^2}\boldsymbol{M} + \frac{\delta}{\alpha \Delta t}\boldsymbol{C}\right)\boldsymbol{a}_{t+\Delta t} = \boldsymbol{Q}_{t+\Delta t} + \boldsymbol{M}\left[\frac{1}{\alpha \Delta t^2} + \frac{1}{\alpha \Delta t}\dot{\boldsymbol{a}}_t + \left(\frac{1}{2\alpha} - 1\right)\ddot{\boldsymbol{a}}_t\right] +$$

$$\boldsymbol{C}\left[\frac{\delta}{\alpha \Delta t}\boldsymbol{a}_t + \left(\frac{\delta}{\alpha} - 1\right)\dot{\boldsymbol{a}}_t + \left(\frac{\delta}{2\alpha} - 1\right)\Delta t \ddot{\boldsymbol{a}}_t\right] \tag{6-3-15}$$

将利用 Newmark 法逐步求解运动方程的算法步骤归结如下。

1. 初始计算

(1) 形成刚度矩阵 $\boldsymbol{K}$、质量矩阵 $\boldsymbol{M}$ 和阻尼矩阵 $\boldsymbol{C}$。

(2) 给定 $\boldsymbol{a}_0$、$\dot{\boldsymbol{a}}_0$ 和 $\ddot{\boldsymbol{a}}_0$，其中 $\ddot{\boldsymbol{a}}_0$ 由式(6-3-6)得出。

(3) 选择时间步长 Δt 及参数 α 和 δ，并计算积分常数。这里要求：$\delta \geqslant 0.50, \alpha \geqslant 0.25(0.5+\delta)^2$

$$c_0 = \frac{1}{\alpha \Delta t^2}, \quad c_1 = \frac{\delta}{\alpha \Delta t}, \quad c_2 = \frac{1}{\alpha \Delta t}, \quad c_3 = \frac{1}{2\alpha} - 1$$

$$c_4 = \frac{\delta}{\alpha} - 1, \quad c_5 = \frac{\Delta t}{2}\left(\frac{\delta}{\alpha} - 2\right), \quad c_6 = \Delta t(1-\delta), \quad c_7 = \delta \Delta t$$

(4) 形成有效刚度矩阵 $\hat{\boldsymbol{K}}$：$\hat{\boldsymbol{K}} = \boldsymbol{K} + c_0\boldsymbol{M} + c_1\boldsymbol{C}$

(5) 三角分解 $\hat{\boldsymbol{K}}$：$\hat{\boldsymbol{K}} = \boldsymbol{LDL}^{\mathrm{T}}$

2. 对于每一时间步长（$t = 0, \Delta t, 2\Delta t, \cdots$）

（1）计算时间 $t + \Delta t$ 的有效载荷

$$\hat{\boldsymbol{Q}}_{t+\Delta t} = \boldsymbol{Q}_{t+\Delta t} + \boldsymbol{M}(c_0 \boldsymbol{a}_t + c_2 \dot{\boldsymbol{a}}_t + c_3 \ddot{\boldsymbol{a}}_t) + \boldsymbol{C}(c_1 \boldsymbol{a}_t + c_4 \dot{\boldsymbol{a}}_t + c_5 \ddot{\boldsymbol{a}}_t)$$

（2）求解时间 $t + \Delta t$ 的位移

$$\boldsymbol{LDL}^{\mathrm{T}} \boldsymbol{a}_{t+\Delta t} = \hat{\boldsymbol{Q}}_{t+\Delta t}$$

（3）如果需要，计算时间 t 的加速度和速度

$$\ddot{\boldsymbol{a}}_{t+\Delta t} = c_0 (\boldsymbol{a}_{t+\Delta t} - \boldsymbol{a}_t) - c_2 \dot{\boldsymbol{a}}_t - c_3 \ddot{\boldsymbol{a}}_t$$

$$\dot{\boldsymbol{a}}_{t+\Delta t} = \dot{\boldsymbol{a}}_t + c_6 \ddot{\boldsymbol{a}}_t + c_7 \ddot{\boldsymbol{a}}_{t+\Delta t}$$

关于 Newmark 法还需要着重指出以下几点。

①Newmark 法是隐式算法。

从循环求解公式(6-3-15)可见，有效刚度矩阵 $\hat{\boldsymbol{K}}$ 包含了矩阵 $\boldsymbol{K}$，而 $\boldsymbol{K}$ 总是非对角的，因此在求解 $\boldsymbol{a}_{t+\Delta t}$ 时，$\hat{\boldsymbol{K}}$ 的求逆是必要的。这是在导出式(6-3-15)时，利用了 $t + \Delta t$ 时刻的运动方程(6-3-13)所导致的。

②关于 Newmark 法的稳定性。

以后将证明，当 $\delta \geqslant 0.5$ 和 $\alpha \geqslant 0.25(0.5 + \delta)^2$ 时，算法是无条件稳定的。即时间步长 Δt 的大小不影响解的稳定性。无条件稳定的隐式算法以 $\hat{\boldsymbol{K}}$ 求逆为代价换得了比有条件稳定的显式算法可以采用大得多的时间步长，所以 Newmark 法适合于时程较长的系统瞬态响应分析。而且采用较大的 Δt 还可以滤掉高阶不精确特征解对系统响应的影响。

6.4　振型叠加法

分析直接积分法的计算步骤可以看到，对于每一时间步长，其运算次数和半带宽 b 与自由度数 n 的乘积成正比。如果采用条件稳定的中心差分法，还要求时间步长比系统最小的固有振动周期 T_n 小得多(例如 $\Delta t = T_n/10$)。当 b 较大，且时间历程 $T >> T_n$ 时，计算将是很费时的。而振动叠加法在一定条件下正是一种好的替代，可以取得比直接积分法高的计算效率。其要点是在积分运动方程以前，利用系统自由振动的固有振型将方程组转换为 n 个互相不耦合的方程，对这种方程可以通过解析或数值方法进行积分。当采用数值方法时，对于每个方程可以采用各自不同的时间步长，即对于低阶振型可采用较大的时间步长。这两者结合起来相对于直接积分法是很大的优点，因此当实际分析的时间历程较长，同时只需要少数较低阶振型的结果时，采用振型叠加法将是十分有利的。利用它求解运动方程可分为两个主要步骤。

6.4.1　将运动方程转换到正则振型坐标系

不考虑阻尼影响的系统自由振动方程是

$$\boldsymbol{M}\ddot{\boldsymbol{a}}(t) + \boldsymbol{K}\boldsymbol{a}(t) = 0 \tag{6-4-1}$$

它的解可以假设为以下形式

$$\boldsymbol{a} = \boldsymbol{\varphi} \sin\omega(t - t_0) \tag{6-4-2}$$

其中 $\boldsymbol{\varphi}$ 是 n 阶向量，ω 是向量 $\boldsymbol{\varphi}$ 振动的频率，t 是时间变量，t_0 是由初始条件确定的时间常数。

将式(6-4-2)代入式(6-4-1)，就得到广义特征值问题

$$\boldsymbol{K}\boldsymbol{\varphi} - \omega^2 \boldsymbol{M}\boldsymbol{\varphi} = 0 \tag{6-4-3}$$

求解以上方程可以确定 $\boldsymbol{\varphi}$ 和 ω，结果得到 n 个特征解 $(\omega_1^2,\boldsymbol{\varphi})$，$(\omega_2^2,\boldsymbol{\varphi})$，…，$(\omega_n^2,\boldsymbol{\varphi})$，其中特征值 $\omega_1,\omega_2,\cdots,\omega_n$ 代表系统的 n 个固有频率，并有

$$0 \leqslant \omega_1 < \omega_2 < \cdots < \omega_n$$

特征向量 $\boldsymbol{\varphi}_1,\boldsymbol{\varphi}_2,\cdots,\boldsymbol{\varphi}_n$ 代表系统的 n 个固有振型。它们的振幅可按以下要求规定，

$$\boldsymbol{\varphi}_i^{\mathrm{T}}\boldsymbol{M}\boldsymbol{\varphi}_i = 1 \quad (i = 1,2,\cdots,n) \tag{6-4-4}$$

这样规定的固有振型又称正则振型，今后所用的固有振型，只指这种正则振型。现在简述其性质。

将特征解 $(\omega_i^2,\boldsymbol{\varphi}_i)$，$(\omega_j^2,\boldsymbol{\varphi}_j)$ 代回方程(6-4-3)，得到

$$\boldsymbol{K}\boldsymbol{\varphi}_i = \omega_i^2\boldsymbol{M}\boldsymbol{\varphi}_i,\boldsymbol{K}\boldsymbol{\varphi}_j = \omega_j^2\boldsymbol{M}\boldsymbol{\varphi}_j \tag{6-4-5}$$

式(6-4-5)中的前一式两端前乘以 $\boldsymbol{\varphi}_j^T$，后一式两端前乘以 $\boldsymbol{\varphi}_i^T$，并由 $\boldsymbol{K}$ 和 $\boldsymbol{M}$ 的对称性推知

$$\boldsymbol{\varphi}_j^{\mathrm{T}}\boldsymbol{K}\boldsymbol{\varphi}_i = \boldsymbol{\varphi}_i^{\mathrm{T}}\boldsymbol{K}\boldsymbol{\varphi}_j \tag{6-4-6}$$

所以可以得到

$$(\omega_i^2 - \omega_j^2)\boldsymbol{\varphi}_j^{\mathrm{T}}\boldsymbol{M}\boldsymbol{\varphi}_i = 0 \tag{6-4-7}$$

由式(6-4-7)可见，当 $\omega_i \neq \omega_j$ 时，必有

$$\boldsymbol{\varphi}_j^{\mathrm{T}}\boldsymbol{M}\boldsymbol{\varphi}_i = 0 \tag{6-4-8}$$

式(6-4-8)表明固有振型对于矩阵 $\boldsymbol{M}$ 是正交的。和式(6-4-4)在一起，可将固有振型对于 $\boldsymbol{M}$ 的正则正交性质表示为

$$\boldsymbol{\varphi}_i^{\mathrm{T}}\boldsymbol{M}\boldsymbol{\varphi}_j = \begin{cases} 1 & (i = j) \\ 0 & (i \neq j) \end{cases} \tag{6-4-9}$$

将式(6-4-9)代回到式(6-4-5)，可得

$$\boldsymbol{\varphi}_i^{\mathrm{T}}K\boldsymbol{\varphi}_j = \begin{cases} \omega_i^2 & (i = j) \\ 0 & (i \neq j) \end{cases} \tag{6-4-10}$$

如果定义

$$\boldsymbol{\varphi} = [\boldsymbol{\varphi}_1 \quad \boldsymbol{\varphi}_2 \quad \cdots \quad \boldsymbol{\varphi}_n]$$

$$\boldsymbol{\Omega} = \begin{bmatrix} \omega_1^2 & & & & \\ & \omega_2^2 & & 0 & \\ & & \ddots & & \\ & & & \ddots & \\ & 0 & & & \ddots \\ & & & & & \omega_n^2 \end{bmatrix} \tag{6-4-11}$$

则特征解的性质还可表示成

$$\boldsymbol{\Phi}^{\mathrm{T}}\boldsymbol{M}\boldsymbol{\Phi} = \boldsymbol{I},\boldsymbol{\Phi}^{\mathrm{T}}\boldsymbol{K}\boldsymbol{\Phi} = \boldsymbol{\Omega} \tag{6-4-12}$$

$\boldsymbol{\Phi}$ 和 $\boldsymbol{\Omega}$ 分别称为固有振型矩阵和固有频率矩阵。利用它们，原特征值问题可表示成

$$\boldsymbol{K}\boldsymbol{\Phi} = \boldsymbol{M}\boldsymbol{\Phi}\boldsymbol{\Omega} \tag{6-4-13}$$

6.4.2　求解系统的动力响应

1. 位移基向量的变换

振型叠加法的基本思想是在求解运动方程(6-1-7)式之前先引入变换，将以节点位移为基向量的 n 维位移空间，变换到以 $\boldsymbol{\varphi}_i$ 为基向量的 n 维广义位移空间。利用 $\boldsymbol{\Phi}$ 的正交性达到将耦合的运动方程(6-1-7)式解耦的目的，然后对各振型分别求解，再通过叠加得到原问题的解。

因此对运动方程引入变换

$$\boldsymbol{a}(t)=\boldsymbol{\Phi x}(t)=\sum_{i=1}^{n}\boldsymbol{\varphi}_i x_i \tag{6-4-14}$$

其中

$$\boldsymbol{x}(t)=[x_1 \quad x_2 \quad \cdots \quad x_n]^{\mathrm{T}}$$

此变换的意义是将 $\boldsymbol{a}(t)$ 看成 $\boldsymbol{\varphi}_i(i=1,2,\cdots,n)$ 的线性组合，$\boldsymbol{\varphi}_i$ 可以看成是广义的位移基向量，x_i 是广义的位移值。从数学上看，是将位移向量 $\boldsymbol{a}(t)$ 从以有限元系统的节点位移为基向量的 n 维空间转换到以 $\boldsymbol{\varphi}_i$ 为基向量的 n 维空间。

将此变换代入运动方程式(6-3-3)，变换可以得

$$\ddot{\boldsymbol{x}}(t)+\boldsymbol{\Phi}^{\mathrm{T}}\boldsymbol{C\Phi}\dot{\boldsymbol{x}}(t)+\boldsymbol{\Omega x}(t)=\boldsymbol{\Phi}^{\mathrm{T}}\boldsymbol{Q}(t)=\boldsymbol{R}(t) \tag{6-4-15}$$

初始条件也相应地转换成

$$\boldsymbol{x}_0=\boldsymbol{\Phi}^{\mathrm{T}}\boldsymbol{M}\boldsymbol{a}_0,\dot{\boldsymbol{x}}_0=\boldsymbol{\Phi}^{\mathrm{T}}\boldsymbol{M}\dot{\boldsymbol{a}}_0 \tag{6-4-16}$$

式(6-4-16)中的阻尼矩阵如果是振型阻尼，则从 $\boldsymbol{\Phi}$ 的正交性可得

$$\boldsymbol{\varphi}_i^{\mathrm{T}}C\boldsymbol{\varphi}_j=\begin{cases}2\omega_i\xi_i & (i=j)\\ 0 & (i\neq j)\end{cases} \tag{6-4-17}$$

或者

$$\boldsymbol{\Phi}^{\mathrm{T}}\boldsymbol{C\Phi}=\begin{bmatrix}2\omega_1\xi_1 & & & \\ & 2\omega_2\xi_2 & & 0\\ 0 & & \ddots & \\ & & & 2\omega_n\xi_n\end{bmatrix} \tag{6-4-18}$$

其中 $\xi_i(i=1,2,\cdots,n)$ 是第 i 阶振型阻尼比，在此情况下，式(6-4-15)就成为 n 个相互耦合的二阶常微分方程

$$\ddot{x}_i(t)+2\omega_i\xi_i\dot{x}_i(t)+\omega_i^2x_i(t)=r_i(t)\quad(i=1,2,\cdots,n) \tag{6-4-19}$$

上列每一个方程相当于一个单自由度系统的振动方程，可以比较方便地求解。式中 $r_i(t)=\boldsymbol{\varphi}_i^{\mathrm{T}}\boldsymbol{Q}(t)$，是载荷向量 $\boldsymbol{Q}(t)$ 在振型 $\boldsymbol{\varphi}_i$ 上的投影。若 $\boldsymbol{Q}(t)$ 是按一定的空间分布模式而随时间变化的，即

$$\boldsymbol{Q}(t)=\boldsymbol{Q}(s,t)=\boldsymbol{F}(s)q(t) \tag{6-4-20}$$

则有

$$r_i(t)=\boldsymbol{\varphi}_i^{\mathrm{T}}\boldsymbol{F}(s)q(t)=f_iq(t) \tag{6-4-21}$$

式中引入符号 s 表示空间坐标，f_i 表示 $\boldsymbol{F}(s)$ 在 $\boldsymbol{\varphi}_i$ 上的投影，是一常数。如 $\boldsymbol{F}(s)$ 和 $\boldsymbol{\varphi}_i$ 正交，则 $f_i=0$，从而得到 $r_i(t)\equiv0,x_i(t)\equiv0$。这表明结构响应中不包含 $\boldsymbol{\varphi}_i$ 的成分。亦即 $\boldsymbol{Q}(s,t)$ 不能激起与 $\boldsymbol{F}(s)$ 正交的振型 $\boldsymbol{\varphi}_i$。另一方面，若对 $q(t)$ 进行 Fourier 分析，可以得到它所包含的各个频率成分及其幅值。根据其中应予考虑的最高阶频率 $\overline{\omega}$，可以确定对式(6-4-19)进行积分的最高阶数 ω_p，例如选择 $\omega_p=10\overline{\omega}$。结合以上两方面，在实际操作中，需要求解的单自由度方程数也因此减少，远小于系统的自由度数 n。

若 $\boldsymbol{C}$ 是 Rayleigh 阻尼，即

$$\boldsymbol{C}=\alpha\boldsymbol{M}+\beta\boldsymbol{K}$$

则式(6-4-18)还提供了一个确定常数 α 和 β 的方法。由 $\boldsymbol{\Phi}$ 的正交性可得

$$2\omega_i\xi_i=\alpha+\beta\omega_i^2 \tag{6-4-22}$$

若从实验或其他方法得到两个振型阻尼比 ξ_i 和 ξ_j，则可由式(6-4-22)确定 Rayleigh 阻尼的两个常数

$$\alpha = \frac{2(\xi_i\omega_j - \xi_j\omega_i)}{\omega_j^2 - \omega_i^2}\omega_i\omega_j, \quad \beta = \frac{2(\xi_j\omega_j - \xi_i\omega_i)}{\omega_j^2 - \omega_i^2}$$

2. 求解单自由度系统振动方程

单自由度系统的振动方程(6-4-19)的求解,一般可采用直接积分法,不过在振动分析中常采用 Duhamel 积分(叠加积分)。其思路是将任意激振力 $r_i(t)$ 分解为一系列微冲量的连续作用,分别求出系统对每个微冲量的响应,再利用线性叠加原理,获得系统对任意激振的响应。

$$x_i(t) = \frac{1}{\omega_i}\int_0^t r_i(\tau)e^{-\xi_i\bar{\omega}_i(t-\tau)}\sin\bar{\omega}_i(t-\tau)\mathrm{d}\tau + e^{-\xi_i\bar{\omega}_i t}(a_i\sin\bar{\omega}_i t + b_i\cos\bar{\omega}_i t) \tag{6-4-23}$$

其中 $\bar{\omega}_i = \omega_i\sqrt{1-\xi_i^2}$,$a_i$,$b_i$ 是由起始条件决定的常数。式(6-4-23)右端第一项是 $r_i(t)$ 引起的系统强迫振动项,第二项是一定起始条件下的系统自由振动项。

当振型阻尼比趋向于 0 时,$\bar{\omega}_i = \omega_i$,这时可简化为

$$x_i(t) = \frac{1}{\omega_i}\int_0^t r_i(\tau)\sin\omega_i(t-\tau)\mathrm{d}\tau + a_i\sin\omega_i t + b_i\cos\omega_i t \tag{6-4-24}$$

式(6-4-23)和式(6-4-24)中 a_i 和 b_i 由初始条件式(6-4-16)确定。Duhamel 积分在一般情况下也需要利用数值积分进行计算,只是对少数简单的情况可求得解析解。

3. 振型叠加得到系统的响应

在得到每个振型的响应后,利用式(6-4-14)将各个响应叠加起来即得到系统的响应,即每个节点的位移值是

$$\boldsymbol{a}(t) = \sum_{i=1}^{n}\boldsymbol{\varphi}_i x_i(t) \tag{6-4-25}$$

因此,此方法称为振型叠加法。在了解了振型叠加法的基本求解方法后,下面再对此方法的一些性质和特点做一些讨论。

首先,振型叠加法需进行变换使得问题解耦,从而大大降低了计算工作量,但这是以求解一次广义特征值问题为代价的。另外若对各个解耦的单自由度振动采用与直接积分法相同的数值算法,则对于不同的固有频率可采用不同的时间步长,而不像直接积分法的时间步长受最小振动周期限制。所以振型叠加法对求解时间历程较长的问题是比较有优势的。

其次,在使用振型叠加法时,不必求出全部特征解,而只需求出前 p 个特征解。一方面因为远离激振频率的高阶特征解通常对系统的实际响应影响较小。另一方面用有限元求解的高阶特征解与实际相差也较大,因为有限元的自由度有限,对于低阶特征解近似性较好,而对于高阶则较差。因此,求出高阶特征解的意义不大。计算方法中,有仅求低阶特征解的方法,而低阶特征解对于结构设计则常常是必需的。但采用振型叠加法需要增加求解广义特征值问题的计算时间,所以实际分析中采用直接积分法还是振型叠加法要视具体情况而定。

在处理非线性问题时必须采用直接积分法。因为此时 $\boldsymbol{K}=\boldsymbol{K}(t)$,所以系统的特征解也是 t 的函数,因此振型叠加法并不适用。

6.5 解的稳定性

在前面的讨论中已经指出,在选择直接积分求解结构系统运动方程的具体方案时必须考虑解的稳定性问题,现在对此问题进一步作简要讨论。

从理论上看,若要得到结构动力响应的精确解答,就应将结构系统的运动方程组变换为 n 个不相耦合的单自由度系统的运动方程式(6-4-18)进行精确积分。同时我们知道,当利用直

接积分法对前者进行积分时，实质上是和采用相同的时间步长同时对后者的 n 个方程进行积分相等效。因此，Δt 的选择应和最小固有周期 T_n 相适应，即要求 Δt 选择很小。

正如前面讨论所言，实际结构分析仅要求精确地求得相应于前 p 阶固有振型的响应，这里 p 和载荷的频率及其分布有关。如果选择 $\Delta t \sim T_p/10$，即 T_p/T_n 是以前的估计 $T_n/10$ 的倍数，Δt 就远大于 $T_n/10$。

若解是稳定的，则当采用较大 Δt 时，不会因为高阶振型的误差而使低阶振型的解失去意义，即在某个时间 t，运动方程的解的误差在积分过程中不会一直增长。如果在任何时间步长 Δt 下，对于任何初始条件，方程的解不会无限制地增长，则称此算法是无条件稳定的；如果 Δt 必须小于某个临界值 Δt_{cr} 时上述性质才能保持，则称此算法是有条件稳定的。

运动方程解耦后，其性质不变，因此可以方便地用非耦合微分方程讨论解的稳定性。由于各振型的运动是相互独立的，方程是相似的，故只需从中取出典型振型的运动方程来分析即可。

不相耦合的方程形式为

$$\ddot{x}_i + 2\xi_i\omega_i\dot{x}_i + \omega_i^2 x_i = r_i \tag{6-5-1}$$

讨论解的稳定性实质上是讨论误差引起的响应，所以在式(6-5-1)中 $r_i = 0$。另一方面由于在正阻尼情况下，阻尼对解的稳定性是有利的，所以在讨论解的稳定性时，总可令 $\xi_i\omega_i = 0$。基于上述两点，要讨论的方程是

$$\ddot{x}_i + \omega_i^2 x_i = 0 \tag{6-5-2}$$

6.5.1　中心差分法

利用中心差分法对式(6-5-2)进行积分，根据循环计算公式(6-3-4)，可以写出

$$(x_i)_{t+\Delta t} = -(\Delta t^2\omega_i^2 - 2)(x_i)_t - (x_i)_{t-\Delta t} \tag{6-5-3}$$

假定解的形式为

$$(x_i)_{t+\Delta t} = \lambda(x_i)_t,\quad (x_i)_t = \lambda(x_i)_{t-\Delta t} \tag{6-5-4}$$

将式(6-5-4)代入式(6-5-3)，则可得到特征方程

$$\lambda^2 + (p_i - 2)\lambda + 1 = 0 \tag{6-5-5}$$

其中

$$p_i = \Delta t^2\omega_i^2 \tag{6-5-6}$$

解出式(6-5-6)的根

$$\lambda_{1,2} = \frac{2 - p_i \pm \sqrt{(p_i - 2)^2 - 4}}{2} \tag{6-5-7}$$

λ 的根关系到解的性质，首先为使在小阻尼情况下的解具有振荡特性，λ 必须是复数，这就要求

$$(p_i - 2)^2 - 4 < 0$$

即

$$p_i < 4 \tag{6-5-8}$$

因为 $p_i = \Delta t^2\omega_i^2$，同时 $\omega_i = 2\pi/T_i$，所以从式(6-5-8)得到

$$\Delta t < \frac{T_i}{\pi} \tag{6-5-9}$$

为了解不会无限地增长，还应要求

$$|\lambda| \leqslant 1 \tag{6-5-10}$$

式(6-5-7)表示的 $\lambda_{1,2}$ 的 $|\lambda|=1$，已自动满足上式要求。$|\lambda|=1$ 表示无阻尼的自由振动。为了保持解得稳定性，中心差分法的时间步长须满足下面条件。

$$\Delta t \leqslant \Delta t_{cr} = \frac{T_n}{\pi} \tag{6-5-11}$$

前面已经一再指出，直接积分法相当于利用同样的时间步长，T_n 是系统的最小固有周期。实际上并不需要从求解整个系统的固有值问题得到 T_n。关于 T_n 的估计，Irons 已经证明系统的最小固有振动周期总是大于等于最小尺寸单元的最小固有振动周期，因此简便地利用式(6-5-11)所得的结果总是偏于安全的。

6.5.2　Newmark 方法

将 Newmark 方法的循环计算公式(6-3-11)用于式(6-5-2)表示的运动方程，可以得到

$$(1+\alpha\Delta t^2\omega_i^2)(x_i)_{t+\Delta t} = (x_i)_t + \Delta t(\dot{x}_i)_t + \left(\frac{1}{2}-\alpha\right)\Delta t^2(\ddot{x}_i)_t \tag{6-5-12}$$

为了研究解的稳定性，现将式(6-5-12)改写成类似于式(6-5-3)的三步位移形式，为此需要利用 Newmark 方法的基本假设式(6-3-9)和式(6-3-10)，并利用式(6-5-2)，对于现在的情况，它们可表示成

$$\begin{cases}(\dot{x}_i)_{t+\Delta t} = (\dot{x}_i)_t - [(1-\delta)(x_i)_t + \delta(x_i)_{t+\Delta t}]\omega_i^2\Delta t \\ (x_i)_{t+\Delta t} = (x_i)_t + (\dot{x}_i)_t\Delta t - \left[\left(\frac{1}{2}-\alpha\right)(x_i)_t + \alpha(x_i)_{t+\Delta t}\right]\omega_i^2\Delta t^2\end{cases} \tag{6-5-13}$$

利用式(6-5-13)和式(6-5-2)，式(6-5-12)可以改写成

$$(1+\alpha p_i)(x_i)_{t+\Delta t} + \left[-2+\left(\frac{1}{2}-2\alpha+\delta\right)p_i\right](x_i)_t + \left[1+\left(\frac{1}{2}+\alpha-\delta\right)p_i\right](x_i)_{t-\Delta t} = 0 \tag{6-5-14}$$

其中

$$p_i = \Delta t^2\omega_i^2$$

仍假设解具有式(6-5-4)的形式，代入式(6-5-14)可以得到关于 λ 的特征方程

$$\lambda^2(1+\alpha p_i) + \lambda\left[-2+\left(\frac{1}{2}-2\alpha+\delta\right)p_i\right](x_i)_t + \left[1+\left(\frac{1}{2}+\alpha-\delta\right)p_i\right] = 0 \tag{6-5-15}$$

该方程的根是

$$\lambda_{1,2} = \frac{(2-g) \pm \sqrt{(2-g)^2 - 4(1+h)}}{2} \tag{6-5-16}$$

其中

$$g = \frac{\left(\frac{1}{2}+\delta\right)p_i}{1+\alpha p_i},\quad h = \frac{\left(\frac{1}{2}-\delta\right)p_i}{1+\alpha p_i} \tag{6-5-17}$$

现在来分析解的稳定性条件

(1) 真正的解在小阻尼情况下必须具有振荡的性质，因此 λ 应是复数，这就要求

$$4(1+h) > (2-g)^2$$

即

$$p_i\left[4\alpha - \left(\frac{1}{2}+\delta\right)^2\right] > -4 \tag{6-5-18}$$

当 p_i 很大时，即 Δt 不受限制时，仍要求式(6-5-18)成立，必须是

$$\alpha \geqslant \frac{1}{4}\left(\frac{1}{2}+\delta\right)^2 \tag{6-5-19}$$

（2）稳定的解必须不是无限增长的，因此必须有 $|\lambda| = \sqrt{1+h} \leqslant 1$，即

$$-1 \leqslant h \leqslant 0 \tag{6-5-20}$$

同样，当 p_i 很大时，仍要求式(6-5-20)成立，必须是

$$\delta \geqslant \frac{1}{2} \tag{6-5-21}$$

$$\frac{1}{2}+\alpha-\delta \geqslant 0 \tag{6-5-22}$$

因为当条件式(6-5-19)满足时，式(6-5-22)恒成立，所以综合以上分析可以得到 Newmark 方法无条件稳定的条件是

$$\delta \geqslant \frac{1}{2},\quad \alpha \geqslant \frac{1}{4}\left(\frac{1}{2}+\delta\right)^2 \tag{6-5-23}$$

如果不满足上述条件，要得到稳定的解，时间步长 Δt 必须满足

$$\Delta t < \Delta t_{\mathrm{cr}} \tag{6-5-24}$$

式中的 Δt_{cr} 可从式(6-5-18)中求得，结果是

$$\Delta t_{\mathrm{cr}} = \frac{T_i}{\pi}\frac{1}{\sqrt{(1/2+\delta)^2-4\alpha}} \tag{6-5-25}$$

现在讨论有关“数值阻尼”的概念。从式(6-5-23)可见，当 $\delta = 1/2$，$\alpha > 1/4$ 时解是无条件稳定的，而且从式(6-5-17)和式(6-5-20)可得，这时 $|\lambda| = 1$。这符合无阻尼自由振动的实际情况。但是如果在计算中，取 $\delta > 1/2$，则得到 $|\lambda| < 1$。这表明振幅将不断衰减，这是由于数值计算过程中取 $\delta > 1/2$ 这一人为因素而引入的一种“人工”阻尼，称为“数值阻尼”。图 6-5-1 给出 α 和 δ 取三种值时 $|\lambda|$ 随 $\Delta t/T$ 的变化趋势。

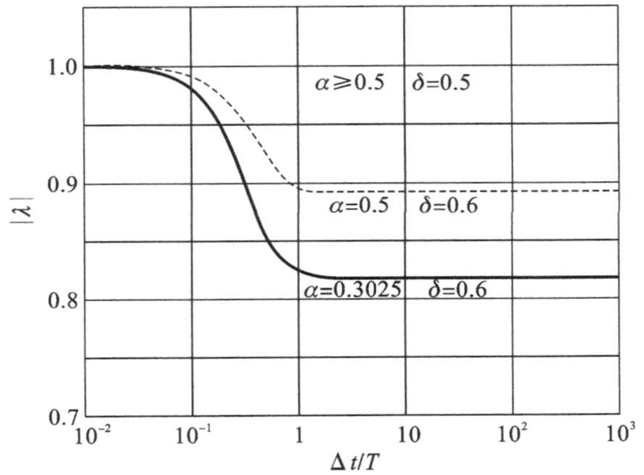

图 6-5-1　三种 Newmark 方案的 $|\lambda| \sim \Delta t/T$ 曲线

这种数值阻尼在一定条件下是有用的。因为在直接积分法中，我们采用的 Δt 通常均远大于系统最高固有频率所对应的周期。对此频率的响应将是不可靠的，并将产生数值上的干扰。如果通过取 $\delta > 1/2$ 而引入数值阻尼，则高频的干扰可迅速衰减，而对低频的响应甚微。

6.6　大型特征值问题的解法

在 6.4 节的讨论中我们已经知道，当利用振型叠加法求解系统的运动方程时，首先需要解一广义特征值问题，见式(6-4-3)与式(6-4-13)。

由于在一般的有限元分析中，系统的自由度很多，同时在研究系统的响应时，往往只需了解少数较低的特征值及相应的特征向量，因此在有限元分析中，发展了一些适应上述特点的效率较高的解法，其中应用较广泛的是矩阵反逆代法和子空间迭代法。前者算法简单，比较适合于只要得到系统的很少数目特征解的情况。后者实质是将前者推广同时利用若干个向量进行迭代的情况，可以用于要求得到系统稍多一些特征解的情况，另外，近年来，里兹(Ritz)向量直接叠加法和 Lanczos 向量直接叠加法，由于具有更高的计算效率，引起了有限元工作者广泛的兴趣。

6.6.1　反迭代法

利用反迭代法求解广义特征值问题是依次逐个求解的过程。以求解 ω_1^2 和 φ_1 为例。

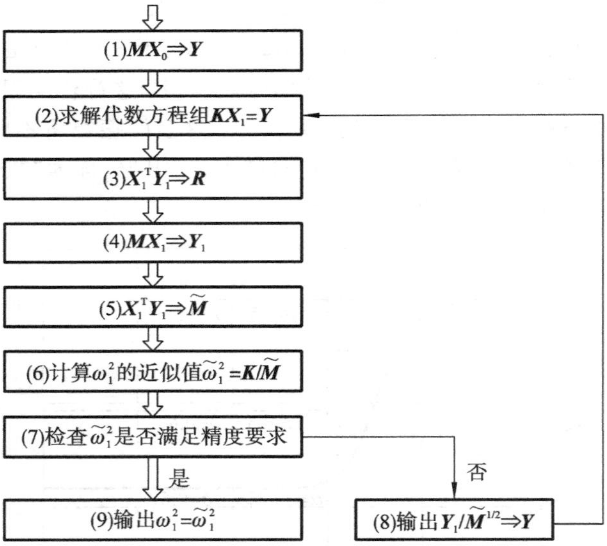

图 6-6-1　反迭代法的求解过程

(1) 选取初始向量 $\boldsymbol{X}_0$(任意)，但是要求它不和 $\boldsymbol{\varphi}_1$ 正交，即 $\boldsymbol{X}_0^T \boldsymbol{M} \boldsymbol{\varphi}_1 \neq 0$。一般情况，为了方便起见，可取 $\boldsymbol{X}_0 = [1 \quad 1 \quad \cdots \quad 1]^T$

令

$$\boldsymbol{Y} = \boldsymbol{M}\boldsymbol{X}_0 \tag{6-6-1}$$

(2) 求解线性代数方程组

$$\boldsymbol{K}\boldsymbol{X}_1 = \boldsymbol{Y} \tag{6-6-2}$$

我们知道

$$\boldsymbol{X}_0 = \boldsymbol{\Phi}\boldsymbol{A}_0 \tag{6-6-3}$$

其中 $\boldsymbol{\Phi} = [\boldsymbol{\varphi}_1 \quad \boldsymbol{\varphi}_2 \quad \cdots \quad \boldsymbol{\varphi}_n]$是固有振型矩阵，$\boldsymbol{A}_0 = [a_1 \quad a_2 \quad \cdots \quad a_n]^T$，其中每一个元素 a_i 代表 $\boldsymbol{X}_0$ 在 $\boldsymbol{\varphi}_i (i=1,2,\cdots,n)$上的投影。利用式(6-6-3)和式(6-4-13)可以得到

$$MX_0 = M\Phi A_0 = K\Phi\lambda A_0 = K\Phi A_1 \tag{6-6-4}$$

其中

$$\lambda = (\Omega)^{-1} = \begin{bmatrix} \frac{1}{\omega_1^2} & & & \\ & \frac{1}{\omega_2^2} & & \\ & & \ddots & \\ & & & \frac{1}{\omega_n^2} \end{bmatrix} \quad A_1 = \lambda A_0 = \begin{bmatrix} \frac{a_1}{\omega_1^2} & \frac{a_2}{\omega_2^2} & \cdots & \frac{a_n}{\omega_n^2} \end{bmatrix}^{\mathrm{T}} \tag{6-6-5}$$

将式(6-6-5)代入式(6-6-2)，并且两端乘以 K^{-1}，则可以得到

$$X_1 = \Phi A_1$$

这是第一次求解得到的结果，如果经过 i 次迭代，则

$$X_i = \Phi A_i \tag{6-6-6}$$

其中

$$A_i = \lambda^i A_0 = \begin{bmatrix} \frac{a_1}{\omega_1^{2i}} & \frac{a_2}{\omega_2^{2i}} & \cdots & \frac{a_n}{\omega_n^{2i}} \end{bmatrix}^{\mathrm{T}} \tag{6-6-7}$$

在式(6-6-7)两端乘上 ω_1^{2i}，得到

$$\omega_1^{2i} A_i = \begin{bmatrix} a_1 & \frac{\omega_2^{2i}}{\omega_1^{2i}} & \cdots & \frac{\omega_n^{2i}}{\omega_1^{2i}} \end{bmatrix}^{\mathrm{T}} \tag{6-6-8}$$

因为 $\omega_1^2 < \omega_2^2 < \cdots < \omega_n^2$，所以随着迭代次数的增加，$\omega_1^{2i} A_i$ 中除第一个元素外，其余元素将趋于 0，即 X_1 将趋于 φ_1，这样就证明反迭代法的收敛性。

图 6-6-1 中(2)(4)(5)框的计算就是为了(6)框计算 ω_1^2 的近似值 $\tilde{\omega}_1^2$ 做准备。

$$\tilde{\omega}_1^2 = \frac{\tilde{K}}{\tilde{M}} = \frac{X^{\mathrm{T}} Y}{X_1^{\mathrm{T}} Y_1} \tag{6-6-9}$$

系统动能 T 和位能 U 为

$$T = \frac{1}{2}\dot{a}^{\mathrm{T}} M \dot{a}^{\mathrm{T}}, U = \frac{1}{2} a^{\mathrm{T}} K a \tag{6-6-10}$$

系统按第一固有振型 φ_1 做振动时

$$\begin{aligned} a &= \varphi_1 \sin\omega_i (t - t_0) \\ \dot{a} &= \omega_1 \varphi_1 \cos\omega_i (t - t_0) \end{aligned} \tag{6-6-11}$$

同式(6-6-10)，当系统按 φ_1 做振动时，动能最大值和位能最大值分别为

$$T_{\max} = \frac{1}{2}\omega_1^2 \varphi_1^{\mathrm{T}} M \varphi_1, U_{\max} = \frac{1}{2}\varphi_1^{\mathrm{T}} K \varphi_1 \tag{6-6-12}$$

由机械能守恒，有

$$\omega_1^2 = \frac{\varphi_1^{\mathrm{T}} K \varphi_1}{\varphi_1^{\mathrm{T}} M \varphi_1} \tag{6-6-13}$$

在图 6-6-1 的(7)框中检查 $\tilde{\omega}_1^2$ 是否满足精度要求。利用式(6-6-14)判断

$$\left| \frac{\tilde{\omega}_1^2(i+1) - \tilde{\omega}_1^2(i)}{\tilde{\omega}_1^2(i+1)} \right| < e_r \tag{6-6-14}$$

在图 6-6-1 的(8)(9)框中，令

$$\varphi_1 = X_1 / \tilde{M}^{1/2}, \quad Y = Y_1 / \tilde{M}^{1/2} \tag{6-6-15}$$

这时对 X_1 进行正则化处理，目的是使 φ_1 和新的 X_0 满足

$$\boldsymbol{\varphi}_1^{\mathrm{T}}\boldsymbol{M}\boldsymbol{\varphi}_1 = 1,\quad \boldsymbol{X}_0^{\mathrm{T}}\boldsymbol{M}\boldsymbol{X}_0 = 1 \tag{6-6-16}$$

在求解二阶特征解 ω_2^2 及 $\boldsymbol{\varphi}_2$ 时，应使初始向量 $\boldsymbol{X}_0$ 以及每一次迭代得到的 $\boldsymbol{\varphi}_1$ 和 $\boldsymbol{X}_1$ 保持正交，即

$$\boldsymbol{\varphi}_1^{\mathrm{T}}\boldsymbol{M}\boldsymbol{X}_0 = 0 \tag{6-6-17}$$

和

$$\boldsymbol{\varphi}_1^{\mathrm{T}}\boldsymbol{M}\boldsymbol{X}_1 = 0 \tag{6-6-18}$$

可通过 Gram-Schmidt 正交化过程实现以上要求。以 $\boldsymbol{X}_1$ 为例，在正交化以前用 $\widetilde{\boldsymbol{X}}_1$ 表示，令

$$\hat{\boldsymbol{X}}_1 = \widetilde{\boldsymbol{X}}_1 - \boldsymbol{\varphi}_1(\boldsymbol{\varphi}_1^{\mathrm{T}}\boldsymbol{M}\widetilde{\boldsymbol{X}}_1) \tag{6-6-19}$$

则此时确实存在

$$\boldsymbol{\varphi}_1^{\mathrm{T}}\boldsymbol{M}\hat{\boldsymbol{X}}_1 = \boldsymbol{\varphi}_1^{\mathrm{T}}\boldsymbol{M}\widetilde{\boldsymbol{X}}_1 - \boldsymbol{\varphi}_1^{\mathrm{T}}\boldsymbol{M}\widetilde{\boldsymbol{X}}_1 = 0 \tag{6-6-20}$$

为达到正则化，可进一步令

$$\boldsymbol{X}_1 = \hat{\boldsymbol{X}}_1/(\hat{\boldsymbol{X}}_1^{\mathrm{T}}\boldsymbol{M}\hat{\boldsymbol{X}}_1)^{1/2} \tag{6-6-21}$$

求解 $\boldsymbol{\varphi}_3$ 时，如有 $\widetilde{\boldsymbol{X}}_1$，它应和 $\boldsymbol{\varphi}_1$ 和 $\boldsymbol{\varphi}_2$ 正交，有

$$\hat{\boldsymbol{X}}_1 = \widetilde{\boldsymbol{X}}_1 - \boldsymbol{\varphi}_1(\boldsymbol{\varphi}_1^{\mathrm{T}}\boldsymbol{M}\widetilde{\boldsymbol{X}}_1) - \boldsymbol{\varphi}_2(\boldsymbol{\varphi}_2^{\mathrm{T}}\boldsymbol{M}\widetilde{\boldsymbol{X}}_1) \tag{6-6-22}$$

将 $\widetilde{\boldsymbol{X}}_1$ 再正则化就得到 $\boldsymbol{X}_1$。

一般而言，在求解 $\boldsymbol{\varphi}_i$，如有 $\widetilde{\boldsymbol{X}}_1$，正交化处理可表示为

$$\hat{\boldsymbol{X}}_1 = \widetilde{\boldsymbol{X}}_1 - \sum_{j=1}^{i-1}\boldsymbol{\varphi}_j(\boldsymbol{\varphi}_j{}^{\mathrm{T}}\boldsymbol{M}\widetilde{\boldsymbol{X}}_1) \tag{6-6-23}$$

在求解式(6-6-2)线性方程组，如果 $\boldsymbol{K}$ 是奇异的，则迭代无法进行。所以把方程式(6-4-3)改写成

$$(\boldsymbol{K} + \alpha\boldsymbol{M})\boldsymbol{\varphi} - (\omega^2 + \alpha)\boldsymbol{M}\boldsymbol{\varphi} = 0 \tag{6-6-24}$$

6.6.2　子空间迭代法

子空间迭代法是假设 r 个起始向量同时进行迭代以求得矩阵的前 $s(<r)$ 个特征值和特征向量。其算法步骤和反迭代法比较相似。

(1) 选取初始向量矩阵 $\boldsymbol{X}_0$，并形成 r 个初始向量组成的矩阵

$$\boldsymbol{X}_0 = [X_0^{(1)}\quad X_0^{(2)}\quad \cdots\quad X_0^{(r)}] \tag{6-6-25}$$

(2) 求解线性代数方程组

$$\boldsymbol{K}\boldsymbol{X}_1 = \boldsymbol{Y} \tag{6-6-26}$$

$\boldsymbol{Y}=\boldsymbol{M}\boldsymbol{X}_0$ 在现在的情况下是 $n\times r$ 矩阵。如果 $\boldsymbol{K}$ 的分解已经完成，则每次迭代要进行 r 次回代，以得到 $n\times r$ 的矩阵 $\boldsymbol{X}_1$。

现将 $\boldsymbol{X}_0$ 表示成

$$\boldsymbol{X}_0 = \boldsymbol{\Phi}\boldsymbol{A} \tag{6-6-27}$$

此时，$\boldsymbol{A}$ 是 $n\times r$ 矩阵

$$A = \begin{bmatrix} a_{11} & a_{12} & \cdots & a_{1r} \\ \vdots & \vdots & & \vdots \\ a_{n1} & a_{n2} & \cdots & a_{nr} \end{bmatrix} \tag{6-6-28}$$

还可以把式(6-6-27)表示成

$$X_0 = [\boldsymbol{\Phi}_i \quad \boldsymbol{\Phi}_I]\begin{bmatrix}\boldsymbol{A}_i \\ \boldsymbol{A}_I\end{bmatrix} = \boldsymbol{\Phi}_i\boldsymbol{A}_i + \boldsymbol{\Phi}_I\boldsymbol{A}_I \tag{6-6-29}$$

其中

$$\boldsymbol{\Phi}_i = [\boldsymbol{\varphi}_1 \quad \cdots \quad \boldsymbol{\varphi}_r]$$

$$\boldsymbol{\Phi}_I = [\boldsymbol{\varphi}_{r+1} \quad \boldsymbol{\varphi}_{r+2} \quad \cdots \quad \boldsymbol{\varphi}_n]$$

$\boldsymbol{A}_i$ 是 $r \times r$ 矩阵,$\boldsymbol{A}_I$ 是 $(n-r) \times r$ 矩阵。利用上式和式(6-4-13),最后可以得到

$$\boldsymbol{X}_1 = \boldsymbol{\Phi\lambda A} = \boldsymbol{\Phi}_i\boldsymbol{\lambda}_i\boldsymbol{A}_i + \boldsymbol{\Phi}_I\boldsymbol{\lambda}_I\boldsymbol{A}_I \tag{6-6-30}$$

推广至一般形式则得

$$\boldsymbol{X}_{k+1} = \boldsymbol{\Phi A}_{k+1} = \boldsymbol{\Phi}_I(\boldsymbol{A}_I)_{k+1} + \boldsymbol{\Phi}_{II}(\boldsymbol{A}_{II})_{k+1} \tag{6-6-31}$$

其中

$$\boldsymbol{A}_{k+1} = \boldsymbol{\lambda A}_k = \boldsymbol{\lambda}^k\boldsymbol{A}_0$$

$$(\boldsymbol{A}_I)_{k+1} = \boldsymbol{\lambda}_I(\boldsymbol{A}_I)_k = \boldsymbol{\lambda}_I^k(\boldsymbol{A}_I)$$

$$(\boldsymbol{A}_{II})_{k+1} = \boldsymbol{\lambda}_{II}(\boldsymbol{A}_{II})_k = \boldsymbol{\lambda}_{II}^k(\boldsymbol{A}_{II})$$

$\boldsymbol{\lambda}$ 见式(6-6-5),且有

$$\boldsymbol{\lambda}_i = \begin{bmatrix}\frac{1}{\omega_1^2} & & & \\ & \frac{1}{\omega_2^2} & & \\ & & \ddots & \\ & & & \frac{1}{\omega_r^2}\end{bmatrix}, \quad \boldsymbol{\lambda}_I = \begin{bmatrix}\frac{1}{\omega_{r+1}^2} & & & \\ & \frac{1}{\omega_{r+2}^2} & & \\ & & \ddots & \\ & & & \frac{1}{\omega_n^2}\end{bmatrix} \tag{6-6-32}$$

和式(6-6-29)比较,由于 $\boldsymbol{\omega}_1^2 < \omega_2^2 < \cdots < \omega_n^2$,$\boldsymbol{X}_1$ 中 $\boldsymbol{\Phi}_i$ 的分量增加了,并由此可得到以下近似式

$$\boldsymbol{X}_1 \approx \boldsymbol{\Phi}_i\boldsymbol{\lambda}_i\boldsymbol{A}_i, \boldsymbol{\Phi}_i \approx \boldsymbol{X}_1\boldsymbol{A}_i^{-1}\boldsymbol{\lambda}_i^{-1} \tag{6-6-33}$$

图 6-6-1 中的(1)(4)(5)框是形成(6)框用以求解 $\boldsymbol{\Phi}_i$ 和 $\boldsymbol{\lambda}_i$ 近似值的矩阵特征值问题:$\widetilde{\boldsymbol{K}}\boldsymbol{\Phi}^*\boldsymbol{\lambda}^* = \widetilde{\boldsymbol{M}}\boldsymbol{\Phi}^*$

首先将 $\boldsymbol{K}$,$\boldsymbol{M}$ 转换到 $\boldsymbol{X}_1$ 中各个向量为基向量的子空间,即

$$\widetilde{\boldsymbol{K}} = \boldsymbol{X}_1^{\mathrm{T}}\boldsymbol{Y} = \boldsymbol{X}_1^{\mathrm{T}}\boldsymbol{K}\boldsymbol{X}_1, \quad \widetilde{\boldsymbol{M}} = \boldsymbol{X}_1^{\mathrm{T}}\boldsymbol{Y}_1 = \boldsymbol{X}_1^{\mathrm{T}}\boldsymbol{M}\boldsymbol{X}_1 \tag{6-6-34}$$

可以证明 $\widetilde{\boldsymbol{K}}$ 和 $\widetilde{\boldsymbol{M}}$ 组成的广义特征值问题

$$\widetilde{\boldsymbol{K}}\boldsymbol{\Phi}^*\boldsymbol{\lambda}^* = \widetilde{\boldsymbol{M}}\boldsymbol{\Phi}^* \tag{6-6-35}$$

的特征值就是原特征值问题式(6-4-13)的前 r 个特征值的近似值,它的特征向量 $\boldsymbol{\Phi}^*$ 就是原特征值问题的前 r 个特征向量在 $\boldsymbol{X}_1$ 中各向量上的投影所组成的矩阵近似值,即

$$\boldsymbol{\lambda}^* \approx \boldsymbol{\lambda}_i, \quad \boldsymbol{\Phi}^* \approx \boldsymbol{A}_i^{-1}\boldsymbol{\lambda}_i^{-1} \tag{6-6-36}$$

首先将原特征值问题的方程(6-4-13)改写为

$$\boldsymbol{K\varphi\lambda} = \boldsymbol{M\varphi} \tag{6-6-37}$$

其中

$$\boldsymbol{\lambda} = (\boldsymbol{\Omega}^2)^{-1}$$

在式(6-6-37)两端前乘以 $\boldsymbol{X}_1^{\mathrm{T}}$,后乘以 $\boldsymbol{A}\boldsymbol{A}_i^{-1}\boldsymbol{\lambda}_i^{-1}\boldsymbol{\lambda}_i$,并利用式(6-6-30),式(6-6-33),式(6-6-34)可得

$$\widetilde{\boldsymbol{K}}\boldsymbol{A}_i^{-1}\boldsymbol{\lambda}_i^{-1}\boldsymbol{\lambda}_i \approx \widetilde{\boldsymbol{M}}\boldsymbol{A}_i^{-1}\boldsymbol{\lambda}_i^{-1} \tag{6-6-38}$$

将式(6-6-38)和式(6-6-35)比较可见,两式都表示 $\widetilde{\boldsymbol{K}}$ 和 $\widetilde{\boldsymbol{M}}$ 的广义特征值问题,应当解得相同的

特征值和特征向量。

(3) 求解广义特征值问题。

由式(6-6-35)得到 $\boldsymbol{\lambda}^*$ 和 $\boldsymbol{\Phi}^*$ 以后，利用式(6-6-36)和式(6-6-33)，就可得到原特征值问题的前 r 个特征值和相应的特征向量的近似值

$$\boldsymbol{\lambda}_i \approx \boldsymbol{\lambda}_i^*, \quad \boldsymbol{\Phi}_i \approx \boldsymbol{X}_1 \boldsymbol{A}_i^{-1} \boldsymbol{\lambda}_i^{-1} \approx \boldsymbol{X}_1 \boldsymbol{\Phi}^* \tag{6-6-39}$$

检查 $\boldsymbol{\lambda}_i$，主要是前 s 个特征值是否满足精度要求，如不满足就执行(8)框，即以得到 $\boldsymbol{\Phi}_i$ 的近似值 $\boldsymbol{X}_1\boldsymbol{\Phi}^*$ 作为新的起始向量矩阵，并形成新的 $\boldsymbol{Y}$，然后回到求解代数方程组这一步骤执行新的迭代。其中满足精度要求为

$$s = \omega_i^2 + 0.9(\omega_{i+1}^2 - \omega_i^2) \tag{6-6-40}$$

或者

$$s = 0.99\omega_i^2, (\omega_{i+1} - \omega_i)/\omega_i < 0.01 \tag{6-6-41}$$

6.6.3 里兹向量直接叠加法

在振型叠加法的讨论中，已经知道系统的运动方程转换到振型坐标系以后，得到的是一组互不耦合的单自由度运动方程(6-4-15)。其中右端项 $r_i(t)$ 是载荷向量 $\boldsymbol{Q}(t)$ 在 i 阶振型 $\boldsymbol{\varphi}_i$ 上的投影。

里兹向量直接叠加法的特点是，以载荷空间分布模式为特定规律生成一组里兹向量，然后把系统运动方程转换到这组里兹向量空间后，只需解得一次缩减了的标准特征值问题，再经过坐标系的变化，便可获得原系统运动方程的部分特征解。里兹向量法不需像反迭代法或子空间迭代法的多次迭代，同时可以避免漏掉可能激起的振型和引入不可能激起的振型，所以能显著提高计算的效率。此方法的关键是如何根据载荷的空间分布模式，生成一组里兹向量。其基本步骤如下。

(1) 给定 $\boldsymbol{M},\boldsymbol{K},\boldsymbol{Q}$。其中，$\boldsymbol{Q}(s,t) = \boldsymbol{F}(s)q(t)$

(2) 生成 $\boldsymbol{x}_1$。

求解

$$\boldsymbol{K}\hat{\boldsymbol{x}}_1 = \boldsymbol{F}(s) \tag{6-6-42}$$

正则化

$$\boldsymbol{x}_1 = \hat{\boldsymbol{x}}_1/\beta_1, \beta_1 = (\hat{\boldsymbol{x}}_1^{\mathrm{T}}\boldsymbol{M}\hat{\boldsymbol{x}}_1)^{1/2} \tag{6-6-43}$$

(3) 生成 $\boldsymbol{x}_i$　$(i = 2,3,\cdots,r)$。

求解

$$\boldsymbol{K}\tilde{\boldsymbol{x}}_i = \boldsymbol{M}\boldsymbol{x}_{i-1} \tag{6-6-44}$$

正交化

$$\hat{\boldsymbol{x}}_i = \tilde{\boldsymbol{x}}_i - \sum_{j=1}^{i-1}\alpha_{ij}\boldsymbol{x}_j, \alpha_{ij} = \tilde{\boldsymbol{x}}_i^{\mathrm{T}}\boldsymbol{M}\boldsymbol{x}_j \tag{6-6-45}$$

正则化

$$\boldsymbol{x}_i = \hat{\boldsymbol{x}}_i/\beta_i, \beta_i = (\hat{\boldsymbol{x}}_i^{\mathrm{T}}\boldsymbol{M}\hat{\boldsymbol{x}}_i)^{1/2} \tag{6-6-46}$$

(4) 将方程 $\boldsymbol{K\Phi}_r = \boldsymbol{M\Phi}_r\boldsymbol{\Omega}_r$ 转到里兹向量空间，设

$$\boldsymbol{\Phi}_r = \boldsymbol{X\Phi}^* \tag{6-6-47}$$

其中

$$\boldsymbol{\Phi}_r = [\boldsymbol{\varphi}_1 \quad \boldsymbol{\varphi}_2 \quad \cdots \quad \boldsymbol{\varphi}_r], \quad \boldsymbol{X} = [\boldsymbol{x}_1 \quad \boldsymbol{x}_2 \quad \cdots \quad \boldsymbol{x}_r]$$

将上式代入方程(6-6-14)，并用 $\boldsymbol{X}^{\mathrm{T}}$ 前乘两端，就得到

$$\boldsymbol{K}^*\boldsymbol{\Phi}^* = \boldsymbol{\Phi}^*\boldsymbol{\Omega}_r \tag{6-6-48}$$

(5) 求解标准特征值问题式(6-6-48)，得到特征解 $\boldsymbol{\Phi}^*$ 和 $\boldsymbol{\Omega}_r$。

$$\boldsymbol{\Phi}^* = [\boldsymbol{\varphi}_1^* \quad \boldsymbol{\varphi}_2^* \quad \cdots \quad \boldsymbol{\varphi}_r^*], \boldsymbol{\Omega}_r = \mathrm{diag}(\omega_i^2) \tag{6-6-49}$$

其中 $\boldsymbol{\Omega}_r=\mathrm{diag}(\omega_i^2)$ 是由 $\omega_1^2,\omega_2^2,\cdots,\omega_i^2,\cdots,\omega_r^2$ 组成的对角矩阵。

(6) 计算原问题的部分特征向量

$$\boldsymbol{\Phi}_r=\boldsymbol{X}\boldsymbol{\Phi}^*$$

关于里兹向量直接叠加法的实际应用，指出以下几点。

①里兹向量 r 的取值问题。理论上说应终止于 $\hat{x}_{r+1}=0$，这时 $\tilde{\boldsymbol{x}}_{r+1}=\sum_{j=1}^{r}\boldsymbol{\alpha}_{r+1,j}\boldsymbol{x}_j$。这表明新生成的 $\tilde{x}_{r+1}$ 是已生成的 $x_1,x_2,\cdots,x_r$ 的线性组合，即现在已不能再生成独立的里兹向量。理论上可以证明已生成的里兹向量已包含了 $\boldsymbol{Q}(s,t)$能够激起的全部振型。

②误差估计的方法

当里兹向量生成终止于 $\hat{x}_{r+1}=0$，并求出原系统的部分特征向量 $\boldsymbol{\Phi}_r=[\boldsymbol{\varphi}_1\quad\boldsymbol{\varphi}_2\quad\cdots\quad\boldsymbol{\varphi}_r]$，即载荷可能激起的全部振型以后，可使载荷的空间分布模式表示成

$$\boldsymbol{F}(s)=\sum_{i=1}^{r}f_i\boldsymbol{M}\boldsymbol{\varphi}_i \tag{6-6-50}$$

其中 $f_i=\boldsymbol{\varphi}_i^{\mathrm{T}}\boldsymbol{F}(s)$。

若在 $\hat{x}_{r+1}\neq 0$ 的情况下终止里兹向量的继续生成，则有

$$\boldsymbol{e}=\boldsymbol{F}(s)-\sum_{i=1}^{r}f_i\boldsymbol{M}\boldsymbol{\varphi}_i\neq 0 \tag{6-6-51}$$

因此误差度量可以定义如下：

$$e_r=\frac{\boldsymbol{F}^{\mathrm{T}}(s)\boldsymbol{e}}{\boldsymbol{F}^{\mathrm{T}}(s)\boldsymbol{F}(s)} \tag{6-6-52}$$

③动力载荷 $\boldsymbol{Q}(s,t)$具有一个以上空间分布模式的情况。为保证不漏掉 $\boldsymbol{Q}(s,t)$可能激起的全部振型，同时保持较高的效率，可以按照不同的 $\boldsymbol{F}_l(s)$分别生成里兹向量，可采用 $\boldsymbol{F}(s)=\sum_{l}\boldsymbol{F}_l(s)$。

④在应用里兹向量直接叠加法求解系统动力响应时，在生成一组 r 个里兹向量(步骤(3))以后，还可以直接用这组里兹向量对运动方程式(6-3-3)进行转换和压缩，得到以 r 个里兹向量为坐标的 r 阶运动方程，然后用直接积分法对其进行求解。

⑤里兹向量直接叠加法也可以用于结构动力特性的分析。

通过验证表明，里兹向量直接叠加法比通常采用的子空间迭代法效率更高。其计算量经常只达到后者的几分之一，甚至十几分之一。而且在计算结构动力响应时常有较高的计算精度。

6.6.4　Lanczos 向量直接叠加法

Lanczos 向量直接叠加法与里兹向量直接叠加法在本质上是一致的。两者都是生成一组相互正交的里兹向量(Lanczos 方法中称为 Lanczos 向量)。差别在 Lanczos 方法中利用了关于里兹向量直接叠加法中的系数 α_{ij} 的某些性质。因为可以证明

$$\alpha_{ij}=0\quad(j=i-3,i-4,i-5,\cdots,1) \tag{6-6-53}$$

$$\alpha_{i,i-2}=\beta_{i-1} \tag{6-6-54}$$

将以上两式引入里兹向量直接叠加法，并记

$$\alpha_{i,i-1}=\alpha_{i-1},\boldsymbol{K}^{-1}\boldsymbol{M}=\boldsymbol{A} \tag{6-6-55}$$

得到生成 Lanczos 向量的算法公式如下。

(1) 给定 $\boldsymbol{M},\boldsymbol{K},\boldsymbol{Q}$。其中，$\boldsymbol{Q}(s,t)=\boldsymbol{F}(s)q(t)$ 。

(2) 生成 $\boldsymbol{x}_1$。

求解
$$\boldsymbol{K}\hat{\boldsymbol{x}}_1=\boldsymbol{F}(s) \tag{6-6-56}$$

正则化
$$\boldsymbol{x}_1=\hat{\boldsymbol{x}}_1/\beta_1,\beta_1=(\hat{\boldsymbol{x}}_1^{\mathrm{T}}\boldsymbol{M}\hat{\boldsymbol{x}}_1)^{1/2} \tag{6-6-57}$$

(3) 生成 $\boldsymbol{x}_i\quad(i=2,3,\cdots,r)$ 。

求解
$$\boldsymbol{K}\tilde{\boldsymbol{x}}_i=\boldsymbol{M}\boldsymbol{x}_{i-1} \tag{6-6-58}$$

正交化
$$\hat{\boldsymbol{x}}_i=\tilde{\boldsymbol{x}}_i-\alpha_{i-1}\boldsymbol{x}_{i-1}-\beta_{i-1}\boldsymbol{x}_{i-2} \tag{6-6-59}$$

其中
$$\alpha_{i-1}=\tilde{\boldsymbol{x}}_i\boldsymbol{M}\boldsymbol{x}_{i-1} \tag{6-6-60}$$

正则化
$$\boldsymbol{x}_i=\hat{\boldsymbol{x}}_i/\beta_i,\beta_i=(\hat{\boldsymbol{x}}_i^{\mathrm{T}}\boldsymbol{M}\hat{\boldsymbol{x}}_i)^{1/2} \tag{6-6-61}$$

(4) 将原求解部分特征解 $\boldsymbol{\Omega}_r$ 和 $\boldsymbol{\Phi}_r$ 的广义特征值问题 $\boldsymbol{K}\boldsymbol{\Phi}_r=\boldsymbol{M}\boldsymbol{\Phi}_r\boldsymbol{\Omega}_r$ 转换为 Lanczos 向量空间内三对角矩阵 $\boldsymbol{T}$ 的标准特征值问题，即求解

$$\boldsymbol{T}\boldsymbol{Z}=\boldsymbol{Z}\boldsymbol{\lambda} \tag{6-6-62}$$

其中

$$\boldsymbol{T}=\begin{bmatrix}\alpha_1 & \beta_2 & & & \\ \beta_2 & \alpha_2 & \beta_3 & & \\ & \beta_3 & \alpha_3 & \beta_4 & \\ & & \ddots & \ddots & \ddots\end{bmatrix} \tag{6-6-63}$$

(5) 求解标准特征值问题式(6-6-62)，得到特征解 $\boldsymbol{Z}$ 和 $\boldsymbol{\lambda}$

$$\boldsymbol{Z}=[z_1\,z_2\cdots z_r]\quad\lambda=\mathrm{diag}(\lambda_i) \tag{6-6-64}$$

(6) 计算原问题的部分特征解

$$\boldsymbol{\Phi}_r=\boldsymbol{X}\boldsymbol{Z}\quad\boldsymbol{\Omega}_r=\boldsymbol{\lambda}^{-1}$$

即
$$\omega_i^2=\frac{1}{\lambda_i}\quad(i=1,2,\cdots,r) \tag{6-6-65}$$

6.7 减缩系统自由度的方法

6.7.1 主从自由度法

在前面已经指出刚度矩阵积分表达式中的被积函数和位移的导数有关，而质量矩阵只和位移有关，因此在相同精度要求的条件下，质量矩阵可用较低阶的插值函数。基于上述考虑，在此提出了集中质量矩阵。现在还可利用上述提示进一步提出一种减缩自由度的方法，即主从自由度法。在此方法中，将根据刚度矩阵要求划分的网格总自由度，即位移向量 $\boldsymbol{a}$，分别为 $\boldsymbol{a}_i$ 和 $\boldsymbol{a}_m$ 两部分，并假定 $\boldsymbol{a}_i$ 按照一种确定的方法依赖于 $\boldsymbol{a}_m$。因此 $\boldsymbol{a}_m$ 称为主自由度，而 $\boldsymbol{a}_i$ 称为自由度。这样，如果 $\boldsymbol{a}_i$ 用 $\boldsymbol{a}_m$ 表示

$$\boldsymbol{a}_i=\boldsymbol{T}\boldsymbol{a}_m \tag{6-7-1}$$

则有

$$\boldsymbol{a}=\begin{bmatrix}\boldsymbol{I}\\\boldsymbol{T}\end{bmatrix}\boldsymbol{a}_m=\boldsymbol{T}^*\boldsymbol{a}_m \tag{6-7-2}$$

其中矩阵 $\boldsymbol{T}$ 规定了 $\boldsymbol{a}_i$ 和 $\boldsymbol{a}_m$ 之间的依赖关系。

以无阻尼的自由振动方程为例，

$$\boldsymbol{K}\boldsymbol{a}+\boldsymbol{M}\ddot{\boldsymbol{a}}=0 \tag{6-7-3}$$

可以利用式(6-7-2)减缩其自由度。具体做法是将式(6-7-2)代入式(6-7-3)，并前乘$(\boldsymbol{T}^*)^{\mathrm{T}}$得到

$$\boldsymbol{K}^*\boldsymbol{a}_m+\boldsymbol{M}^*\ddot{\boldsymbol{a}}_m=0 \tag{6-7-4}$$

其中，

$$\boldsymbol{K}^*=(\boldsymbol{T}^*)^{\mathrm{T}}\boldsymbol{K}\boldsymbol{T}^*,\quad \boldsymbol{M}^*=(\boldsymbol{T}^*)^{\mathrm{T}}\boldsymbol{M}\boldsymbol{T}^* \tag{6-7-5}$$

由静力平衡方程

$$\boldsymbol{K}\boldsymbol{a}=\begin{bmatrix}\boldsymbol{K}_{mm} & \boldsymbol{K}_{ms}\\\boldsymbol{K}_{sm} & \boldsymbol{K}_{ss}\end{bmatrix}\begin{bmatrix}\boldsymbol{a}_m\\\boldsymbol{a}_i\end{bmatrix}=\begin{bmatrix}\boldsymbol{Q}_m\\0\end{bmatrix} \tag{6-7-6}$$

有

$$\boldsymbol{K}_{sm}\boldsymbol{a}_m+\boldsymbol{K}_{ss}\boldsymbol{a}_i=0 \tag{6-7-7}$$

则

$$\boldsymbol{a}_i=-\boldsymbol{K}_{ss}^{-1}\boldsymbol{K}_{sm}\boldsymbol{a}_m$$

而

$$\boldsymbol{T}=-\boldsymbol{K}_{ss}^{-1}\boldsymbol{K}_{sm} \tag{6-7-8}$$

现将式(6-7-8)代入式(6-7-2)和式(6-7-5)，可以得到

$$\boldsymbol{K}^*=\boldsymbol{K}_{mm}-\boldsymbol{K}_{sm}^{\mathrm{T}}\boldsymbol{K}_{ss}^{-1}\boldsymbol{K}_{sm}$$

$$\boldsymbol{M}^*=\boldsymbol{M}_{mm}-\boldsymbol{K}_{sm}^{\mathrm{T}}\boldsymbol{K}_{ss}^{-1}\boldsymbol{M}_{sm}-\boldsymbol{M}_{ms}\boldsymbol{K}_{ss}^{-1}\boldsymbol{K}_{sm}+\boldsymbol{K}_{sm}^{\mathrm{T}}\boldsymbol{K}_{ss}^{-1}\boldsymbol{M}\boldsymbol{K}_{ss}^{-1}\boldsymbol{K}_{sm} \tag{6-7-9}$$

显然 $\boldsymbol{K}^*$，$\boldsymbol{M}^*$ 仍是对称矩阵，它们的阶数比 $\boldsymbol{K}$ 和 $\boldsymbol{M}$ 减小了，解之可得到各阶频率和振型。

6.7.2　模态综合法

为了阐明模态综合法的基本概念和特点，以及了解它是如何减缩自由度的，我们先来考查模态综合法分析实际结构的主要步骤。

1. 将总体结构分割为若干子结构

如同静力分析中的子结构法，依照结构的自然特点和分析的方便，将结构分成若干子结构。各个子结构通过交界面上的节点相互连接。

2. 子结构的模态分析

首先仍以节点位移为基向量建立子结构的运动方程

$$\boldsymbol{M}^{(s)}\ddot{\boldsymbol{a}}^{(s)}+\boldsymbol{C}^{(s)}\dot{\boldsymbol{a}}^{(s)}+\boldsymbol{K}^{(s)}\boldsymbol{a}^{(s)}=\boldsymbol{Q}^{(s)}+\boldsymbol{R}^{(s)} \tag{6-7-10}$$

以后把 $\boldsymbol{a}^{(s)}$ 分为内部位移和界面位移，相应的外载荷和界面力也分为两个部分。所以

$$\boldsymbol{a}^{(s)}=\begin{bmatrix}\boldsymbol{a}_i^{(s)}\\\boldsymbol{a}_j^{(s)}\end{bmatrix},\quad \boldsymbol{Q}^{(s)}=\begin{bmatrix}\boldsymbol{Q}_i^{(s)}\\\boldsymbol{Q}_j^{(s)}\end{bmatrix},\quad \boldsymbol{R}^{(s)}=\begin{bmatrix}0\\\boldsymbol{R}_j^{(s)}\end{bmatrix} \tag{6-7-11}$$

因此，方程式(6-7-10)可以表示成

$$\begin{bmatrix}\boldsymbol{M}_{ii}^{(s)} & \boldsymbol{M}_{ij}^{(s)}\\\boldsymbol{M}_{ji}^{(s)} & \boldsymbol{M}_{jj}^{(s)}\end{bmatrix}\begin{bmatrix}\ddot{\boldsymbol{a}}_i^{(s)}\\\ddot{\boldsymbol{a}}_j^{(s)}\end{bmatrix}+\begin{bmatrix}\boldsymbol{C}_{ii}^{(s)} & \boldsymbol{C}_{ij}^{(s)}\\\boldsymbol{C}_{ji}^{(s)} & \boldsymbol{C}_{jj}^{(s)}\end{bmatrix}\begin{bmatrix}\dot{a}_i^{(s)}\\\dot{a}_j^{(s)}\end{bmatrix}+\begin{bmatrix}\boldsymbol{K}_{ii}^{(s)} & \boldsymbol{K}_{ij}^{(s)}\\\boldsymbol{K}_{ji}^{(s)} & \boldsymbol{K}_{jj}^{(s)}\end{bmatrix}\begin{bmatrix}\boldsymbol{a}_i^{(s)}\\\boldsymbol{a}_j^{(s)}\end{bmatrix}=\begin{bmatrix}\boldsymbol{Q}_i^{(s)}\\\boldsymbol{Q}_j^{(s)}\end{bmatrix}+\begin{bmatrix}0\\\boldsymbol{R}_j^{(s)}\end{bmatrix} \tag{6-7-12}$$

对于无阻尼的自由振动，子结构运动方程写成

$$\begin{bmatrix}\boldsymbol{M}_{ii}^{(s)} & \boldsymbol{M}_{ij}^{(s)}\\\boldsymbol{M}_{ji}^{(s)} & \boldsymbol{M}_{jj}^{(s)}\end{bmatrix}\begin{bmatrix}\ddot{\boldsymbol{a}}_i^{(s)}\\\ddot{\boldsymbol{a}}_j^{(s)}\end{bmatrix}+\begin{bmatrix}\boldsymbol{K}_{ii}^{(s)} & \boldsymbol{K}_{ij}^{(s)}\\\boldsymbol{K}_{ji}^{(s)} & \boldsymbol{K}_{jj}^{(s)}\end{bmatrix}\begin{bmatrix}\boldsymbol{a}_i^{(s)}\\\boldsymbol{a}_j^{(s)}\end{bmatrix}=\begin{bmatrix}0\\\boldsymbol{R}_j^{(s)}\end{bmatrix} \tag{6-7-13}$$

(1) 固定界面主模态，即在完全固定交界面上的位移条件下子结构系统的主振型。即求解以下特征值问题。

$$\boldsymbol{M}_{ii}^{(s)}\ddot{\boldsymbol{a}}_i^{(s)}+\boldsymbol{K}_{ii}^{(s)}\boldsymbol{a}_i^{(s)}=0 \tag{6-7-14}$$

可以得到 i 个主模态。将它们组合成矩阵 $\boldsymbol{\Phi}_N$，它已被正则化。

$$\boldsymbol{\Phi}_N^{\mathrm{T}}\boldsymbol{M}_{ii}^{(s)}\boldsymbol{\Phi}_N=\boldsymbol{I}_i$$

$$\boldsymbol{\Phi}_N^{\mathrm{T}}\boldsymbol{K}_{ii}^{(s)}\boldsymbol{\Phi}_N=\begin{bmatrix}\boldsymbol{\omega}_1^2 & & & 0\\ & \boldsymbol{\omega}_2^2 & & \\ & & \ddots & \\ 0 & & & \boldsymbol{\omega}_n^2\end{bmatrix}=\boldsymbol{\Omega}_i^2 \tag{6-7-15}$$

(2) 约束模态，即在界面完全固定条件下，依次释放界面上的每个自由度，并取其静态位移

$$\begin{bmatrix}\boldsymbol{K}_{ii}^{(s)} & \boldsymbol{K}_{ij}^{(s)}\\ \boldsymbol{K}_{ji}^{(s)} & \boldsymbol{K}_{jj}^{(s)}\end{bmatrix}\begin{bmatrix}\boldsymbol{a}_i^{(s)}\\ \boldsymbol{a}_j^{(s)}\end{bmatrix}=\begin{bmatrix}0\\ \boldsymbol{R}_j^{(s)}\end{bmatrix} \tag{6-7-16}$$

由式(6-7-16)可得到

$$\boldsymbol{a}_i^{(s)}=-(\boldsymbol{K}_{ii}^{(s)})^{-1}\boldsymbol{K}_{ij}^{(s)}\boldsymbol{a}_j^{(s)} \tag{6-7-17}$$

此时约束模态

$$\boldsymbol{\Phi}_j=-(\boldsymbol{K}_{ii}^{(s)})^{-1}\boldsymbol{K}_{ij}^{(s)}\boldsymbol{I}_j=-(\boldsymbol{K}_{ii}^{(s)})^{-1}\boldsymbol{K}_{ij}^{(s)} \tag{6-7-18}$$

得到固定界面主模态 $\boldsymbol{\Phi}_N$ 和约束模态 $\boldsymbol{\Phi}_j$ 以后，求得相应的 $i+j$ 个物理坐标可用相同数目的模态坐标表示为

$$\begin{bmatrix}\boldsymbol{a}_i^{(s)}\\ \boldsymbol{a}_j^{(s)}\end{bmatrix}=\begin{bmatrix}\boldsymbol{\Phi}_N & \boldsymbol{\Phi}_j\\ 0 & \boldsymbol{I}_j\end{bmatrix}\begin{bmatrix}\boldsymbol{x}^{(s)}\\ \boldsymbol{a}_j^{(s)}\end{bmatrix} \tag{6-7-19}$$

上式将 $\boldsymbol{\Phi}_N$ 中高阶主模态略去，保留 k 列低阶主模态 $\boldsymbol{\Phi}_K$。这样缩减以后，上式表示为

$$\begin{bmatrix}\boldsymbol{a}_i^{(s)}\\ \boldsymbol{a}_j^{(s)}\end{bmatrix}=\begin{bmatrix}\boldsymbol{\Phi}_K & \boldsymbol{\Phi}_j\\ 0 & \boldsymbol{I}_j\end{bmatrix}\begin{bmatrix}\boldsymbol{x}_k^{(s)}\\ \boldsymbol{a}_j^{(s)}\end{bmatrix}=\boldsymbol{T}\begin{bmatrix}\boldsymbol{x}_k^{(s)}\\ \boldsymbol{a}_j^{(s)}\end{bmatrix} \tag{6-7-20}$$

以无阻尼自由振动方程式(6-7-13)为例，将式(6-7-20)代入并在方程两端前乘 $\boldsymbol{T}^{\mathrm{T}}$，得

$$\overline{\boldsymbol{M}}^{(s)}\begin{bmatrix}\ddot{\boldsymbol{x}}_k^{(s)}\\ \ddot{\boldsymbol{x}}_j^{(s)}\end{bmatrix}+\overline{\boldsymbol{K}}^{(s)}\begin{bmatrix}\boldsymbol{x}_k^{(s)}\\ \boldsymbol{a}_j^{(s)}\end{bmatrix}=\begin{Bmatrix}0\\ \boldsymbol{R}_j^{(s)}\end{Bmatrix} \tag{6-7-21}$$

其中

$$\overline{\boldsymbol{M}}^{(s)}=\boldsymbol{T}^{\mathrm{T}}\boldsymbol{M}^{(s)}\boldsymbol{T}=\begin{bmatrix}\overline{\boldsymbol{M}}_{kk}^{(s)} & \overline{\boldsymbol{M}}_{kj}^{(s)}\\ \overline{\boldsymbol{M}}_{jk}^{(s)} & \overline{\boldsymbol{M}}_{jj}^{(s)}\end{bmatrix} \tag{6-7-22}$$

子结构运动方程最后表示为

$$\begin{bmatrix}\boldsymbol{I}_k^{(s)} & \overline{\boldsymbol{M}}_{kj}^{(s)}\\ \overline{\boldsymbol{M}}_{jk}^{(s)} & \overline{\boldsymbol{M}}_{jj}^{(s)}\end{bmatrix}\begin{Bmatrix}\ddot{\boldsymbol{x}}_k^{(s)}\\ \ddot{\boldsymbol{a}}_j^{(s)}\end{Bmatrix}+\begin{bmatrix}\boldsymbol{\Omega}_k^{(s)} & 0\\ 0 & \overline{\boldsymbol{K}}_{jj}^{(s)}\end{bmatrix}=\begin{Bmatrix}0\\ \boldsymbol{R}_j^{(s)}\end{Bmatrix} \tag{6-7-23}$$

3. 综合各子结构的运动方程得到整个结构系统的运动方程并求解

综合两个子结构得到整个结构系统的运动方程为

$$\boldsymbol{M}\ddot{\boldsymbol{x}}+\boldsymbol{K}\boldsymbol{x}=0 \tag{6-7-24}$$

其中

$$\boldsymbol{M}=\begin{bmatrix}\boldsymbol{I}_k^{(1)} & 0 & \overline{\boldsymbol{M}}_{kj}^{(1)}\\ 0 & \boldsymbol{I}_k^{(2)} & \overline{\boldsymbol{M}}_{kj}^{(2)}\\ \overline{\boldsymbol{M}}_{jk}^{(1)\mathrm{T}} & \overline{\boldsymbol{M}}_{jk}^{(2)\mathrm{T}} & \overline{\boldsymbol{M}}_{jj}^{(1)}+\overline{\boldsymbol{M}}_{jj}^{(2)}\end{bmatrix},\quad K=\begin{bmatrix}\boldsymbol{\Omega}_k^{2(1)} & 0 & 0\\ 0 & \boldsymbol{\Omega}_k^{2(2)} & 0\\ 0 & 0 & \overline{\boldsymbol{K}}_{jj}^{(1)}+\overline{\boldsymbol{K}}_{jj}^{(2)}\end{bmatrix}$$

$$\boldsymbol{x}=[\boldsymbol{x}_k^{(1)\mathrm{T}}\quad \boldsymbol{x}_k^{(2)\mathrm{T}}\quad \boldsymbol{x}_j^{\mathrm{T}}]^{\mathrm{T}}$$

右端项为零。

4. 由模态坐标返回到各个子结构的物理坐标

由于在实际应用中所需要的往往是物理坐标中的振动特性，例如在固有频率下的物理坐标代表的固有振型，或者在施加不同载荷条件下反馈的位移和应力等响应，所以最后一步需要通过模态坐标返回到各个子结构的物理坐标。即如式(6-7-20)，由 $\boldsymbol{x}_k^{(s)}$ 和 $\boldsymbol{a}_j^{(s)}$ 算出 $\boldsymbol{a}_i^{(s)}$，从而进一步得到固有振型和动态响应。

6.7.3　旋转周期分析方法

利用对子结构刚度矩阵进行转换的方法，对一个子结构的质量矩阵 $\boldsymbol{M}$ 和阻尼矩阵 $\boldsymbol{C}$ 进行转换，分析此子结构，即求解下列方程

$$\widetilde{\boldsymbol{M}}_l\ddot{\boldsymbol{x}}_l+\widetilde{\boldsymbol{C}}_l\dot{\boldsymbol{x}}_l+\widetilde{\boldsymbol{K}}_l\boldsymbol{x}_l=\boldsymbol{F}_l\quad(l=0,1,2,\cdots,N-1)\tag{6-7-25}$$

其中 l 是 Fourier 阶次，N 是旋转周期结构的子结构数，$\boldsymbol{x}_l$ 和 $\boldsymbol{F}_l$ 分别是位移向量 $\boldsymbol{a}$ 和载荷向量 $\boldsymbol{P}$ 的第 l 阶 Fourier 分量的系数，$\boldsymbol{K}_l$ 是一个子结构对应位移第 l 阶 Fourier 分量的刚度矩阵。$\widetilde{\boldsymbol{K}}_l$ 是复数矩阵，$\boldsymbol{F}_l$ 和 $\boldsymbol{x}_l$ 是复数向量。$\widetilde{\boldsymbol{M}}_l$ 和 $\widetilde{\boldsymbol{C}}_l$ 分别是对应于位移的第 l 阶 Fourier 分量的质量矩阵和阻尼矩阵。

对于动力特性问题，则求解下列矩阵特征值问题

$$\widetilde{\boldsymbol{M}}_l\ddot{\boldsymbol{x}}_l+\widetilde{\boldsymbol{K}}_l\boldsymbol{x}_l=0\quad(l=0,1,2,\cdots,N-1)\tag{6-7-26}$$

可将上述复数矩阵的方程化为实数矩阵方程进行求解，令 $\boldsymbol{x}_l=\bar{\boldsymbol{x}}_l e^{i\omega t}$ 代入式(6-7-26)，

$$(\widetilde{\boldsymbol{K}}_l-\omega^2\widetilde{\boldsymbol{M}}_l)\tilde{\boldsymbol{x}}_l=0\quad(l=0,1,2,\cdots,N-1)\tag{6-7-27}$$

将式(6-7-27)化为实数对称矩阵的特征值问题，可以推出

$$\left\{\begin{bmatrix}\widetilde{\boldsymbol{K}}_{l,r} & \widetilde{\boldsymbol{K}}_{l,i}^{\mathrm{T}}\\ \widetilde{\boldsymbol{K}}_{l,i} & \widetilde{\boldsymbol{K}}_{l,r}\end{bmatrix}-\omega^2\begin{bmatrix}\boldsymbol{M}_{l,r} & \boldsymbol{M}_{l,i}^{\mathrm{T}}\\ \boldsymbol{M}_{l,i} & \boldsymbol{M}_{l,r}\end{bmatrix}\right\}\begin{bmatrix}\bar{\boldsymbol{x}}_{l,r}\\ \bar{\boldsymbol{x}}_{l,i}\end{bmatrix}=0\tag{6-7-28}$$

式(6-7-28)所求特征值是式(6-7-27)的一倍，但其中一半是相同的。得到各阶动力特征方程 ω^2 后，按从小到大排列，可得到结构的各阶特征值。通过特征值对应的 $\bar{\boldsymbol{x}}_l$，利用

$$\boldsymbol{a}^{(j)}=\begin{bmatrix}u^{(j)}\\ w^{(j)}\\ v^{(j)}\end{bmatrix}=\sum_{l=0}^{N-1}\boldsymbol{x}_l e^{-i(j-1)\mu l}\quad(j=1,2,\cdots,N-1)\tag{6-7-29}$$

求得该特征值对应的振型

$$\boldsymbol{a}^{(j)}=\bar{\boldsymbol{x}}_l e^{-i(j-1)2\pi l/N}\quad(j=1,2,\cdots,N)\tag{6-7-30}$$

6.8　某水下结构振动分析

结构的振动是工程实际中非常常见的一类问题，并且对于结构的稳定性有非常大的影响。对于这些结构振动问题，对其进行振动分析是一个非常有效的理解其机理的方法，反过来，分析这样一个工程实例，也有利于读者理解结构体系的动力特性及其在动力载荷作用下的动力反应，并利用这些知识更好地使用工程有限元软件。

本节将选用某水下结构，其几何示意图如图 6-8-1 所示，结构由各个部件组合而成，由于需要对结构不同组合的连接方式下的振动传递进行分析，本算例将采取数值方法，对其动力学

特性进行分析。具体方案：在建立结构整体模型的基础上，选取其中三个连续的舱段作为一个段间壳体整体，段间壳体采用相同的楔环或卡箍连接方式，并进行两种连接方式的段间壳体的振动分析。

图 6-8-1　某水下结构几何示意图

本算例采用三维建模软件 UG 建立模型，建立好的模型结构剖视图如图 6-8-2 所示，之后采用 HyperMesh 进行网格划分。

图 6-8-2　模型结构剖视图

HyperMesh 是一款高性能的有限元前处理软件，具有强大的有限元网格划分功能，并提供了与众多主流有限元软件的兼容的接口与格式。采用该软件对几何结构划分网格的步骤如图 6-8-3 所示。

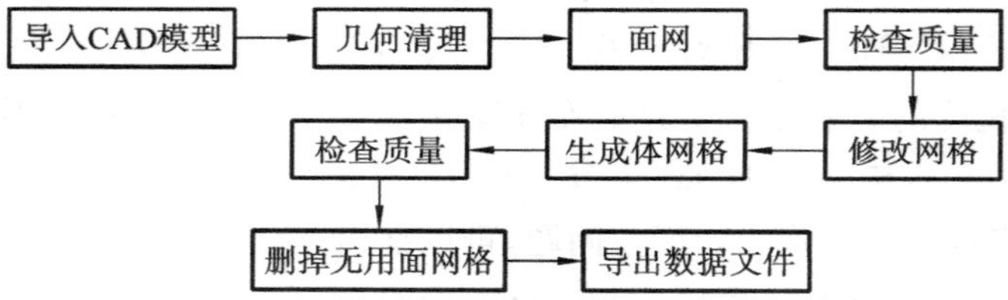

图 6-8-3　HyperMesh 几何结构划分网格步骤图

根据水下结构各舱段的具体尺寸和计算的准确性，各部分结构必须选择合适的网格。由于水下结构各部分的形状不同，根据结构各部分的形状采用不同的网格划分，壳体、肋骨、楔环带、质量块和隔振圈采用单元类型为 C3D8R 的六面体网格，头部壳体、隔板采用单元类型为 C3D6 的四面体网格，划分好的网格模型剖视图如图 6-8-4 所示。

图 6-8-4　网格模型剖视图

对于此结构，对其段间各壳体的材料定义如下。

(1) 段间壳体结构所有壳板，肋骨，隔板和质量块均采用铝材料，弹性模量 $E=0.685\times10^5$ MPa，密度 $\rho=2700$ kg/m^3 和泊松比 $\mu=0.34$；

(2) 隔振圈选用橡胶体，橡胶采用 Mooney-Rivlin 模型，橡胶硬度为 60，弹性模量 $E=6(C_1+C_2)=3.6186$ MPa，$C_1=0.4825$，$C_2=0.1206$，泊松比一般为 0.45～0.50，阻尼系数 0.06～0.18，密度为 1500 kg/m^3；

(3) 隔振内外圈材料为钢，弹性模量 $E=206\times10^3$ MPa，密度 $\rho=7800$ kg/m^3，泊松比 $\mu=0.28$。

为了研究楔环和卡箍连接段间壳体的振动特性，通过分析宽频激励下楔环和卡箍连接段间壳体的动态响应，并研究振动量级经过段间壳体连接部分时的衰减程度。在段间壳体的燃料 2 舱段和发动机舱段部分节点分别施加简支的边界条件，即约束其三个自由度，如图 6-8-5 所示。

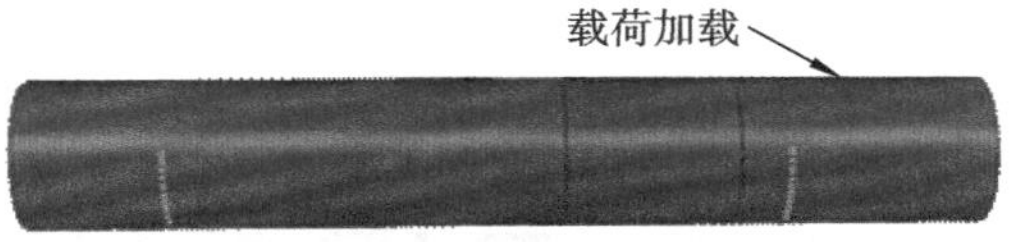

图 6-8-5　载荷加载示意图

在段间壳体发动机舱两侧隔振圈内圈施加简谐载荷压强 $P = A\sin \omega t$，如图 6-8-6 所示。

图 6-8-6　简谐压强加载位置

在工程实际的分析中，对 1000～3000 Hz 的频率范围取点进行了多个工况分析，在此取 1000 Hz 激励下的位移及响应云图说明计算情况，图 6-8-7 为位移云图，图 6-8-8 为应力云图。

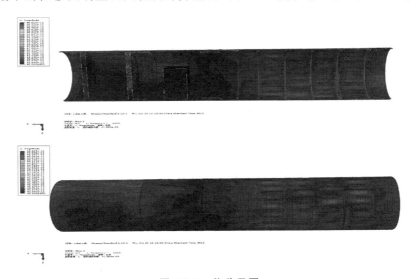

图 6-8-7　位移云图

在动力学计算完成后，选取模型中的节点作为测点，可以得到结构测点的位移、速度、应力、加速度的幅频特性曲线，图 6-8-9 是模型中发动机舱三个测点的位移幅频响应曲线图。

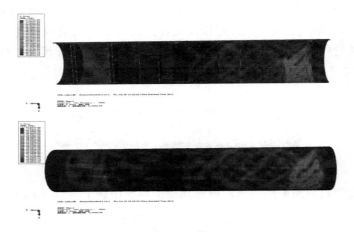

图 6-8-8　应力云图

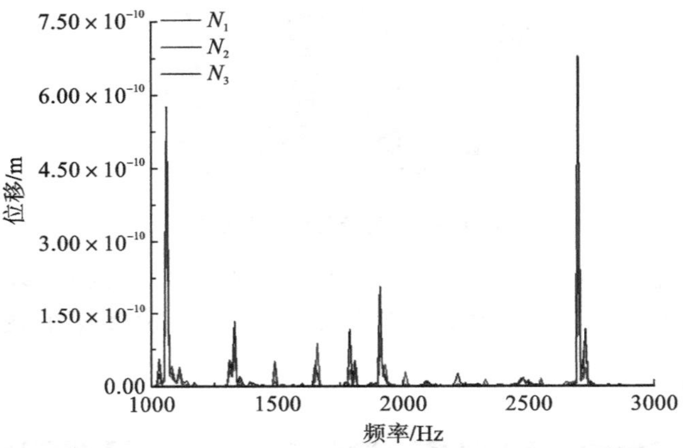

图 6-8-9　三个测点的位移幅值频谱曲线图

本章小结

在结构的加载过程中，出现明显产生加速度的情况，则需考虑加速度的影响，通过动力学分析使用有限元法，本章对结构动力学的基本问题和方法进行了讨论。首先给出了动力学问题的基本方程，而后介绍了动力学问题所特有的质量矩阵和阻尼矩阵的一般计算方法。在减缩系统自由度的方法中，主要介绍了 Guyan 减缩法（主从自由度法）和动力子结构法。对大型复杂系统的动力分析，需根据实际情况综合地、灵活地运用本章内容。

第 7 章　材料非线性问题的有限元法

前面讲述了分析线弹性体的有限元方法。线弹性体的载荷与位移之间呈线性关系，且当载荷撤除后，将完全恢复原始形态。线弹性需满足以下条件：①应力应变关系满足胡克定律；②变形是微小的；③约束均为理想约束。在分析线性弹性体时，可依变形前的几何位置和形状建立平衡方程，并且可应用叠加原理。然而，实际结构的位移与载荷可能呈非线性关系。如果非线性是由于材料应力与应变关系的非线性引起的，则称为材料非线性，如材料的弹塑性、超弹性、蠕变和徐变等。

本章将首先介绍用有限元方法处理非线性问题的一般方法，然后讨论材料的非线性本构关系，给出弹塑性增量分析的有限元格式，以及讨论求解非线性问题时数值算法应注意的几个问题，最后以橡胶-金属弹簧为例说明用有限元法分析材料非线性问题的过程。

7.1　非线性方程组的解法

非线性问题有限元离散化的结果将得到下列形式的代数方程组

$$\left.\begin{aligned}\boldsymbol{K}(\boldsymbol{a})\boldsymbol{a} &= \boldsymbol{Q}\\ \boldsymbol{\psi}(\boldsymbol{a}) = \boldsymbol{P}(\boldsymbol{a}) + \boldsymbol{f} &= \boldsymbol{K}(\boldsymbol{a})\boldsymbol{a} + \boldsymbol{f} = \boldsymbol{0}\end{aligned}\right\} \tag{7-1-1}$$

其中 $\boldsymbol{f}=-\boldsymbol{Q}$。式中的参数 $\boldsymbol{a}$ 代表未知函数的近似解。

对于线性方程组 $\boldsymbol{Ka}+\boldsymbol{f}=\boldsymbol{0}$，由于 $\boldsymbol{K}$ 是常数矩阵，可以直接求解，但对于非线性方程组，由于 $\boldsymbol{K}$ 依赖于未知量 $\boldsymbol{a}$ 本身则不可能直接求解。以下将阐述借助于重复求解线性方程组以得到非线性方程组解答的一些常用方法。

7.1.1　直接迭代法

对于方程式(7-1-1)

$$\boldsymbol{K}(\boldsymbol{a})\boldsymbol{a} + \boldsymbol{f} = \boldsymbol{0}$$

假设有某个初始的试探解

$$\boldsymbol{a} = \boldsymbol{a}^0 \tag{7-1-2}$$

代入式(7-1-1)的 $\boldsymbol{K}(\boldsymbol{a})$ 中，可以求得被改进了的一次近似解

$$\boldsymbol{a}^1 = -(\boldsymbol{K}^0)^{-1}\boldsymbol{f} \tag{7-1-3}$$

其中

$$\boldsymbol{K}^0 = \boldsymbol{K}(\boldsymbol{a}^0)$$

重复上述过程，可以得到 n 次近似解

$$a^n = -(\boldsymbol{K}^{n-1})^{-1} f \tag{7-1-4}$$

一直到误差的某种范数小于某个规定的容许小量 e_r，即

$$\| e \| = \| a^n - a^{n-1} \| \leqslant e_r \tag{7-1-5}$$

上述迭代过程可以终止。

从式(7-1-3)和式(7-1-4)可以看出，直接迭代法需要假设一个初始的试探解 $\boldsymbol{a}^0$。在材料非线性问题中，$\boldsymbol{a}^0$ 一般从求解一线弹性问题得到。接下来直接迭代法的每次迭代需要计算和形成新的系数矩阵 $\boldsymbol{K}(\boldsymbol{a}^{n-1})$，并对它进行求逆计算。这里隐含着的 $\boldsymbol{K}$ 已显式地表示成 $\boldsymbol{a}$ 的函数，所以只适用于与变形历史无关的非线性问题，例如非线性弹性问题及可以利用形变理论分析的弹塑性问题。而对于依赖于变形历史的非线性问题，直接迭代法是不适用的，例如加载路径不断变化或涉及卸载及反复加载等必须利用增量理论分析的弹塑性问题。

关于直接迭代法的收敛性如图 7-1-1 可以指出，当 $P(a)$-a 是凸的情况（当 a 是标量，即系统为单自由度的，P-a 表示如图 7-1-1(a)所示），通常解是收敛的。但当 $P(a)$-a 是凹的情况（见图 7-1-1(b)），则解可能是发散的。

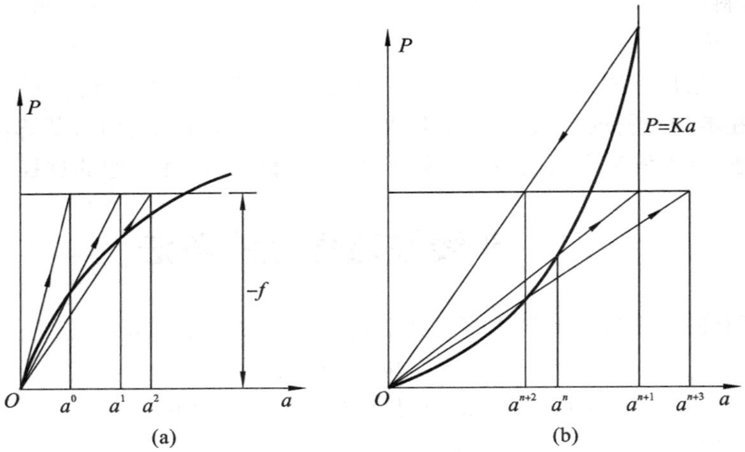

图 7-1-1　直接迭代法

(a) 收敛；(b) 发散

7.1.2　Newton-Raphson 方法（简称 N-R 方法）

如果式(7-1-1)的第 n 次近似解 $\boldsymbol{a}^n$ 已经得到，一般情况下式(7-1-1)不能精确地被满足，即 $\psi(\boldsymbol{a}^n) \neq 0$。为得到进一步的近似解 $\boldsymbol{a}^{n+1}$，可将 $\psi(\boldsymbol{a}^{n+1})$ 表示成在 $\boldsymbol{a}^n$ 附近的仅保留线性项的 Taylor 展开式，即

$$\psi(\boldsymbol{a}^{n+1}) = \psi(\boldsymbol{a}^n) + \left(\frac{\mathrm{d}\psi}{\mathrm{d}a}\right)_n \Delta \boldsymbol{a}^n = 0 \tag{7-1-6}$$

且有

$$\boldsymbol{a}^{n+1} = \boldsymbol{a}^n + \Delta \boldsymbol{a}^n \tag{7-1-7}$$

式中：$\mathrm{d}\psi/\mathrm{d}\boldsymbol{a}$ 是切线矩阵，即

$$\frac{\mathrm{d}\psi}{\mathrm{d}\boldsymbol{a}} = \frac{\mathrm{d}\boldsymbol{P}}{\mathrm{d}\boldsymbol{a}} = \boldsymbol{K}_T(\boldsymbol{a}) \tag{7-1-8}$$

于是从式(7-1-6)可以得到

$$\Delta \boldsymbol{a}^n = -(\boldsymbol{K}_T^n)^{-1}\psi^n = -(\boldsymbol{K}_T^n)^{-1}(\boldsymbol{P}^n + \boldsymbol{f}) \tag{7-1-9}$$

其中

$$\boldsymbol{K}_T^n = \boldsymbol{K}_T(\boldsymbol{a}^n), \quad \boldsymbol{P}^n = \boldsymbol{P}(\boldsymbol{a}^n)$$

由于 Taylor 展开式(7-1-6)仅取线性项，所以 $\boldsymbol{a}^{n+1}$ 仍是近似解，重复上述迭代求解过程直至满足收敛要求。

N-R 方法的求解过程如图 7-1-2 所示。一般情况下，它具有良好的收敛性。当然像图 7-1-2(b)所示的发散情况也是可能存在的。

关于 N-R 方法中的初始试探解 $\boldsymbol{a}^0$，可以简单地设 $\boldsymbol{a}^0=0$。这样一来，$\boldsymbol{K}_T^0$ 在材料非线性问题中就是弹性刚度矩阵。当然，从式(7-1-9)可以看到 N-R 方法的每次迭代也需要重新形成和求逆一个新的切线矩阵 $\boldsymbol{K}_T^n$。

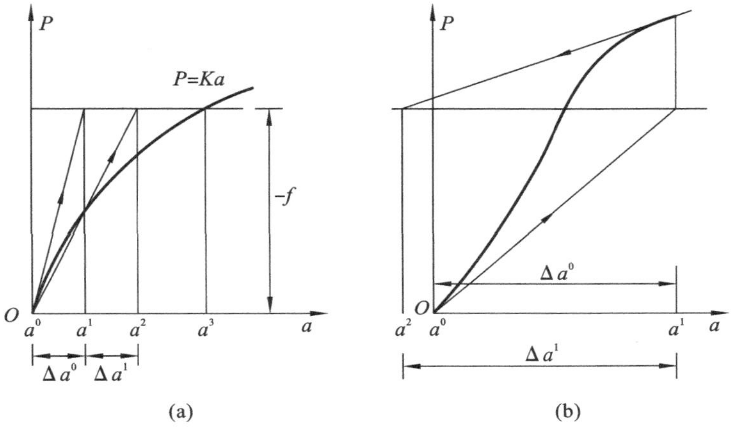

图 7-1-2　Newton-Raphson 方法

(a) 收敛；(b) 可能的发散

7.1.3　修正的 Newton-Raphson 方法(简称 mN-R 方法)

为克服 N-R 方法对于每次迭代需要重新形成并求逆一个新的切线矩阵所带来的麻烦，常常可以采用一修正的方案即 mN-R 方法。其中切线矩阵总是采用它的初始值，即令

$$\boldsymbol{K}_T^n = \boldsymbol{K}_T^0 \tag{7-1-10}$$

因此式(7-1-9)可以修正为

$$\Delta\boldsymbol{a}^n = -(\boldsymbol{K}_T^0)^{-1}(\boldsymbol{P}^n + \boldsymbol{f}) \tag{7-1-11}$$

这样一来，每次迭代求解的是一相同方程组。计算是比较经济的。虽然付出的代价是收敛速度较低，但总体上还是合算的。如和加速收敛的方法相结合，计算效率还可进一步提高。

另一种折中方案是再迭代若干次(例如 m 次)以后，更新 $\boldsymbol{K}_T$ 为 $\boldsymbol{K}_T^m$，再进行以后的迭代，在某些情况下，这种方案是很有效的。修正的 N-R 方法的算法过程可如图 7-1-3 所示。

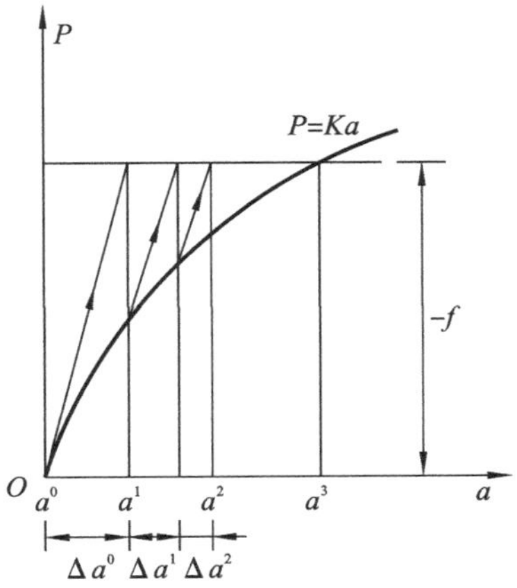

图 7-1-3　修正的 Newton-Raphson 方法

以上讨论的 N-R 法和 mN-R 法也隐含着 $\boldsymbol{K}$ 可以

显式地表示为 $\boldsymbol{a}$ 的函数。而我们将讨论的弹塑性，蠕变等材料非线性问题，一般情况下由于应力依赖于变形的历史，这时将不能用形变理论，而必须用增量理论进行分析。在此情况下，不能将 $\boldsymbol{K}$ 表示成 $\boldsymbol{a}$ 的显式函数，因而也就不能直接用上述方法求解，而需要和以下讨论的增量方法，相结合进行求解。

7.1.4 增量法

为便于理解，假设式(7-1-1)表达的是结构应力分析问题，其中 $\boldsymbol{a}$ 代表结构的位移，$-\boldsymbol{f}$ 代表结构的载荷。所谓增量解法首先将载荷分为若干步：$\boldsymbol{f}_0,\boldsymbol{f}_1,\boldsymbol{f}_2,\cdots$。相应的位移也分为若干步：$\boldsymbol{a}_0,\boldsymbol{a}_1,\boldsymbol{a}_2,\cdots$。每两步之间的增长量称为增量。增量解法的一般做法是假设第 m 步载荷 f_m 和相应的位移 a_m 已知，而后让载荷增加为 $\boldsymbol{f}_{m+1}(\boldsymbol{f}_{m+1}=\boldsymbol{f}_m+\Delta\boldsymbol{f}_m)$，再求解 $\boldsymbol{a}_{m+1}(\boldsymbol{a}_{m+1}=\boldsymbol{a}_m+\Delta\boldsymbol{a}_m)$。如果每步载荷增量 $\Delta\boldsymbol{f}_m$ 足够小，则解的收敛性是可以保证的。同时，可以得到加载过程各个阶段的中间数值结果，便于研究结构位移和应力等随载荷变化的情况。

为了说明这种方法，将式(7-1-1)改写成如下形式。

$$\psi(\boldsymbol{a})=\boldsymbol{P}(\boldsymbol{a})+\lambda\boldsymbol{f}_0=\boldsymbol{0} \tag{7-1-12}$$

其中 λ 是用以表示载荷变化的参数，式(7-1-12)对 λ 求导可以得到

$$\frac{\mathrm{d}\boldsymbol{P}}{\mathrm{d}\boldsymbol{a}}\frac{\mathrm{d}\boldsymbol{a}}{\mathrm{d}\lambda}+\boldsymbol{f}_0=\boldsymbol{K}_T\frac{\mathrm{d}\boldsymbol{a}}{\mathrm{d}\lambda}+\boldsymbol{f}_0=\boldsymbol{0} \tag{7-1-13}$$

从式(7-1-13)可以进一步得到

$$\frac{\mathrm{d}\boldsymbol{a}}{\mathrm{d}\lambda}=-\boldsymbol{K}_T^{-1}(\boldsymbol{a})\boldsymbol{f}_0 \tag{7-1-14}$$

其中 $\boldsymbol{K}_T$ 为式(7-1-8)所定义的切线矩阵。

式(7-1-14)所提出的是一典型的常微分方程组问题，可以利用很多解法求解，最简单的是 Euler 法，它可被表达为

$$\boldsymbol{a}_{m+1}-\boldsymbol{a}_m=-\boldsymbol{K}_T^{-1}(\boldsymbol{a}_m)\boldsymbol{f}_0\Delta\lambda_m=-(\boldsymbol{K}_T)_m^{-1}\Delta\boldsymbol{f}_m \tag{7-1-15}$$

其中

$$\Delta\lambda_m=\lambda_{m+1}-\lambda_m$$

$$\Delta\boldsymbol{f}_m=\boldsymbol{f}_{m+1}-\boldsymbol{f}_m$$

其他改进的积分方案(例如 Runge-Kutte 方法的各种预测校正)可以用来改进解的精度。和二阶 Runge-Kutte 方法等价的一种校正的 Euler 方法是可以采用的，即先按式(7-1-15)计算得到 $\boldsymbol{a}_{m+1}$ 的预测值，并表示为 $\boldsymbol{a}'_{m+1}$，再进一步计算 $\boldsymbol{a}_{m+1}$，改进值如下。

$$\boldsymbol{a}_{m+1}-\boldsymbol{a}_m=-(\boldsymbol{K}_T)_{m+1/2}^{-1}\Delta\boldsymbol{f}_m \tag{7-1-16}$$

其中

$$(\boldsymbol{K}_T)_{m+1/2}=\boldsymbol{K}_T(\boldsymbol{a}_{m+1/2})$$

$$\boldsymbol{a}_{m+1/2}=\frac{1}{2}(\boldsymbol{a}_m+\boldsymbol{a}'_{m+1/2})$$

利用式(7-1-16)计算得到的 $\boldsymbol{a}_{m+1}$ 较利用式(7-1-1)得到的预测值 $\boldsymbol{a}'_{m+1}$ 将有所改进。

需要指出，无论是利用式(7-1-15)还是用式(7-1-16)计算 $\boldsymbol{a}_{m+1}$ 或它的改进值，都是近似积分式(7-1-14)的结果，而未直接求解式(7-1-12)，因此所得到的 $\boldsymbol{a}_m,\boldsymbol{a}_{m+1},\cdots$ 一般情况下是不能精确满足方程式(7-1-12)的，这将导致解的漂移。而且随着增量数目的增加，这种漂移现象将越来越严重。当系统为单自由度时，用 Euler 法求解的增量方程式(7-1-1)以及解的漂移现象

如图 7-1-4 所示。

为克服解的漂移现象，并改进其精度，可采用的方法之一，是从式(7-1-16)求得 $\boldsymbol{a}_{m+1}$ 的改进值以后，将它作为新的预测值 $\boldsymbol{a}_{m+1}$，仍用式(7-1-16)再计算新的改进值，为此继续迭代，直至方程式(7-1-12)在规定的误差范围内被满足为止。但每次迭代需要重新形成新的切线刚度 $\boldsymbol{K}_T(\boldsymbol{a}_{m+1/2})$。

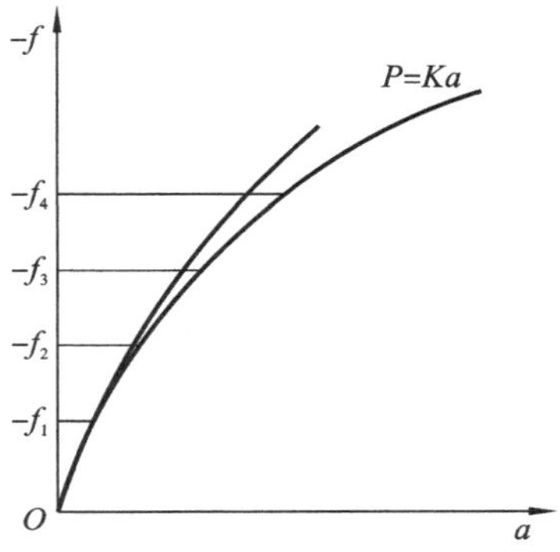

图 7-1-4　Euler 法求解增量方程和解的漂移

现在更多采用的方法，是将 N-R 方法或 mN-R 方法用于每一增量步。如采用 N-R 方法，在每一增量内进行迭代，则对于 λ 的 $m+1$ 次增量步的第 $n+1$ 次迭代可以表示为

$$\psi_{m+1}^{n+1} \equiv \boldsymbol{P}(\boldsymbol{a}_{m+1}^{n+1}) + \lambda_{m+1}\boldsymbol{f}_0 = \boldsymbol{P}(\boldsymbol{a}_{m+1}^{n}) + \lambda_{m+1}\boldsymbol{f}_0 + (\boldsymbol{K}_T^n)_{m+1}\Delta\boldsymbol{a}_{m+1}^{n} \tag{7-1-17}$$

由式(7-1-17)解出

$$\boldsymbol{a}_{m+1}^{n} = -(\boldsymbol{K}_T^n)_{m+1}^{-1}(\boldsymbol{P}(a_{m+1}^{n}) + \lambda_{m+1}\boldsymbol{f}_0) \tag{7-1-18}$$

于是得到 $\boldsymbol{a}_{m+1}$ 的第 $n+1$ 次改进值

$$\boldsymbol{a}_{m+1}^{n+1} = \boldsymbol{a}_{m+1}^{n} + \Delta\boldsymbol{a}_{m+1}^{n} \tag{7-1-19}$$

式(7-1-17)中 $(\boldsymbol{K}_T^n)$ 是 $(\boldsymbol{K}_T)_{m+1}$ 的第 n 次改进值。开始迭代时用 $\boldsymbol{a}_{m+1}^0 = \boldsymbol{a}_m$。连续地进行迭代，最后可以使得方程式(7-1-12)能够在规定误差范围内被满足。

从式(7-1-17)可见，当采用 N-R 迭代时，每次迭代后也都要重新形成和分解 $(\boldsymbol{K}_T^n)_{m+1}$，无疑工作量是很大的，因此通常采用 mN-R 方法，这时 $(\boldsymbol{K}_T^n)_{m+1} = (\boldsymbol{K}_T^0)_{m+1} = \boldsymbol{K}_T(\boldsymbol{a}_m)$。

如果式(7-1-18)只求解一次，而不继续进行迭代，则有

$$\Delta\boldsymbol{a}_{m+1} = \Delta\boldsymbol{a}_{m+1}^0 = -(\boldsymbol{K}_T)_m^{-1}(\boldsymbol{P}_m + \lambda_{m+1}\boldsymbol{f}_0) \tag{7-1-20}$$

若进一步假设在上一增量步结束时，控制方程式(7-1-12)是精确满足的，即

$$\boldsymbol{P}_m + \lambda_m\boldsymbol{f}_0 = \boldsymbol{0}$$

则

$$\Delta\boldsymbol{a}_{m+1} = -(\boldsymbol{K}_T)_m^{-1}\boldsymbol{f}_0\Delta\lambda_m \tag{7-1-21}$$

实际上，式(7-1-21)就是式(7-1-15)。而式(7-1-20)和式(7-1-21)相比不同之处在于它考虑了上一增量步中方程式(7-1-12)未精确满足的因素，将误差 $\boldsymbol{P}_m + \lambda_m\boldsymbol{f}_0$ 合并到 $\boldsymbol{f}_0\Delta\lambda_m$ 中进行求解。式(7-1-12)在结构分析中实质上是平衡方程，所以式(7-1-18)或式(7-1-20)称为考虑平衡校正的迭代算法。对于一个自由度的系统，将 N-R 法或 mN-R 法和增量法结合使用时，计算过程如图 7-1-5 所示。

7.1.5　加速收敛的方法

由前面的讨论中已知，利用 mN-R 方法求解非线性方程组时，可以避免每次迭代重新形成和求逆切线矩阵，但降低了收敛速度。特别是 P-a 曲线突然趋于平坦的情况(譬如，趋于极限载荷时结构突然变软)，收敛速度会很慢。为加速收敛速度，可以采用很多方法。这里介绍一种常用的、简单有效的 Aitken 加速法。

首先讨论单自由度系统，具体算法如图 7-1-6 所示。其中(a)、(b)分别为未采用和采用 Aitken 加速的情况。

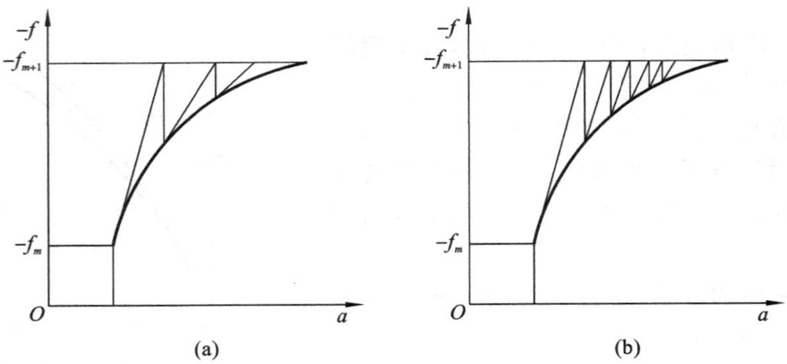

图 7-1-5　用 N-R 法和 mN-R 法解增量方程计算过程

(a) 用 N-R 法解增量方程；(b) 用 mN-R 法解增量方程

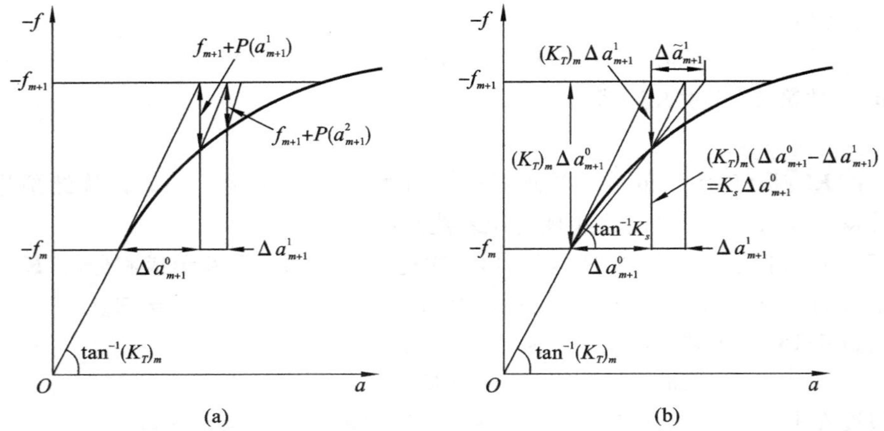

图 7-1-6　单自由度系统的加速收敛

(a) 无 Aitken 加速的 mN-R 迭代；(b) 有 Aitken 加速的 mN-R 迭代

假设 f_{m+1} 的初始试探解已知为 $a^0_{m+1}=a_m$，利用修正的 N-R 法进行迭代，求得第 1,2 次迭代后的改进解为

$$\Delta a^n_{m+1}=-(\boldsymbol{K}_T)^{-1}_m(\boldsymbol{P}(a^n_{m+1})+\boldsymbol{f}_{m+1})\quad(n=0,1)$$

$$a^{n+1}_{m+1}=a^n_{m+1}+\Delta a^n_{m+1}\tag{7-1-22}$$

在求得 Δa^1_{m+1} 以后，可以考虑寻求它的改进值 $\Delta\tilde{a}^1_{m+1}$ 以加速收敛。Aitken 方法首先利用这两次迭代的不平衡差值来估计起始切线刚度$(\boldsymbol{K}_T)_m$ 与局部割线刚度 $\boldsymbol{K}_S$ 的比值，从图 7-1-6(b)可见

$$\boldsymbol{K}_S\Delta a^0_{m+1}=(\boldsymbol{K}_T)_m(\Delta a^0_{m+1}-\Delta a^1_{m+1})$$

所以

$$\frac{(\boldsymbol{K}_T)_m}{\boldsymbol{K}_S}=\frac{\Delta a^0_{m+1}}{\Delta a^0_{m+1}-\Delta a^1_{m+1}}=a^1\tag{7-1-23}$$

然后以此比值来确定 $\Delta\tilde{a}^1_{m+1}$，即令

$$\boldsymbol{K}_S\Delta\tilde{a}^1_{m+1}=(\boldsymbol{K}_T)_m\Delta a^1_{m+1}$$

这样就得到

$$\Delta\tilde{a}_{m+1}^{1}=\frac{(\boldsymbol{K}_T)_m}{\boldsymbol{K}_S}\Delta a_{m+1}^{1}=a^1\Delta a_{m+1}^{1} \tag{7-1-24}$$

从式(7-1-23)可知 $a^1>1$,称 a^1 为加速因子。并从式(7-1-24)得到 $\Delta\tilde{a}_{m+1}^{1}>\Delta a_{m+1}^{1}$,于是 a_{m+1}^{2} 可以表示成

$$a_{m+1}^{2}=a_{m+1}^{1}+\Delta\tilde{a}_{m+1}^{1}=a_{m+1}^{1}+a^1\Delta a_{m+1}^{1} \tag{7-1-25}$$

从以上讨论可以推知,Aitken 加速收敛方法是每隔一次迭代进行一次加速,一般表示为

$$a_{m+1}^{n+2}=a_{m+1}^{n}+a_n\Delta a_{m+1}^{n} \tag{7-1-26}$$

其中

$$a_n=\begin{cases}1 & (n=0,2,\cdots)\\ \dfrac{\Delta a_{m+1}^{n+1}}{\Delta a_{m+1}^{n-1}-\Delta a_{m+1}^{n}} & (n=1,3,\cdots)\end{cases}$$

推广到 N 个自由度的系统,Aitken 方法则表示为

$$a_{m+1}^{n+1}=a_{m+1}^{n}+\alpha^n\Delta a_{m+1}^{n} \tag{7-1-27}$$

其中 $\boldsymbol{\alpha}^n$ 是对角矩阵,它的元素 α_i^n 是

$$\alpha_i^n=\begin{cases}1 & (n=0,2,\cdots)\\ \dfrac{\Delta\alpha_{i,m+1}^{n+1}}{\Delta\alpha_{i,m+1}^{n-1}-\Delta\alpha_{i,m+1}^{n}} & (n=1,3,\cdots)\end{cases} \tag{7-1-28}$$

从式(7-1-28)可见,如果对于某个自由度 i,分母项 $\Delta\alpha_{i,m+1}^{n-1}-\Delta\alpha_{i,m+1}^{n}$ 是很小的数值,这时 α_i^n 将是很大的数值,特别是当分母项趋于零,α_i^n 趋于无穷时,将很难进行计算,为避免此情况,又提出了修正的 Atiken 方法,即用一个标量代替式(7-1-28)中的对角矩阵 $\boldsymbol{\alpha}^n$ 这时

$$a_n=\begin{cases}1 & (n=0,2,\cdots)\\ \dfrac{(\Delta a_{m+1}^{n-1}-\Delta a_{m+1}^{n})^{\mathrm{T}}\Delta a_{m+1}^{n-1}}{(\Delta a_{m+1}^{n-1}-\Delta a_{m+1}^{n})^{\mathrm{T}}(\Delta a_{m+1}^{n-1}-\Delta a_{m+1}^{n})} & (n=1,3,\cdots)\end{cases} \tag{7-1-29}$$

计算实践表明,当采用 Aitken 法或修正的 Aitken 法以后,收敛速度将有很大的改进。

7.2　材料非线性的本构关系

7.2.1　材料弹塑性行为的描述

弹塑性材料进入塑性的特征是当载荷卸去后存在不可恢复的永久变形,因而在涉及卸载的情况下,应力和应变之间不再存在一一对应的关系,这是区别于非线性弹性的基本属性。

1. 单调加载

对于大多数材料存在屈服应力,应力低于屈服应力时,材料为弹性,而当应力超出屈服应力时,材料进入弹塑性状态。

当应力达到屈服应力后,应力不再增加,而材料变形可以继续增加,此时为理想弹塑性材料。

当应力达到屈服应力后,再增加变形,应力必然增加,此时为应变硬化材料。此时,应力和应变的关系为

$$\sigma_s = \sigma_s(\varepsilon_p) \tag{7-2-1}$$

应变硬化材料还可以这样理解：如果在某个大于屈服应力的应力值下卸载，然后再加载，材料重新进入塑性的应力值将高于初识的屈服应力。

2. 反向加载

对于硬化材料，在一个方向加载进入塑性后，在 $\sigma_s = \sigma_{r1}$ 时卸载，并反向加载进入新的塑性，这时新的屈服应力在数值上与初始的屈服应力不等，也不等于卸载时的应力。

各向同性硬化可以表示为 $|\sigma_{s1}| = \sigma_{r1}$，运动（随动）硬化可以表示为 $\sigma_{r1} - \sigma_{s1} = 2\sigma_{s0}$，混合硬化可以表示为 $|\sigma_{s1}| < \sigma_{r1}$、$\sigma_{r1} - \sigma_{s1} > 2\sigma_{s0}$，进入反向塑性后，应力和应变的关系不同于正向，需要根据实验重新确定。

3. 循环加载

循环加载是指在上述反向进入塑性变形以后，载荷再反转进入正向，又一次达到新的屈服点和新的塑性变形，如此反复循环。

加载分支：从载荷的反转点开始，沿此方向加载到新的屈服点，继续塑性变形到下一个载荷反转点。

等幅应变控制的循环加载，材料呈现循环硬（软）化现象，即材料硬（软）化性质增强，直至最后趋于稳定，进而得到稳定的循环应力-应变曲线。

不等幅应变控制的循环加载，材料呈现循环松弛即循环过程中平均应力不断减小，通常以趋于 0 为极限。

不等幅应力控制的循环加载，材料呈现循环蠕变即循环过程中平均应变不断增加，这种性质又称为棘轮效应。

7.2.2 塑性力学的基本法则

将上述单轴应力状态的基本概念推广到一般的应力状态，需要利用塑性力学的增量理论。

1. 初始屈服条件

此条件规定材料开始塑性变形的应力状态。对于初始各向同性的材料，在一般应力状态下开始进入塑性流动的条件是

$$F^0 = F^0(\sigma_{ij}) = 0 \tag{7-2-2}$$

式中：σ_{ij} 为应力张量；$F^0(\sigma_{ij})$ 为应力空间的超曲面。

2. 对于金属材料通常采用以下两种屈服条件

1）V-Mises 条件

$$F^0(\sigma_{ij}) = \frac{1}{2}s_{ij}s_{ij} - \frac{\sigma_{s0}^2}{3} = 0 \tag{7-2-3}$$

其中：σ_{s0} 为屈服应力；s_{ij} 为偏斜应力张量分量。

$$s_{ij} = \sigma_{ij} - \sigma_m\delta_{ij} \tag{7-2-4}$$

其中：σ_m 为平均应力，$\sigma_m = \frac{1}{3}(\sigma_{11} + \sigma_{22} + \sigma_{33})$；$\delta_{ij}$ 为 Kronercker 符号，$\delta_{ij} = \begin{cases} 1(i = j) \\ 0(i \neq j) \end{cases}$。

在三维主应力空间内，V-Mises 屈服条件为

$$F^0(\sigma_{ij}) = \frac{1}{6}[(\sigma_1 - \sigma_2)^2 + (\sigma_2 - \sigma_3)^2 + (\sigma_3 - \sigma_1)^2] - \frac{\sigma_{s0}^2}{3} = 0 \tag{7-2-5}$$

几何意义是以 $\sigma_1=\sigma_2=\sigma_3$ 为轴线的圆柱面。在过原点 O,并垂直于直线 $\sigma_1=\sigma_2=\sigma_3$ 的 π 平面上,屈服函数的轨迹为半径为 σ_{s0} 的圆周。而在 $\sigma_3=0$ 的平面上,屈服函数的轨迹是一椭圆。

2) Tresca 条件

屈服条件为

$$F^0(\sigma_{ij})=[(\sigma_1-\sigma_2)^2-\sigma_{s0}^2][(\sigma_2-\sigma_3)^2-\sigma_{s0}^2][(\sigma_3-\sigma_1)^2-\sigma_{s0}^2]=0 \tag{7-2-6}$$

几何意义是以 $\sigma_1=\sigma_2=\sigma_3$ 为轴线并内接 V-Mises 圆柱面的正六棱柱面。在 π 平面上的屈服函数的轨迹为内接 V-Mises 屈服轨迹的正六边形。

从数学角度分析,在棱边处的导数不存在,所以有限元分析通常采用 V-Mises 屈服条件。

3. 流动法则

流动法则规定塑性应变增量的分量和应力分量以及应力分量增量之间的关系。

V-Mises 流动法则假设塑性应变增量可由塑性势导出

$$\mathrm{d}\varepsilon_{ij}^p=\mathrm{d}\lambda\frac{\partial Q}{\partial\sigma_{ij}} \tag{7-2-7}$$

式中:$\mathrm{d}\varepsilon_{ij}^p$ 为塑性应变增量分量;

$\mathrm{d}\lambda$ 为待定的有限量,与材料的硬化法则有关;

Q 为塑性势函数,是应力状态和塑性应变的函数。

4. 硬化法则

硬化法则规定材料进入塑性变形后的后继屈服函数(加载函数或加载曲面)。

$$F(\sigma_{ij},\varepsilon_{ij}^p,k)=0 \tag{7-2-8}$$

式中:k 为硬化参数,依赖于变形历史。

理想弹塑性材料,因无硬化效应,后继屈服函数和初始屈服函数一致

$$F(\sigma_{ij},\varepsilon_{ij}^p,k)=F^0(\sigma_{ij})=0 \tag{7-2-9}$$

对于硬化材料,根据不同的硬化特征,采用不同的硬化法则:各向同性硬化法则、运动硬化法则、混合硬化法则。

1) 各向同性硬化法则

规定材料进入塑性后,加载曲面在各方向均匀向外扩张,而其形状、中心及其在应力空间的方位均保持不变。如 $\sigma_3=0$ 时,采用 Mises 屈服条件,后继屈服函数表示为

$$F(\sigma_{ij},k)=f-k=0 \tag{7-2-10}$$

其中:$f=\frac{1}{2}s_{ij}s_{ij}$,$k=\frac{1}{3}\sigma_s^2(\bar{\varepsilon}^p)$,$\sigma_s$ 为现时的弹塑性应力,$\bar{\varepsilon}^p$ 为等效塑性应变。

σ_s 为等效塑性应变的函数,可由单轴拉伸试验确定。

$$E^p=\frac{\mathrm{d}\sigma_s}{\mathrm{d}\bar{\varepsilon}^p} \tag{7-2-11}$$

式中:E^p 为塑性模量(硬化系数)。

它与弹性模量和切线模量的关系为

$$E^p=\frac{EE^t}{E-E^t} \tag{7-2-12}$$

式中:$E^t=\frac{\mathrm{d}\sigma}{\mathrm{d}\varepsilon}$ 为切线模量。

需要注意的是，各向同性硬化主要适用于单调加载情况。如果用于卸载，只适用于反向屈服应力和反转点应力相等的材料。

2）运动硬化法则

规定材料在进入塑性后，加载曲面在应力空间作刚体移动，其形状、大小和方位均不改变。根据 α_{ij} 的规定不同，则后继屈服函数表示为

$$F(\sigma_{ij},\alpha_{ij}) = f - k_0 = 0 \tag{7-2-13}$$

式中：α_{ij} 为加载曲面中心都在应力空间的移动张量。它与材料的硬化特性和变形历史有关。

Prager 运动硬化法则：加载面中心移动沿现时应力状态的应力点的法线方向。

Zeigler 修正运动硬化法则：加载面中心移动沿连接中心和现时应力状态的方向。

3）混合硬化法则

同时考虑各向同性硬化和运动硬化。塑性应变增量表示为

$$\mathrm{d}\varepsilon_{ij}^{p} = \mathrm{d}\varepsilon_{ij}^{p(i)} + \mathrm{d}\varepsilon_{ij}^{p(k)} \tag{7-2-14}$$

式中：$\mathrm{d}\varepsilon_{ij}^{p(i)}$ 与各向同性硬化法则相关联，$\mathrm{d}\varepsilon_{ij}^{p(i)} = M\mathrm{d}\varepsilon_{ij}^{p}$；$\mathrm{d}\varepsilon_{ij}^{p(k)}$ 与运动硬化法则相关联，$\mathrm{d}\varepsilon_{ij}^{p(k)} = (1-M)\mathrm{d}\varepsilon_{ij}^{p}$。

M 表示各向同性硬化特征在全部硬化中所占的比例即混合硬化参数，$-1<M<1$，M 为负表示材料软化情况。后继屈服函数为

$$F(\sigma_{ij},\alpha_{ij},k) = f - k = 0,\quad k = \frac{1}{3}\sigma_s^2(\bar{\varepsilon}^p,M) \tag{7-2-15}$$

4）加载、卸载准则

该准则用以判断从一塑性状态出发是继续加载还是弹性卸载，其将决定是采用弹性本构关系还是弹塑性本构关系。如 $F=0$，$\frac{\partial f}{\partial \sigma_{ij}}\mathrm{d}\sigma_{ij}>0$，则继续塑性加载；如 $F=0$，$\frac{\partial f}{\partial \sigma_{ij}}\mathrm{d}\sigma_{ij}<0$，则按弹性卸载；如 $F=0$，$\frac{\partial f}{\partial \sigma_{ij}}\mathrm{d}\sigma_{ij}=0$，则为理想塑性材料，采用塑性加载。

对于硬化材料，保持塑性状态，但不发生新的塑性流动。

理想塑性材料，采用各向同性硬化法则 $\frac{\partial f}{\partial \sigma_{ij}} = s_{ij}$；采用硬化法则和混合硬化法则的材料 $\frac{\partial f}{\partial \sigma_{ij}} = s_{ij} - \bar{\alpha}_{ij}$，其中 $\bar{\alpha}_{ij}$ 为移动张量的偏斜张量。

7.2.3 应力-应变关系

符合各向同性硬化法则的材料应力和应变增量的关系为

$$\mathrm{d}\sigma_{ij} = \boldsymbol{D}_{ijkl}^{ep}\mathrm{d}\varepsilon_{kl} \tag{7-2-16}$$

其中

$$\boldsymbol{D}_{ijkl}^{ep} = \boldsymbol{D}_{ijkl}^{e} - \boldsymbol{D}_{ijkl}^{p}$$

而塑性矩阵

$$\boldsymbol{D}_{ijkl}^{p} = \frac{\boldsymbol{D}_{ijmn}^{e}(\partial f/\partial \sigma_{mn})\boldsymbol{D}_{rskl}^{e}(\partial f/\partial \sigma_{rs})}{(\partial f/\partial \sigma_{ij})\boldsymbol{D}_{ijkl}^{e}(\partial f/\partial \sigma_{kl}) + (4/9)E^p\sigma_s^2}$$

1. 三维问题

$$\boldsymbol{\sigma} = [\sigma_x \quad \sigma_y \quad \sigma_z \quad \tau_{xy} \quad \tau_{yz} \quad \tau_{zx}]^{\mathrm{T}}$$

$$\boldsymbol{\varepsilon} = [\varepsilon_x \quad \varepsilon_y \quad \varepsilon_z \quad \gamma_{xy} \quad \gamma_{yz} \quad \gamma_{zx}]^{\mathrm{T}}$$

对于各向同性硬化材料

$$F = f - k = 0$$

$$f = \frac{1}{2}(s_x^2 + s_y^2 + s_z^2 + 2\tau_{xy}^2 + 2\tau_{yz}^2 + 2\tau_{zx}^2)$$

$$k = \frac{1}{3}\sigma_s^2$$

其中，$s_i = \sigma_i - \frac{1}{3}(\sigma_x + \sigma_y + \sigma_z)$，$i = x, y, z$。

塑性矩阵为

$$\boldsymbol{D}_p = \frac{9G^2}{\sigma_s^2(3G + E^2)}\begin{bmatrix} s_x^2 & s_x s_y & s_x s_z & s_x \tau_{xy} & s_x \tau_{yz} & s_x \tau_{zx} \\ & s_y^2 & s_y s_z & s_y \tau_{xy} & s_y \tau_{yz} & s_y \tau_{zx} \\ & & s_z^2 & s_z \tau_{xy} & s_z \tau_{yz} & s_z \tau_{zx} \\ & & & \tau_{xy}^2 & \tau_{xy}\tau_{yz} & \tau_{xy}\tau_{zx} \\ & & & & \tau_{yz}^2 & \tau_{yz}\tau_{zx} \\ & & & & & \tau_{zx}^2 \end{bmatrix} \tag{7-2-17}$$

2. 轴对称问题和平面应变问题

在轴对称问题中，

$$\boldsymbol{\sigma} = [\sigma_r \quad \sigma_z \quad \sigma_\theta \quad \tau_{rz}]^T$$

$$\boldsymbol{\varepsilon} = [\varepsilon_r \quad \varepsilon_z \quad \varepsilon_\theta \quad \gamma_{rz}]^T$$

在平面应变问题中，

$$\boldsymbol{\sigma} = [\sigma_x \quad \sigma_y \quad \sigma_z \quad \tau_{xy}]^T$$

$$\boldsymbol{\varepsilon} = [\varepsilon_x \quad \varepsilon_y \quad \varepsilon_z \quad \gamma_{xy}]^T$$

则塑性矩阵为

$$\boldsymbol{D}_p = \frac{9G^2}{\sigma_s^2(3G + E^2)}\begin{bmatrix} s_x^2 & s_x s_y & s_x s_z & s_x \tau_{xy} \\ & s_y^2 & s_y s_z & s_y \tau_{xy} \\ & & s_z^2 & s_z \tau_{xy} \\ & & & \tau_{xy}^2 \end{bmatrix} \tag{7-2-18}$$

3. 平面应力问题

$$\boldsymbol{\sigma} = [\sigma_x \quad \sigma_y \quad \tau_{xy}]^T$$

$$\boldsymbol{\varepsilon} = [\varepsilon_x \quad \varepsilon_y \quad \gamma_{xy}]^T$$

对于各向同性硬化材料

$$F = f - k = 0$$

$$f = \frac{1}{2}(s_x^2 + s_y^2 + s_z^2 + 2\tau_{xy}^2)$$

$$k = \frac{1}{3}\sigma_s^2$$

其中，$s_i = \sigma_i - \frac{1}{3}(\sigma_x + \sigma_y)$，$i = x, y, z$。

则塑性矩阵为

$$\boldsymbol{D}_{\mathrm{p}} = \frac{E}{B(1-\mu^2)}\begin{bmatrix} (s_x+\mu s_y)^2 & (s_x+\mu s_y)(s_y+\mu s_x) & (1-\mu)(s_x+\mu s_y)\tau_{xy} \\ & (s_y+\mu s_x)^2 & (1-\mu)(s_y+\mu s_x)\tau_{xy} \\ & & (1-\mu)^2\tau_{xy}^2 \end{bmatrix} \tag{7-2-19}$$

$$B = s_x^2 + s_y^2 + 2\mu s_x s_y + 2(1-\mu)\tau_{xy}^2 + \frac{2(1-\mu)E^p\sigma_s^2}{9G}$$

7.2.4 温度对本构关系的影响

(1) 随温度的升高，屈服极限降低；

(2) 随温度的升高，材料硬化特性 (E^p) 降低，并接近理想塑性；

(3) 温度对弹性模量、泊松比、线膨胀系数等材料常数有影响；

(4) 考虑蠕变效应。

应变增量表示为

$$\mathrm{d}\varepsilon_{kl} = \mathrm{d}\varepsilon_{kl}^e + \mathrm{d}\varepsilon_{kl}^p + \mathrm{d}\varepsilon_{kl}^\theta + \mathrm{d}\varepsilon_{kl}^c \tag{7-2-20}$$

考虑温度对材料常数的影响，则

$$\mathrm{d}\varepsilon_{kl}^e = C_{klij}^e \mathrm{d}\sigma_{ij} + \frac{\partial}{\partial\theta}(C_{klij}^e)\mathrm{d}\theta\sigma_{ij} = \mathrm{d}\varepsilon_{kl}^{e'} + \mathrm{d}\varepsilon_{kl}^{\theta'}$$

式中：C_{klij}^e 为弹性柔度张量；$\mathrm{d}\theta$ 为温度张量；$\mathrm{d}\varepsilon_{kl}^{e'}$ 是由应力变化引起的应变张量；$\mathrm{d}\varepsilon_{kl}^{\theta'}$ 是由弹性柔度张量引起的应变增量。$\mathrm{d}\varepsilon_{kl}^\theta$ 是温度应变增量，$\mathrm{d}\varepsilon_{kl}^c$ 是蠕变应变增量，它们的表达式如下。

$$\mathrm{d}\varepsilon_{kl}^\theta = \alpha\mathrm{d}\theta\delta_{kl}$$

$$\mathrm{d}\varepsilon_{kl}^c = \frac{3}{2\bar{\sigma}}\frac{\mathrm{d}\bar{\varepsilon}^c}{\mathrm{d}t}s_{kl}\mathrm{d}t$$

式中：α 为线膨胀系数；$\bar{\sigma}$ 为等效应力；$\bar{\varepsilon}^c$ 为等效蠕变应变；$\frac{\mathrm{d}\bar{\varepsilon}^c}{\mathrm{d}t}$ 为等效应变率。则应力和弹性应变增量关系为

$$\mathrm{d}\sigma_{ij} = D_{ijkl}^e(\mathrm{d}\varepsilon_{kl} - \mathrm{d}\varepsilon_{kl}^{\theta'} - \mathrm{d}\varepsilon_{kl}^p - \mathrm{d}\varepsilon_{kl}^\theta - \mathrm{d}\varepsilon_{kl}^c) \tag{7-2-21}$$

在考虑温度和蠕变的影响时，流动法则、硬化法则不变，屈服应力应看成温度的函数，所以对于混合硬化，后继屈服函数可以表示为

$$F(\sigma_{ij},\alpha_{ij},k) = f - k = 0$$

$$f = \frac{1}{2}(s_{ij} - \bar{\alpha}_{ij})^2$$

$$k = \frac{1}{3}\sigma_s^2(\bar{\varepsilon}^p, M, \theta)$$

则应力与应变的增量关系为

$$\mathrm{d}\sigma_{ij} = D_{ijkl}^{ep}(\mathrm{d}\varepsilon_{kl} - \mathrm{d}\varepsilon_{kl}^{\theta'} - \mathrm{d}\varepsilon_{kl}^\theta - \mathrm{d}\varepsilon_{kl}^c) + \mathrm{d}\sigma_{ij}^0 \tag{7-2-22}$$

式中：

$$D_{ijkl}^{ep} = \frac{(s_{ij} - \bar{\alpha}_{ij})^2}{[\sigma_s^2(\bar{\varepsilon}^p, M, \theta)/(9G^2)](3G + E^p)}$$

7.3　弹塑性增量分析的有限元格式

7.3.1　弹塑性问题的增量方程

由于材料和结构的弹塑性行为与加载以及变形的历史有关。在进行结构的弹塑性分析时，通常将载荷分成若干个增量，然后对于每一载荷增量，将弹塑性方程线性化，从而将弹塑性分析这一非线性问题分解为一系列线性问题。

假设在 t 时刻的载荷和位移条件下的位移 ${}^t\overline{u_i}$、应变 ${}^t\overline{\varepsilon_{ij}}$ 和应力 ${}^t\overline{\sigma_{ij}}$ 已经求得，当时间过渡到 $t+\Delta t$（在静力分析且不考虑时间效应的情况 t 和 $t+\Delta t$ 都只表示载荷的水平），载荷和位移条件有一增量，即

$$\left.\begin{aligned}{}^{t+\Delta t}\overline{F_i} &= {}^t\overline{F_i} + \Delta\overline{F_i} \quad (\text{在 } V \text{ 内})\\ {}^{t+\Delta t}\overline{T_i} &= {}^t\overline{T_i} + \Delta\overline{T_i} \quad (\text{在 } S_\sigma \text{ 内})\\ {}^{t+\Delta t}\overline{u_i} &= {}^t\overline{u_i} + \Delta\overline{u_i} \quad (\text{在 } S_u \text{ 内})\end{aligned}\right\} \tag{7-3-1}$$

现在要求解 $t+\Delta t$ 时刻的位移，应变和应力

$$\left.\begin{aligned}{}^{t+\Delta t}u_i &= {}^t u_i + \Delta u_i\\ {}^{t+\Delta t}\varepsilon_{ij} &= {}^t\varepsilon_{ij} + \Delta\varepsilon_{ij}\\ {}^{t+\Delta t}\sigma_{ij} &= {}^t\sigma_{ij} + \Delta\sigma_{ij}\end{aligned}\right\} \tag{7-3-2}$$

它们应满足的方程和边界条件如下。

平衡方程

$${}^t\sigma_{ij,j} + \sigma_{ij,j} + {}^t\overline{F_i} + \Delta\overline{F_i} = 0 \quad (\text{在 } V \text{ 内}) \tag{7-3-3}$$

应力和位移的关系

$${}^t\varepsilon_{ij} + \Delta\varepsilon_{ij} = \frac{1}{2}({}^t u_{i,j} + {}^t u_{j,i}) + \frac{1}{2}(\Delta u_{i,j} + \Delta u_{j,i}) \quad (\text{在 } V \text{ 内}) \tag{7-3-4}$$

应力和应变关系（为讨论方便起见，这里未考虑温度和蠕变的影响）

$$\Delta\sigma_{ij} = {}^\tau D_{ijkl}^{ep}\Delta\varepsilon_{kl}(t \leqslant \tau \leqslant t+\Delta t) \quad (\text{在 } V \text{ 内}) \tag{7-3-5}$$

边界条件

$${}^t T_i + \Delta T_i = {}^t\overline{T_i} + \Delta\overline{T_i} \quad (\text{在 } S_\sigma \text{ 上}) \tag{7-3-6}$$

$${}^t u_i + \Delta u_i = {}^t\overline{u_i} + \Delta\overline{u_i} \quad (\text{在 } S_u \text{ 上}) \tag{7-3-7}$$

在式(7-3-6)中

$$\begin{aligned}{}^t T_i &= {}^t\sigma_{ij}n_j\\ \Delta T_i &= \Delta\sigma_{ij}n_j\end{aligned} \tag{7-3-8}$$

需要指出，在小变形的弹塑性分析中，除应力-应变关系以外，其他方程和边界条件都是线性的。所以式(7-3-3)～式(7-3-8)中除式(7-3-5)以外都未做进一步简化。如果 ${}^t u_i$、${}^t\varepsilon_{ij}$ 和 ${}^t\sigma_{ij}$ 已精确地满足时刻 t 的各个方程和边界条件，则可以从上列方程和边界条件中消去它们。现在仍保留它们是由于按照数值求解的结果，它们不一定精确地满足方程和边界条件。这样做相当于进行一次迭代，可避免解的漂移。

至于应力-应变关系表示成式(7-3-5)，这是一种线性化处理。因为 $\Delta\sigma_{ij}$ 应通过积分得到，即

$$\Delta\sigma_{ij} = \int_t^{t+\Delta t} \mathrm{d}\sigma_{ij} = \int_t^{t+\Delta t} D_{ijkl}^{ep}\,\mathrm{d}\varepsilon_{kl} \tag{7-3-9}$$

式(7-3-9)中的 D_{ijkl}^{ep} 是 σ_{ij}，α_{ij}，$\overline{\varepsilon^p}$ 等的函数，而它们本身都是待求的未知量，所以将 $\Delta\sigma_{ij}$ 表示为式(7-3-5)是一种线性化处理。如取 ${}^{\tau}D_{ijkl}^{ep} = {}^{t}D_{ijkl}^{ep}$ 相当于最简单的 Euler 法。在弹塑性有限元分析中称为起点切线刚度法。当然还可有其他预测校正的方法以提高计算的精度和效率。

7.3.2　增量有限元格式

首先建立增量形式的虚位移原理如下：如果 $t+\Delta t$ 时刻的应力 ${}^{t}\sigma_{ij}+\Delta\sigma_{ij}$ 和体积载荷 ${}^{t}\overline{F_i}+\Delta\overline{F_i}$ 及边界载荷 ${}^{t}\overline{T_i}+\Delta\overline{T_i}$ 满足平衡条件，则此力系在满足几何协调条件的虚位移为 $\delta(\Delta u_i)$（在 V 内，$\delta(\Delta\varepsilon_{ij}) = \frac{1}{2}\delta(\Delta u_{i,j}+\Delta u_{j,i})$；在 S_u 上，$\delta(\Delta u_i)=0$）的总虚功等于 0。即

$$\int_V ({}^{t}\sigma_{ij}+\Delta\sigma_{ij})\delta(\Delta\varepsilon_{ij})\mathrm{d}V - \int_V ({}^{t}\overline{F_i}+\Delta\overline{F_i})\delta(\Delta u_i)\mathrm{d}V - \int_{S_\sigma} ({}^{t}\overline{T_i}+\Delta\overline{T_i})\delta(\Delta u_i)\mathrm{d}S = 0 \tag{7-3-10}$$

将(7-3-5)式代入上式，则可得到

$$\begin{aligned}&\int_V {}^{t}D_{ijkl}^{ep}\Delta\varepsilon_{kl}\delta(\Delta\varepsilon_{ij})\mathrm{d}V - \int_V \Delta\overline{F_i}\delta(\Delta u_i)\mathrm{d}V - \int_{S_\sigma}\Delta\overline{T_i}\delta(\Delta u_i)\mathrm{d}S \\ &= -\int_V {}^{t}\sigma_{ij}\delta(\Delta\varepsilon_{ij})\mathrm{d}V + \int_V {}^{t}\overline{F_i}\delta(\Delta u_i)\mathrm{d}V + \int_{S_\sigma} {}^{t}\overline{T_i}\delta(\Delta u_i)\mathrm{d}S\end{aligned} \tag{7-3-11}$$

或表示成矩阵形式如下

$$\begin{aligned}&\int_V \delta[(\Delta\varepsilon)^{\mathrm{T}}]{}^{t}D_{ep}\Delta\varepsilon\mathrm{d}V - \int_V \delta(\Delta u)^{\mathrm{T}}\Delta\overline{F}\mathrm{d}V - \int_{S_\sigma}\delta(\Delta u)^{\mathrm{T}}\Delta\overline{T}\mathrm{d}S \\ &= -\int_V \delta[(\Delta\varepsilon)^{\mathrm{T}}]{}^{t}\sigma\mathrm{d}V + \int_V \delta[(\Delta u)^{\mathrm{T}}]{}^{t}\overline{F}\mathrm{d}V + \int_{S_\sigma}\delta[(\Delta u)^{\mathrm{T}}]{}^{t}\overline{T}\mathrm{d}S\end{aligned} \tag{7-3-12}$$

式(7-3-12)实际上就是增量形式的最小势能原理。它的左端和全量的最小势能原理的表达式在形式上完全相同，只是将全量改为增量。式(7-3-12)的右端是考虑 ${}^{t}\sigma$ 和 ${}^{t}\overline{F}$，${}^{t}\overline{T}$ 可能不精确满足平衡而引入的校正项，也可理解为不平衡力势能（相差一负号）的变分。

基于增量形式虚位移原理有限元表达格式的建立步骤和一般全量形式的完全相同。首先将各单元内的位移增量表示成节点位移增量的插值形式

$$\Delta u = N\Delta a^e \tag{7-3-13}$$

再利用几何关系，得到

$$\Delta\varepsilon = B\Delta a^e \tag{7-3-14}$$

将以上两式代入式(7-3-12)，并由虚位移的任意性，就得到有限元的系统平衡方程

$${}^{\tau}\boldsymbol{K}_{ep}\Delta\boldsymbol{a} = \Delta\boldsymbol{Q} \tag{7-3-15}$$

其中，${}^{\tau}\boldsymbol{K}_{ep}$，$\Delta\boldsymbol{a}$，$\Delta\boldsymbol{Q}$ 分别是系统的弹塑性刚度矩阵，增量位移向量和不平衡力向量。它们分别由单元的各个对应量集成，即

$$\left.\begin{aligned}&{}^{\tau}\boldsymbol{K}_{ep} = \sum_e {}^{\tau}\boldsymbol{K}_{ep}^e,\ \Delta\boldsymbol{a} = \sum_e \Delta\boldsymbol{a}^e \\ &\Delta\boldsymbol{Q} = {}^{t+\Delta t}\boldsymbol{Q}_l - {}^{t}\boldsymbol{Q}_i = \sum_e {}^{t+\Delta t}\boldsymbol{Q}_l^e - \sum_e \boldsymbol{Q}_i^e\end{aligned}\right\} \tag{7-3-16}$$

并且

$$\left\{\begin{aligned} {}^{\tau}\boldsymbol{K}_{ep} &= \int_{V_e} (\boldsymbol{B}^{\mathrm{T}})\,{}^{t}\boldsymbol{D}_{ep}\boldsymbol{B}\,\mathrm{d}V \\ {}^{t+\Delta t}\boldsymbol{Q}_l^e &= \int_{V_e} (\boldsymbol{N}^{\mathrm{T}})\,{}^{t+\Delta t}\overline{\boldsymbol{F}}\,\mathrm{d}V + \int_{S_\sigma} (\boldsymbol{N}^{\mathrm{T}})\,{}^{t+\Delta t}\overline{\boldsymbol{T}}\,\mathrm{d}S \\ {}^{t}\boldsymbol{Q}_i^e &= \int_{V_e} (\boldsymbol{B}^{\mathrm{T}})\,{}^{t}\boldsymbol{\sigma}\,\mathrm{d}V \end{aligned}\right. \tag{7-3-17}$$

上式中 ${}^{t+\Delta t}\boldsymbol{Q}_l$，${}^{t}\boldsymbol{Q}_i$ 分别代表外加载荷向量和内力向量，所以 $\Delta\boldsymbol{Q}$ 称不平衡力向量。如果 ${}^{t}\boldsymbol{Q}_l$，${}^{t}\boldsymbol{Q}_i$ 满足平衡的要求，则 $\Delta\boldsymbol{Q}$ 表示载荷增量向量。

从式(7-3-15)解出 $\Delta\boldsymbol{a}$ 以后，利用几何关系式(7-3-14)可以得到 $\Delta\boldsymbol{\varepsilon}$，再按式(7-3-9)对本构关系进行积分可以得到 $\Delta\boldsymbol{\sigma}$，并进而得到 ${}^{t+\Delta t}\boldsymbol{\sigma} = {}^{t}\boldsymbol{\sigma} + \Delta\boldsymbol{\sigma}$。需要指出，这时如将 ${}^{t+\Delta t}\boldsymbol{\sigma}$ 代入式(7-3-1)右端，将发现

$$\begin{aligned} {}^{t+\Delta t}\boldsymbol{Q}_l - {}^{t+\Delta t}\boldsymbol{Q}_i &= \sum_e {}^{t+\Delta t}\boldsymbol{Q}_l^e - \sum_e {}^{t+\Delta t}\boldsymbol{Q}_i^e \\ &= \sum_e \left(\int_{V_e} (\boldsymbol{N}^{\mathrm{T}})\,{}^{t+\Delta t}\overline{\boldsymbol{F}}\,\mathrm{d}V + \int_{S_\sigma} (\boldsymbol{N}^{\mathrm{T}})\,{}^{t+\Delta t}\overline{\boldsymbol{T}}\,\mathrm{d}S\right) - \sum_e \int_{V_e} (\boldsymbol{B}^{\mathrm{T}})\,{}^{t+\Delta t}\boldsymbol{\sigma}\,\mathrm{d}V \end{aligned}$$

在一般情况下并不等于 0，这表明此时求得的应力 ${}^{t+\Delta t}\boldsymbol{\sigma}$ 和外载荷 ${}^{t+\Delta t}\overline{\boldsymbol{F}}$ 及 ${}^{t+\Delta t}\overline{\boldsymbol{T}}$ 尚未完全满足平衡条件，也即仍存在不平衡力向量 $\Delta\boldsymbol{Q}$。需要通过迭代，以求得新的 $\Delta\boldsymbol{a}$，$\Delta\boldsymbol{\varepsilon}$ 和 $\Delta\boldsymbol{\sigma}$ 以及 ${}^{t+\Delta t}\boldsymbol{\sigma}$，直至式(7-3-15)的右端为 0，即求得和外载荷完全满足平衡要求的应力状态为止。

从以上讨论可见，弹塑性增量有限元分析在将加载过程划分为若干增量步以后，对于每一增量步包含下列三个算法步骤：

(1) 线性化弹塑性本构关系(见式(7-3-5))，并形成增量有限元方程(见式(7-3-1))；

(2) 求解有限元方程(每个增量步或每次迭代的 ${}^{t}K_{ep}$ 都可能发生局部的变化)；

(3) 积分本构方程(见式(7-3-9))决定新的应力状态，检查平衡条件，并决定是否进行新的迭代。

上述每一步骤的算法方案和数值方法，以及载荷增量步长的选择关系到整个求解过程。方程的稳定性、精度和效率，是有限元数值方法研究的重要课题之一。以下将对其中的几个问题进行必要的讨论。

7.4　数值方法中的几个问题

7.4.1　非线性方程组的求解方案

利用第一节所讨论的非线性方程组的一般解法与材料非线性有限元分析，根据具体问题的特点，可以组成不同的求解方案。通常采用的有下列几种。

1. 无迭代的增量解法

此解法是针对每个载荷增量，求解方程式(7-3-15)。如进一步令 $\tau = t$，实际上就是式(7-1-20)所表述的 Euler 算法。由于应力应变关系线性化带来近似性，无疑地，如果要求得到足够精确的解答，必须采用足够小的载荷增量。另外，每一增量步中要重新形成和分解刚度矩阵，一般情况下的计算效率是不高的。

2. 具有变刚度迭代(N-R 迭代)的增量解法

此解法就是将式(7-1-18)和式(7-1-19)所表述的算法用于弹塑性分析的情况。此时系统求解方程式(7-3-1)可以改写成

$$ {}^{t+\Delta t}\boldsymbol{K}_{ep}^{(n)}\Delta\boldsymbol{a}^{(n)} = \Delta\boldsymbol{Q}^{(n)} \tag{7-4-1}$$

其中 n 是迭代次数，$n=0,1,2,\cdots$。

$$\left.\begin{aligned} {}^{t+\Delta t}\boldsymbol{K}_{ep}{}^{(n)} &= \sum_e\int_{V_e}(\boldsymbol{B}^{\mathrm{T}})^{t+\Delta t}\boldsymbol{D}_{ep}{}^{(n)}\,\mathrm{d}V \\ {}^{t+\Delta T}\boldsymbol{D}_{ep}{}^{(n)} &= \boldsymbol{D}_{ep}({}^{t+\Delta T}\boldsymbol{\sigma}^{(n)},{}^{t+\Delta T}\boldsymbol{\alpha}^{(n)},\overset{t+\Delta t-p(n)}{\boldsymbol{\varepsilon}}) \\ \Delta\boldsymbol{Q}^{(n)} &= {}^{t+\Delta t}\boldsymbol{Q}l - \sum_e\int_{V_e}(\boldsymbol{B}^{\mathrm{T}})^{t+\Delta T}\boldsymbol{\sigma}^{(n)}\,\mathrm{d}V \end{aligned}\right\} \tag{7-4-2}$$

且有

$$ {}^{t+\Delta t}\boldsymbol{\sigma}(0) = {}^{t}\boldsymbol{\sigma},\quad {}^{t+\Delta t}\boldsymbol{\alpha}(0)\,{}^{t}\boldsymbol{\alpha},\quad \overset{t+\Delta t-p(0)}{\boldsymbol{\varepsilon}} = \overset{t-p}{\boldsymbol{\varepsilon}} \tag{7-4-3}$$

当 $n=0$ 时，方程式(7-4-1)就是 $\tau=t$ 的式(7-3-15)。具体的迭代步骤如下。

(1) 利用式(7-4-2)计算 ${}^{t+\Delta t}\boldsymbol{K}_{ep}^{(n)}$，$\Delta\boldsymbol{Q}^{(n)}$ 形成方程组式(7-4-1)。

(2) 求解方程组式(7-4-1)，得到本次迭代的位移增量修正量。

$$\Delta\boldsymbol{a}^{(n)} = ({}^{t+\Delta t}\boldsymbol{K}_{ep}^{(n)})^{-1}\Delta\boldsymbol{Q}^{(n)} \tag{7-4-4}$$

于是得到

$$ {}^{t+\Delta t}\boldsymbol{a}^{(n+1)} = {}^{t+\Delta t}\boldsymbol{a}^{(n)} + \Delta\boldsymbol{a}^{(n)} \tag{7-4-5}$$

(3) 计算各单元应变增量和应力增量修正量。

$$\Delta\boldsymbol{\varepsilon}^{(n)} = \boldsymbol{B}\Delta\boldsymbol{a}^{(n)} \tag{7-4-6}$$

$$\Delta\boldsymbol{\sigma}^{(n)} = \int_0^{\Delta\varepsilon^{(n)'}}\boldsymbol{D}_{ep}\,\mathrm{d}\boldsymbol{\varepsilon} \tag{7-4-7}$$

其中 $\Delta\boldsymbol{\varepsilon}^{(n)'}$ 是 $\Delta\boldsymbol{\sigma}^{(n)}$ 中的弹塑性部分。关于 $\Delta\boldsymbol{\varepsilon}^{(n)'}$ 的确定和式(7-4-7)的积分计算见 7.4.3 小节。从 $\Delta\boldsymbol{\sigma}^{(n)}$ 可得

$$ {}^{t+\Delta t}\boldsymbol{\sigma}^{(n+1)} = {}^{t+\Delta t}\boldsymbol{\sigma}^{(n)} + \Delta\boldsymbol{\sigma}^{(n)} \tag{7-4-8}$$

(4) 根据收敛准则检验解是否满足收敛要求。

如已满足收敛要求，则认为此增量步内迭代已经收敛。对于每个增量步执行上述迭代，直至全部时间内的解被求得。

常用的收敛准则有

①位移收敛准则

$$\|\Delta\boldsymbol{a}^{(n)}\| \leqslant e_{r_D}\|{}^{t}\boldsymbol{a}\| \tag{7-4-9}$$

②平衡收敛准则

$$\|\Delta\boldsymbol{Q}^{(n)}\| \leqslant e_{r_F}\|\Delta\boldsymbol{Q}^{(0)}\| \tag{7-4-10}$$

③能量收敛准则

$$(\Delta\boldsymbol{a}^{(n)})^{\mathrm{T}}\Delta\boldsymbol{Q}^{(n)} \leqslant e_{r_E}((\Delta\boldsymbol{a}^{(n)})^{\mathrm{T}}\Delta\boldsymbol{Q}^{(0)}) \tag{7-4-11}$$

e_{r_D}，e_{r_F}，e_{r_E} 是规定的容许误差。关于收敛准则的选择和容许误差的规定需要考虑具体问题的特点和精度要求。

3. 具有常刚度迭代(mN-R 迭代)的增量解法

解法步骤和前一种迭代解法相同，只是刚度矩阵保持某时刻的数值。如保持为每个增量步开始时刻 t 的数值，称为起点切线刚度，这时

$$ {}^{t+\Delta t}\boldsymbol{K}_{ep}^{(n)} = {}^{t+\Delta t}\boldsymbol{K}_{ep}^{(0)} = {}^{t}\boldsymbol{K}_{ep} = \sum_{e}\int_{V_e}(\boldsymbol{B}^{\mathrm{T}})\,{}^{t}\boldsymbol{D}_{ep}\boldsymbol{B}\,\mathrm{d}V \tag{7-4-12} $$

其中，

$$ {}^{t}\boldsymbol{D}_{ep} = \boldsymbol{D}_{ep}({}^{t}\sigma, {}^{t}\alpha, \overset{t-p}{\varepsilon}) $$

如果刚度矩阵始终保持为弹性刚度矩阵，解法等效于一般的初应力法，这时

$$ {}^{t+\Delta t}\boldsymbol{K}_{ep}^{(n)} = \boldsymbol{K}_{e} = \sum_{e}\int \boldsymbol{B}^{\mathrm{T}}\boldsymbol{D}_{e}\boldsymbol{B}\,\mathrm{d}V \tag{7-4-13} $$

对于后一种常刚度迭代，刚度矩阵在整个求解过程中只要形成和分解一次。对于前一种常刚度迭代也不限制为起点切线刚度，例如先用前一增量步的刚度矩阵迭代 1～2 次以后，再形成本增量步的刚度矩阵，以及可以规定经一定的迭代次数，仍不满足收敛准则的要求，则重新形成和分解新的刚度矩阵。

以上讨论了变刚度迭代和常刚度迭代的基本步骤，但是具体采用何种求解方案，仍应根据具体问题的特点，综合考虑精度和效率两方面因素。变刚度迭代具有良好的收敛性，允许采用较大的时间步长，但每次迭代都要重新形成和分解新的刚度矩阵。而采用常刚度迭代可以节省上述计算费用，缺点是收敛速度较慢，特别在接近载荷的极限状况时，因此经常需要同时采用加速迭代的措施。另一方面在变刚度迭代中，时间步长常常也受到一些实际因素的限制，例如包含时间效应的问题（如蠕变问题、动力问题），如果解的方案是条件稳定的，时间步长必须小于某个规定的临界步长。再如对非线性本构关系线性化时，曾假定在一个时间步长内，应变向量方向不变，实际上该方向在时间步长内是变化的，对于该方向变化较快的结构和受力情况，上述假定将会带来较大的误差，因此时间步长必须限制在较小的范围内，这时采用变刚度迭代就不必要和不适合了。基于上述讨论，在一个通用的计算程序中应包含若干控制参数，以便根据具体问题的特点选择合理的求解方案。

7.4.2　载荷增量步长的自动选择

在以上的讨论中假定载荷增量（或时间步长）是事先已经规定了的。这种事先将外加载荷分为若干个规定大小的增量步进行分析的方法是最简单的、也是常用的。但是在很多情况下，这种方法是不可行的。例如由理想弹塑性材料组成的结构，当载荷到达某一极限值时，结构将发生垮塌。表现在基于小变形理论的弹塑性分析中，当载荷到达极限值时，结构的位移将可无限增长。实际分析，由于极限载荷 p_{lim} 正是待求的未知量，如采用事先规定载荷增量步长的方法进行分析，当 ${}^{t+\Delta t}P > P_{\mathrm{lim}}$ 时，将导致求解失败。因为在采用 N-R 迭代求解时，将会遇到 $\boldsymbol{K}$ 奇异的情况；而如果采用 mN-R 迭代求解，则总不能收敛。为求得比较精确的极限载荷 p_{lim}，此时可以采用的方法，是将载荷增量减小为二分之一，继续进行分析。如再遇上述求解失败的情况，则再将载荷增量减半，再继续分析。这样逐步试探地逼近 p_{lim}。无疑，这是一种麻烦而效率不高的方法。因此有必要研究载荷增量步长自动选择的方法。

在研究载荷增量步长自动选择的方法时，首先是假设载荷的分布模式是给定的，变化的只是它的幅值。在此情况下，外载荷可表示成

$$ \left.\begin{aligned} {}^{t}\overline{F} &= {}^{t}p\,\overline{F}_0, \quad {}^{t}\overline{T} = {}^{t}p\,\overline{T}_0 \\ \Delta\overline{F} &= \Delta p\,\overline{F}_0, \quad \Delta\overline{T} = \Delta p\,\overline{T}_0 \end{aligned}\right\} \tag{7-4-14} $$

相应地，结构的等效节点载荷向量也可表示成 $p(t)$

$$ {}^{t}\boldsymbol{Q}_{l} = {}^{t}p\boldsymbol{Q}_{0}, \quad \Delta\boldsymbol{Q}_{l} = \Delta p\boldsymbol{Q}_{0} \tag{7-4-15} $$

在式(7-4-14)、式(7-4-15)中，$\overline{F_0}$，$\overline{T_0}$，$\overline{Q}_0$ 分别为体积力、表面力和节点载荷的模式，p 是载荷幅值，或称载荷因子。载荷的分步实际就是 $p(t)$ 的分步。

假定对于 ${}^{t}p = p(t)$ 的解已求得，现在要确定 ${}^{t+\Delta t}p = {}^{t}p + p(t)$ 的大小。在载荷步长自动选择的求解过程中，通常 Δp 不是一次给定，而是通过多次迭代不断修正以最后确定。现约定如下表示式。

$$ {}^{t+\Delta t}p^{(n+1)} = {}^{t+\Delta t}p^{(n)} + \Delta p^{(n)} \quad (n = 0,1,2,\cdots,r) \tag{7-4-16} $$

且有

$$ \Delta p = \sum_{n=0}^{r} \Delta p^{(n)} \tag{7-4-17} $$

式中：n 是迭代次数；r 是迭代收敛的次数；$\Delta p^{(n)}$ 是 n 次迭代确定的 Δp 的修正值。${}^{t+\Delta t}p^{(n)}$ 经 $n-1$ 次迭代修正后得到的 ${}^{t+\Delta t}p$ 的数值。

现具体讨论几种常用的自动选择载荷步长的方法。

1. 规定“本步刚度参数”的变化量以控制载荷增量

此方法中，每一增量步的载荷因子增量 Δp 仍是一次确定的，但是它是通过事先规定结构在本增量步的刚度变化来控制的，这是 Bergan 等人提出的一种自动进行载荷分布的方法。此法对计算结构的极限载荷特别有效。其基本思想是对于每一载荷分步，让结构刚度的变化保持差不多的大小。

1）“本步刚度参数”的概念

第 i 增量步结构的总体刚度可用式(7-4-18)度量

$$ S_p^{(i)*} = \frac{\Delta\boldsymbol{Q}^{(i)\mathrm{T}}\Delta\boldsymbol{Q}^{(i)}}{\Delta\boldsymbol{a}^{(i)\mathrm{T}}\Delta\boldsymbol{Q}^{(i)}} \tag{7-4-18} $$

初始(全弹性)结构总体刚度的度量是

$$ S_p^{(0)*} = \frac{\boldsymbol{Q}_e^{\mathrm{T}}\boldsymbol{Q}_e}{\boldsymbol{a}_e^{\mathrm{T}}\boldsymbol{Q}_e} \tag{7-4-19} $$

其中 $\boldsymbol{Q}_e$ 和 $\boldsymbol{a}_e$ 是载荷向量和按弹性分析得到的位移向量。

用无量纲参数 $S_p^{(i)}$ 作为第 i 步的结构刚度参数

$$ S_p^{(i)} = \frac{S_p^{(i)*}}{S_p^{(0)*}} \tag{7-4-20} $$

$S_p^{(i)}$ 称为第 i 步的“本步刚度参数”，它代表结构本身的刚度性质，与载荷增量的大小无关。当结构处于完全弹性时，$S_p^{(i)} = 1$。随着载荷的增加，结构中的塑性区逐渐扩大，结构逐渐变软，$S_p^{(i)}$ 也逐渐减小。当到达极限载荷时，$S_p^{(i)} = 0$。

对于比例加载情况，如前所述，这时可记 $Q_e = p_e Q_0$，$\Delta Q^{(i)} = \Delta p_i Q_0$，于是式(7-4-20)可以简化为

$$ S_p^{(i)} = \frac{\Delta p_i}{p_e}\,\frac{a_e^{\mathrm{T}} Q_0}{\Delta a^{(i)\mathrm{T}} Q_0} \tag{7-4-21} $$

其中 p_e 是弹性极限载荷参数，Q_0 是 $p = 1$ 时的节点载荷向量(载荷模式)。

利用本步刚度参数可以使步长调整得比较合理，并可减少总的增量步数，特别适合于计算理想弹塑性材料组成的结构的极限载荷等情况。

2）增量步长的自动选择

以计算结构的极限载荷为例，利用“本步刚度参数”的规定变化量自动选择增量步长时，具

体的算法步骤如下。

(1) 求弹性极限载荷参数 p_e。

先施加任意的载荷 pQ_0，假定结构为完全弹性求解，求出结构内的最大等效应力$\vec{\boldsymbol{\sigma}}_{\max}$，则

$$p_e = p\frac{\sigma_{s0}}{\sigma_{\max}} \tag{7-4-22}$$

其中 σ_{s0} 是材料的初始屈服应力。

(2) 给定第一步载荷参数增量 Δp_1（例如取 $\Delta p_1 = p_e/N$，N 的值可以事先给定），用 $p_1 = p_e + \Delta p_1$ 求解第一增量步。

(3) 给定第二及以后各增量步的刚度参数变化的预测值 $\Delta\widetilde{S}_p$（它的大小决定步长的大小，例如可在 0.05～0.2 之间选择），并给定刚度的最小允许值 $S_p^{\min}$（到达极限载荷时 $S_p = 0$，但在计算中如 $S_p = 0$，则结构刚度矩阵奇异，所以 $S_p^{\min}$ 应为接近于 0 的小的正数），则每步载荷参数的增量为

$$\Delta p_i = \Delta p_{i-1}\frac{\min\{\Delta\widetilde{S}_p, S_p^{(i-1)} - S_p^{\min}\}}{|S_p^{(n-2)} - S_p^{(n-1)}|} \quad (i = 2,3,\cdots) \tag{7-4-23}$$

然后用 $p_i = p_{i-1} + \Delta p$ 求解第 i 载荷增量步。

在第 i 增量步的解求得以后，利用式(7-4-20)计算本步刚度参数 $S_p^{(i)}$ 和它的变化值 $\Delta S_p^{(i)} = S_p^{(i)} - S_p^{(i-1)}$，变化值 $\Delta S_p^{(i)}$ 和预测值 $\Delta\widetilde{S}_p$ 会有一定差别。所以此算法是在保持本步刚度参数变化值接近为常数条件下选择载荷增量的大小。算法的执行示意如图 7-4-1 所示。从图中可见，Δp_i 是在给定 $\Delta\widetilde{S}_p$ 情况下，利用 $\Delta p_{i-1}/|S_p^{i-2} - S_p^{i-1}|$ 线性外推得到。实际计算中，由于 $S_p \sim p$ 曲线不一定如图示那样规则，在给定 $\Delta\widetilde{S}_p$ 的情况下，可能使 Δp_i 时而过大、时而过小，影响计算的执行。此时可以利用 $S_p^{(i-3)}, S_p^{(i-2)}, S_p^{(i-1)}$ 二次外推得到 Δp_i，实际计算表明，这样确定 Δp_i 可避免上述现象，从而使最终计算结果有较大改进。

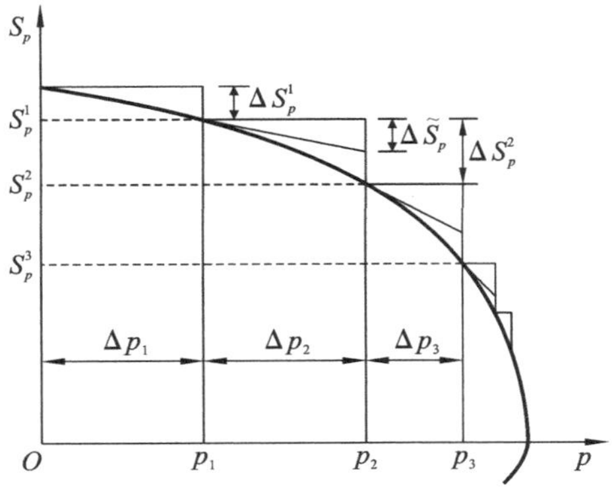

图 7-4-1　载荷的自动分步

2. 规定某个节点的位移增量以确定载荷增量

以 mN-R 迭代为例，增量迭代的有限元求解方程可以表示成

$${}^{\tau}K_{ep}\Delta a^{(n)} = \Delta Q^{(n)} \quad (n = 0,1,2,\cdots) \tag{7-4-24}$$

在载荷增量步长自动控制的求解方法中，$\Delta Q^{(n)}$ 可以表示成

$$\Delta Q^{(n)} = {}^{t+\Delta t}Q_l^{(n+1)} - {}^{t+\Delta t}Q_i^{(n)} \tag{7-4-25}$$

其中，

$$^{t+\Delta t}Q_l^{(n+1)} = {}^{t+\Delta t}Q_l^{(n)} + \Delta Q_l^{(n+1)} = ({}^{t+\Delta t}p^{(n)} + \Delta p^{(n)})Q_0 \tag{7-4-26}$$

$$^{t+\Delta t}Q_i^{(n)} = \sum_e \int_{V_e} (B^{\mathrm{T}})^{t+\Delta t}\sigma^{(n)}\mathrm{d}V \tag{7-4-27}$$

式(7-4-25)还可以改写成

$$\Delta Q^{(n)} = \Delta Q_u^{(n)} + \Delta Q_l^{(n)} = \Delta Q_u^{(n)} + \Delta p^{(n)} Q_0 \tag{7-4-28}$$

其中 $\Delta Q_u^{(n)}$ 是 $n-1$ 次迭代后得到的 $^{t+\Delta t}\sigma^{(n)}$ 和外载荷 $^{t+\Delta t}p^{(n)}Q_0$。构成的不平衡节点力向量，即

$$\Delta Q_u^{(n)} = {}^{t+\Delta t}p^{(n)}Q_0 - {}^{t+\Delta t}Q_i^{(n)} \tag{7-4-29}$$

$\Delta p^{(n)}$ 是在 n 次迭代中由某个规定的约束条件来确定的载荷因子增量 Δp 的第 n 次修正量。在现在的方法中，这约束条件就是某个节点的位移增量的大小。例如规定 Δa 中的某个分量 Δa_g 是给定的，此条件可表示为

$$\Delta a_g^{(n)} = b^{\mathrm{T}}\Delta a^{(n)} = \begin{cases} \Delta l & (n=0) \\ 0 & (n=1,2,\cdots) \end{cases} \tag{7-4-30}$$

其中 Δl 是 Δa_g 的规定值，b 是除第 g 个元素为 1，其余元素为 0 的向量。具体迭代的算法步骤如下。

(1) 计算对于节点载荷模式 Q_0 的位移模式 a_0

$$a_0 = {}^{\tau}K_{ep}^{-1}Q_0 \tag{7-4-31}$$

(2) 计算对于不平衡节点力向量 $\Delta Q_u^{(n)}$ 的位移增量修正值 $\Delta a_u^{(n)}$ 和 n 次迭代后位移增量修改值的全量 $\Delta a^{(n)}$

$$\Delta a_u^{(n)} = {}^{\tau}K_{ep}^{-1}\Delta Q_u^{(n)} \tag{7-4-32}$$

$$\Delta a^{(n)} = \Delta a_u^{(n)} + \Delta p^{(n)} a_0 \quad (n=1,2,\cdots) \tag{7-4-33}$$

其中 $\Delta p^{(n)}$ 是待定的载荷因子增量的修正值。

(3) 利用条件式(7-4-30)确定 $\Delta p^{(n)}$ 。

$$\Delta a_g = b^{\mathrm{T}}\Delta a^{(n)} = b^{\mathrm{T}}\Delta a_u^{(n)} + \Delta p^{(n)} b^{\mathrm{T}} a_0 = \begin{cases} \Delta l & (n=0) \\ 0 & (n=1,2,\cdots) \end{cases} \tag{7-4-34}$$

从式(7-4-34)中可得

$$\Delta p^{(n)} = \frac{\Delta a_g^{(n)} - b^{\mathrm{T}}\Delta a_u^{(n)}}{b^{\mathrm{T}} a_0} \tag{7-4-35}$$

这样就确定了 $\Delta p^{(n)}$，从而得到 $\Delta a^{(n)}$，$\Delta Q_l^{(n)} = \Delta p^{(n)} Q_0$ 等。

(4) 计算 $\Delta\varepsilon^{(n)}\Delta\sigma^{(n)}\Delta Q_u^{(n+1)}$ 等，并检验收敛准则的要求是否满足。如未满足，回到步骤(2)进行新的一次迭代，直至收敛准则的要求满足为止。本增量步的外载荷增量、位移增量、应力增量的结果是

$$\left.\begin{aligned} \Delta Q_l &= \sum_{n=0}^{r}\Delta Q_l^{(n)} = \sum_{n=0}^{r}\Delta p^{(n)} Q_0 \\ \Delta a &= \sum_{n=0}^{r}\Delta a^{(n)}, \Delta\sigma = \sum_{n=0}^{r}\Delta\sigma^{(n)} \end{aligned}\right\} \tag{7-4-36}$$

其中 r 为迭代收敛时的次数。

关于每一个增量步某个指定节点位移增量 Δl 本身的选择，通常的方法是第 1 个增量步可由某个给定的载荷因子增量 Δp_1（例如令 $\Delta p_1 = p_e/N$，其中 p_e 是弹性极限载荷因子，N 可取 5～10)通过求解得到 Δl_1。以后各增量步的 Δl_i 可由式(7-4-37)确定。

$$\Delta l_i = \sqrt{\frac{r_0}{r_{i-1}}}\Delta l_{i-1} \tag{7-4-37}$$

式中：Δl_{i-1} 是前一增量步的规定位移增量；r_{i-1} 是前一增量步迭代收敛的次数；r_0 是优化的迭代次数，例如取 $r_0=4\sim6$。式(7-4-37)的倾向是使在严重非线性阶段 Δl 缩短，而在接近线性阶段 Δl 加长。

实际计算表明，采用规定某个节点的位移增量以确定载荷增量步长的方法，结合采用式(7-4-37)调节位移增量的大小，计算结构的极限载荷取得了相当满意的结果。

7.4.3　弹塑性状态的决定和本构关系的积分

从上节的讨论中可以看到，增量形式有限元格式中 ${}^{\tau}D_{ep}$ 和 $\Delta Q^{(n)}$ 的确定是基于已经求得上一增量步或迭代结束时的 ${}^{t}\sigma$，${}^{t}\alpha$ 和 $\bar{\varepsilon}^{p}$，因此为了进行下一增量步或迭代的计算，需要根据本步或迭代计算得到的位移增量，决定 $\Delta\sigma$，$\Delta\alpha$，$\Delta\bar{\varepsilon}^{p}$ 等，从而得到本步或迭代结束时的弹塑性状态，即 σ，α，$\bar{\varepsilon}^{p}$ 等。这一步骤称为状态决定，它和增量方程的建立(线性化步骤)以及方程组求解一起构成了非线性分析的基本算法过程。它不仅在计算中占相当大的工作量，而且对整个计算结果的精度有很大影响，因此应当给予足够的重视。

1. 决定弹塑性状态的一般算法步骤

在每一增量步或每次迭代，求得位移增量或其修正量 Δu 以后，决定新的弹塑性状态的基本步骤如下。

(1) 利用几何关系计算应变增量(或其修正量)

$$\Delta\varepsilon = B\Delta a$$

(2) 按弹性关系计算应力增量的预测值以及应力的预测值

$$\Delta\tilde{\sigma} = D_e\Delta\varepsilon \tag{7-4-38}$$

$${}^{t+\Delta t}\tilde{\sigma} = {}^{t}\sigma + \Delta\tilde{\sigma} \tag{7-4-39}$$

其中 ${}^{t}\sigma$ 是上一增量步(即 $i-1$ 步)结束时的应力值。

(3) 按单元内各个积分点计算 D 的预测值

计算屈服函数值 $F({}^{t+\Delta t}\tilde{\sigma},{}^{t}\alpha,{}^{t}\bar{\varepsilon}^{p})$，然后区分三种情况。

①若 $F({}^{t+\Delta t}\tilde{\sigma},{}^{t}\alpha,{}^{t}\bar{\varepsilon}^{p})\leqslant 0$，则该积分点为弹性加载，或由塑性按弹性卸载，这时均有

$$\Delta\sigma = \Delta\tilde{\sigma} \tag{7-4-40}$$

②若 $F({}^{t+\Delta t}\tilde{\sigma},{}^{t}\alpha,{}^{t}\bar{\varepsilon}^{p})>0$ 且 $F({}^{t}\tilde{\sigma},{}^{t}\alpha,{}^{t}\bar{\varepsilon}^{p})<0$，则该积分点为由弹性进入塑性的过渡情况，应由

$$F({}^{t}\sigma + m\Delta\tilde{\sigma},{}^{t}\alpha,{}^{t}\bar{\varepsilon}^{p}) = 0 \tag{7-4-41}$$

计算比例因子 m。式(7-4-41)隐含着假设在增量过程中应变成比例的变化。计算 m 是为确定应力到达屈服面的时刻。采用 Mises 屈服准则时，m 是下列二次方程的解

$$a_2m^2 + a_1m + a_0 = 0 \tag{7-4-42}$$

其中，

$$a_2 = \frac{1}{2}\Delta\tilde{S}^{T}\Delta\tilde{S},\quad a_1 = ({}^{t}S - {}^{t}\alpha)^{T}\Delta\tilde{S},\quad a_0 = F({}^{t}\sigma,{}^{t}\alpha,{}^{t}\bar{\varepsilon}^{p}) \tag{7-4-43}$$

对于各向同性硬化情况，$\alpha\equiv0$。因为 ${}^{t}\sigma$ 总是在屈服曲面上或屈服曲面之内，所以常数 $a_0\leqslant 0$，同时 $a_2>0$，m 必须取正值，所以

$$m = (-a_1 + \sqrt{a_1^2 - 4a_0a_2})/2a_2 \tag{7-4-44}$$

③若 $F({}^{t+\Delta t}\tilde{\sigma}, {}^t\alpha, \overset{t-p}{\varepsilon}) > 0$ 且 $F({}^t\sigma, {}^t\alpha, {}^t\varepsilon^p) = 0$，则该积分点为塑性继续加载，这时令 $m=0$。

对于②、③两种情况，均有对应于弹塑性部分的应变增量

$$\Delta\varepsilon' = (1-m)\Delta\varepsilon \tag{7-4-45}$$

计算弹塑性部分应力增量

$$\Delta\sigma' = \int_0^{\Delta\varepsilon'} D_{ep}(\sigma, \alpha, \overset{-p}{\varepsilon})\mathrm{d}\varepsilon \tag{7-4-46}$$

一般情况下用数值积分方法进行此积分，在积分过程中可以同时得到 $\Delta\alpha, \Delta\varepsilon^{-p}$。

计算本增步或迭代结束时刻的 ${}^{t+\Delta t}\sigma, {}^{t+\Delta t}\alpha, \overset{t+\Delta t-p}{\varepsilon}$

$${}^{t+\Delta t}\sigma = {}^t\sigma + m\Delta\sigma + \sigma', {}^{t+\Delta t}\alpha = {}^t\alpha + \Delta\alpha, \overset{t+\Delta t-p}{\varepsilon} = \overset{t-p}{\varepsilon} + \Delta\overset{-p}{\varepsilon} \tag{7-4-47}$$

2. 本构关系的积分

关于本构关系的积分式(7-4-46)，对于其中的某些情况，已经获得了解析解或解析的近似解，例如 Key 得到了理想弹塑性本构关系的解析解。运动硬化材料本构关系的解析解和各向同性硬化材料本构关系的以 $E^p/(3G+E^p)$ 为小参数的渐近解，近年来都已获得。它们用于实际计算取得较好的结果，即以较小的工作量得到较精确的结果。但是现有的计算程序中仍都采用数值积分方法，其中采用最多的是切向预测径向返回的子增量法。另外，广义中点法近年来也受到较多的重视。现对这两种方法做一较详细的介绍。

1）切向预测径向返回子增量法

所谓切向预测就是将 Euler 方法用于式(7-4-46)，得到应力增量的预测值，即

$$\Delta\tilde{\sigma} = D_{ep}({}^t\sigma, {}^t\alpha, {}^tE^p)\Delta\varepsilon \tag{7-4-48}$$

进一步得到应力的预测值

$${}^{t+\Delta t}\tilde{\sigma} = {}^t\sigma + \Delta\tilde{\sigma} \tag{7-4-49}$$

同时还可以得到

$$\Delta\tilde{\varepsilon}^p = \frac{2}{3}\Delta\lambda\sigma_s \tag{7-4-50}$$

$$\Delta\tilde{\alpha} = \frac{2}{3}E^p(1-M)\Delta\lambda({}^ts - {}^t\alpha) \quad \text{(Prager 法则)} \tag{7-4-51}$$

$$\Delta\tilde{\alpha} = \frac{2}{3}E^p(1-M)\Delta\lambda({}^t\sigma - {}^t\alpha) \quad \text{(Zeigler 法则)} \tag{7-4-52}$$

其中

$$\left.\begin{aligned} \Delta\lambda &= \frac{(\partial f/\partial\sigma)^{\mathrm{T}}D_e\Delta\varepsilon}{(\partial f/\partial\sigma)^{\mathrm{T}}D_e(\partial f/\partial\sigma) + (4/9)\sigma_s^2E^p} \\ \sigma_s &= \sigma_s(\overset{t-p}{\varepsilon}, M) = \sigma_{s0} + M[\sigma_s(\overset{t-p}{\varepsilon}) - \sigma_{s0}] \end{aligned}\right\} \tag{7-4-53}$$

并且有

$$\left.\begin{aligned} {}^{t+\Delta t}\bar{\varepsilon}p &= \overset{t-p}{\varepsilon} + \Delta\overset{-p}{\varepsilon} \\ {}^{t+\Delta t}\tilde{\alpha} &= {}^t\tilde{\alpha} + \Delta\tilde{\alpha} \end{aligned}\right\} \tag{7-4-54}$$

以上各式是对于混合硬化的一般情况给出的，对于各向同性硬化，$M=1$；对于运动硬化，$M=0$。

因为式(7-4-50)所表达的算法是显式的 Euler 方法，其中的 $D_{ep}({}^t\sigma, {}^t\alpha, \overset{t-p}{\varepsilon})$ 是起点切线刚

度，所以 $\Delta\tilde{\sigma}$ 是在加载曲面的切线方向。同时由于加载曲面是外凸的，因此 ${}^{t+\Delta t}\tilde{\alpha}$ 总是在加载曲面之外。但是屈服准则要求应力 ${}^{t+\Delta t}\sigma$ 只能在加载曲面之上或者之内，所以常需再采用径向返回的方法以求得满足屈服条件的 ${}^{t+\Delta t}\sigma$ 和 ${}^{t+\Delta t}\alpha$。具体做法是令

$$\left.\begin{aligned} {}^{t+\Delta t}\sigma &= r^{t+\Delta t}\tilde{\sigma} \\ {}^{t+\Delta t}\alpha &= r^{t+\Delta t}\tilde{\alpha} \end{aligned}\right\} \tag{7-4-55}$$

其中 r 是比例因子，它由

$$F({}^{t+\Delta t}\sigma, {}^{t+\Delta t}\alpha, \overset{t+\Delta t-p}{\varepsilon}) = 0 \tag{7-4-56}$$

得到

$$r = \left\{\frac{2}{3}\sigma_s^2(\overset{t+\Delta t-p}{\varepsilon}, M)/[({}^{t+\Delta t}\widetilde{S} - {}^{t+\Delta t}\tilde{\alpha})^T({}^{t+\Delta t}\widetilde{S} - {}^{t+\Delta t}\tilde{\alpha})]\right\}^{\frac{1}{2}} \tag{7-4-57}$$

应当指出，虽然经过校正以后得到的 ${}^{t+\Delta t}\sigma$ 是位于屈服曲面上的，但因为假设应变增量 $\Delta\varepsilon$ 和等效塑性应变 $\overset{t+\Delta t-p}{\varepsilon}$ 均保持不变，所以这样的弹塑性状态并不是完全一致的。显然这种不一致性随增量步长的增加而增加。为减小由于这种不一致引起的误差，可将上述方法和子增量法相结合。

所谓子增量法，是将总的应变增量分成若干个子增量。对于每个子增量利用上述的状态决定方法。每一个子增量结束时的弹塑性状态作为下一个子增量的初始状态。显然子增量法将提高计算精度，加快后继迭代的收敛速度。但是子增量数目的增加使得计算量也相应地增加，因此恰当地决定子增量数目是很重要的。

以下两种决定子增量数的方法是比较合理的。

(1) 根据弹性应变偏量增量的大小 $\Delta\overset{-\varepsilon}{e}$ 确定子增量数 N，即

$$N = 1 + \frac{\Delta\overset{-\varepsilon}{e}}{M} \tag{7-4-58}$$

式中的 M 根据计算精度的要求加以选择，Bushnell 的计算经验认为取 $M=0.002$ 就可得到较满意的结果。式(7-4-58)中的 $\Delta\overset{-\varepsilon}{e}$ 由

$$\Delta\overset{-\varepsilon}{e} = \left(\frac{2}{3}\Delta e_{ij}^e \Delta e_{ij}^e\right)^{\frac{1}{2}} \tag{7-4-59}$$

决定，其中

$$\Delta e_{ij}^e = \Delta e_{ij} - \Delta\varepsilon_{ij}^p = \Delta e_{ij} - \Delta\lambda\frac{\partial f}{\partial\sigma_{ij}} \tag{7-4-60}$$

$$\Delta e_{ij} = \Delta\varepsilon_{ij} - \frac{1}{3}(\Delta\varepsilon_{11} + \Delta\varepsilon_{22} + \Delta\varepsilon_{33}) \tag{7-4-61}$$

式(7-4-60)中的 $\Delta\lambda$ 是 $\mathrm{d}\lambda$ 表达式中 $\mathrm{d}\varepsilon_{ij}$ 改为 $\Delta\varepsilon_{ij}$ 的结果。$\mathrm{d}\lambda$、f 根据材料硬化情况采用 7.2 节中的各自表达式。

(2) 根据此增量步开始时的应力偏量 s_{ij}^c 和增量步结束时的弹性预测应力偏量 s_{ij}^F 之间的夹角 ψ 确定子增量数 N，即

$$N = 1 + \frac{\psi}{k} \tag{7-4-62}$$

其中

$$\psi = \cos^{-1}\left[\frac{s_{ij}^c s_{ij}^F}{(s_{ij}^c s_{ij}^c)^{\frac{1}{2}}(s_{ij}^F s_{ij}^F)^{\frac{1}{2}}}\right] \tag{7-4-63}$$

式(7-4-62)中的 k 根据计算精度的要求而定。我们的计算经验表明，当 $k=0.01$ 时，式(7-4-46)的积分精度可保持在1%左右。

以上两种确定子增量数目的方法之所以比较合理，是因为它们都是按应变偏量增量的弹性部分 Δe_{ij}^{e} 的大小来决定子增量数的，而 Δe_{ij}^{e} 是导致应力点偏离屈服曲面的主要原因。如果它是零，表明应变偏量增量全部是塑性，这时根据切向预测法计算出来的应力将可保持在屈服面上，因此不必将 $\Delta\varepsilon_{ij}$ 再划分为若干子增量和采用子增量法进行计算。

如上所述，切向预测是基于显式的 Euler 方法，为使应力的结果保持在屈服面上，通常必须采用径向返回这种人为的强制方法，而进一步和子增量法相结合，不过是使人为强制方法所造成的不一致性尽量减小。虽然当子增量数无限增加时，切向预测径向返回子增量法可以逼近理论上精确解的结果，但是毕竟会使计算量过分增加，因此近年来基于隐式算法的广义中心点受到更多的重视。

2）广义中点法

为一般化起见，仍以混合硬化材料的本构关系为例，导出广义中点法数值积分的算法步骤。现假定 ${}^{t}\sigma_{ij}$，${}^{t}\alpha_{ij}$，$\overset{t-p}{\varepsilon}$ 已知，决定 ${}^{t+\Delta t}\sigma_{ij}={}^{t}\sigma_{ij}+\Delta\sigma_{ij}$，${}^{t+\Delta t}\alpha_{ij}={}^{t}\alpha_{ij}+\Delta\alpha_{ij}$，$\overset{t+\Delta t-p}{\varepsilon}=\overset{t-p}{\varepsilon}+\Delta\overset{t-p}{\varepsilon}$ 等状态量的基本公式是

$$\Delta\sigma_{ij}=D_{ijkl}^{e}(\Delta\varepsilon_{kl}-\Delta\varepsilon_{kl}^{p}) \tag{7-4-64}$$

$$\Delta\varepsilon_{ij}^{p}=\Delta\lambda[(1-\theta){}^{t}A_{ij}+\theta{}^{t+\Delta t}A_{ij}] \tag{7-4-65}$$

$$\begin{aligned}\Delta\varepsilon^{-p}&=\left(\frac{2}{3}\Delta\varepsilon_{ij}^{p}\Delta\varepsilon_{ij}^{p}\right)^{\frac{1}{2}}\\&=\Delta\lambda\left\{\frac{2}{3}[(1-\theta){}^{t}A_{ij}+\theta{}^{t+\Delta t}A_{ij}][(1-\theta){}^{t}A_{ij}+\theta{}^{t+\Delta t}A_{ij}]\right\}^{\frac{1}{2}}\end{aligned} \tag{7-4-66}$$

$$\Delta\alpha_{ij}=\frac{2}{3}E^{p}(1-M)\Delta\lambda[(1-\theta){}^{t}A_{ij}+\theta{}^{t+\Delta t}A_{ij}] \tag{7-4-67}$$

$$F({}^{t+\Delta t}\sigma_{ij},{}^{t+\Delta t}\alpha_{ij},\overset{t+\Delta t-p}{\varepsilon},M)=\frac{1}{2}{}^{t+\Delta t}A_{ij}{}^{t+\Delta t}A_{ij}-\frac{1}{3}\sigma_{s}^{2}(\overset{t+\Delta t-p}{\varepsilon},M)=0 \tag{7-4-68}$$

其中

$$A_{ij}=S_{ij}-\alpha_{ij}\quad(0\leqslant\theta\leqslant1)$$

当 $\theta=0$，式(7-4-65)～式(7-4-68)右端将不包含未知量 ${}^{t+\Delta t}A_{ij}$，算法是显式的。此时它相当于前面讨论的切向预测径向返回方法。当 $\theta>0$，算法是隐式的。当 $\theta\geqslant\frac{1}{2}$，算法是无条件稳定的，而且与屈服面的形状无关，所以这是通常采用的。θ 的具体取值，根据问题的载荷特点和应变增量的大小及方向的不同而与计算结果的精度关联着。对于小的应变增量，$\theta=\frac{1}{2}$ 可得到较高的精度，而一般情况，$\theta=0.7$ 或 0.8 可以得到较好的结果。

需要指出的是，以上各式中的未知量 ${}^{t+\Delta t}A_{ij}$ 实际上可以归结为一个待定的标量 $\Delta\lambda$（现不同于式(7-4-53)中已是确定量的 $\Delta\lambda$），它最后通过一致性条件式(7-4-68)解出。为导出求解 $\Delta\lambda$ 的方程，首先从式(7-4-64)可得

$$\Delta S_{ij}=2G(\Delta e_{ij}-\Delta\varepsilon_{ij}^{p}) \tag{7-4-69}$$

其中

$$\Delta e_{ij}=\Delta\varepsilon_{ij}-\varepsilon_{m},\varepsilon_{m}=\frac{1}{3}\varepsilon_{ii}$$

又因为

$$^{t+\Delta t}A_{ij} = {}^{t+\Delta t}S_{ij} - {}^{t+\Delta t}\alpha_{ij} = {}^{t}A_{ij} + \Delta S_{ij} - \Delta\alpha_{ij} \tag{7-4-70}$$

将式(7-4-67)和式(7-4-69)式代入式(7-4-70)，可以得到

$$^{t+\Delta t}A_{ij} = \frac{^{t}A_{ij}^{*} - c_1^t A_{ij}\Delta\lambda}{1 + c_2\Delta\lambda} \tag{7-4-71}$$

其中

$$^{t}A_{ij}^{*} = {}^{t}A_{ij} + 2G\Delta e_{ij}$$

$$C_1 = C_3(1-\theta), C_2 = C_3\theta$$

$$C_3 = 2G + \frac{2}{3}E^p(1-m)$$

注意到式(7-4-68)中

$$\begin{aligned}\sigma_s(\overset{t+\Delta t-p}{\varepsilon}, M) &= \sigma_{s0} + M[\sigma_s(\overset{t+\Delta t-p}{\varepsilon}) - \sigma_{s0}] \\ &= (1-M)\sigma_{s0} + M\sigma_s(\overset{t-p}{\varepsilon} + \Delta\overset{-p}{\varepsilon})\end{aligned} \tag{7-4-72}$$

将式(7-4-71)和式(7-4-72)代入式(7-4-68)，就可得到用以确定 $\Delta\lambda$ 的非线性方程

$$\begin{aligned}&\left|\frac{^{t}A_{ij}^{*} - C_1^t A_{ij}\Delta\lambda}{1 + C_2\Delta\lambda}\right|^2 \\ &- \frac{2}{3}\left\{(1-M)\sigma_{s0} + M\sigma_s\left[\overset{t-p}{\varepsilon} + \sqrt{\frac{2}{3}}\Delta\lambda\left|(1-\theta)^t A_{ij} + \theta\frac{^{t}A_{ij}^{*} - C_1^t A_{ij}\Delta\lambda}{1 + C_2\Delta\lambda}\right|\right]\right\}^2 \\ &= 0\end{aligned} \tag{7-4-73}$$

其中，$|x_{ij}| = (x_{ij}x_{ij})^{\frac{1}{2}}$，$\sigma_s(\overset{t+\Delta t-p}{\varepsilon})$ 的函数形式由材料应力应变曲线确定。上述非线性方程通常需要利用数值方法求解，例如利用 N-R 方法或二分法迭代求解。由于方程只包含一个未知量，计算工作量很小。当求得 $\Delta\lambda$ 以后，代回以前各式中，可以得到新的状态量 $^{t+\Delta t}\sigma$，$^{t+\Delta t}\alpha$，$\overset{t+\Delta t-p}{\varepsilon}$ 等。

当式(7-4-73)中的 $M=1$ 或 0 时，分别代表各向同性硬化和运动硬化情况，这时式(7-4-73)可以适当简化。对于某些进一步简化情况，从该式可以得到 $\Delta\lambda$ 的解析解。例如 $M=1, \theta=1$，并且材料呈线性硬化性质，$\sigma_s = \sigma_{s0} + k\overset{-p}{\varepsilon}$。这时从该式可以方便地得到

$$\Delta\lambda = \frac{\bar{\sigma}^{*} - \sigma_{s0} - k\overset{t-p}{\varepsilon}}{2G(\sigma_{s0} + k\overset{t-p}{\varepsilon}) + \frac{2}{3}k\bar{\sigma}^{*}} \tag{7-4-74}$$

其中

$$\bar{\sigma}^{*} = \sqrt{\frac{3}{2}}\,|{}^{t}S_{ij}^{*}| = \sqrt{\frac{3}{2}}\,|{}^{t}S_{ij} + 2G\Delta e_{ij}|$$

如前所述，广义中心点是隐式算法，可以避免切向预测法中所包含的不一致性，因此不需要径向返回的步骤。同时在 $\theta \geqslant \frac{1}{2}$ 时，通常不需要采用子增量方法，即可达到工程所要求的计算精度，因此广义中心法近年来受到广泛的重视，并被很多研究工作所采用。但是也正如前面所指出的，它的计算精度不仅与 θ 的取值有关，而且与问题的载荷特点及载荷增量的大小有关。有时为达到一定的精度要求，需要通过多次的试验和比较，这是数值方法的共同特点。

由于本构方程的积分，在每一增量步的每一次迭代以后，对于单元内的每一高斯积分点都要进行，不仅计算工作量很大，而且影响到整个解的稳定性和可靠性，因此本构方程积分方案的研究一直受到广泛的重视。目前有的工作中提出了理想弹塑性、运动硬化及各向同性材料本构方程的精确积分或渐近积分，在精度和效率上显著改进了现行的数值积分方法。最近 H. K. Hong 等人进一步研究了热弹塑性本构方程的积分方案。他们将问题归结为标量的初值问题，虽然仍需要利用 Runge-Kutta 数值积分方法求解。但是在同样精度要求条件下，计算效率较之前述的数值积分方案有大幅度的提高。有兴趣的读者可参考有关文章。

7.4.4　单元刚度矩阵的数值积分

关于弹塑性刚度矩阵的数值积分，除了在讨论如何选择弹性刚度矩阵数值积分的阶次时所提出的一般原则仍然适用而外，还有一些新的因素需要考虑。

首先是单元刚度矩阵 $\int_{V_e}(\boldsymbol{B}^{\mathrm{T}})\,{}^{\tau}\boldsymbol{D}\boldsymbol{B}\,\mathrm{d}V$ 中本构关系矩阵 ${}^{\tau}\boldsymbol{D}$ 不再是常数，这就提高了被积函数 $(\boldsymbol{B}^{\mathrm{T}})\,{}^{\tau}\boldsymbol{D}\boldsymbol{B}$ 的阶次。为了保证积分的精度，数值积分的阶次应作相应的提高。通常弹塑性刚度矩阵的积分阶次要比弹性刚度矩阵高 1～2 阶。

有时还应考虑的另一因素是，通常情况下总是单元边界的材料先进入塑性。但是 Gauss 积分方法不包含布置在边界上的积分点，因此采用 Gauss 积分方法将不能准确地判断单元开始进入塑性的时刻，从而影响计算的精度。当必须考虑此因素时，可以采用 Labatto 积分方法，它是一种利用不等间距内插且包括边界积分点的数值积分方法。Labatto 方法的求积公式如下。

$$\int_{-1}^{1} f(\xi)\mathrm{d}\xi = \lambda_1^{(n)} f(-1) + \sum_{k=2}^{n-1}\lambda_k^{(n)} f(\xi_k^{(n)}) + \lambda_n^{(n)} f(1) \tag{7-4-75}$$

其中，n 是积分阶数，(－1,1)是积分的区间。

7.5　橡胶-金属弹簧模型的静力学分析

7.5.1　橡胶-金属弹簧模型的 ABAQUS 有限元仿真

在工程实际中，材料非线性问题和试件的力学性能有密切的关系，所以在实际实验或者仿真计算的时候考虑材料非线性非常重要。众所周知，生活中有很多振动会对机械、航空航天、船舶和汽车等领域产生不良影响。因此隔振器应运而生，通过特殊的结构设计和材料线性和非线性的混合应用，可以实现很好的隔振效果，在航空航天、船舶和汽车等领域得到广泛应用(见图 7-5-1)。国内外诸多学者的研究发现，橡胶金属隔振器具有良好的性能。通过一个橡胶-金属隔振器的静力学分析将加深读者对材料非线性的理解，与此同时也对材料非线性和工程有限元的结合有进一步的学习。

本节选用某橡胶-金属弹簧模型对其进行静力学分析且得出力与位移关系曲线。隔振器实体模型及其示意图如图 7-5-2 所示。

启动 ABAQUS/CAE，进入部件功能模块建立模型如图 7-5-3 所示模型。进入属性功能

图 7-5-1　隔振器的常见应用领域

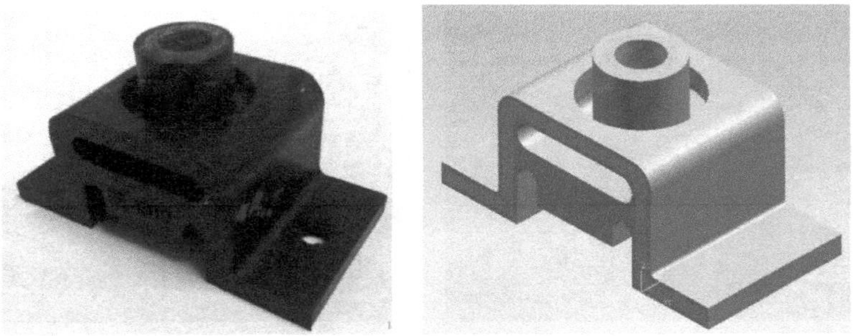

图 7-5-2　隔振器原型

模块，分别给钢材部分和橡胶部分赋予它们对应的材料属性，橡胶属性较为复杂这里不作赘述。创建截面属性，并将截面属性赋予整个隔振器模型。进入装配功能模块将模型装配，随后，创建分析步与输出变量。在载荷模块中，在隔振器底部创建一个约束 U1、U3 和 UR2 三个自由度的边界条件，而在隔振器上部施加载荷。结合本例的几何形状与材料分布情况，采用“四边形为主”的单元形状和进阶算法计算，选用 CPS4R 类型单元，最后网格划分结果如图 7-5-4所示。

提交作业后，计算完成。在场输出中，输出云图分布，结果如图 7-5-5(a)、7-5-5(b)、7-5-5(c)、7-5-5(d)分别为所加负载为 40 N、80 N、120 N、160 N 时，系统的应力云图和变形图。图 7-5-6 为负载为 160 N 时橡胶的应力图。由图可知，在静力学分析中，随着负载的加大，应力数值将变大但是总体影响相差甚小，其中更主要承载体现在刚体上即在静力学分析中刚体应力远大于橡胶。

图 7-5-7、图 7-5-8 分别为系统的力与位移的曲线、刚度与位移的曲线。从图 7-5-8 中我们可以看出该隔振的刚度约为 45 N/mm。由于橡胶材料的设定不准确，该刚度在误差范围内。

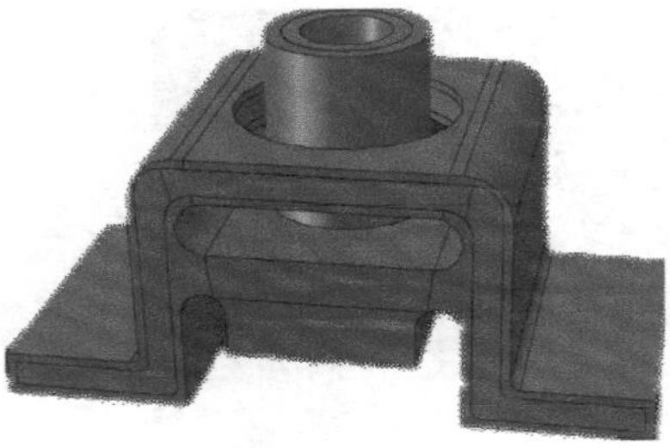

图 7-5-3　计算模型

图 7-5-4　网格模型

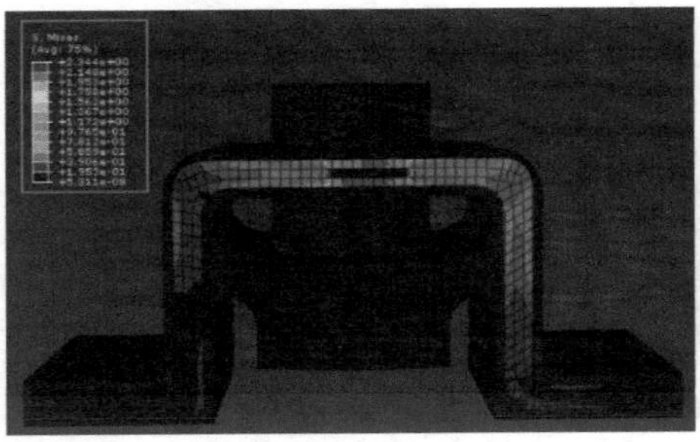

(a)

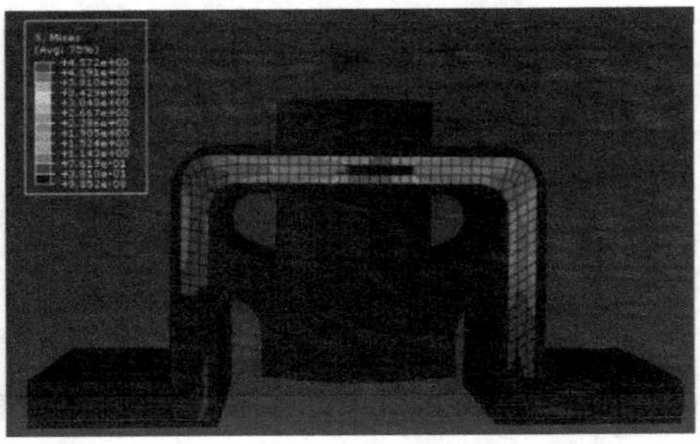

(b)

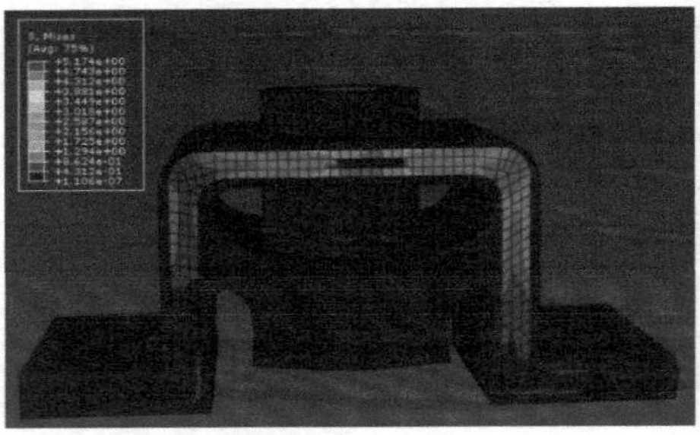

(c)

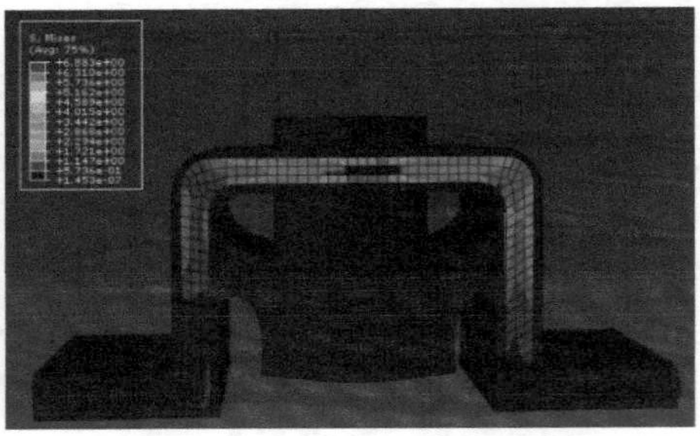

(d)

图 7-5-5　应力分布变形图

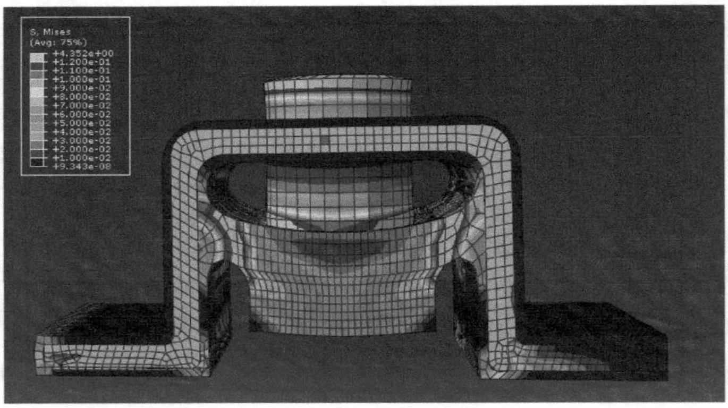

图 7-5-6　负载为 160 N 时橡胶的应力分布变形图(刚体应力远大于橡胶应力)

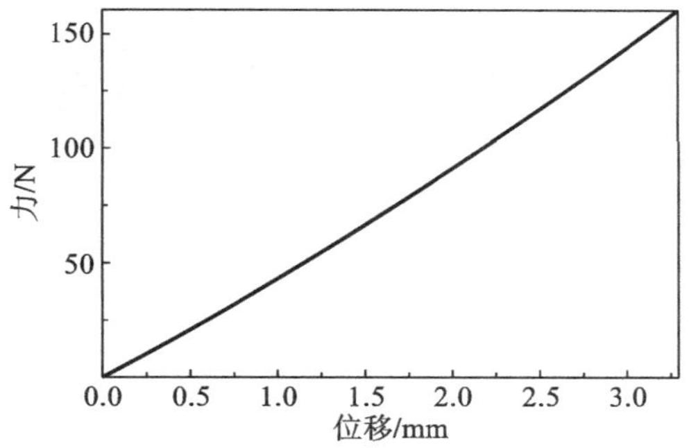

图 7-5-7　力与位移关系曲线图

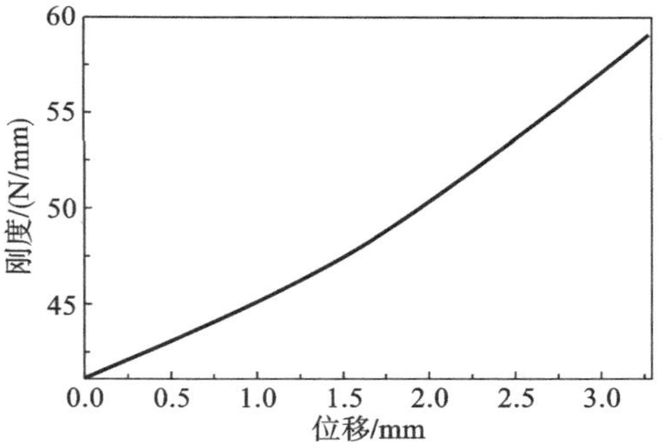

图 7-5-8　刚度与位移关系曲线

7.5.2　金属橡胶隔振器力学性能分析

金属橡胶隔振器主要是连接设备和基础的弹性元件，用以减小和消除由设备传递到基础的振动力和由基础传递到设备的振动力。本例主要对于某型号的金属橡胶隔振器进行静力学分析以及隔振性能分析，体现其承载能力与其在抗振与正弦激励作用下的力传递率等方面的隔振性能。金属部分为钢材，材料参数为 $E=210$ GPa，$\mu=0.3$，$\rho=7800$ kg/m^3。橡胶材料由相关实验数据得出，选用一阶多项式模型拟合橡胶材料属性。

根据示意图 7-5-9(a)画出部件二维旋转体剖面模型(见图 7-5-9(b))并对模型进行分割。设置模型相应部位的材料属性，建立一个二维旋转刚体线，在线上设定参考点，再在该点上附上 200 kg 的物体，并使之与模型受力面进行 Tie 连接。

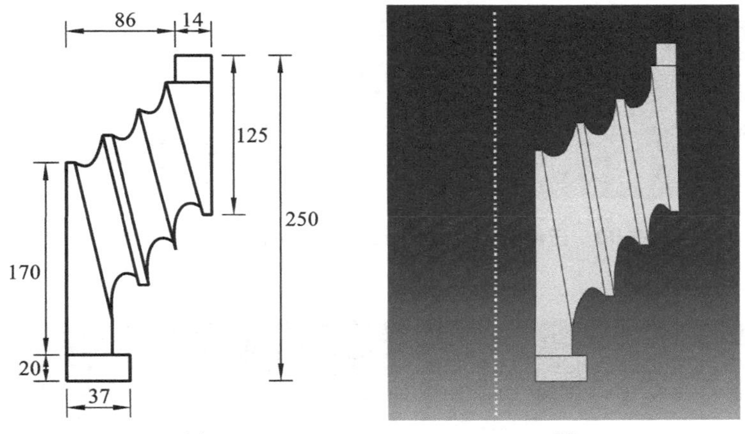

(a)　　(b)

图 7-5-9　隔振器剖面和模型

(a) 隔振器剖面示意图；(b) 隔振器二维旋转体剖面模型

结合本例的几何形状与材料分布情况，采用延边布种的方式，设置模型单元尺寸为“0.005”，采用“四边形为主”的单元形状和“进阶算法”的算法计算，选用 CPS4R 类型单元，最后网格划分结果如图 7-5-10 所示。随后，创建静力通用分析步与输出变量。在载荷模块中，创建一个约束 U1、U3 和 UR2 三个自由度的边界条件，创建一个约束 U2 自由度为“0.04”

的边界条件。

提交作业后，计算完成。在场输出中，输出云图分布如图7-5-11至图7-5-14所示。位移相关曲线如图7-5-15、图7-5-16所示。从云图可以看出，随着压缩量的增大应力值逐渐变大且应变也逐渐增大，但是整体的效果基本不变。

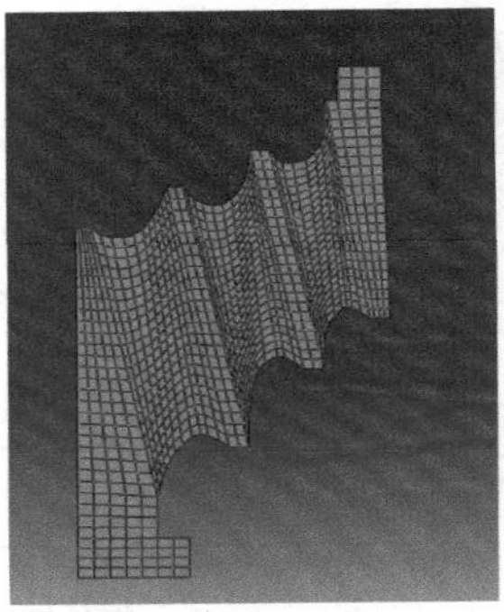

图 7-5-10　模型网格划分图

系统的前5阶固有频率如图7-5-17所示，系统在200 N脉冲载荷作用下的自振响应如图7-5-18所示，脉冲载荷下的自振相应峰值参数如表7-5-1所示，系统在频率1～50 Hz、幅值为200 N的正弦激励作用下底座反力的时程响应如图7-5-19至图7-5-24所示。

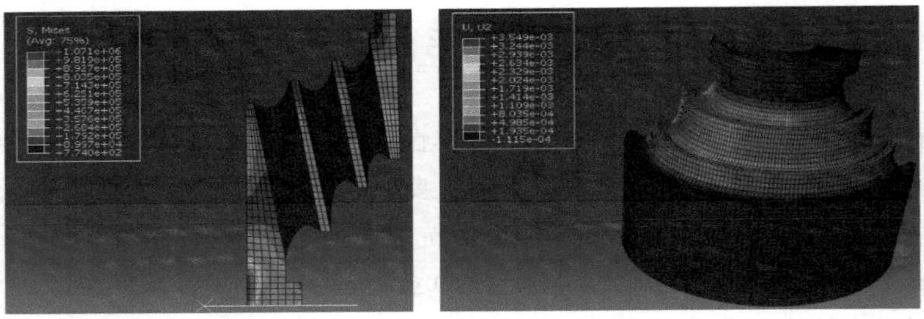

图 7-5-11　压缩量 U2＝10 mm 时的应力图(左)、应变图(右)

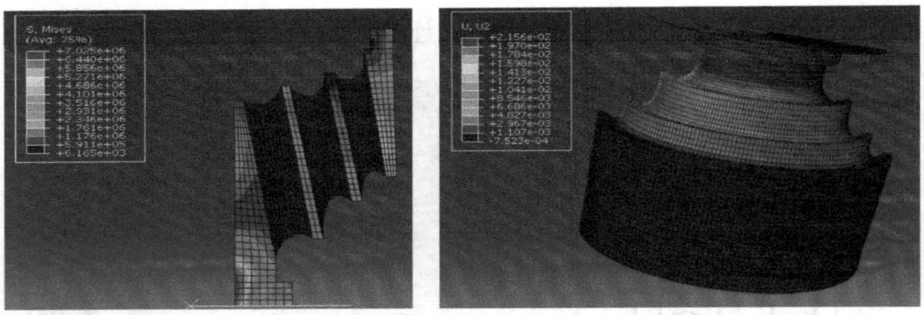

图 7-5-12　压缩量 U2＝20 mm 时的应力图(左)、应变图(右)

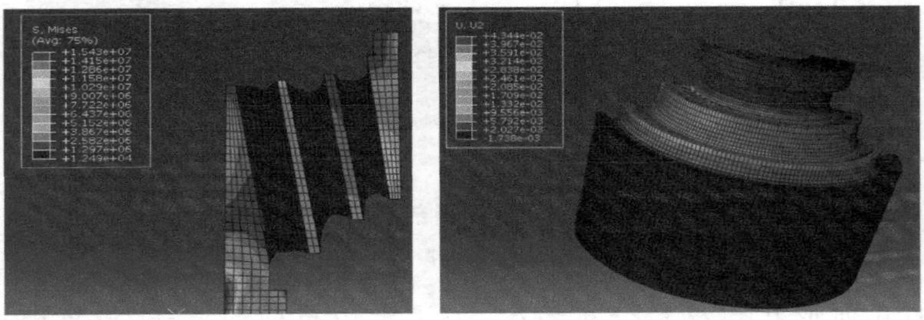

图 7-5-13　压缩量 U2＝30 mm 时的应力图(左)、应变图(右)

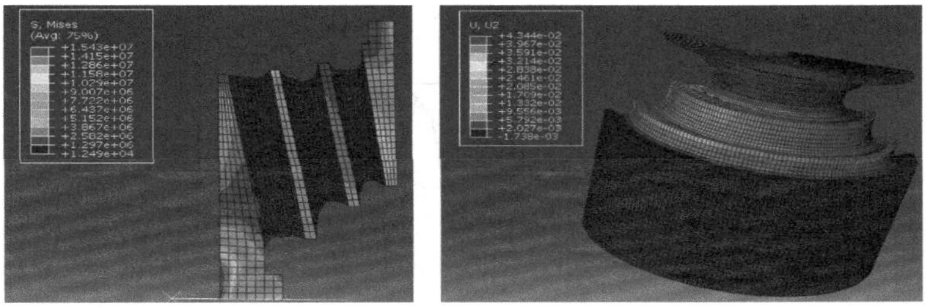

图 7-5-14　压缩量 U2＝40 mm 时的应力图(左)、应变图(右)

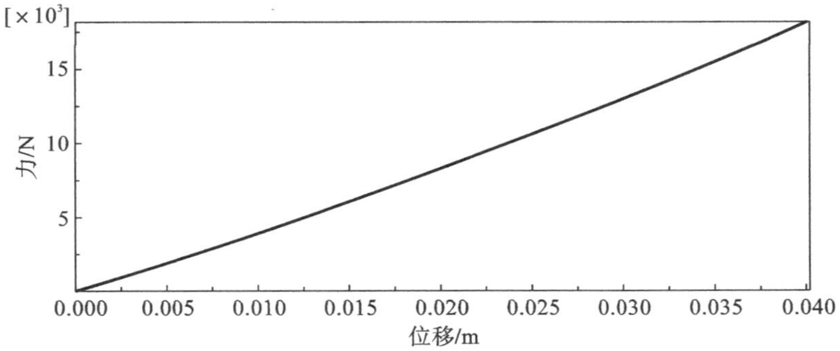

图 7-5-15　力-位移关系曲线

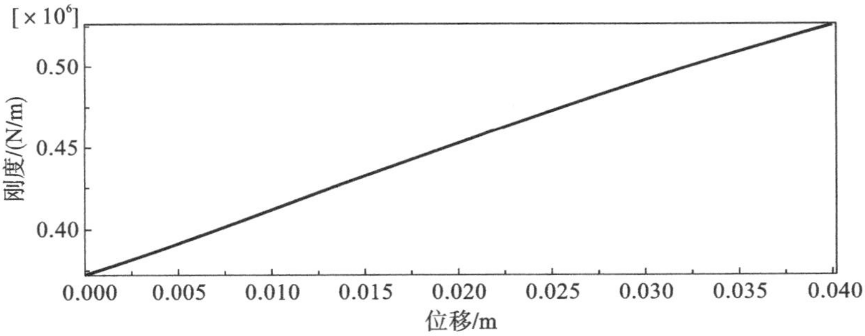

图 7-5-16　刚度-位移曲线

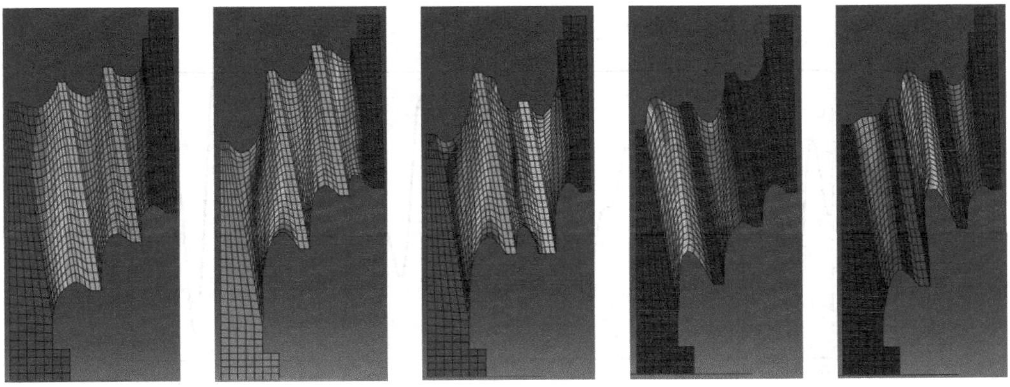

1阶模态(33.22 Hz)　2阶模态(96.74 Hz)　3阶模态(154.77 Hz)　4阶模态(378.38 Hz)　5阶模态(436.60 Hz)

图 7-5-17　系统前 5 阶固有频率及模态

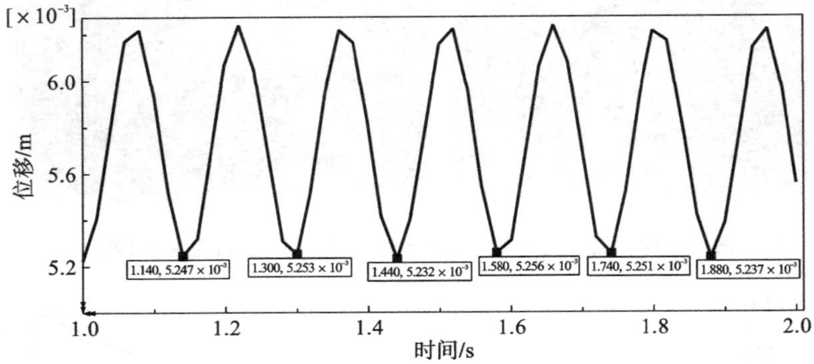

图 7-5-18　脉冲载荷下的自振响应

表 7-5-1　脉冲载荷下的自振相应峰值参数

相应时间/s	1.140	1.300	1.440	1.580	1.740	1.880	频率/Hz
自振峰值/m	5.247×10^{-3}	5.253×10^{-3}	5.232×10^{-3}	5.256×10^{-3}	5.251×10^{-3}	5.237×10^{-3}	
峰值时间差/s	0.14	0.16	0.14	0.14	0.16	0.16	6.76

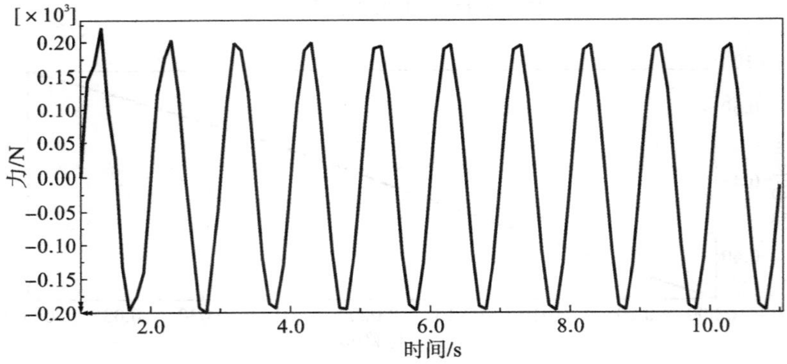

图 7-5-19　频率 1 Hz、幅值 200 N 的正弦激励作用下底座反力的时程响应

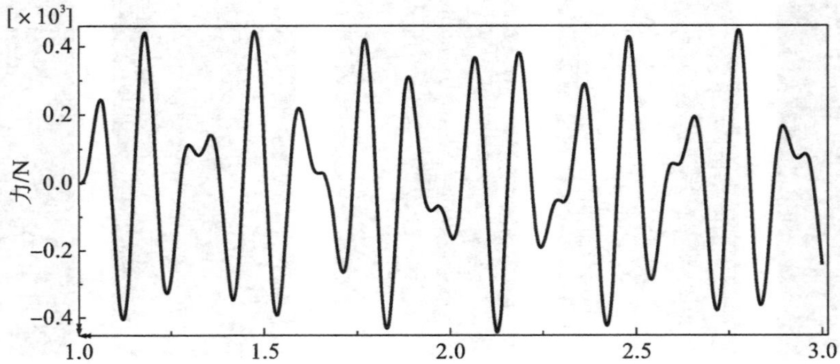

图 7-5-20　频率 10 Hz、幅值 200 N 的正弦激励作用下底座反力的时程响应

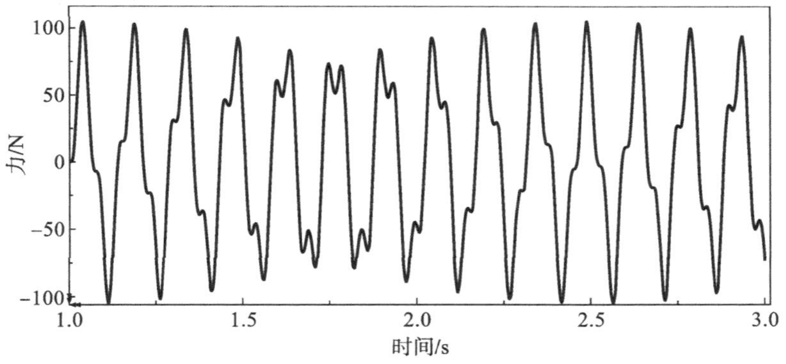

图 7-5-21　频率 20 Hz、幅值 200 N 的正弦激励作用下底座反力的时程响应

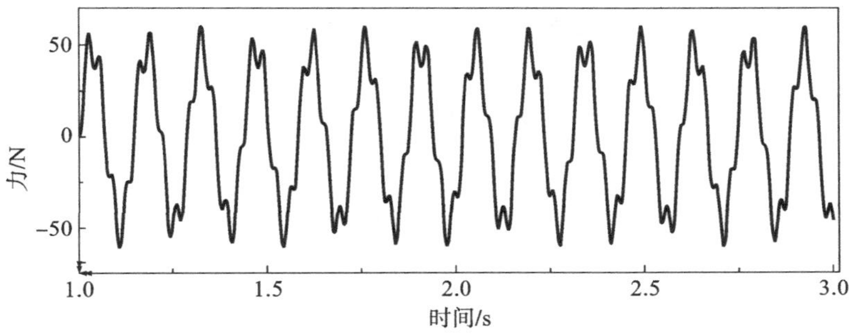

图 7-5-22　频率 30 Hz、幅值 200 N 的正弦激励作用下底座反力的时程响应

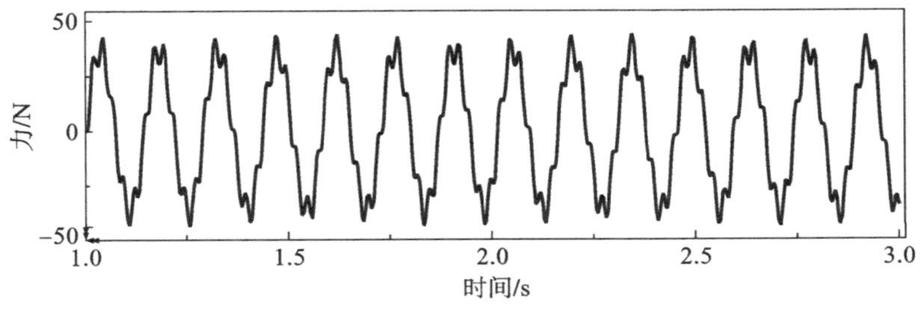

图 7-5-23　频率 40 Hz、幅值 200 N 的正弦激励作用下底座反力的时程响应

从上面数据得出力传递率曲线(不同激励频率下底座反力幅值与激励幅值 200 N 的比值曲线)且将所得参数以均方根的形式进行处理得到如图 7-5-25 所示，可以看出在 7 Hz 左右时的传递率最高，说明隔振器的隔振性能很好。

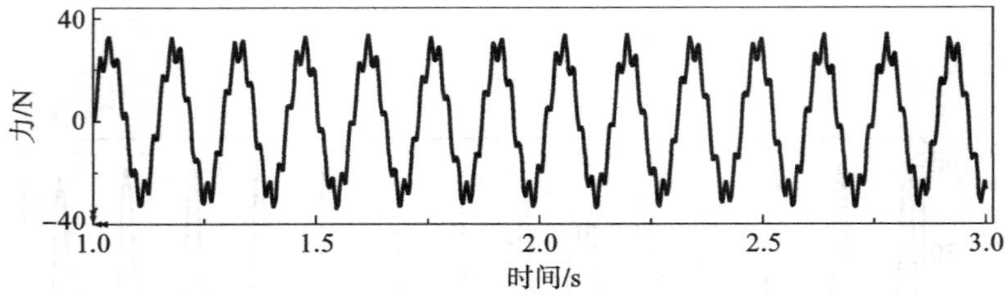

图 7-5-24　频率 50 Hz、幅值 200 N 的正弦激励作用下底座反力的时程响应

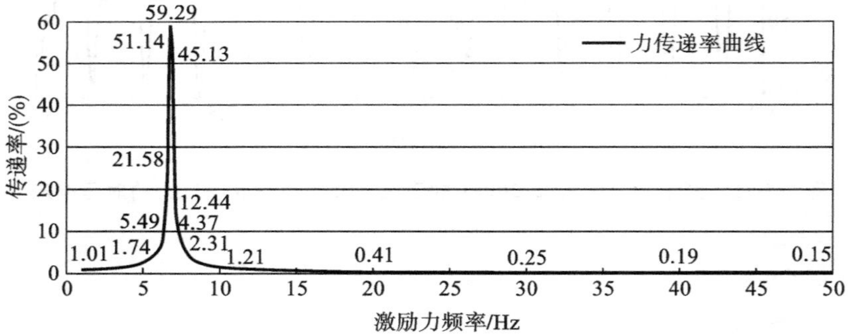

图 7-5-25　在频率 1～50 Hz 下的力传递率曲线全图

本章小结

本章首先简要地介绍了几种非线性方程组的解法，旨在从解析方法上求解非线性方程组。然后系统地介绍了材料非线性的本构关系，指导我们从本质上认识材料的非线性问题。又分析了弹塑性增量分析的有限元格式，为了使材料非线性问题的求解更加简单方便，于是发展材料非线性问题的有限元法。然后针对数值方法中存在的几个问题进行了详细的讨论。最后，结合实际工程问题，介绍了简单的材料非线性问题。

第 8 章　几何非线性问题的有限元法

前面各章所讨论的问题均处于小变形假设下，即假定物体所发生的位移远小于物体自身的几何尺寸。在此前提下，建立物体或微元体的平衡条件时，可以不考虑物体位置与形状变化对应变的影响，因此，在分析中不必区别变形前后位移与形状的差别，且可以用线性关系来表示物体应变与位移间的关系。在本章节中，由于大变形的产生，小变形假设不再成立，对应的几何方程与平衡条件均不再适用，现需给出大变形下的应变和应力的度量及平衡方程和本构方程的表述。

本章概述了在初始构形和现时构形下不同应力应变的度量，然后给出几何非线性问题的表达形式，在参考构形中给出了有限弹性材料平衡方程的积分形式，即虚功方程。通过 Newton-Raphson 迭代法等，对该非线性问题进行求解。接下来考虑关于大变形情况下本构关系的表达形式，由于其复杂性，我们仅对弹性材料及弹塑性材料进行讨论，对于其他材料模型，感兴趣的读者可查阅相关文献。在本章的最后一节，将结合 ABAQUS 仿真软件给出几何非线性问题的有限元算例。

8.1　大变形情况下的应变和应力的度量

8.1.1　应变的度量——Green 应变和 Almansi 应变

在选定一个固定的空间坐标系之后，运动物体中每一个点的空间位置均可用一组坐标表示。假设初始时刻，即 $t_0=0$ 时，质点的坐标是 $X_i(i=1,2,3)$，同时标记该 X_i 质点。该质点随时间运动，在任意时刻 t 的位置用 x_i 表示，其运动方程表示如下。

$$x_i = x_i(X_i, t) \quad (i=1,2,3) \tag{8-1-1}$$

若物体内所有质点的运动方程均已知，我们就知道了整个物体的运动与变形。在指定时刻 t，组成物体的所有质点的一个完全刻画称为在时刻 t 的构形，或称现时构形。可见，物体运动与变形的过程即是构形随时间连续变化的过程。在度量物体的运动与变形时，需要选取一个特定的构形作为基准，称为参考构形。在式中取 $t=t_0=0$ 时刻的坐标 X_i 作为质点的标记，即取初始构形为参考构形。图 8-1-1 所示为构形示意图。

现在研究一个物体由初始构形变形到现时构形时，其中任意点 P 附近的相对应变。考察在初始构形中的一个物质三角形，它的顶点是 P,P',P''（见图 8-1-2），由于变形，它在现时构形中表示为由点 Q,Q',Q''构成的三角形。变形前物质线元 PP' 和 PP'' 的分量用 $\mathrm{d}X_i$ 和 δX_i 表示，变形后物质线元 QQ' 及 QQ'' 的分量用 $\mathrm{d}x_i$ 和 δx_i 表示。

物质三角形在现时构形和初始构形之间的差别可表示为

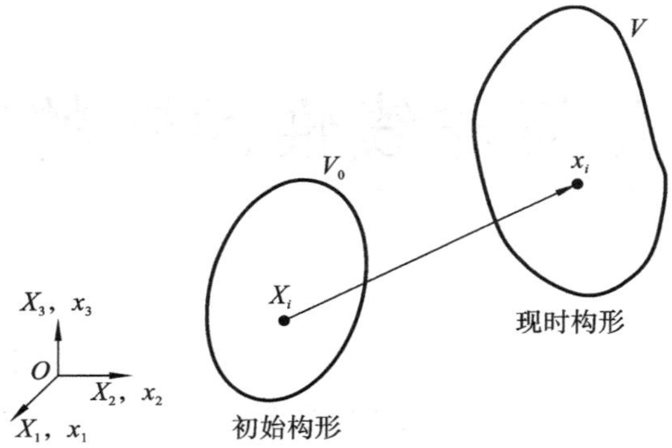

图 8-1-1　构形示意图

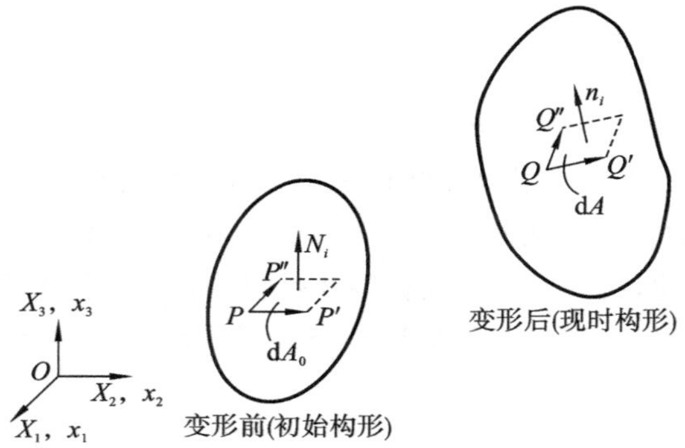

图 8-1-2　物质三角形示意图

$$\mathrm{d}x_i\delta x_i - \mathrm{d}X_i\delta X_i = \left(\frac{\partial x_k}{\partial X_i}\frac{\partial x_k}{\partial X_j} - \delta_{ij}\right)\mathrm{d}X_i\delta X_j \tag{8-1-2}$$

如果质点 P 的邻域在变形过程中仅发生刚体运动，即该邻域无应变地从它的初始位置变换到现时位置时，小三角形在它的现时构形与初始构形中应具有相同形状。因此，在式(8-1-2)中，不论怎样取 $\mathrm{d}X_i$ 和 δX_i，等式左端均应为零，即因子 $\frac{\partial x_k}{\partial X_i}\frac{\partial x_k}{\partial X_j} - \delta_{ij}$ 为 0。反之，当这个因子为零时，也表示无应变。这样，我们可以将这个因子视为应变的度量，于是定义 Green 应变张量如下。

$$E_{ij} = \frac{1}{2}\left(\frac{\partial x_k}{\partial X_i}\frac{\partial x_k}{\partial X_j} - \delta_{ij}\right) \tag{8-1-3}$$

在这个定义中含有系数 1/2，其理由将在后面加以说明。

Green 应变张量各分量的力学含义叙述：用 $\mathrm{d}s$ 和 δs 分别代表线元 PP' 和 PP'' 的现时长度，它们之间的夹角为 θ；在初始构形中对应的量用 $\mathrm{d}S$、δS 和 θ_0 表示；分别用 $\boldsymbol{\alpha}_i$、$\boldsymbol{\beta}_i$ 表示初始构形中两线元方向的单位矢量。于是式(8-1-2)可转换为

$$\frac{\mathrm{d}s}{\mathrm{d}S}\frac{\delta s}{\delta S}\cos\theta - \cos\theta_0 = 2E_{ij}\alpha_i\beta_j \tag{8-1-4}$$

特别地，如果取 P' 和 P'' 重合，式(8-1-4)转换为

$$\left(\frac{\mathrm{d}s}{\mathrm{d}S}\right)^2 - 1 = 2E_{ij}\alpha_i\alpha_j$$

记线元的现时长度和初始长度之比称为长度比 $\lambda^{(\alpha)}$，因此有

$$\lambda^{(\alpha)} = (1 + 2E_{ij}\alpha_i\alpha_j)^{1/2}$$

在初始构形中取平行于三个坐标轴的物质线元，其长度比分别是

$$\left.\begin{aligned} \lambda^{(1)} &= (1 + 2E_{11})^{1/2} \\ \lambda^{(2)} &= (1 + 2E_{22})^{1/2} \\ \lambda^{(3)} &= (1 + 2E_{33})^{1/2} \end{aligned}\right\} \tag{8-1-5}$$

式(8-1-5)给出了 Green 应变张量中分量 E_{11}，E_{22}，E_{33} 与长度比 $\lambda^{(\alpha)}$ 的关系。其次，考虑在初始构形中物质线元 PP' 与 PP'' 相互垂直的情况，式(8-1-4)可表示为

$$\frac{\mathrm{d}s}{\mathrm{d}S}\frac{\delta s}{\delta S}\cos\theta = 2E_{ij}\alpha_i\beta_j \tag{8-1-6}$$

其中，$\dfrac{\mathrm{d}s}{\mathrm{d}S}$ 和 $\dfrac{\delta s}{\delta S}$ 可用长度比 $\lambda^{(\alpha)}$ 和 $\lambda^{(\beta)}$ 表示，θ 为两物质线元在现时构形中的夹角，$\theta_{\alpha\beta}$ 表示初始正交两线元夹角的变化，即

$$\theta_{\alpha\beta} = \frac{\pi}{2} - \theta$$

因此有 $\sin\theta_{\alpha\beta} = \dfrac{2E_{ij}\alpha_i\beta_j}{\lambda^{(\alpha)}\lambda^{(\beta)}}$

对于在初始构形中与坐标轴 X_1 和 X_2 平行的两物质线元，角度减小的正弦为

$$\sin\theta_{12} = \frac{2E_{12}}{\lambda^{(1)}\lambda^{(2)}} \tag{8-1-7}$$

这个方程展示了 Green 应变分量 E_{12} 和角 θ_{12} 的关系。由此看来，E_{12} 的力学解释比小变形情况复杂一些，方程中包含了 $\lambda^{(1)}$ 和 $\lambda^{(2)}$ 项。同理也可对 Green 应变分量 E_{23} 和 E_{31} 进行同样的讨论。

定义 Green 应变是以初始构形为参考构形的，若以现时构形为参考构形，则式(8-1-8)是式(8-1-1)的变换式。

$$X_i = X_i(x_j, t) \tag{8-1-8}$$

因而物质三角形在现时构形和初始构形之间的差别可表示为

$$\mathrm{d}x_i\delta x_i - \mathrm{d}X_i\delta X_i = \left(\delta_{ij} - \frac{\partial X_k}{\partial x_i}\frac{\partial X_k}{\partial x_j}\right)\mathrm{d}x_i\delta x_j \tag{8-1-9}$$

类似地，可定义 Almansi 应变张量为

$$e_{ij} = \frac{1}{2}\left(\delta_{ij} - \frac{\partial X_k}{\partial x_i}\frac{\partial X_k}{\partial x_j}\right) \tag{8-1-10}$$

对于 Almansi 应变张量各分量的力学含义也可以给以相似的解释。现在用 $\lambda^{(1)}$，$\lambda^{(2)}$ 和 $\lambda^{(3)}$ 表示在现时构形中平行坐标轴的物质线元的长度比，则有

$$\left\{\begin{aligned} \lambda^{(1)} &= (1 - 2e_{11})^{1/2} \\ \lambda^{(2)} &= (1 - 2e_{22})^{1/2} \\ \lambda^{(3)} &= (1 - 2e_{33})^{1/2} \end{aligned}\right.$$

进而，如果在现时构形中平行于坐标轴 x_1 和 x_2 的两物质线元，它们在初始构形内(变形前)的夹角与直角的偏离用 $\bar{\theta}_{12}$ 表示，那么有

$$\sin\bar{\theta}_{12} = \frac{2e_{12}}{\lambda^{(1)}\lambda^{(2)}}$$

对 e_{23} 和 e_{31} 也可以给出类似的关系式。

关于位移 u_i，相对于初始构形和现时构形，它们的定义分别是

$$u_i = x_i(X_j, t) - X_i \tag{8-1-11}$$

$$u_i = x_i - X_i(x_j, t) \tag{8-1-12}$$

这时相应的变形梯度是

$$\frac{\partial x_i}{\partial X_j} = \frac{\partial u_i}{\partial X_j} + \delta_{ij} \tag{8-1-13}$$

$$\frac{\partial X_i}{\partial x_j} = \delta_{ij} - \frac{\partial u_i}{\partial x_j} \tag{8-1-14}$$

其中 $\frac{\partial u_i}{\partial X_j}$（或$\frac{\partial u_i}{\partial x_j}$）是相对于初始构形（或现时构形）度量的位移梯度张量。

将式(8-1-13)和式(8-1-14)分别带入式(8-1-3)和式(8-1-10)得

$$\begin{aligned} E_{ij} &= \frac{1}{2}\left[\left(\frac{\partial u_k}{\partial X_i} + \delta_{ki}\right)\left(\frac{\partial u_k}{\partial X_j} + \delta_{kj}\right) - \delta_{ij}\right] \\ &= \frac{1}{2}\left[\frac{\partial u_j}{\partial X_i} + \frac{\partial u_i}{\partial X_j} + \frac{\partial u_k}{\partial X_j}\frac{\partial u_k}{\partial X_j}\right] \end{aligned} \tag{8-1-15}$$

$$e_{ij} = \frac{1}{2}\left[\frac{\partial u_j}{\partial x_i} + \frac{\partial u_i}{\partial x_j} + \frac{\partial u_k}{\partial x_j}\frac{\partial u_k}{\partial x_j}\right] \tag{8-1-16}$$

需要注意的是，在计算 Green 应变时，u_i 视为 X_i 的函数（见式(8-1-11)），即未变形的初始构形内质点位置（物质坐标）的函数，Green 应变是属于 Lagrange 描述的应变。在计算 Almansi 应变时，u_i 视为 x_i 的函数（见式(8-1-12)），即变形后的构形内质点位置（空间坐标）的函数，因此 Almansi 应变是属于 Euler 描述的应变。

Green 应变张量和 Almansi 应变张量都是对称的二阶张量。可以证明，在物体内的每一点至少有三个相互垂直的主轴，对于主轴坐标系应变张量的非对角分量（即 $i \neq j$ 的分量）是零。前面已指出，对于 Green 应变（或 Almansi 应变），这些项都正比于变形后（或变形前）平行坐标轴的物质线元与直角偏离的正弦，对应于主轴的物质线元在变形后（或变形前）保持相互正交。

到目前为止，对变形的大小未加任何限制。现在来讨论小变形的情况，这时位移梯度的分量与单位制相比很小，即

$$\frac{\partial u_k}{\partial x_i} \ll 1, \quad \frac{\partial u_k}{\partial X_i} \ll 1 \tag{8-1-17}$$

考虑作用在任意函数 F 的微商运算

$$\begin{aligned} \frac{\partial F}{\partial x_i} &= \frac{\partial F}{\partial X_j}\frac{\partial X_j}{\partial x_i} = \frac{\partial F}{\partial X_j}\frac{\partial}{\partial x_i}(x_j - u_j) \\ &= \left(\delta_{ij} - \frac{\partial u}{\partial x_i}\right)\frac{\partial F}{\partial X_j} \\ &= \frac{\partial F}{\partial X_i} - \frac{\partial u}{\partial x_i}\frac{\partial F}{\partial X_j} \approx \frac{\partial F}{\partial X_i} \end{aligned}$$

上式中，最后一步的等式成立的条件是当 $i=1,2,3$ 时 $\frac{\partial F}{\partial X_i}$ 有相同的数量级，这样有如下结果。

$$\frac{\partial}{\partial x_i} = \frac{\partial}{\partial X_i} \tag{8-1-18}$$

这意味着，在条件式(8-1-17)下的微商运算不需要区别质点在现实构形中的坐标和在初始构形中的坐标。注意到式(8-1-15)中位移梯度分量的乘积与线性项相比可以被略去，于是得到

应变表达式

$$\varepsilon_{ij} = E_{ij} = e_{ij} = \frac{1}{2}\left(\frac{\partial u_i}{\partial X_j} + \frac{\partial u_j}{\partial X_i}\right) = \frac{1}{2}\left(\frac{\partial u_i}{\partial x_j} + \frac{\partial u_j}{\partial x_i}\right) \tag{8-1-19}$$

小应变张量 ε_{ij} 有时也称为线应变张量。在小变形条件下，Green 应变和 Almansi 应变退化为线应变，这就是在我们定义 Green 应变和 Almansi 应变时在式(8-1-3)和式(8-1-10)中要引入一个因子 1/2 的原因。

8.1.2 应力的度量——Cauchy 应力，第一类和第二类 Piola-Kirchhoff 应力

1. Cauchy 应力

考虑物体现时构形的一点 Q，它的坐标为 x_i(见图 8-1-3)。在过该点的一个有向面元 $\boldsymbol{n}\Delta A$ 上作用以力元 $\Delta \boldsymbol{T}_i$，用这个力元除以面元面积就定义了该面元上的应力矢量

$$\boldsymbol{t}_i^{(n)} = \lim_{\Delta A \to 0} \frac{\Delta \boldsymbol{T}_i}{\Delta A} = \frac{\mathrm{d}\boldsymbol{T}_i}{\mathrm{d}A} \tag{8-1-20}$$

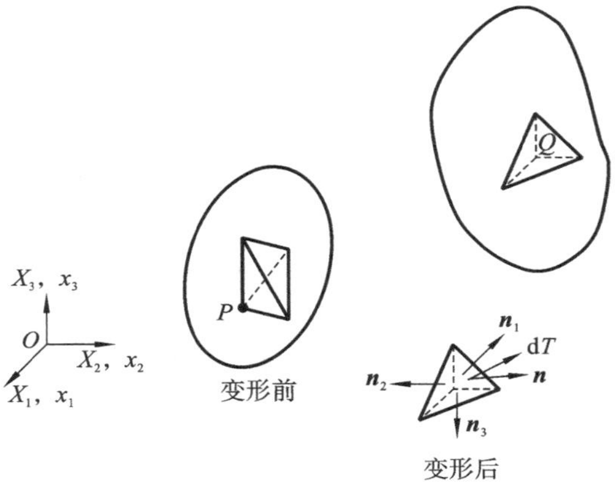

图 8-1-3 微元体变形图

这个面元与另外的三个垂直于坐标轴的面元 $\boldsymbol{n}_1\Delta A_1$，$\boldsymbol{n}_2\Delta A_2$ 和 $\boldsymbol{n}_3\Delta A_3$ 构成一个四面体，如图 8-1-3 所示，该四面体的平衡方程可写为

$$\int_v \boldsymbol{p}_i \mathrm{d}V + \int_s \boldsymbol{t}_i^{(n)} \mathrm{d}S = 0 \tag{8-1-21}$$

式中 $\boldsymbol{p}_i$ 是单位体积的体力矢量，表面力 $\boldsymbol{t}_i$ 随作用面的 $\boldsymbol{n}$ 的变化而变化，记为 $\boldsymbol{t}_i^{(n)}$。V 和 S 分别代表四面体的体积和表面积。

当四面体尺度趋于零时，与面积分相比，体积分是高阶小量，略去高阶小量，有

$$\boldsymbol{t}_i^{(n)}\mathrm{d}A + \boldsymbol{t}_i^{(1)}\mathrm{d}A_1 + \boldsymbol{t}_i^{(2)}\mathrm{d}A_2 + \boldsymbol{t}_i^{(3)}\mathrm{d}A_3 = 0$$

因此有

$$\boldsymbol{t}_i^{(n)}\mathrm{d}A = -(\boldsymbol{t}_i^{(1)}\mathrm{d}A_1 + \boldsymbol{t}_i^{(2)}\mathrm{d}A_2 + \boldsymbol{t}_i^{(3)}\mathrm{d}A_3) \tag{8-1-22}$$

式中 $\boldsymbol{t}_i^{(k)}(k=1,2,3)$ 表示作用在 $\mathrm{d}A_k$ 面上的应力矢量，$\boldsymbol{n}_k(k=1,2,3)$ 表示斜面 $\mathrm{d}A$ 的外法向单位矢量的分量，如下。

$$\boldsymbol{n}_k = \frac{\mathrm{d}\boldsymbol{A}_k}{\mathrm{d}A} \tag{8-1-23}$$

显然，四面体的三个直角面的外法向方向与坐标系的三个基矢量 e_i 的方向相反。如果应力定义为作用在法向为 n_k 的三个面上的标量，则

$$\boldsymbol{t}_i^{(n)} = t_i^{(1)}\boldsymbol{n}_1 + t_i^{(2)}\boldsymbol{n}_2 + t_i^{(3)}\boldsymbol{n}_3 \tag{8-1-24}$$

上式表明，过 Q 点任何截面的应力矢量是该截面法线分量的线性齐次式。这个结论也称为 Cauchy 定理。

我们将式(8-1-24)中的应力 $t_i^{(k)}$ 表示成如下形式

$$t_i^{(1)} = \tau_{1i}, t_i^{(2)} = \tau_{2i}, t_i^{(3)} = \tau_{3i} \tag{8-1-25}$$

即

$$\boldsymbol{t}_i^{(n)} = \tau_{ji}\boldsymbol{n}_j \tag{8-1-26}$$

或者

$$\mathrm{d}\boldsymbol{T}_i = \boldsymbol{t}_i^{(n)}\mathrm{d}A = \tau_{ji}\boldsymbol{n}_j\mathrm{d}A \tag{8-1-27}$$

这样，由垂直于坐标轴的三个面的应力矢量的 9 个分量 τ_{ji} 定义一个张量，称为 Cauchy 应力张量。此外，由微元体关于力矩的平衡条件，还可以证明 Cauchy 应力张量是对称的。

$$\tau_{ij} = \tau_{ji} \tag{8-1-28}$$

Cauchy 应力是定义在现时构形的每个单位面积上的应力，它是与变形相关的真实应力。

2. 第一类 Piola-Kirchhoff 应力

Cauchy 应力是参考现时构形定义的，因而它是一种空间描述或 Euler 描述。对大多数固体力学问题，需要列出变形物体的边界条件，然而在现时构形下的边界需在问题解出后才能确定。如果平衡方程参考初始构形写出，物体的边界可以事先确定，就避免了上述困难。接下来我们在初始构形上定义应力。

式(8-1-20)表明，Cauchy 应力由在现时构形的面元 $\mathrm{d}A$ 上的力元矢量 $\mathrm{d}\boldsymbol{T}_i$ 定义。现在我们要用在变形前(初始)构形中这个面元的面积 $\mathrm{d}A_0$ 来定义一个新的应力矢量，该应力定义为

$$\boldsymbol{t}_i^{*(N)} = \lim_{\Delta A_0 \to 0} \frac{\Delta \boldsymbol{T}_i}{\Delta A_0} = \frac{\mathrm{d}\boldsymbol{T}_i}{\mathrm{d}A_0} \tag{8-1-29}$$

其中，力元矢量 $\mathrm{d}\boldsymbol{T}_i$ 作用在变形后构形的面元 $\boldsymbol{n}\mathrm{d}A$ 上。在变形前的构形上，三维情况下的面元 $\boldsymbol{N}\mathrm{d}A_0$ 与三个垂直坐标轴的面元组成一个四面体(这三个面元在变形前后的构形内一般不再互相垂直)。

由式(8-1-25)，这三个面元的应力分量定义为

$$t_1^{*(k)} = \Sigma_{k1}, t_2^{*(k)} = \Sigma_{k2}, t_3^{*(k)} = \Sigma_{k3}, k = 1,2,3 \tag{8-1-30}$$

称为名义应力张量，它们的总体构成一个张量 Σ_{il}，其转置称为第一类 Piola-Kirchhoff 应力张量。由四面体的平衡，有

$$t_1^{*(N)} = \Sigma_{l1}N_l \tag{8-1-31}$$

或

$$\mathrm{d}T_i = \Sigma_{li}N_l\mathrm{d}A_0 \tag{8-1-32}$$

将式(8-1-27)和式(8-1-32)相比较可以得到 Cauchy 应力张量 τ_{ij} 和名义应力张量 Σ_{ij} 之间的转换关系

$$\tau_{ij}n_j\mathrm{d}A = \Sigma_{li}N_l\mathrm{d}A_0$$

利用初始构形和现时构形中面元的关系式(8-1-32)，上式可写为

$$J\tau_{ij}\frac{\partial X_m}{\partial x_j}N_m\mathrm{d}A_0 = \Sigma_{mi}N_m\mathrm{d}A_0 \tag{8-1-33}$$

于是有

$$\Sigma_{mi} = J\,\frac{\partial X_m}{\partial x_j}\tau_{ij} \tag{8-1-34}$$

或者

$$\tau_{ij} = J^{-1}\,\frac{\partial x_j}{\partial X_m}\Sigma_{mi} \tag{8-1-35}$$

3. 第二类 Piola-Kirchhoff 应力

名义应力张量 Σ_{mi} 一般是不对称的，这会在某些应用中造成不方便，为了得到一个相对于初始构形定义的而且是对称的应力张量，我们将式(8-1-34)乘以 $\frac{\partial X_l}{\partial x_i}$，这样就得到了另一种应力度量

$$S_{lm} = \frac{\partial X_l}{\partial x_i}\Sigma_{mi} = J\,\frac{\partial X_l}{\partial x_i}\,\frac{\partial X_m}{\partial x_j}\tau_{ij} \tag{8-1-36}$$

上式的逆形式是

$$\tau_{ij} = J^{-1}\,\frac{\partial x_i}{\partial X_l}\,\frac{\partial x_j}{\partial X_m}S_{lm} \tag{8-1-37}$$

其中，S_{lm} 称为第二类 Piola-Kirchhoff 应力张量。

这种定义方法看上去虽很不自然，但它拥有相应的物理基础。这样定义的第二类 Piola-Kirchhoff 应力与 Green 应变在能量上是共轭的。此外，这样定义的第二类 Piola-Kirchhoff 应力张量具有一个十分重要的性质：当微元体做刚体运动时，在空间固定的坐标系内第二类 Piola-Kirchhoff 应力分量保持不变。为论证这个性质，我们设定，在时刻 t_0 的初始构形下，已承受应力 $\tau_{ij}(t_0)$ 的一个微元从初始状态到现时状态经受了一个大角度的刚体转动，这个转动可用一个处于固定坐标系 $Ox_1x_2x_3$ 中的随微元一起转动的坐标系 $O\bar{x}_1\bar{x}_2\bar{x}_3$ 的轴的方向余弦 c_{ij} 表示。显然，Cauchy 应力张量在坐标系 $O\bar{x}_1\bar{x}_2\bar{x}_3$ 内的分量是不变的，即

$$\bar{\tau}_{ij}(t_0) = \bar{\tau}_{ij}(t)$$

由于在时刻 t_0 微元的变形为零，这时的第二类 Piola-Kirchhoff 应力就是 Cauchy 应力

$$S_{lm}(t_0) = \tau_{ij}(t_0) = \bar{\tau}_{ij}(t_0)$$

在转动后的时刻 t，在固定坐标系中 Cauchy 应力分量是

$$\tau_{ij}(t) = \bar{\tau}_{km}(t)c_{ki}c_{mj} = \bar{\tau}_{km}(t_0)c_{ki}c_{mj}$$

相应的第二类 Piola-Kirchhoff 应力是

$$S_{lm}(t) = J\,\frac{\partial X_l}{\partial x_i}\,\frac{\partial X_m}{\partial x_j}\tau_{ij}(t) = Jc_{li}c_{mj}c_{pi}c_{qj}\bar{\tau}_{pq}(t_0)$$

考虑到 $c_{ik}c_{kj} = \delta_{ij}$，$J = 1$，$\bar{\tau}_{ij}(t_0) = S_{ij}(t_0)$，上式可表示为

$$S_{ilm}(t) = S_{lm}(t_0)$$

这就证明了第二类 Piola-Kirchhoff 应力张量在空间固定坐标系中的分量不随微元体的刚体运动而变化。因此，第二类 Piola-Kirchhoff 应力张量是一个客观张量。它的不变性在于刚体转动下物体的变形梯度恰恰对应于应力分量坐标变换中使用的转换张量。

8.2　几何非线性问题的表达格式

涉及大变形几何非线性问题的有限元法中，结构的位移随加载过程不断变化，因此必须建

立参考构形，以参考构形表征其变化过程。目前，对几何非线性问题的表达格式有两种，第一种格式中所有静力学和动力学变量总是参考于初始构形，即整个分析过程中参考构形始终保持初始构形不变，这种格式称为完全的拉格朗日表达格式，简称 TL 表述；另一种格式中所有静力学和动力学变量参考于现时构形，每一载荷或时间步长开始时构形，即在分析过程中参考构形在不断地被更新，这种格式称为更新的拉格朗日表达格式，简称 UL 表述。

在以下的讨论中，为描述物体在时刻 $t_0=0$，$t_m=t$ 以及 $t_{m+1}=t+\Delta t$ 的位置，设物体内各质点在相应时刻的构形中的坐标分别是 X_i，x_i 和 $\overline{x}_i$，相应时刻的介质密度、表面积和体积分别记作 ρ_0，ρ，$\overline{\rho}$，A_0，A，$\overline{A}$ 和 V_0，V，$\overline{V}$（见图 8-2-1）。在增量求解期间，$\overline{x}_i$，$\overline{\rho}$，$\overline{A}$ 和 $\overline{V}$ 都是未知待求的量。

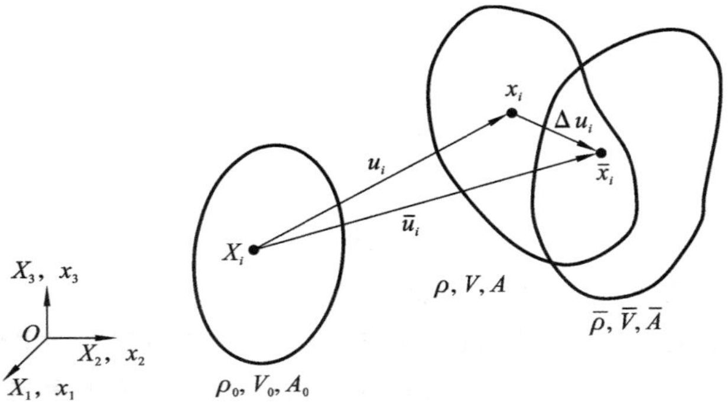

图 8-2-1　三个不同时刻的构形示意图

8.2.1　大变形增量问题的 TL 表述

物体在时刻 t 和 $t+\Delta t$ 的坐标 x_i 和 $\overline{x}_i$ 是初始构形的坐标的函数，而相应的位移是

$$u_i = x_i - X_i \tag{8-2-1}$$

$$\overline{u}_i = \overline{x}_i - X_i \tag{8-2-2}$$

从时刻 t 到 $t+\Delta t$ 的增量求解期间位移增量是

$$\Delta u_i = \overline{u}_i - u_i = \overline{x}_i(X_j) - x_i(X_j) \tag{8-2-3}$$

我们采用等参单元。对一个典型的单元有

$$\left.\begin{aligned} X_i &= \sum_{k-1}^{m} N_k X_i^k, \quad \boldsymbol{X} = \boldsymbol{N}\boldsymbol{X}_e \\ x_i &= \sum_{k-1}^{m} N_k x_i^k, \quad \boldsymbol{x} = \boldsymbol{N}\boldsymbol{x}_e \\ \overline{x}_i &= \sum_{k-1}^{m} N_k \overline{x}_i^k, \quad \overline{\boldsymbol{x}} = \boldsymbol{N}\overline{\boldsymbol{x}}_e \end{aligned}\right\} \tag{8-2-4}$$

$$\left.\begin{aligned} u_i &= \sum_{k=1}^{m} N_k u_i^k, \quad \boldsymbol{u} = \boldsymbol{N}\boldsymbol{a}_e \\ \overline{u}_i &= \sum_{k=1}^{m} N_k \overline{u}_i^k, \quad \overline{\boldsymbol{u}} = \boldsymbol{N}\overline{\boldsymbol{a}}_e \\ \Delta u_i &= \sum_{k=1}^{m} N_k \Delta u_i^k, \quad \Delta\boldsymbol{u} = \boldsymbol{N}\Delta\boldsymbol{a}_e \end{aligned}\right\} \tag{8-2-5}$$

其中，式(8-2-4)和式(8-2-5)的左边诸式中，m 是单元的节点数，N_k 是节点 k 对应的形函数，它们是母体单元的自然坐标的函数；其右边的一系列公式是左边相应公式的矩阵形式，其中矩阵 $\boldsymbol{N}$ 是形函数矩阵，矢量 $\boldsymbol{a}_e$ 是单元节点位移矢量。

时刻 t 和时刻 $t+\Delta t$ 的 Green 应变分别是

$$E_{ij}=\frac{1}{2}\left(\frac{\partial u_j}{\partial X_i}+\frac{\partial u_i}{\partial X_j}+\frac{\partial u_k}{\partial X_i}+\frac{\partial u_k}{\partial X_j}\right) \tag{8-2-6}$$

$$\overline{E}_{ij}=\frac{1}{2}\left(\frac{\partial \overline{u}_j}{\partial X_i}+\frac{\partial \overline{u}_i}{\partial X_j}+\frac{\partial \overline{u}_k}{\partial X_i}+\frac{\partial \overline{u}_k}{\partial X_j}\right) \tag{8-2-7}$$

将时刻 $t+\Delta t$ 的应变 $\overline{E}_{ij}$ 分解为时刻 t 的应变与这个时间步长内的增量应变 ΔE_{ij} 之和

$$\overline{E}_{ij}=E_{ij}+\Delta E_{ij} \tag{8-2-8}$$

由式(8-2-3)，应变 $\overline{E}_{ij}$ 可用位移增量表示

$$\overline{E}_{ij}=\frac{1}{2}\left[\frac{\partial}{\partial X_i}(u_j+\Delta u_j)+\frac{\partial}{\partial X_j}(u_i+\Delta u_i)+\frac{\partial}{\partial X_i}(u_k+\Delta u_k)+\frac{\partial}{\partial X_j}(u_k+\Delta u_k)\right]$$

由上式减去式(8-2-6)，得增量应变

$$\Delta E_{ij}=\Delta E_{ij}^{L_0}+\Delta E_{ij}^{L_1}+\Delta E_{ij}^{N} \tag{8-2-9}$$

其中

$$\Delta E_{ij}^{L_0}=\frac{1}{2}\left(\frac{\partial \Delta u_j}{\partial X_i}+\frac{\partial \Delta u_i}{\partial X_j}\right) \tag{8-2-10}$$

$$\Delta E_{ij}^{L_1}=\frac{1}{2}\left(\frac{\partial u_k}{\partial X_i}\frac{\partial \Delta u_k}{\partial X_j}+\frac{\partial \Delta u_k}{\partial X_i}\frac{\partial u_k}{\partial X_j}\right) \tag{8-2-11}$$

$$\Delta E_{ij}^{N}=\frac{1}{2}\frac{\partial \Delta u_k}{\partial X_i}\frac{\partial \Delta u_k}{\partial X_j} \tag{8-2-12}$$

注意到，在增量求解期间时刻 t 的位移 u_i 是已知的，因此在式(8-2-10)和式(8-2-11)中定义的 $\Delta E_{ij}^{L_0}$ 和 $\Delta E_{ij}^{L_1}$ 与未知的位移增量 Δu_i 呈线性关系，它是增量应变的线性部分，ΔE_{ij}^{N} 与 Δu_i 呈非线性关系，它是增量应变的非线性部分。上述的应变分解的合理性在于 $\overline{E}_{ij}$、E_{ij} 和 ΔE_{ij} 等变量都是相对于同一参考构形定义的。利用这个分解，我们把求解时刻 $t+\Delta t$ 的应变 $\overline{E}_{ij}$ 的问题转化为求增量应变 ΔE_{ij} 的问题。

如果将应变张量简记为六维矢量

$$\left.\begin{aligned}
\overline{\boldsymbol{E}}&=[\overline{E}_{11}\quad \overline{E}_{22}\quad \overline{E}_{33}\quad \overline{E}_{44}\quad \overline{E}_{55}\quad \overline{E}_{66}]^{\mathrm{T}}\\
\boldsymbol{E}&=[E_{11}\quad E_{22}\quad E_{33}\quad E_{44}\quad E_{55}\quad E_{66}]^{\mathrm{T}}\\
\Delta\boldsymbol{E}&=[\Delta E_{11}\quad \Delta E_{22}\quad \Delta E_{33}\quad \Delta E_{44}\quad \Delta E_{55}\quad \Delta E_{66}]^{\mathrm{T}}\\
\Delta\boldsymbol{E}_{L_0}&=[\Delta E_{11}^{L_0}\quad \Delta E_{22}^{L_0}\quad \Delta E_{33}^{L_0}\quad \Delta E_{44}^{L_0}\quad \Delta E_{55}^{L_0}\quad \Delta E_{66}^{L_0}]^{\mathrm{T}}\\
\Delta\boldsymbol{E}_{L_1}&=[\Delta E_{11}^{L_1}\quad \Delta E_{22}^{L_1}\quad \Delta E_{33}^{L_1}\quad \Delta E_{44}^{L_1}\quad \Delta E_{55}^{L_1}\quad \Delta E_{66}^{L_1}]^{\mathrm{T}}\\
\Delta\boldsymbol{E}_{N}&=[\Delta E_{11}^{N}\quad \Delta E_{22}^{N}\quad \Delta E_{33}^{N}\quad \Delta E_{44}^{N}\quad \Delta E_{55}^{N}\quad \Delta E_{66}^{N}]^{\mathrm{T}}
\end{aligned}\right\} \tag{8-2-13}$$

则式(8-2-8)～式(8-2-12)可写成矢量或者矩阵形式

$$\overline{\boldsymbol{E}}=\boldsymbol{E}+\Delta\boldsymbol{E} \tag{8-2-14}$$

$$\Delta\boldsymbol{E}=\Delta\boldsymbol{E}_{L_0}+\Delta\boldsymbol{E}_{L_1}+\Delta\boldsymbol{E}_{N} \tag{8-2-15}$$

$$\Delta\boldsymbol{E}_{L_0}=\boldsymbol{L}\Delta\boldsymbol{u} \tag{8-2-16}$$

$$\Delta\boldsymbol{E}_{L_1}=\frac{1}{2}\boldsymbol{A}\Delta\boldsymbol{\theta}+\frac{1}{2}(\Delta\boldsymbol{A})\boldsymbol{\theta}=\boldsymbol{A}\Delta\boldsymbol{\theta} \tag{8-2-17}$$

$$\Delta \boldsymbol{E}_N = \frac{1}{2}\Delta \boldsymbol{A} \Delta \boldsymbol{\theta} \tag{8-2-18}$$

其中矩阵 $\boldsymbol{L}$、$\boldsymbol{A}$ 和 $\boldsymbol{\theta}$ 为

$$\boldsymbol{L} = \begin{bmatrix} \frac{\partial}{\partial X_1} & 0 & 0 & 0 & \frac{\partial}{\partial X_3} & \frac{\partial}{\partial X_2} \\ 0 & \frac{\partial}{\partial X_2} & 0 & \frac{\partial}{\partial X_3} & 0 & \frac{\partial}{\partial X_1} \\ 0 & 0 & \frac{\partial}{\partial X_3} & \frac{\partial}{\partial X_2} & \frac{\partial}{\partial X_1} & 0 \end{bmatrix} \tag{8-2-19}$$

$$\boldsymbol{A} = \begin{bmatrix} \frac{\partial \boldsymbol{u}}{\partial X_1} & 0 & 0 & 0 & \frac{\partial \boldsymbol{u}}{\partial X_3} & \frac{\partial}{\partial X_2} \\ 0 & \frac{\partial \boldsymbol{u}}{\partial X_2} & 0 & \frac{\partial \boldsymbol{u}}{\partial X_3} & 0 & \frac{\partial \boldsymbol{u}}{\partial X_1} \\ 0 & 0 & \frac{\partial \boldsymbol{u}}{\partial X_3} & \frac{\partial \boldsymbol{u}}{\partial X_2} & \frac{\partial \boldsymbol{u}}{\partial X_1} & 0 \end{bmatrix}^{\mathrm{T}} \tag{8-2-20}$$

$$\boldsymbol{\theta} = \boldsymbol{H}\boldsymbol{u} = \begin{bmatrix} \frac{\partial \boldsymbol{u}^{\mathrm{T}}}{\partial X_1} & \frac{\partial \boldsymbol{u}^{\mathrm{T}}}{\partial X_2} & \frac{\partial \boldsymbol{u}^{\mathrm{T}}}{\partial X_3} \end{bmatrix}^{\mathrm{T}} \tag{8-2-21}$$

其中矩阵 $\boldsymbol{H}$ 为

$$\boldsymbol{H} = \begin{bmatrix} \boldsymbol{I}\frac{\partial}{\partial X_1} \\ \boldsymbol{I}\frac{\partial}{\partial X_2} \\ \boldsymbol{I}\frac{\partial}{\partial X_3} \end{bmatrix} = \begin{bmatrix} \frac{\partial}{\partial X_1} & 0 & 0 \\ 0 & \frac{\partial}{\partial X_1} & 0 \\ 0 & 0 & \frac{\partial}{\partial X_1} \\ \vdots & \vdots & \vdots \\ 0 & 0 & \frac{\partial}{\partial X_3} \end{bmatrix} \tag{8-2-22}$$

在式(8-2-20)和式(8-2-21)中将 $\boldsymbol{u}$ 改换为 $\Delta\boldsymbol{u}$，就得到 $\Delta\boldsymbol{A}$ 和 $\Delta\boldsymbol{\theta}$ 的定义。利用式(8-2-22)，以及式(8-2-5)中最后一式，有

$$\Delta\boldsymbol{\theta} = \boldsymbol{H}\Delta\boldsymbol{u} = \boldsymbol{H}\boldsymbol{N}\Delta\boldsymbol{a}_e = \boldsymbol{G}\Delta\boldsymbol{a}_e \tag{8-2-23}$$

其中矩阵 $\boldsymbol{G}$ 为

$$\boldsymbol{G} = \boldsymbol{H}\boldsymbol{N} = \begin{bmatrix} \frac{\partial N_1}{\partial X_1}\boldsymbol{I} & \frac{\partial N_2}{\partial X_1}\boldsymbol{I} & \cdots & \frac{\partial N_m}{\partial X_1}\boldsymbol{I} \\ \frac{\partial N_1}{\partial X_2}\boldsymbol{I} & \frac{\partial N_2}{\partial X_2}\boldsymbol{I} & \cdots & \frac{\partial N_m}{\partial X_2}\boldsymbol{I} \\ \frac{\partial N_1}{\partial X_3}\boldsymbol{I} & \frac{\partial N_2}{\partial X_3}\boldsymbol{I} & \cdots & \frac{\partial N_m}{\partial X_3}\boldsymbol{I} \end{bmatrix} \tag{8-2-24}$$

于是式(8-2-16)和式(8-2-17)为

$$\Delta\boldsymbol{E}_{L_0} = \boldsymbol{B}_{L_0}\Delta\boldsymbol{a}_e \tag{8-2-25}$$

$$\Delta\boldsymbol{E}_{L_1} = \boldsymbol{B}_{L_1}\Delta\boldsymbol{a}_e \tag{8-2-26}$$

其中 $\boldsymbol{B}_{L_0} = \boldsymbol{L}\boldsymbol{N}$，而

$$\boldsymbol{B}_{L_1} = \boldsymbol{A}\boldsymbol{G} \tag{8-2-27}$$

$\boldsymbol{B}_{L_0}$ 和 $\boldsymbol{B}_{L_1}$ 都是与 $\Delta\boldsymbol{a}_e$ 无关的矩阵，因此现在有

$$\delta(\Delta \boldsymbol{E}_{L_0}) = \boldsymbol{B}_{L_0}(\Delta \boldsymbol{a}_e) \tag{8-2-28}$$

$$\delta(\Delta \boldsymbol{E}_{L_1}) = \boldsymbol{B}_{L_1}(\Delta \boldsymbol{a}_e) \tag{8-2-29}$$

将式(8-2-23)带入式(8-2-18)得

$$\Delta \boldsymbol{E}_N = \widetilde{\boldsymbol{B}}_N \Delta \boldsymbol{a}_e \tag{8-2-30}$$

其中

$$\widetilde{\boldsymbol{B}}_N = \Delta \boldsymbol{A}\boldsymbol{G}/2 \tag{8-2-31}$$

由式(8-2-20)和式(8-2-21)可知，$\delta(\Delta \boldsymbol{A})\Delta\boldsymbol{\theta} = \Delta\boldsymbol{A}\delta(\Delta\boldsymbol{\theta})$，因此

$$\delta(\Delta \boldsymbol{E}_N) = \frac{1}{2}\delta(\Delta \boldsymbol{A})\Delta\boldsymbol{\theta} + \frac{1}{2}\Delta\boldsymbol{A}\delta(\Delta\boldsymbol{\theta}) = \Delta\boldsymbol{A}\delta(\Delta\boldsymbol{\theta}) \tag{8-2-32}$$

由式(8-2-23)可得

$$\delta(\Delta \boldsymbol{E}_N) = \boldsymbol{B}_N\delta(\Delta \boldsymbol{a}_e) \tag{8-2-33}$$

其中

$$\boldsymbol{B}_N = \Delta \boldsymbol{A}\boldsymbol{G} \tag{8-2-34}$$

最后得

$$\Delta \boldsymbol{E} = \widetilde{\boldsymbol{B}}\Delta \boldsymbol{a}_e \tag{8-2-35}$$

$$\delta(\Delta \boldsymbol{E}) = \boldsymbol{B}\delta(\Delta \boldsymbol{a}_e) \tag{8-2-36}$$

其中

$$\widetilde{\boldsymbol{B}} = \boldsymbol{B}_{L_0} + \boldsymbol{B}_{L_1} + \widetilde{\boldsymbol{B}}_N = \boldsymbol{B}_{L_0} + \boldsymbol{B}_{L_1} + \frac{1}{2}\Delta\boldsymbol{A}\boldsymbol{G} \tag{8-2-37}$$

$$\boldsymbol{B} = \boldsymbol{B}_{L_0} + \boldsymbol{B}_{L_1} + \boldsymbol{B}_N = \boldsymbol{B}_{L_0} + \boldsymbol{B}_{L_1} + \Delta\boldsymbol{A}\boldsymbol{G} \tag{8-2-38}$$

在这里，$\boldsymbol{B}_{L_0}$ 和 $\boldsymbol{B}_{L_1}$ 是与 $\Delta \boldsymbol{a}_e$ 无关的矩阵。$\boldsymbol{B}_{L_0}$ 在形式上与小变形分析中的应变-位移转换矩阵 $\boldsymbol{B}$ 相同。矩阵 $\boldsymbol{B}_{L_1}$ 表示在增量应变的线性部分 $\Delta \boldsymbol{E}_L$ 中的初位移效应。

相对于初始构形定义的时刻 t 和 $t+\Delta t$ 的第二类 Piola-Kirchhoff 应力为

$$S_{ij} = J\frac{\partial X_i}{\partial x_k}\frac{\partial X_j}{\partial x_l}\tau_{kl} \tag{8-2-39}$$

$$\overline{S}_{ij} = \overline{J}\frac{\partial X_i}{\partial x_k}\frac{\partial X_j}{\partial x_l}\overline{\tau}_{kl} \tag{8-2-40}$$

以上各式中字母上带"一"的量都是对应于时刻 $t+\Delta t$ 的待求量。我们将时刻 $t+\Delta t$ 的应力 $\overline{S}_{ij}$ 分解为时刻 t 的应力 S_{ij} 与增量应力 ΔS_{ij} 之和

$$\overline{S}_{ij} = S_{ij} + \Delta S_{ij} \tag{8-2-41}$$

将应力张量简记为六维矢量

$$\begin{aligned} \boldsymbol{S}_{ij} &= [S_{11} \quad S_{22} \quad S_{33} \quad S_{23} \quad S_{31} \quad S_{12}]^{\mathrm{T}} \\ \overline{\boldsymbol{S}} &= [\overline{S}_{11} \quad \overline{S}_{22} \quad \overline{S}_{33} \quad \overline{S}_{23} \quad \overline{S}_{31} \quad \overline{S}_{12}]^{\mathrm{T}} \\ \Delta\boldsymbol{S} &= [\Delta S_{11} \quad \Delta S_{22} \quad \Delta S_{33} \quad \Delta S_{23} \quad \Delta S_{31} \quad \Delta S_{12}]^{\mathrm{T}} \end{aligned} \tag{8-2-42}$$

式(8-2-41)可写成矢量形式

$$\overline{\boldsymbol{S}} = \boldsymbol{S} + \Delta\boldsymbol{S} \tag{8-2-43}$$

可将 $t+\Delta t$ 时刻的虚功方程写成如下的矢量形式

$$\int_{V_0}\delta\overline{\boldsymbol{E}}^{\mathrm{T}}\overline{\boldsymbol{S}}\mathrm{d}V_0 = \int_{V_0}\delta\overline{\boldsymbol{u}}^{\mathrm{T}}\overline{\boldsymbol{P}}_0\mathrm{d}V_0 + \int_{A_{0t}}\delta\overline{\boldsymbol{u}}^{\mathrm{T}}\overline{\boldsymbol{q}}_0\mathrm{d}A_0 \tag{8-2-44}$$

其中

$$\overline{\boldsymbol{P}}_0 = [\overline{P}_{01} \quad \overline{P}_{02} \quad \overline{P}_{03}], \quad \overline{\boldsymbol{q}}_0 = [\overline{q}_{01} \quad \overline{q}_{02} \quad \overline{q}_{03}] \tag{8-2-45}$$

$\overline{\boldsymbol{P}}_0$ 和 $\overline{\boldsymbol{q}}_0$ 分别是时刻 $t+\Delta t$ 的体力和面力的载荷矢量，它们都是定义在初始构形上的已知矢量。在增量求解期间，时刻 t 的位移 u_i 和应变 E_{ij} 都是已知的，因而有

$$\delta\overline{\boldsymbol{u}}=\delta(\Delta\boldsymbol{u})=\boldsymbol{N}\delta(\Delta\boldsymbol{a}),\quad \delta\overline{\boldsymbol{E}}=\delta(\Delta\boldsymbol{E})=\boldsymbol{B}\delta(\Delta\boldsymbol{a}) \tag{8-2-46}$$

将式(8-2-46)带入虚功方程(8-2-44)，并考虑到 $\delta(\Delta\boldsymbol{a})$ 的任意性，可得

$$\int_{V_0}\boldsymbol{B}^{\mathrm{T}}\overline{\boldsymbol{S}}\mathrm{d}V_0=\int_{V_0}\boldsymbol{N}^{\mathrm{T}}\overline{\boldsymbol{P}}_0\mathrm{d}V_0+\int_{A_{0t}}\boldsymbol{N}^{\mathrm{T}}\overline{\boldsymbol{q}}_0\mathrm{d}A_0 \tag{8-2-47}$$

利用式(8-2-38)和式(8-2-43)，我们得到增量形式的平衡方程

$$\varphi(\Delta a)=\int_{V_0}\boldsymbol{B}^{\mathrm{T}}\Delta\boldsymbol{S}\mathrm{d}V_0+\int_{V_0}\boldsymbol{B}_N^{\mathrm{T}}\boldsymbol{S}\mathrm{d}V_0+\int_{V_0}(\boldsymbol{B}_{L_0}^{\mathrm{T}}+\boldsymbol{B}_{L_1}^{\mathrm{T}})\boldsymbol{S}\mathrm{d}V_0-\overline{\boldsymbol{R}} \tag{8-2-48}$$

其中

$$\overline{\boldsymbol{R}}=\int_{V_0}\boldsymbol{N}^{\mathrm{T}}\overline{\boldsymbol{P}}_0\mathrm{d}V_0+\int_{A_{0t}}\boldsymbol{N}^{\mathrm{T}}\overline{\boldsymbol{q}}_0\mathrm{d}A_0 \tag{8-2-49}$$

在式(8-2-48)中，第一个积分是 $\Delta\boldsymbol{a}$ 的非线性项，第二个积分是 $\Delta\boldsymbol{a}$ 的线性项，可以计算出

$$\boldsymbol{B}_N^{\mathrm{T}}\boldsymbol{S}=\boldsymbol{G}^{\mathrm{T}}\Delta\boldsymbol{A}^{\mathrm{T}}\boldsymbol{S}=\boldsymbol{G}^{\mathrm{T}}\boldsymbol{M}\Delta\boldsymbol{\theta}=\boldsymbol{G}^{\mathrm{T}}\boldsymbol{M}\boldsymbol{G}\Delta\boldsymbol{a}=\widetilde{\boldsymbol{G}}^{\mathrm{T}}\widetilde{\boldsymbol{M}}\widetilde{\boldsymbol{G}}(\Delta\boldsymbol{a}) \tag{8-2-50}$$

式(8-2-50)的第一个等号成立是利用了 $\boldsymbol{B}_N$ 的定义式(8-2-34)，第二个等号成立利用了等式 $\Delta\boldsymbol{A}^{\mathrm{T}}\boldsymbol{S}=\boldsymbol{M}\Delta\boldsymbol{\theta}$，其中 $\boldsymbol{G}$ 的定义见式(8-2-24)，$\boldsymbol{M}$、$\widetilde{\boldsymbol{M}}$ 和 $\widetilde{\boldsymbol{G}}$ 的定义如下。

$$\boldsymbol{M}=\begin{bmatrix}S_{11}\boldsymbol{I} & S_{12}\boldsymbol{I} & S_{13}\boldsymbol{I}\\ S_{21}\boldsymbol{I} & S_{22}\boldsymbol{I} & S_{23}\boldsymbol{I}\\ S_{31}\boldsymbol{I} & S_{32}\boldsymbol{I} & S_{33}\boldsymbol{I}\end{bmatrix} \tag{8-2-51}$$

$$\widetilde{\boldsymbol{M}}=\begin{bmatrix}\hat{\boldsymbol{S}} & \boldsymbol{0} & \boldsymbol{0}\\ \boldsymbol{0} & \hat{\boldsymbol{S}} & \boldsymbol{0}\\ \boldsymbol{0} & \boldsymbol{0} & \hat{\boldsymbol{S}}\end{bmatrix},\quad \hat{\boldsymbol{S}}=\begin{bmatrix}S_{11} & S_{12} & S_{13}\\ S_{21} & S_{22} & S_{23}\\ S_{31} & S_{32} & S_{33}\end{bmatrix} \tag{8-2-52}$$

$$\widetilde{\boldsymbol{G}}=\begin{bmatrix}\frac{\partial N_1}{\partial X_1} & \frac{\partial N_1}{\partial X_2} & \frac{\partial N_1}{\partial X_3} & 0 & 0 & 0 & 0 & 0 & 0\\ 0 & 0 & 0 & \frac{\partial N_1}{\partial X_1} & \frac{\partial N_1}{\partial X_2} & \frac{\partial N_1}{\partial X_3} & 0 & 0 & 0\\ 0 & 0 & 0 & 0 & 0 & 0 & \frac{\partial N_1}{\partial X_1} & \frac{\partial N_1}{\partial X_2} & \frac{\partial N_1}{\partial X_3}\\ \vdots & \vdots & \vdots & \vdots & \vdots & \vdots & \vdots & \vdots & \vdots\\ \frac{\partial N_m}{\partial X_1} & \frac{\partial N_m}{\partial X_2} & \frac{\partial N_m}{\partial X_3} & 0 & 0 & 0 & 0 & 0 & 0\\ 0 & 0 & 0 & \frac{\partial N_m}{\partial X_1} & \frac{\partial N_m}{\partial X_2} & \frac{\partial N_m}{\partial X_3} & 0 & 0 & 0\\ 0 & 0 & 0 & 0 & 0 & 0 & \frac{\partial N_m}{\partial X_1} & \frac{\partial N_m}{\partial X_2} & \frac{\partial N_m}{\partial X_3}\end{bmatrix} \tag{8-2-53}$$

因此有

$$\int_{V_0}\boldsymbol{B}_N^{\mathrm{T}}\boldsymbol{S}\mathrm{d}V_0=\left(\int_{V_0}\boldsymbol{G}^{\mathrm{T}}\boldsymbol{M}\boldsymbol{G}\mathrm{d}V_0\right)\Delta\boldsymbol{a}=\left(\int_{V_0}\widetilde{\boldsymbol{G}}^{\mathrm{T}}\widetilde{\boldsymbol{M}}\widetilde{\boldsymbol{G}}\mathrm{d}V_0\right)\Delta\boldsymbol{a} \tag{8-2-54}$$

系统的平衡方程式(8-2-48)可写为

$$\varphi(\Delta\boldsymbol{a})=\int_{V_0}\boldsymbol{B}^{\mathrm{T}}\Delta\boldsymbol{S}\mathrm{d}V_0+\boldsymbol{K}_S\Delta\boldsymbol{a}+\boldsymbol{R}_S-\overline{\boldsymbol{R}}=0 \tag{8-2-55}$$

其中

$$\boldsymbol{K}_S = \int_{V_0} \boldsymbol{G}^T \boldsymbol{M}\boldsymbol{G} \mathrm{d}V_0 = \int_{V_0} \widetilde{\boldsymbol{G}}^T \widetilde{\boldsymbol{M}\boldsymbol{G}} \mathrm{d}V_0 \tag{8-2-56}$$

$$\boldsymbol{R}_S = \int_{V_0} (\boldsymbol{B}_{L_0}^T + \boldsymbol{B}_{L_1}^T) \boldsymbol{S} \mathrm{d}V_0 \tag{8-2-57}$$

$\boldsymbol{K}_S$ 称为初应力矩阵或几何矩阵，也有人称为非线性应变增量刚度矩阵。$\boldsymbol{R}_S$ 是时刻 t 的应力场 $\boldsymbol{S}$ 的等效节点力矢量。式(8-2-49)定义的 $\overline{\boldsymbol{R}}$ 是时刻 $t+\Delta t$ 的载荷等效节点力矢量。

8.2.2　大变形增量问题的 UL 表述

在我们考虑的一个典型的时间步长内，物质点的增量位移是

$$\Delta u = \overline{x}_i - x_i \tag{8-2-58}$$

由于时刻 $t+\Delta t$ 的位移 $\overline{u}_i$ 现在是相对于时刻 t 的构形度量的，因此

$$\overline{u}_i = \Delta u_i,\quad \delta\overline{u}_i = \delta(\Delta u_i) \tag{8-2-59}$$

有限元离散仍采用等参单元。这时

$$\left.\begin{aligned} x_i &= \sum_{k-1}^{m} N_k x_i^k, \quad \boldsymbol{x} = \boldsymbol{N}\boldsymbol{x}_e \\ \overline{x}_i &= \sum_{k-1}^{m} N_k \overline{x}_i^k, \quad \overline{\boldsymbol{x}} = \boldsymbol{N}\overline{\boldsymbol{x}}_e \\ \Delta u_i &= \sum_{k-1}^{m} N_k \Delta u_i^k, \quad \Delta\boldsymbol{u} = \boldsymbol{N}\Delta\boldsymbol{a}_e \end{aligned}\right\} \tag{8-2-60}$$

式(8-2-60)中的 N_k 仍是节点 k 对应的形函数，它们是母体单元的自然坐标的函数，$\boldsymbol{N}$ 是对应的形函数矩阵。在时刻 t 和 $t+\Delta t$ 的 Green 应变是相对于时刻 t 的构形定义的，因此有

$$E_{ij} = 0 \tag{8-2-61}$$

$$\overline{E}_{ij} = \frac{1}{2}\left(\frac{\partial \Delta u_j}{\partial x_i} + \frac{\partial \Delta u_i}{\partial x_j} + \frac{\partial \Delta u_k}{\partial x_i}\frac{\partial \Delta u_k}{\partial x_j}\right) \tag{8-2-62}$$

在增量求解期间，应变增量 ΔE_{ij} 就是 $\overline{E}_{ij}$，有

$$\Delta E_{ij} = \overline{E}_{ij} = \Delta E_{ij}^L + \Delta E_{ij}^N \tag{8-2-63}$$

$$\Delta E_{ij}^L = \frac{1}{2}\left(\frac{\partial \Delta u_j}{\partial x_i} + \frac{\partial \Delta u_i}{\partial x_j}\right) \tag{8-2-64}$$

$$\Delta E_{ij}^N = \frac{1}{2}\frac{\partial \Delta u_k}{\partial x_i}\frac{\partial \Delta u_k}{\partial x_j} \tag{8-2-65}$$

在这里，增量应变的线性部分 ΔE_{ij}^L 要比 TL 表述的线性部分简单，因为这里没有涉及初位移 u_i 的效应。应用类似于式(8-2-13)的矢量记法，式(8-2-63)～式(8-2-65)可改写为

$$\Delta\boldsymbol{E} = \Delta\boldsymbol{E}_L + \Delta\boldsymbol{E}_N \tag{8-2-66}$$

$$\Delta\boldsymbol{E}_L = \boldsymbol{L}\Delta\boldsymbol{u} \tag{8-2-67}$$

$$\Delta\boldsymbol{E}_N = \Delta\boldsymbol{A}\Delta\boldsymbol{\theta}/2 \tag{8-2-68}$$

其中

$$
\boldsymbol{L}=\begin{bmatrix}\frac{\partial}{\partial x_1} & 0 & 0 & 0 & \frac{\partial}{\partial x_3} & \frac{\partial}{\partial x_2}\\ 0 & \frac{\partial}{\partial x_2} & 0 & \frac{\partial}{\partial x_3} & 0 & \frac{\partial}{\partial x_1}\\ 0 & 0 & \frac{\partial}{\partial x_3} & \frac{\partial}{\partial x_2} & \frac{\partial}{\partial x_1} & 0\end{bmatrix}^{\mathrm{T}} \tag{8-2-69}
$$

$$
\Delta\boldsymbol{A}=\begin{bmatrix}\frac{\partial\Delta\boldsymbol{u}}{\partial x_1} & \boldsymbol{0} & \boldsymbol{0} & \boldsymbol{0} & \frac{\partial\Delta\boldsymbol{u}}{\partial x_3} & \frac{\partial\Delta\boldsymbol{u}}{\partial x_2}\\ \boldsymbol{0} & \frac{\partial\Delta\boldsymbol{u}}{\partial x_2} & \boldsymbol{0} & \frac{\partial\Delta\boldsymbol{u}}{\partial x_3} & \boldsymbol{0} & \frac{\partial\Delta\boldsymbol{u}}{\partial x_1}\\ \boldsymbol{0} & \boldsymbol{0} & \frac{\partial\Delta\boldsymbol{u}}{\partial x_3} & \frac{\partial\Delta\boldsymbol{u}}{\partial x_2} & \frac{\partial\Delta\boldsymbol{u}}{\partial x_1} & \boldsymbol{0}\end{bmatrix}^{\mathrm{T}} \tag{8-2-70}
$$

$$
\Delta\boldsymbol{\theta}=\begin{bmatrix}\frac{\partial\Delta\boldsymbol{u}^{\mathrm{T}}}{\partial x_1} & \frac{\partial\Delta\boldsymbol{u}^{\mathrm{T}}}{\partial x_2} & \frac{\partial\Delta\boldsymbol{u}^{\mathrm{T}}}{\partial x_3}\end{bmatrix}^{\mathrm{T}} \tag{8-2-71}
$$

式(8-2-71)可进一步改写为

$$
\Delta\boldsymbol{\theta}=\boldsymbol{H}\Delta\boldsymbol{u} \tag{8-2-72}
$$

$$
\boldsymbol{H}=\begin{bmatrix}\boldsymbol{I}\frac{\partial}{\partial x_1} & \boldsymbol{I}\frac{\partial}{\partial x_2} & \boldsymbol{I}\frac{\partial}{\partial x_3}\end{bmatrix}^{\mathrm{T}} \tag{8-2-73}
$$

将式(8-2-60)的第三式代入式(8-2-67)和式(8-2-68),有

$$
\Delta\boldsymbol{E}_L=\boldsymbol{B}_L\Delta\boldsymbol{a}_e \tag{8-2-74}
$$

$$
\Delta\boldsymbol{\theta}=\boldsymbol{G}\Delta\boldsymbol{a}_e \tag{8-2-75}
$$

$$
\boldsymbol{G}=\boldsymbol{HN} \tag{8-2-76}
$$

其中的 $\boldsymbol{B}_L=\boldsymbol{LN}$,而 $\boldsymbol{G}=\boldsymbol{HN}$ 与式(8-2-24)有相同的形式,但这时要用 $\frac{\partial}{\partial x_i}$ 代替 $\frac{\partial}{\partial X_i}$,将式(8-2-75)代入式(8-2-68)得

$$
\Delta\boldsymbol{E}_N=\widetilde{\boldsymbol{B}}_N\Delta\boldsymbol{a}_e \tag{8-2-77}
$$

$$
\widetilde{\boldsymbol{B}}_N=\Delta\boldsymbol{AG}/2 \tag{8-2-78}
$$

于是

$$
\Delta\boldsymbol{E}=\widetilde{\boldsymbol{B}}\Delta\boldsymbol{a}_e \tag{8-2-79}
$$

$$
\widetilde{\boldsymbol{B}}=\boldsymbol{B}_L+\widetilde{\boldsymbol{B}}_N=\boldsymbol{B}_L+\Delta\boldsymbol{AG}/2 \tag{8-2-80}
$$

式中 $\Delta\boldsymbol{A}$ 是 $\Delta\boldsymbol{a}_e$ 的一次式,不难得到

$$
\delta(\Delta\boldsymbol{E}_L)=\boldsymbol{B}_L\delta(\Delta\boldsymbol{a}_e) \tag{8-2-81}
$$

$$
\delta(\Delta\boldsymbol{E}_N)=\boldsymbol{B}_N\delta(\Delta\boldsymbol{a}_e) \tag{8-2-82}
$$

$$
\boldsymbol{B}_N=2\widetilde{\boldsymbol{B}}_N=\Delta\boldsymbol{AG} \tag{8-2-83}
$$

因此有

$$
\delta(\Delta\boldsymbol{E})=\boldsymbol{B}\delta(\Delta\boldsymbol{a}_e) \tag{8-2-84}
$$

$$
\boldsymbol{B}=\boldsymbol{B}_L+\boldsymbol{B}_N \tag{8-2-85}
$$

时刻 t 和 $t+\Delta t$ 的第二类 Piola-Kirchhoff 应力也是相对于时刻 t 的构形定义的,它们是

$$
S_{ij}=\tau_{ij} \tag{8-2-86}
$$

$$
\overline{S}_{ij}=J\frac{\partial x_i}{\partial \overline{x}m}\frac{\partial x_j}{\partial \overline{x}_n}\overline{\tau}_{mn} \tag{8-2-87}
$$

$$
J=\det\left[\frac{\partial \overline{x}_i}{\partial \overline{x}_j}\right] \tag{8-2-88}
$$

其中，τ_{ij} 和 $\bar{\tau}_{ij}$ 分别是时刻 t 和 $t+\Delta t$ 的 Cauchy 应力。式(8-2-86)表示，相对于时刻 t 的第二类 Piola-Kirchhoff 应力就是 Cauchy 应力。将时刻 $t+\Delta t$ 的应力分解为时刻 t 的应力与增量应力之和

$$\bar{S}_{ij} = S_{ij} + \Delta S_{ij} = \tau_{ij} + \Delta S_{ij} \tag{8-2-89}$$

用矢量表示为

$$\bar{\boldsymbol{S}} = \boldsymbol{S} + \Delta\boldsymbol{S} = \boldsymbol{\tau} + \Delta\boldsymbol{S} \tag{8-2-90}$$

其中

$$\boldsymbol{\tau} = [\tau_{11} \quad \tau_{22} \quad \tau_{33} \quad \tau_{23} \quad \tau_{31} \quad \tau_{12}]$$

将 $t+\Delta t$ 时刻的虚功方程写成如下的矢量形式

$$\int_V \delta\bar{\boldsymbol{E}}^{\mathrm{T}}\bar{\boldsymbol{S}}\mathrm{d}V = \int_V \delta\bar{\boldsymbol{u}}^{\mathrm{T}}\bar{\boldsymbol{p}}\mathrm{d}V + \int_{A_t} \delta\bar{\boldsymbol{u}}^{\mathrm{T}}\bar{\boldsymbol{q}}\mathrm{d}A \tag{8-2-91}$$

其中 V 和 A_t 分别是时刻 t 物体构形占据的区域和规定外力的边界，$\bar{\boldsymbol{p}}$ 和 $\bar{\boldsymbol{q}}$ 分别是相对于时刻 t 构形定义的体力和面力的载荷矢量。考虑到式(8-2-59)和式(8-2-63)，式(8-2-91)也可写为

$$\int_V \delta\Delta\bar{\boldsymbol{E}}^{\mathrm{T}}(\boldsymbol{S}+\Delta\boldsymbol{S})\mathrm{d}V = \int_V \delta(\Delta\bar{\boldsymbol{u}})^{\mathrm{T}}\bar{\boldsymbol{p}}\mathrm{d}V + \int_{A_t} \delta(\Delta\bar{\boldsymbol{u}})^{\mathrm{T}}\bar{\boldsymbol{q}}\mathrm{d}A \tag{8-2-92}$$

将式(8-2-84)和式(8-2-60)的最后一式代入式(8-2-92)，并考虑到

$$\boldsymbol{B}_N^{\mathrm{T}}\boldsymbol{S} = \boldsymbol{G}^{\mathrm{T}}\Delta\boldsymbol{A}^{\mathrm{T}}\boldsymbol{S} = \boldsymbol{G}^{\mathrm{T}}\boldsymbol{M}\Delta\boldsymbol{\theta} = \boldsymbol{G}^{\mathrm{T}}\boldsymbol{M}\boldsymbol{G}\Delta\boldsymbol{a} = \widetilde{\boldsymbol{G}}^{\mathrm{T}}\widetilde{\boldsymbol{M}}\widetilde{\boldsymbol{G}}\Delta\boldsymbol{a} \tag{8-2-93}$$

可得时刻 $t+\Delta t$ 的平衡方程

$$\varphi(\Delta\boldsymbol{a}) = \int_V \boldsymbol{B}^{\mathrm{T}}\Delta\boldsymbol{S}\mathrm{d}V + \boldsymbol{K}_S\Delta\boldsymbol{a} + \boldsymbol{R}_S - \bar{\boldsymbol{R}} = \boldsymbol{0} \tag{8-2-94}$$

其中

$$\boldsymbol{K}_S = \int_V \boldsymbol{G}^{\mathrm{T}}\boldsymbol{M}\boldsymbol{G}\mathrm{d}V = \int_V \widetilde{\boldsymbol{G}}^{\mathrm{T}}\widetilde{\boldsymbol{M}}\widetilde{\boldsymbol{G}}\mathrm{d}V \tag{8-2-95}$$

$$\boldsymbol{R}_S = \int_V \boldsymbol{B}_N^{\mathrm{T}}\boldsymbol{S}\mathrm{d}V \tag{8-2-96}$$

$$\bar{\boldsymbol{R}} = \int_V \boldsymbol{N}^{\mathrm{T}}\bar{\boldsymbol{p}}\mathrm{d}V + \int_{A_t} \boldsymbol{N}^{\mathrm{T}}\bar{\boldsymbol{q}}\mathrm{d}A \tag{8-2-97}$$

上面各式中的矩阵 $\boldsymbol{M}$，$\widetilde{\boldsymbol{M}}$ 和 $\widetilde{\boldsymbol{G}}$ 的具体形式见式(8-2-51)～式(8-2-53)，但是这里的第二类 Piola-Kirchhoff 应力 S_{ij} 是相对于时刻 t 构形定义的，因而可将它改用 Cauchy 应力 τ_{ij} 表示。

8.3　有限元求解方程及解法

几何非线性的有限元方程组的求解需要将虚功方程线性化，并通过 Newton 法迭代计算出最后结果。接下来将对上一节两种几何非线性问题表达格式下的虚功方程进行求解。

8.3.1　完全的拉格朗日格式的虚功方程的求解

方程组(8-2-55)的线性化涉及几何的和物理的两个方面。将应变-位移转换矩阵线性化，也就是在式(8-2-55)的第一个积分中用 $\boldsymbol{B}_{L_0}+\boldsymbol{B}_{L_1}$ 代替 $\boldsymbol{B}$，有

$$\Delta\boldsymbol{E} \approx (\boldsymbol{B}_{L_0} + \boldsymbol{B}_{L_1})\Delta\boldsymbol{a} \tag{8-3-1}$$

将有限大小的增量 $\Delta\boldsymbol{S}$ 和 $\Delta\boldsymbol{E}$ 之间的关系线性化。事实上，对非线性弹性或弹塑性介质的本构方程用矢量形式可写为

$$\mathrm{d}\boldsymbol{S}=\boldsymbol{D}_{\mathrm{T}}\mathrm{d}E \tag{8-3-2}$$

其中 $\boldsymbol{D}_{\mathrm{T}}$ 是切线弹性矩阵或弹塑性矩阵。对于非线性弹性介质，$\boldsymbol{D}_{\mathrm{T}}$ 是应力或应变状态的函数，对于弹塑性介质，$\boldsymbol{D}_{\mathrm{T}}$ 还是变形历史（用塑性内变量表征）的函数，对于有限增量 $\Delta\boldsymbol{S}$ 和 $\Delta\boldsymbol{E}$ 之间的关系是

$$\Delta\boldsymbol{S}=\int_{E}^{E+\Delta E}\boldsymbol{D}_{\mathrm{T}}\mathrm{d}\boldsymbol{E}=\boldsymbol{g}(\Delta\boldsymbol{E}) \tag{8-3-3}$$

$\boldsymbol{g}$ 是一个非线性的矢量函数。本构方程的线性化就是在整个增量求解期间，都采用时刻 t 状态的本构矩阵 $\boldsymbol{D}_{\mathrm{T}}$，于是有

$$\Delta\boldsymbol{S}=\boldsymbol{D}_{\mathrm{T}}\Delta\boldsymbol{E} \tag{8-3-4}$$

利用式(8-3-1)和式(8-3-4)，由式(8-2-55)可得到线性化的方程组

$$(\boldsymbol{K}_L+\boldsymbol{K}_S)\Delta\boldsymbol{a}=\overline{\boldsymbol{R}}-\boldsymbol{R}_S \tag{8-3-5}$$

$$\boldsymbol{K}_L\approx\int_{V_0}(\boldsymbol{B}_{L_0}^{\mathrm{T}}+\boldsymbol{B}_{L_1}^{\mathrm{T}})D_{\mathrm{T}}(\boldsymbol{B}_{L_0}+\boldsymbol{B}_{L_1})\mathrm{d}V_0 \tag{8-3-6}$$

在每个时间增量按式(8-3-5)求解，相当于求解非线性方程组的 Euler 修正的 Newton 法。为进一步提高解答的精度可以采用各种失衡力修正技术。简化 Newton 法的计算流程如下。

(1) 全部求解时间被分成若干步长

$$t_0=0,t_1,t_2,\cdots,t_N$$

或

$$\boldsymbol{R}_0=\boldsymbol{0},\boldsymbol{R}_1,\boldsymbol{R}_2,\cdots,\boldsymbol{R}_N$$

(2) 对于时间步长 $[t_m=t,t_{m+1}=t+\Delta t]$，开始的力学量 $\boldsymbol{a}_m,\boldsymbol{S}_m$ 和 $\boldsymbol{E}_m$ 等是已知的，计算 $\overline{\boldsymbol{R}},\boldsymbol{R}_S$。

(3) 建立切线刚度矩阵 $\boldsymbol{K}_L,\boldsymbol{K}_S$，并求解

$$\Delta\boldsymbol{a}^1=(\boldsymbol{K}_L+\boldsymbol{K}_S)^{-1}(\overline{\boldsymbol{R}}-\boldsymbol{R}_S)$$

(4) 计算失衡力，进行平衡迭代

$$\varphi^n=\overline{\boldsymbol{R}}-\int_{V_0}(\boldsymbol{B}^n)^{\mathrm{T}}(\boldsymbol{S}_m+\Delta\boldsymbol{S}^n)\mathrm{d}V_0$$

$$\delta\Delta\boldsymbol{a}^n=-(\boldsymbol{K}_L+\boldsymbol{K}_S)^{-1}(\overline{\boldsymbol{R}}-\boldsymbol{R}_S)\varphi^n$$

$$\Delta\boldsymbol{a}^{n+1}=\Delta\boldsymbol{a}^n+\delta\Delta\boldsymbol{a}^n$$

当 $\|\varphi^n\|$ 充分小或达到规定的最大迭代次数时，迭代终止。

(5) 计算 $t_{m+1}=t+\Delta t$ 时刻的各变量值

$$\boldsymbol{a}_{m+1},\boldsymbol{S}_{m+1},\boldsymbol{E}_{m+1},\cdots$$

(6) 重复步骤(2)～(5)，计算下一个时间步长。

8.3.2 更新的拉格朗日格式的虚功方程的求解

前面推导的是完全的拉格朗日格式的虚功方程的解，其特点是，所有静力学和运动学方面的变量，例如单元刚度矩阵，单元节点位移和单元节点应力等，都是以 $t=0$ 时刻的构形，即初始构形为参考系统。

上述各量，即单元的刚度矩阵，节点位移和节点应力等量的描述和计算，也可以用物体变形过程中某一时刻 t 的构形为参考系统，进而推算下一时刻物体的构形。由于 t 时刻的构形和坐标值随计算而变化，所以称这种情况下的虚功方程为更新的拉格朗日虚功方程。

在进行结构的大位移(几何非线性)分析时,可以将按线性分析所得到的节点位移作为结构位移的第一次近似值。根据上述节点位移可以对单元刚度矩阵进行修改,从而反映单元在变位后的位置上所起的作用。在现时构形下的迭代求解法类似于完全的拉格朗日格式的虚功方程的求解:根据已求的节点位移修改单元的坐标转换矩阵,从而达到修正结构坐标系中单元刚度矩阵的目的。根据修正后的各单元刚度矩阵乃至刚度方程,可以计算出节点合力。按照上述结构位移的第一项近似值算出的节点合力与节点所受到的外载荷并不相等,也就是说此时节点的平衡条件未被满足。这是因为按线性分析所得到的节点位移并不代表结构真正的平衡位置。于是,在这样的位置上结构当然也就无法保持平衡。现将原结构的等效节点载荷与上述节点合力之差称为节点的不平衡力。为了求得结构真正的平衡位置,可以将不平衡力作为一组新的外载荷施加于上述已发生变形的结构上,求得节点位移的修正值又可以重新修改各单元的坐标转换矩阵,并进而得到新的节点合力和节点不平衡力,继而再将新的节点不平衡力施加于变形以后的结构。重复上述过程一般总可以使节点不平衡力减小到可以被忽略的程度,此时的节点位移所对应的便是结构在发生大位移之后真正的平衡位置。按照上述平衡位置可以计算结构在大位移情况下的杆件内力。以上就是更新的拉格朗日格式的虚功方程求解的基本思路。

在更新的拉格朗日表达格式或者 UL 表述方法中采用相对于时刻 t 构形定义的 Green 应变率 $\dot{E}_{ij}$ 和第二类 Piola-Kirchhoff 应力率 $\dot{S}_{ij}$ 表述本构方程是最方便的。

该虚功方程的线性化过程较为复杂,读者可以自行推导或查阅相关书籍,下面给出线性化的虚功方程

$$(\boldsymbol{K}_L + \boldsymbol{K}_N)\Delta\boldsymbol{a} = \overline{\boldsymbol{R}} - \boldsymbol{R}_S \tag{8-3-7}$$

其中,$\boldsymbol{R}_S$ 和 $\overline{\boldsymbol{R}}$ 具体形式见式(8-2-96)和式(8-2-97),$\boldsymbol{K}_L$ 和 $\boldsymbol{K}_N$ 为

$$\boldsymbol{K}_L = \int_V \boldsymbol{B}_L^{\mathrm{T}} \boldsymbol{D}_{ep} \boldsymbol{B}_L \mathrm{d}V \tag{8-3-8}$$

$$\boldsymbol{K}_N = \int_V (\widetilde{\boldsymbol{G}}^{\mathrm{T}} \widetilde{\boldsymbol{M}} \widetilde{\boldsymbol{G}} - 2\widetilde{\boldsymbol{B}}_L^{\mathrm{T}} \widetilde{\boldsymbol{M}} \widetilde{\boldsymbol{B}}_L)\mathrm{d}V \tag{8-3-9}$$

式中的矩阵 $\boldsymbol{M}$,$\widetilde{\boldsymbol{M}}$ 和 $\widetilde{\boldsymbol{G}}$ 的具体形式见式(8-2-51)～式(8-2-53),$\widetilde{\boldsymbol{B}}_L$ 为

$$\widetilde{\boldsymbol{B}}_L = \begin{bmatrix}
\frac{\partial N_1}{\partial x_1} & 0 & 0 & \cdots & \frac{\partial N_m}{\partial x_1} & 0 & 0 \\
\frac{1}{2}\frac{\partial N_1}{\partial x_2} & \frac{1}{2}\frac{\partial N_1}{\partial x_1} & 0 & \cdots & \frac{\partial N_m}{\partial x_2} & \frac{\partial N_m}{\partial x_1} & 0 \\
\frac{1}{2}\frac{\partial N_1}{\partial x_3} & 0 & \frac{1}{2}\frac{\partial N_1}{\partial x_1} & \cdots & \frac{\partial N_m}{\partial x_3} & 0 & \frac{\partial N_m}{\partial x_1} \\
\frac{1}{2}\frac{\partial N_1}{\partial x_2} & \frac{1}{2}\frac{\partial N_1}{\partial x_1} & 0 & \cdots & \frac{1}{2}\frac{\partial N_m}{\partial x_2} & \frac{1}{2}\frac{\partial N_m}{\partial x_1} & 0 \\
0 & \frac{\partial N_1}{\partial x_2} & 0 & \cdots & 0 & \frac{\partial N_m}{\partial x_2} & 0 \\
0 & \frac{1}{2}\frac{\partial N_1}{\partial x_3} & \frac{1}{2}\frac{\partial N_1}{\partial x_2} & \cdots & 0 & \frac{1}{2}\frac{\partial N_m}{\partial x_3} & \frac{1}{2}\frac{\partial N_m}{\partial x_2} \\
\frac{1}{2}\frac{\partial N_1}{\partial x_3} & 0 & \frac{1}{2}\frac{\partial N_1}{\partial x_1} & \cdots & \frac{1}{2}\frac{\partial N_m}{\partial x_3} & 0 & \frac{1}{2}\frac{\partial N_m}{\partial x_1} \\
0 & \frac{1}{2}\frac{\partial N_1}{\partial x_3} & \frac{1}{2}\frac{\partial N_1}{\partial x_2} & \cdots & 0 & \frac{1}{2}\frac{\partial N_m}{\partial x_3} & \frac{1}{2}\frac{\partial N_m}{\partial x_2} \\
0 & 0 & \frac{1}{2}\frac{\partial N_1}{\partial x_3} & \cdots & 0 & 0 & \frac{1}{2}\frac{\partial N_m}{\partial x_3}
\end{bmatrix} \tag{8-3-10}$$

$\boldsymbol{D}_{ep}$ 为弹塑性本构矩阵，可以查阅相关书籍获得其公式，在下节也稍有介绍。

从式中可以看到，仅在较小的时间步长（或载荷增量）下使用线性化方程组(8-3-7)～(8-3-9)求解才不至于引起过大的偏差。当然为提高精度也可以使用各种失衡力修正技术，这里就不一一介绍了。

在大变形增量问题的有限元计算中，使用 TL 格式还是 UL 格式，主要根据计算效率来考虑。边角 TL 和 UL 格式下的 $\boldsymbol{B}_L$ 矩阵，可以发现，在 TL 格式中的矩阵 $\boldsymbol{B}_L$ 是满的，而在 UL 格式中的 $\boldsymbol{B}_L$ 是系数的，这主要是由于后者没有涉及初位移效应。因而在 UL 格式中计算乘积 $\boldsymbol{B}_L^{\mathrm{T}}\boldsymbol{D}\boldsymbol{B}_L$ 要比在 TL 格式中相应的计算节省时间。另一方面，在 TL 格式的所有步长的计算中内插函数的导数仅与初始坐标有关。这些导数只要在第一个步长内计算一次并存入辅助储存器内，可供以后各步长使用。而在 UL 格式中 N_i 是对应于时刻 t 构形的坐标 x_i 求导，这样的导数在每一步长都要重新计算。然而就总的计算效率看，上面指出差异的影响一般并不大。

在实际中选择哪一种格式，在大多数情况要看所采用的材料本构规律是如何定义的。例如，在弹塑性分析中，如果屈服函数和本构方程是由相对于初始构形的第二类 Piola-Kirchhoff 应力定义的，在分析中最好采用 TL 格式，这样做避免了要对材料本构张量的变换。

8.4　大变形情况下的本构关系

本节主要针对几种不同的材料讨论其在大变形情况下的本构关系。

8.4.1　弹性材料

由于对有限应变有许多不同的应力和应变度量，同一种材料的本构关系可以写成几种不同的形式，重要的是对它们进行区别，并给出它们之间的转换关系。

1. Kirchhoff 材料

许多工程问题属于小应变和大转动。在这些问题中，大变形的效果主要来自于大转动，由线弹性定理做简单扩展即可模拟材料的响应，这些材料的响应完全取决于当前的状态。假设存在一个无应力的自然状态，在这个状态的一个适当确定的有限邻域内，Cauchy 应力张量 τ_{ij} 和 Almansi 应变张量 e_{ij} 之间存在着一一对应的关系

$$\tau_{ij} = D_{ijkl} e_{kl} \tag{8-4-1}$$

如果四阶张量 D_{ijkl} 是常数张量，则表明它是线性弹性的，但这个规律不是小变形情况的定律，因为式(8-4-1)中的应力和应变是相对于现时构形定义的。在小变形条件下，τ_{ij} 和 e_{ij} 分别退化为通常的工程应力 σ_{ij} 和无限小应变 ε_{ij}，式(8-4-1)退化为通常的 Hooke 定律。对于各向同性材料，无论坐标轴怎样选取，D_{ijkl} 的形式保持不变，它是各向同性张量。

Cauchy 应力与第二类 Piola-Kirchhoff 应力之间有转换关系式(8-1-36)和式(8-1-37)，此外 Almansi 应变与 Green 应变之间的关系如下。

$$E_{ij}\frac{\partial X_i}{\partial x_l}\frac{\partial X_j}{\partial x_m} = e_{lm} \tag{8-4-2}$$

$$e_{ij}\frac{\partial x_i}{\partial X_l}\frac{\partial x_j}{\partial X_m} = E_{lm} \tag{8-4-3}$$

这就不难用变量 S_{ij} 和 E_{ij} 定义现时构形的材料本构张量，此时式(8-4-1)可转变为

$$S_{ij}=D^0_{ijkl}E_{kl} \tag{8-4-4}$$

其中 D^0_{ijkl} 和 D_{ijkl} 之间的转换关系是

$$D^0_{mnpq}=J\frac{\partial X_m}{\partial x_i}\frac{\partial X_n}{\partial x_j}D_{ijkl}\frac{\partial X_p}{\partial x_k}\frac{\partial X_q}{\partial x_l} \tag{8-4-5}$$

$$D_{mnpq}=J\frac{\partial x_m}{\partial X_i}\frac{\partial x_n}{\partial X_j}D^0_{ijkl}\frac{\partial x_p}{\partial X_k}\frac{\partial x_q}{\partial X_l} \tag{8-4-6}$$

由式(8-4-4)表述的材料，称为 Saint-Venant-Kirchhoff 材料，简称 Kirchhoff 材料。Kirchhoff 材料本构张量 D^0_{ijkl} 与应力和应变无关，这种材料是路径无关的，并具有弹性应变能

$$W=\frac{1}{2}D^0_{ijkl}E_{ij}E_{kl} \tag{8-4-7}$$

2. 超弹性材料

外力做功与变形路径无关的材料称为超弹性(或者 Green 弹性)材料。典型的超弹性材料是橡胶材料，其具有不可压缩和初始各向同性的材料特性。超弹性材料的特征是存在一个应变能函数 $W(E_{ij})$。

首先认为应变能是对称应变张量 E_{ij} 的 9 个分量的函数，这时有

$$\dot{W}=\frac{\partial W}{\partial E_{ij}}\dot{E}_{ij}$$

将上式与 $\dot{W}=S_{ij}\dot{E}_{ij}$ 相减，有

$$\left(S_{ij}-\frac{\partial W}{\partial E_{ij}}\right)\dot{E}_{ij}=0 \tag{8-4-8}$$

由于式(8-4-8)对应变率 $\dot{E}_{ij}$ 的任意取值都成立，则有

$$S_{ij}=\frac{\partial W}{\partial E_{ij}} \tag{8-4-9}$$

对于初始各向同性超弹性材料，应变能可以写成应变张量的不变量 I_1、I_2、I_3 的函数

$$W=W(I_1,I_2,I_3) \tag{8-4-10}$$

$$\begin{aligned}I_1&=E_{ii}\\ I_2&=\frac{1}{2}[(E_{ii})^2-E_{ij}E_{ji}]\\ I_3&=e_{ijkl}E_{i1}E_{j2}E_{k3}\end{aligned} \tag{8-4-11}$$

对于不可压缩材料，$I_1=1$，$I_3=J^2=1$，应变能可以写成 I_1 和 I_2 的函数。对于橡胶材料，Mooney 和 Rivlin 给出了它的简单的能量表达式

$$W=W(I_1,I_2)=c_1(I_1-3)+c_2(I_2-3) \tag{8-4-12}$$

式(8-4-12)非常接近试验的结果，因此，对式(8-4-9)微商可得到速率形式的本构方程

$$\dot{S}_{ij}=D^{\mathrm{T}}_{ijkl}\dot{E}_{kl} \tag{8-4-13}$$

其中

$$D^{\mathrm{T}}_{ijkl}=\frac{\partial^2 W}{\partial E_{ij}\partial E_{kl}} \tag{8-4-14}$$

3. 次弹性材料

次弹性材料是由应力率和变形率表示的。次弹性材料本构关系的一般形式为

$$\overset{\triangledown}{\tau}_{ij}=f(\tau_{ij},V_{ij}) \tag{8-4-15}$$

式中：$\overset{\triangledown}{\tau}_{ij}$ 代表 Cauchy 应力的任意应力率，V_{ij} 是变形率，都是客观的；函数 f 也必须是应力和

变形率的客观函数。

大多数的次弹性本构关系可以写成应力率和变形率之间的线性关系形式：

$$\overset{\nabla}{\tau}_{ij} = D_{ijkl} V_{kl} \tag{8-4-16}$$

对于各向同性材料，切线模量张量 D_{ijkl} 是一个四阶各向同性张量，如果使用 Jaumann 应力率，则有

$$D^{J}_{ijkl} = \lambda \delta_{ij} \delta_{kl} + \mu (\delta_{ik} \delta_{jl} + \delta_{il} \delta_{jk}) \tag{8-4-17}$$

8.4.2　弹塑性材料

当弹性应变小于塑性应变时，一般采用次弹塑性模型。次弹性材料在变形闭合路径中的能量是非保守的，然而对于弹性小应变，能量误差是不显著的，因而弹性响应的次弹性表述是合理的。

在这里给出弹塑性材料的本构方程

$$\overset{\nabla}{\tau}_{ij} = D^{ep}_{ijkl} V_{kl} \tag{8-4-18}$$

其中

$$D^{ep}_{ijkl} = D^{J}_{ijkl} - \frac{1}{B} D^{J}_{ijmn} \frac{\partial f}{\partial \tau_{mn}} \frac{\partial f}{\partial \tau_{pq}} D^{J}_{pqkl} \tag{8-4-19}$$

$$B = \frac{\partial f}{\partial \tau_{ij}} D^{J}_{ijkl} \frac{\partial f}{\partial \tau_{kl}} - \frac{\partial f}{\partial \kappa} m \tag{8-4-20}$$

$$\kappa = \begin{cases} \tau_{ij} \dfrac{\partial f}{\partial \tau_{ij}}, & \kappa = \omega^{P}\text{（塑性功）} \\ \left(\dfrac{\partial f}{\partial \tau_{ij}} \dfrac{\partial f}{\partial \tau_{ij}} \right)^{\frac{1}{2}}, & \kappa = V^{P}\text{（等效塑性形率）} \end{cases} \tag{8-4-21}$$

对于各向同性强化的 Mises 材料，在弹性加载或塑性卸载、中性变载时弹塑性本构矩阵为

$$D^{ep}_{ijkl} = \frac{E}{1+\nu} \left(\delta_{ik} \delta_{jl} + \frac{\nu}{1-2\nu} \delta_{ij} \delta_{kl} \right) \tag{8-4-22}$$

在塑性加载时，

$$D^{ep}_{ijkl} = \frac{E}{1+\nu} \left(\delta_{ik} \delta_{jl} + \frac{\nu}{1-2\nu} \delta_{ij} \delta_{kl} \right) - \frac{3 \tau'_{ij} \tau'_{kl} \left(\dfrac{E}{1+\nu} \right)}{2 \bar{\tau}^{2} \left(\dfrac{3}{2} H' + \dfrac{E}{1+\nu} \right)} \tag{8-4-23}$$

式中：$\tau'_{ij} = \tau_{ij} - \frac{1}{3} \delta_{ij} \tau_{kk}$；$\bar{\tau}^{2} = \frac{3}{2} \tau'_{ij} \tau'_{ij}$；$E$ 和 ν 是弹性常数；H' 是塑性模量，即由单向拉伸试验得到的 Cauchy 应力-对数塑性应变曲线的斜率。

8.5　大变形有限元分析算例

8.5.1　薄板空间展开结构的 ABAQUS 有限元仿真分析

本算例将通过一薄板空间展开结构的展开过程仿真来介绍使用 ABAQUS 进行几何非线

性问题分析的过程，通过仿真让读者进一步了解 ABAQUS 的使用。

1）问题描述

如图 8-5-1 所示的薄板空间展开结构，尺寸如图 8-5-2 所示，该结构的材料为某种光敏树脂，其弹性模量为 2.7 GPa，泊松比为 0.41，求该结构中心点在垂直于平面方向上的位移与外力的关系。

图 8-5-1　薄板空间展开结构

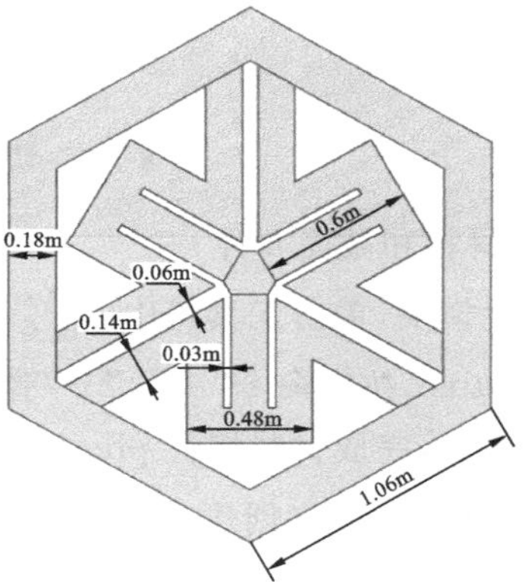

图 8-5-2　薄板空间展开结构的尺寸

2）创建部件

启动 ABAQUS/CAE，创建一个新的模型，重命名为 LEM，保存模型为 LEM.cae。

点击工具箱中的（创建部件）按钮，在弹出的“创建部件”对话框中，“名称后面输入 lamina-emergent”，将“模型空间”设为三维，“类型”设为可变形，“基本特性”设为壳，大约尺寸输入 2.4，点击“继续”按钮，进入草图环境。

按尺寸画出 1/6 个单元，如图 8-5-3 所示。依次点击（镜像）和（旋转阵列）按钮，得到完整的草图，如图 8-5-4 所示。单击提示区的“完成”按钮，在“编辑基础拉伸”界面，输入深度 0.03(m)，形成薄板空间展开结构的形状（见图 8-5-1）。

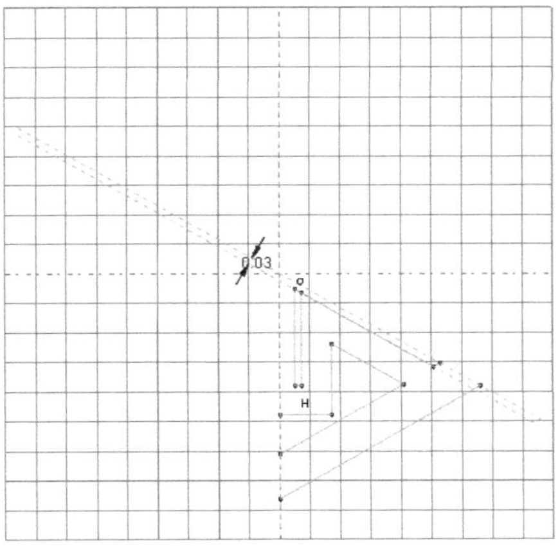

图 8-5-3　部件 lamina-emergent 的 1/6 草图

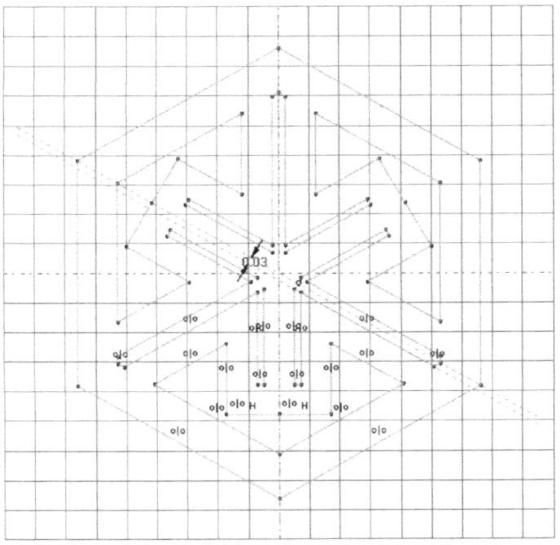

图 8-5-4　部件 lamina-emergent 草图

通过（平面分割）和（扫略/延伸）按钮，对结构进行切割（如图 8-5-5，该切割为边界条件和载荷施加做准备）。

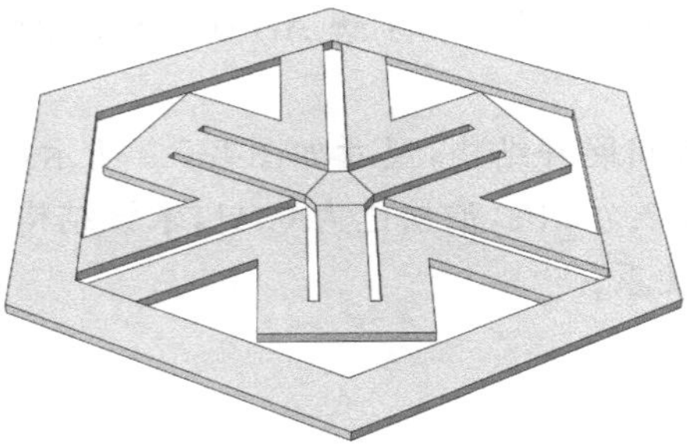

图 8-5-5 切割后的部件 lamina-emergent

3）创建材料和截面属性

进入属性模块，单击工具箱中的（创建材料）按钮，弹出“编辑材料”对话框，修改材料名称 photosensitive，执行命令“力学”→“弹性”，输入弹性模量为 2700000000（Pa）；泊松比 0.41，单击“确定”按钮，完成材料属性 photosensitive 定义。

单击工具栏中的（创建截面）按钮，在“创建截面”对话框中，将“名称”改为 photosensitive，选择“类别”为实体，“类型”选择均质，单击“继续”按钮，进入“编辑截面”对话框，材料选择 photosensitive，单击“确定”按钮，完成截面 photosensitive 的定义。

然后单击工具栏中的（指派截面属性）按钮，选择步骤 2）中创建的部件，单击提示区的“完成”按钮，在弹出的“编辑截面指派”对话框中选择截面 photosensitive，单击“确定”按钮，把截面属性赋予薄板。

4）定义装配件

进入装配模块，单击工具栏中的（为部件实例化），在弹出的“创建实例”对话框中，选择部件 lamina-emergent，单击“确定”按钮，创建部件的实例。

5）设置分析步和输出变量

在环境栏模块后面选择“分析步”，进入分析步模块，单击工具栏的（创建分析步）按钮，在弹出的“创建分析步”对话框（见图 8-5-6）中，选择“分析步类型”为“静力，通用”，单击“继续”按钮。

在弹出的“编辑分析步”对话框（见图 8-5-7）中选择“几何非线性”为“开”，单击“增量”选项

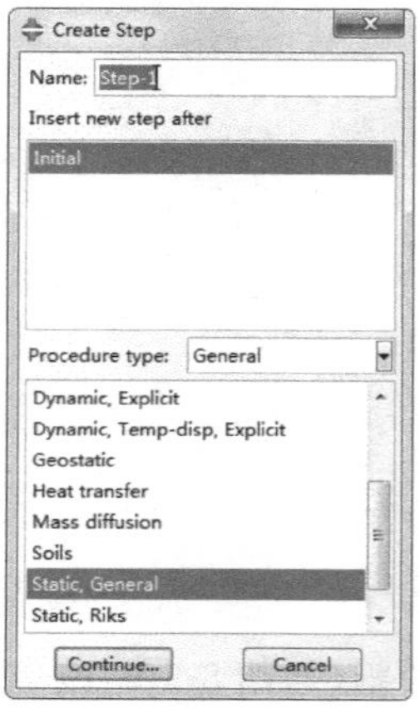

图 8-5-6 “创建分析步”对话框

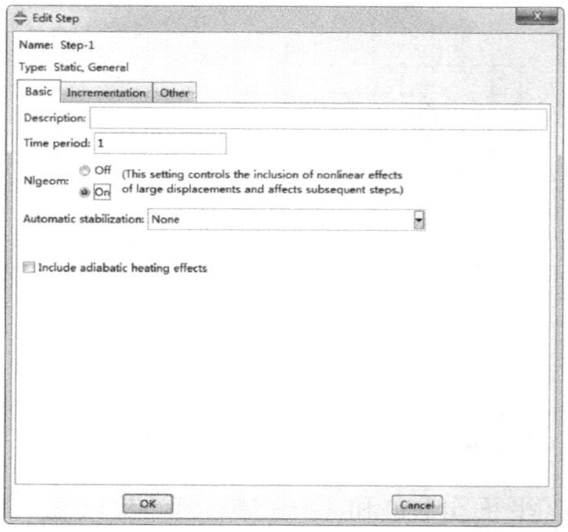

图 8-5-7 “编辑分析步”对话框

卡，输入最大增量步为 10000，初始增量尺寸为 0.01，最大增量尺寸为 0.01，如图 8-5-8 所示，单击“确定”按钮，完成分析步的定义。

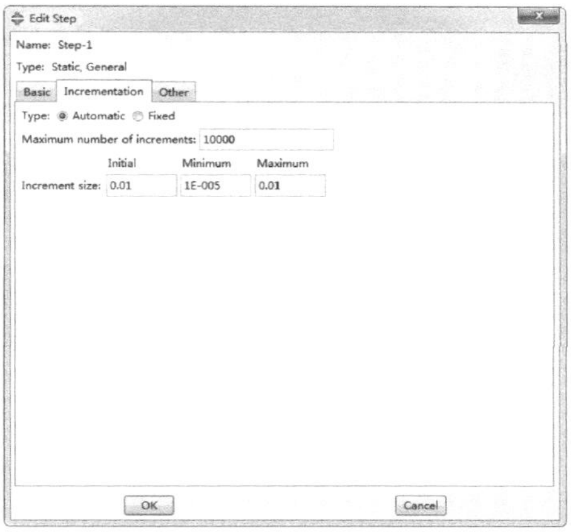

图 8-5-8　“编辑分析步”对话框增量设置

点击工具箱中的（场输出管理器），在弹出的“场输出请求管理器”对话框（见图 8-5-9）中可以看到 ABAQUS/CAE 已经自动生成了一个名为 F-Output-1 的历史输出量。

点击菜单栏中的“工具”→“集合”→“创建”，在弹出的“创建集合”对话框（见图 8-5-10）中，名称改为 disp-region，单击“继续”按钮，选中如图 8-5-11 所示的区域。

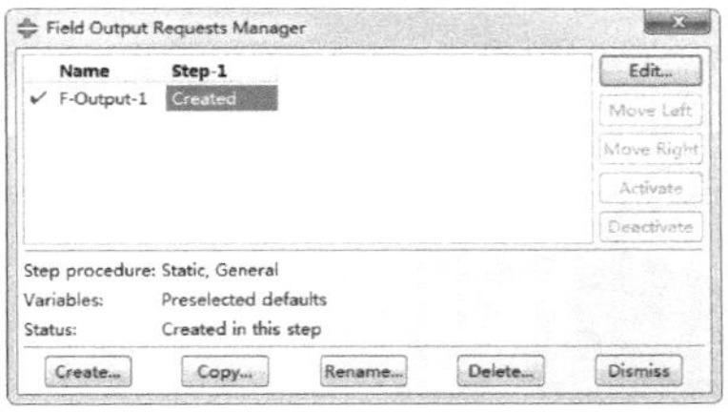

图 8-5-9　“场输出请求管理器”对话框

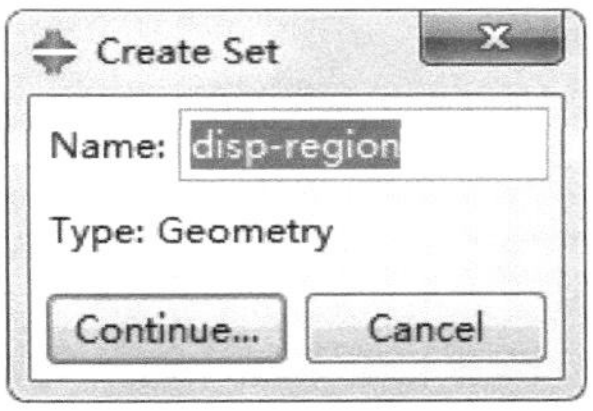

图 8-5-10　“创建集合”对话框

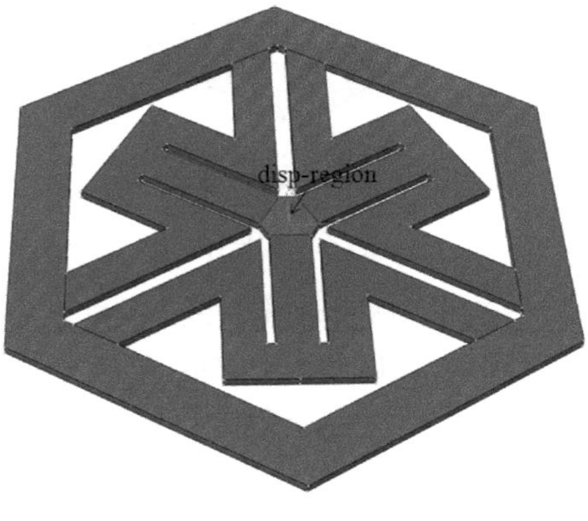

图 8-5-11　disp-region 集合

在“场输出请求管理器”对话框（见图 8-5-9）中单击“创建”按钮，在弹出的“创建场输出”对话框中单击“继续”按钮，在弹出的“编辑场输出请求”对话框（见图 8-5-12）中，选择对象为“集合”，集合对象为 disp-region，勾选输出变量中 Forces/Reforces 下的“RF，Reaction forces and moments”，单击“确定”按钮，完成输出请求的定义。

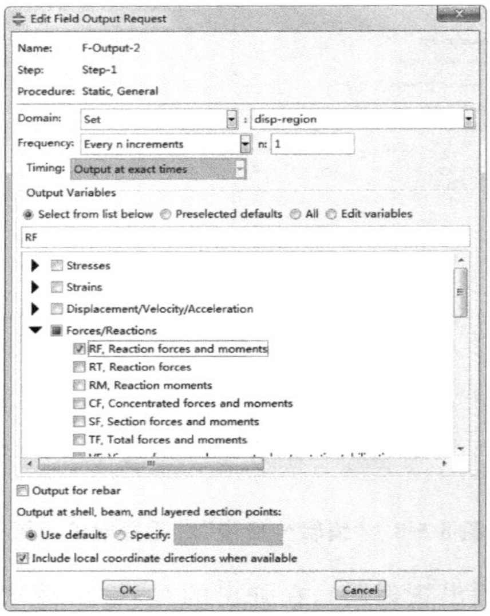

图 8-5-12　“编辑场输出请求”对话框

6）定义载荷和边界条件

与定义“disp-region”集合相同，定义“fixed”集合。“fixed”集合面在薄板下表面，如图 8-5-13所示。

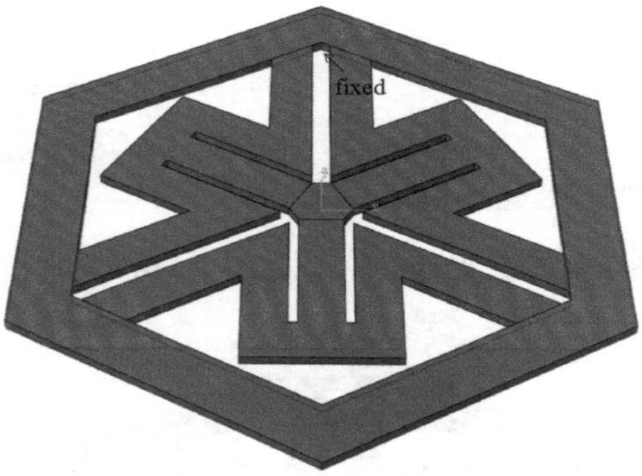

图 8-5-13　fixed 集合

在环境栏模块后面选择载荷，进入载荷功能模块，单击工具箱中的（创建编辑条件）按钮（或者单击“边界条件管理器”对话框中的“创建”按钮），弹出如图 8-5-14 所示的“创建边界条件”对话框，在弹出的对话框中，将名称修改为：fixed，然后分析步选择系统定义的初始分析步 Step-1，“类型”选择“力学：对称/反对称/完全固定”，单击“继续”按钮。

单击提示区的“集合”按钮，在弹出的“区域选择”对话框中选择 fixed，单击“继续”按钮，单击鼠标中键，弹出如图 8-5-15 所示的“编辑边界条件”对话框，选择 ENCASTRE（完全固定约束），完成两端边界条件的施加。

利用同样的方法对顶端上表面施加位移约束：单击工具箱中的（创建编辑条件）按钮，

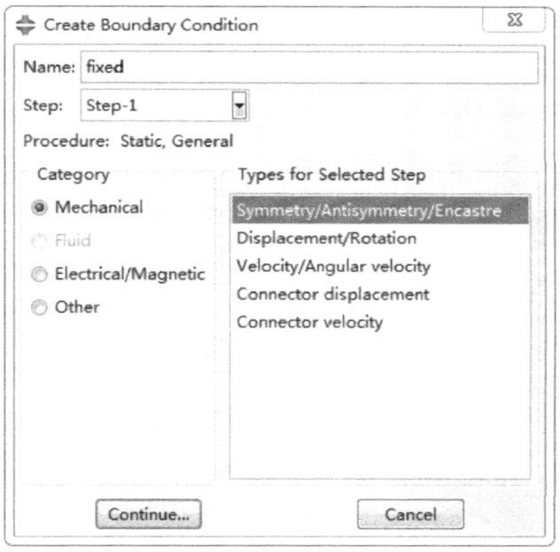

图 8-5-14　“创建边界条件”对话框

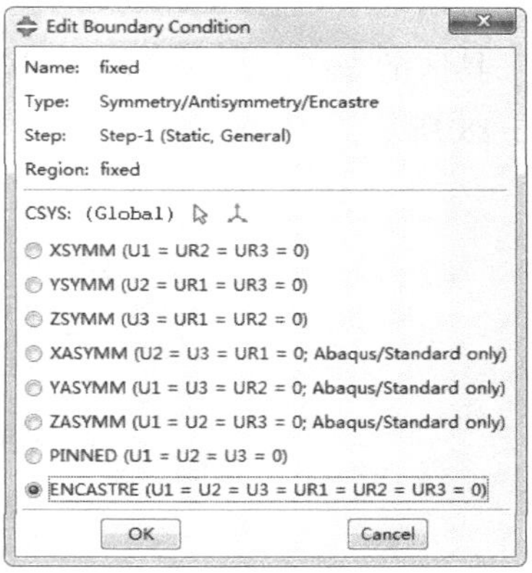

图 8-5-15　“编辑边界条件”对话框

在弹出的“创建边界条件”对话框中，将名称修改为：disp，分析步选择系统定义的初始分析步 Step-1，“类型”选择“力学：位移/旋转”，单击“继续”按钮。

单击提示区的“集合”按钮，在弹出的“区域选择”对话框（见图 8-5-16）中选择“disp-region”集合，单击“继续”按钮，单击鼠标中键，弹出如图 8-5-17 所示的“编辑边界条件”对话框，勾选 U3，输入 U3 为 0.5(m)，单击“确定”按钮，完成边界条件及位移载荷的定义。

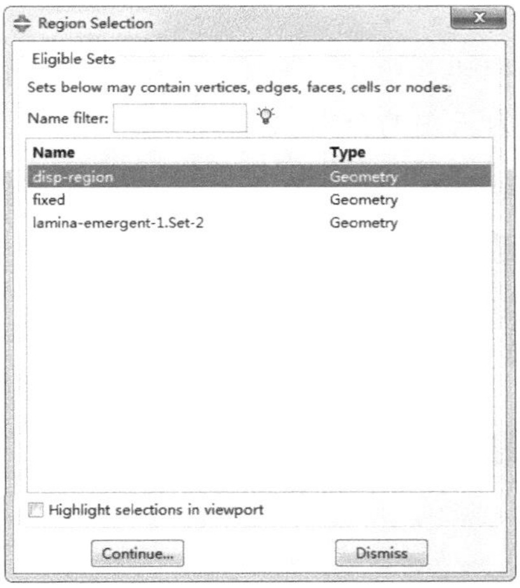

图 8-5-16　“区域选择”对话框

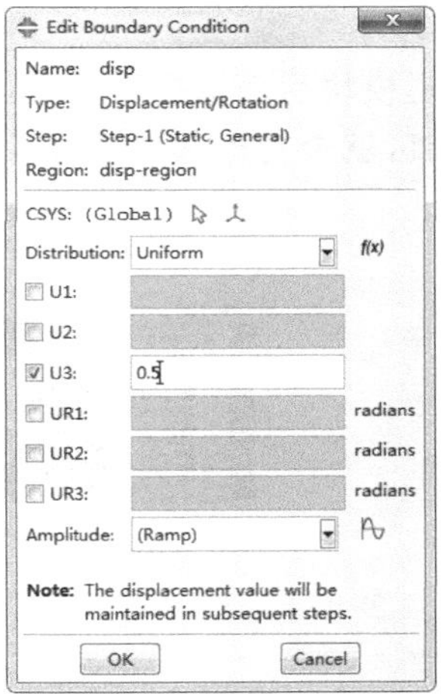

图 8-5-17　“编辑边界条件”对话框

7）划分网格

在环境栏模块后面选择网格，进入网络功能模块，将窗口顶部的环境栏“对象”选择为“部件”选项。

单击工具箱的（布种）按钮，在弹出的“全局布种”对话框中，输入大致全局尺寸为 0.02。

单击工具栏（指派网格控制属性）按钮，在视图区选择整个模型，单击提示区的“完成”按钮，在弹出的“网格控制属性”对话框中，选择“单元形状”为“六面体”，技术为“扫掠”，单击“确定”按钮，完成网格控制属性的选择。

单击工具栏（指派单元类型）按钮，在视图区选择整个模型，单击鼠标中键，在弹出的

“单元类型”对话框中，选择 C3D8R 网格类型。

单击工具区的（为部件画网格）按钮，单击鼠标中键，完成网格划分，划分完网格后的部件如图 8-5-18 所示。

图 8-5-18　划分网格后的部件

8）提交作业

在环境栏模块后面选择作业，进入作业模块。

执行“作业”→“管理器”命令，单击“作业管理器”对话框中的“创建”按钮，定义作业名称为 expand，单击“确定”按钮，完成作业定义。

单击“提交”按钮，提交作业。等分析结束后，单击结果进入可视化模块。

9）后处理

在环境栏模块后面选择可视化，进入可视化模块。单击工具箱中（在变形图上绘制云图）的按钮，视图区就会指出部件受载后的 Mises 应力云图的分布（见图 8-5-19）。

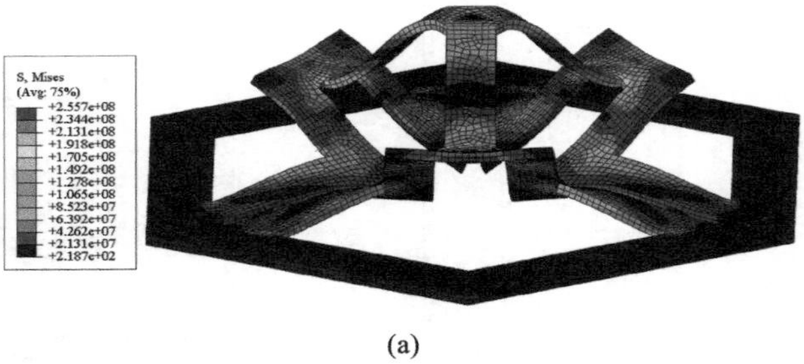

(a)

(b)

图 8-5-19　Mises 应力云图的分布

如果关闭 step 模块中的几何非线性，则得到的应力云图如图 8-5-20 所示，不论是应力还是位移，区别非常明显，因此为了做到尽可能真实的仿真，需要打开几何非线性。

与 8-5-1 节中绘制反力的方法相同，得到“disp-region”面上各节点在 Z 方向的反力和位移，并绘制出力-位移关系曲线，如图 8-5-21 所示。

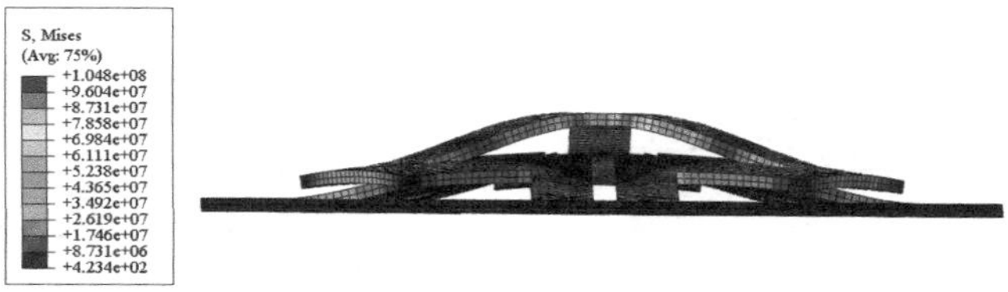

图 8-5-20　关闭几何非线性的 Mises 应力云图的分布

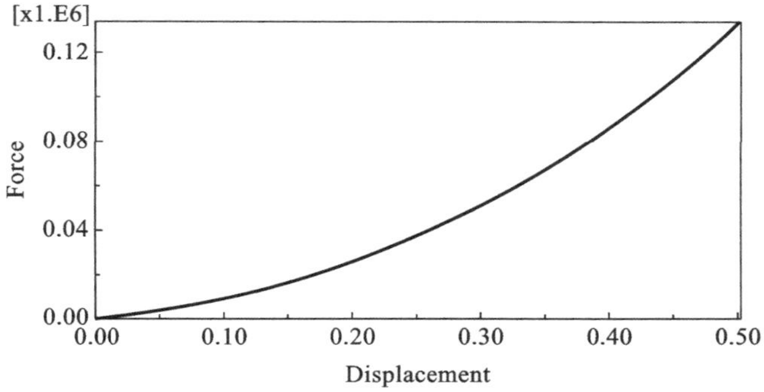

图 8-5-21　"disp-region"面的反力-位移曲线

8.5.2　网线接头的卡锁过程分析

卡锁机制是工程实际中常见的一种定位和约束方法，人们在生活中也常常接触到该方法的应用。最常见的卡锁机构就是门锁，通过弹簧的变形使对应机构移动到指定位置，然后当释放外力，弹簧恢复的同时，对应机构将会被其他机构锁定在当前位置。卡簧的定位作用也与此类似，首先用外力将卡簧撑开，将被固定件和卡簧移动到指定位置后，释放外力，被固定件就能锁定在指定位置。除此之外，一些大型工程机械的复位装置和定位装置也利用类似的原理。该方法的应用在工程领域有较为重要的意义，对该方法的深入研究可以拓展卡锁类装置的使用范围，对机械领域的发展有重大意义。

本节将针对网线接头接入网卡卡槽的卡锁过程，利用 ABAQUS 对简化模型进行静力学分析，模拟网线接头的几何大变形过程，借以解释卡锁的作用原理，并探究网线接头和网卡卡槽的设计要求。首先构建两个简化模型的部件如图 8-5-22 所示。两个部件有着不同的材料属性，网卡卡槽的材料参数为：弹性模量 70 Gpa，泊松比 0.33；网线接头的材料参数为：弹性模量 0.9 Gpa，泊松比 0.38。网线接头的边界条件设为只沿槽口方向有自由度，在左表面边界施加方向向右的横向位移，其大小为 4.8mm；网卡卡槽的边界条件设为右表面完全固定。

打开 ABAQUS/CAE 软件，创建如图 8-5-22 所示的两个部件。在材料属性模块，创建网线接头的材料参数与网卡卡槽的材料参数，并创建截面属性，将截面属性赋予对应的部件。随后，创建分析步，并在分析步设置中打开几何非线性开关，否则无法进行后续的接触计算。在装配模块，添加两个部件，并调整其相对位置，使网线接头对准网卡卡槽。在载荷模块中，在接头的左侧施加一个 U3 方向的位移边界条件，设 U3 为 4.78 mm，在前后两侧施加 U1 方向的位移约束，在下底面施加 U2 方向的位移约束；在卡槽的右侧施加完全固定的位移约束。载荷与边界条件创建完成后，可得如图 8-5-23 所示的结果。

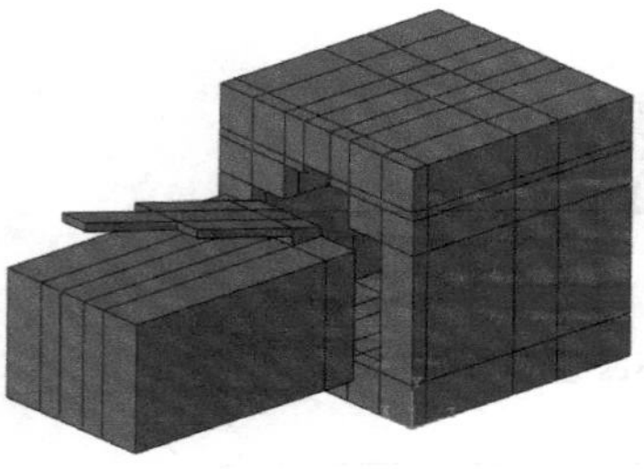

图 8-5-22　板结构示意图

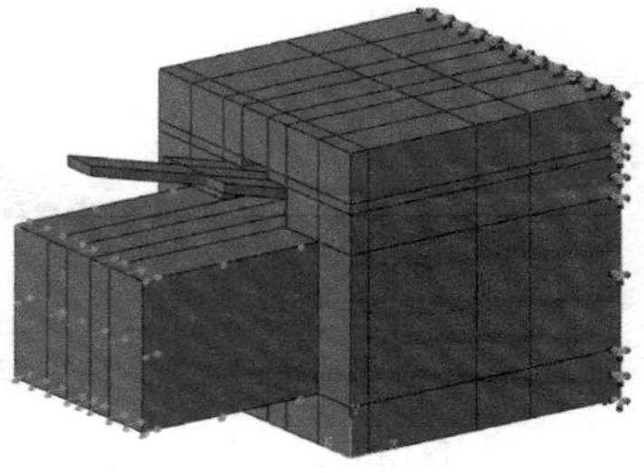

图 8-5-23　边界条件与载荷定义示意图

在相互作用模块，建立四对面面接触，接触对如图 8-5-24 所示。主从面原则为：小面积表面为从面，若面积相近则材料弹性模量较小的部件表面为从面；另一面为主面。

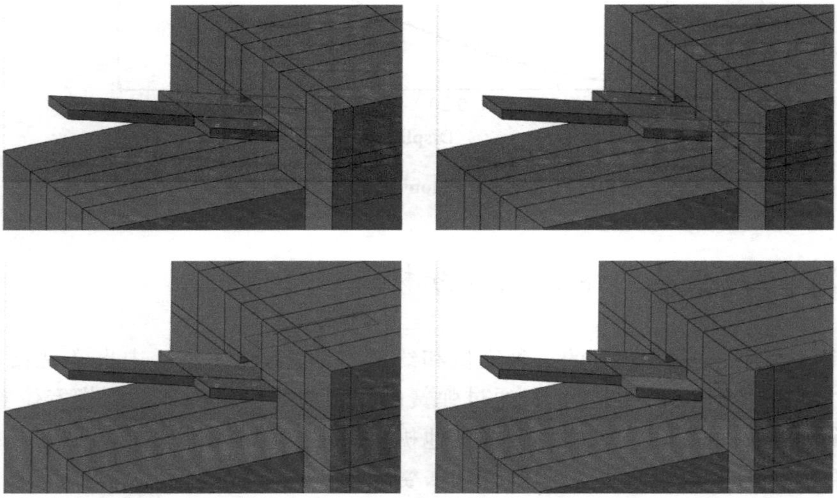

图 8-5-24　面面接触对设置示意图

进入网格模块进行网格划分。对于此例中的结构，因结构规则，所以将所有网格形状控制为六面体规则化网格，并对有接触设置的区域进行网格加密。结合本例的几何形状与材料分布情况，首先设置全局布种，单元大致尺寸为 0.8，对需要加密区域的边界进行局部布种，单元大致尺寸为 0.1，选用 C3D8R 类型单元，最后网格划分结果如图 8-5-25 所示。由网格效果图可知，本例中对需要进行接触计算的区域进行了网格细化，这样的布局方式有利于提高大变形计算的精度和效率。

提交作业后，计算完成。在场输出中，输出应力云图分布，通过截断面视图管理，查看内部接触区域的变形过程，结果如图 8-5-26 所示。由图可知，在外力推进网线接口时，接口上方的小弹片与卡槽上的小挡板相接触，其接触产生的接触力迫使小弹片产生几何大变形，该变形随着接口推进不断变大，其端部的 Mises 应力也不断增加，当小弹片移动至与小挡板分离时，接触力消失，小弹片的大变形恢复，并与卡槽内表面产生接触，并使网线接口卡在网卡卡槽中，形成卡锁。以上便是网线接头的卡锁过程，其用小弹片的几何大变形替代了弹簧的变形，形成一种新的卡锁装置。

此外，半截面视图的结果如图 8-5-27 所示。由图可知，Mises 应力最大的位置是网线接头大变形部分的固定端，在进行结构强度或者疲劳寿命时，应该以该点为研究对象。同时，考虑

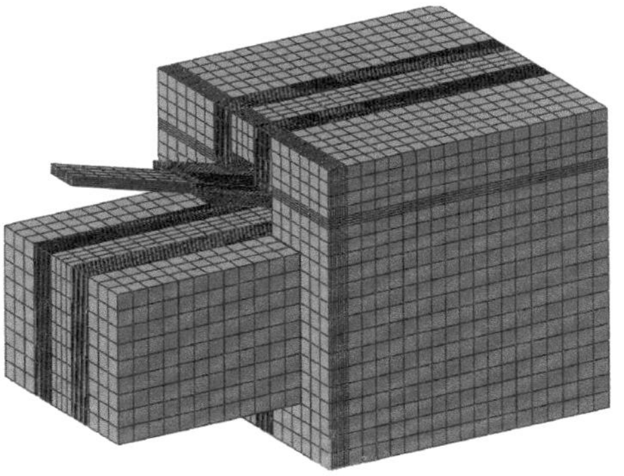

图 8-5-25　接口与卡槽的网格划分结果

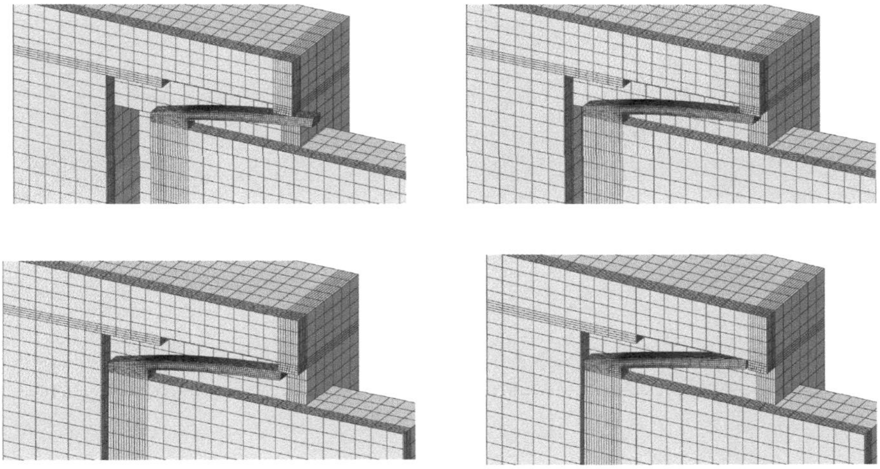

图 8-5-26　接口接入卡槽的卡锁过程应力云图分布

到卡锁的作用目的是定位与约束，设计该结构时，应考虑在小弹片与小挡板分离时，其他的位置约束也要与此对应，即此时接头的头部需要与卡槽的底部相接触，由此才能完全固定网线接头线网卡卡槽中的位置。如果此时接头的头部与卡槽的底部还有空间，网线接头在卡槽中依然还有自由度，即卡锁结构将没有意义。

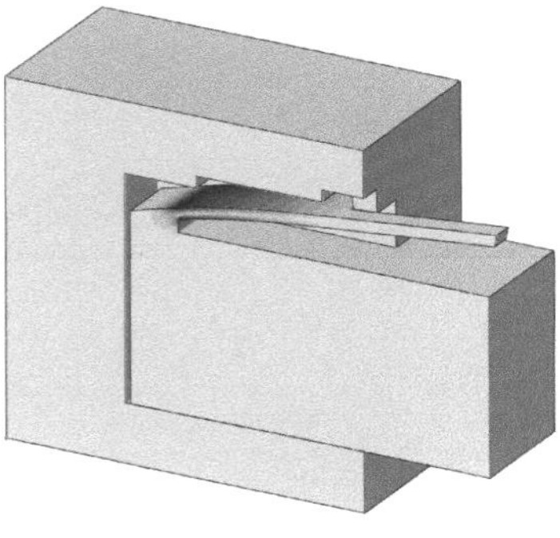

图 8-5-27　半截面视图下结果的应力云图分布

本章小结

本章首先给出了在初始构形和现时构形下应力和应变的度量，之后重点介绍了几何非线性问题在两种不同构形下的表述，并简要介绍了两种表述格式下的虚功方程及其迭代求解流程，之后还专门提供了几种常见材料的本构方程。本章提供了关于几何非线性问题的不同求解思路，读者可以根据具体情况，灵活利用两种方法求解该类问题，也可以参考最后一节ABAQUS算例进行几何非线性问题的有限元仿真，为解决实际工程问题提供指导。

第9章　接触与碰撞问题的有限元法

接触问题广泛存在于机械工程、土木工程等领域(如齿轮的啮合、坝体的接缝等)，这类问题的特点是具有单边约束和未知接触区域，接触区域的确定依赖于加载方式、载荷水平、接触面性质等因素，属于边界待定问题。接触问题的研究很早就引起人们的重视。早在1882年，H. Hertz就比较系统地研究了弹性体的接触问题，并提出经典的Hertz接触理论，随着数值解法的兴起和发展，出现了许多求解接触问题的非经典方法，有限元法作为最有效的数值解法，也成为求解接触问题的一种主要方法。实际接触问题往往伴随材料非线性和(或)几何非线性。为简化问题，便于读者掌握接触问题的非线性本质和求解方法，本章主要讨论小变形弹性接触问题。同时，本章还对相关碰撞问题做了最基本的介绍。

9.1　接触问题有限元法的基本概念

9.1.1　接触表面非线性

接触问题属于不定边界问题，即使是简单的弹性接触问题也具有非线性，其中既有由接触面积变化而产生的非线性以及由接触压力分布变化而产生的非线性，也有由摩擦力产生的非线性。由于这种非线性和边界不定性，所以一般来说，接触问题的求解就是一个反复迭代的过程。

当接触内力只和受力状态有关而和加载路径无关时，即使载荷和接触压力之间的关系是非线性的，仍然属于简单加载过程和可逆加载过程。通常无摩擦的接触问题就属于可逆加载问题。当接触面间存在摩擦时，在一定条件下可能出现不可逆加载过程或称复杂加载过程，这时一般要用载荷增量方法求解。

为简化分析过程，分析接触问题时一般采用如下基本假定：

(1) 接触表面几何上是光滑连续的曲面；

(2) 接触表面摩擦作用服从库仑定律；

(3) 接触表面的力边界条件和位移边界条件均可用节点参量描述；

(4) 接触表面的弹性流体动力润滑作用通过摩擦系数来体现。

9.1.2　接触面条件

1. 符号和定义

图9-1-1表示两个物体A和B相互接触的情形，${}^0V^A$和${}^0V^B$是它们接触前的位形，${}^tV^A$和${}^tV^B$是它们在t时刻相互接触时的位形，${}^tS_c$是该时刻两物体相互接触的界面，此界面在两个

物体中分别是 ${}^{t}S_{c}^{A}$ 和 ${}^{t}S_{c}^{B}$。通常称物体 A 为接触体(contactor),物体 B 为目标体或靶体(target),并称 ${}^{t}S_{c}^{A}$ 和 ${}^{t}S_{c}^{B}$ 分别为从接触面和主接触面。

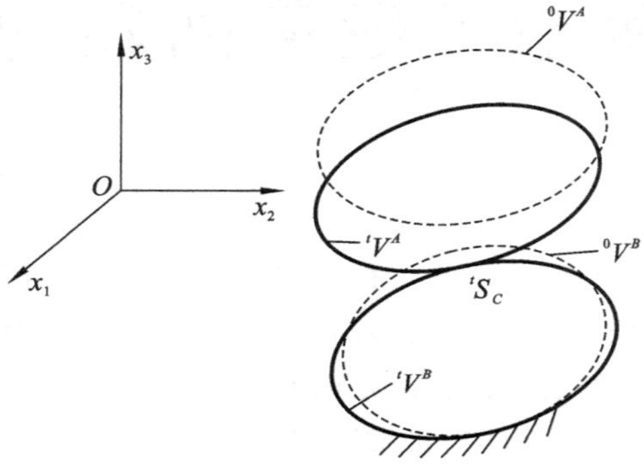

图 9-1-1　两个物体相互接触

为了进一步讨论接触界面上运动学和动力学的条件,需要在每一时刻接触界面 ${}^{t}S_{c}$ 上的每一点建立局部笛卡儿坐标系 x'、y'、z'。通常是将此坐标系建立在主接触面 ${}^{t}S_{c}^{B}$ 上,它的 3 个方向的单位向量分别是 ${}^{t}\boldsymbol{e}_1$、${}^{t}\boldsymbol{e}_2$、${}^{t}\boldsymbol{e}_3$。其中:${}^{t}\boldsymbol{e}_1$ 和 ${}^{t}\boldsymbol{e}_2$ 位于 ${}^{t}S_{c}^{B}$ 的切平面内;${}^{t}\boldsymbol{e}_3$ 垂直于 ${}^{t}S_{c}^{B}$,并指向它的外法线方向,即 ${}^{t}\boldsymbol{e}_3$ 是 ${}^{t}S_{c}^{B}$ 的单位法向向量 ${}^{t}\boldsymbol{n}^{B}$,如图 9-1-2 所示。它们之间存在如下关系

$$ {}^{t}\boldsymbol{n}^{B} = {}^{t}\boldsymbol{e}_3 = {}^{t}\boldsymbol{e}_1 \times {}^{t}\boldsymbol{e}_2 \tag{9-1-1} $$

为使下面表述方便,将 t 时刻相互接触的两个物体分开一定距离如图 9-1-3 所示。接触面 ${}^{t}S_{c}^{A}$ 和 ${}^{t}S_{c}^{B}$ 上在 ${}^{t}S_{c}$ 相互接触的两个点(例如 P 和 Q)称为接触点对,并习惯地分别称为从、主接触点,或分别称为击打点(hitting point)和目标点或靶点(target point)。作用于 P 点和 Q 点的接触力分别为 ${}^{t}F_{P}^{A}$ 和 ${}^{t}F_{Q}^{B}$(为简化起见,以后常省去点号 P 和 Q)。接触点对的瞬时速度分别是 ${}^{t}v^{A}$ 和 ${}^{t}v^{B}$(此处也省去了下标 P 和 Q)。上述接触力在该点的局部坐标系中可以表示为

$$ {}^{t}\boldsymbol{F}^{r} = {}^{t}F_{\mathrm{n}}^{r} \cdot {}^{t}\boldsymbol{n}^{B} + {}^{t}F_{1}^{r} \cdot {}^{t}\boldsymbol{e}_1 + {}^{t}F_{2}^{r} \cdot {}^{t}\boldsymbol{e}_2 = {}^{t}\boldsymbol{F}_{\mathrm{n}}^{r} + {}^{t}\boldsymbol{F}_{\mathrm{t}}^{r} \quad (r = A, B) \tag{9-1-2} $$

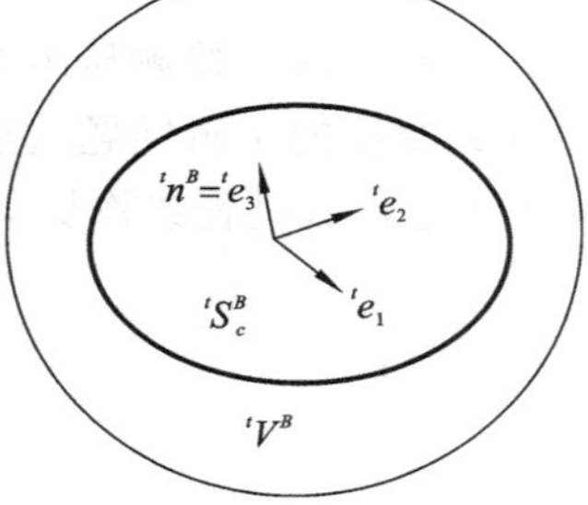

图 9-1-2　接触界面上的局部坐标

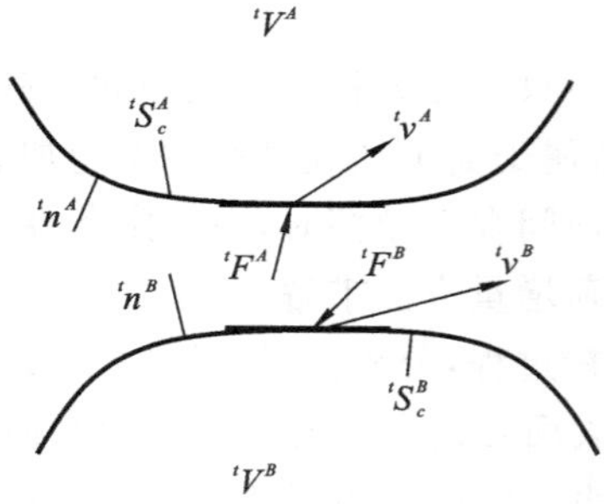

图 9-1-3　接触界面上的力和位移

其中:${}^{t}\boldsymbol{F}_{\mathrm{n}}^{r}$ 和 ${}^{t}\boldsymbol{F}_{\mathrm{t}}^{r}$ 分别是 ${}^{t}\boldsymbol{F}^{r}$ 的法向分量和切向分量,并有

$$ \begin{aligned} {}^{t}\boldsymbol{F}_{\mathrm{n}}^{r} &= {}^{t}F_{\mathrm{n}}^{r}\,{}^{t}\boldsymbol{n}^{B} \\ {}^{t}\boldsymbol{F}_{\mathrm{t}}^{r} &= {}^{t}F_{1}^{r}\,{}^{t}\boldsymbol{e}_1 + {}^{t}F_{2}^{r}\,{}^{t}\boldsymbol{e}_2 \quad (r = A, B) \end{aligned} \tag{9-1-3} $$

对于在 ${}^{t}S_{c}$ 上已经处于接触的点对,互相作用的接触力 ${}^{t}\boldsymbol{F}^{A}$ 和 ${}^{t}\boldsymbol{F}^{B}$,根据作用与反作用原理,应有

$$ {}^{t}\boldsymbol{F}^{A} + {}^{t}\boldsymbol{F}^{B} = \boldsymbol{0} \tag{9-1-4} $$

或

$$ {}^t\boldsymbol{F}^B = -{}^t\boldsymbol{F}^A \tag{9-1-5}$$

用它们的分量表示，则有

$$ {}^t\boldsymbol{F}_n^B = -{}^t\boldsymbol{F}_n^A,\quad {}^t\boldsymbol{F}_t^B = -{}^t\boldsymbol{F}_t^A \tag{9-1-6}$$

或

$$ {}^tF_n^B = -{}^tF_n^A,\quad {}^tF_1^B = -{}^tF_1^A,\quad {}^tF_2^B = -{}^tF_2^A \tag{9-1-7}$$

同理，瞬时速度在局部坐标系中可以表示为

$$ {}^t\boldsymbol{v}^r = {}^tv_n^r \cdot {}^t\boldsymbol{n}^B + {}^tv_1^r \cdot {}^t\boldsymbol{e}_1 + {}^tv_2^r \cdot {}^t\boldsymbol{e}_2 = {}^t\boldsymbol{v}_n^r + {}^t\boldsymbol{v}_t^r \quad (r = A, B) \tag{9-1-8}$$

其中：${}^t\boldsymbol{v}_n^r$ 和${}^t\boldsymbol{v}_t^r$ 分别是${}^t\boldsymbol{v}^r$ 的法向分量和切向分量，并有

$$\begin{aligned} {}^t\boldsymbol{v}_n^r &= {}^tv_n^r \cdot {}^t\boldsymbol{n}^B \\ {}^t\boldsymbol{v}_t^r &= {}^tv_1^r \cdot {}^t\boldsymbol{e}_1 + {}^tv_2^r \cdot {}^t\boldsymbol{e}_2 \end{aligned} \tag{9-1-9}$$

2. 法向接触条件

法向接触条件是判定物体是否进入接触以及已进入接触应该遵守的条件。此条件包括运动学条件和动力学条件两个方面。

1）不可贯入性

此条件是接触面间运动学方面的条件。不可贯入性(impenetrability)是指物体 A 和物体 B 的位形 V^A 和 V^B 在运动过程中不允许相互贯穿（侵入或覆盖）。为在分析中应用此性质，需要进一步的具体表述。

设 ${}^t\boldsymbol{x}_P^A$ 为${}^tS^A$ 上任一指定点 P 在 t 时刻的坐标，该点至 ${}^tS^B$ 面上最接近点 $Q({}^t\boldsymbol{x}^B)$ 的距离 g 可表示如下（见图 9-1-4），即

$$ {}^tg = g({}^t\boldsymbol{x}_P^A, t) = |{}^t\boldsymbol{x}_P^A - {}^t\boldsymbol{x}_Q^A| = \min |{}^t\boldsymbol{x}_P^A - {}^t\boldsymbol{x}^B| \tag{9-1-10}$$

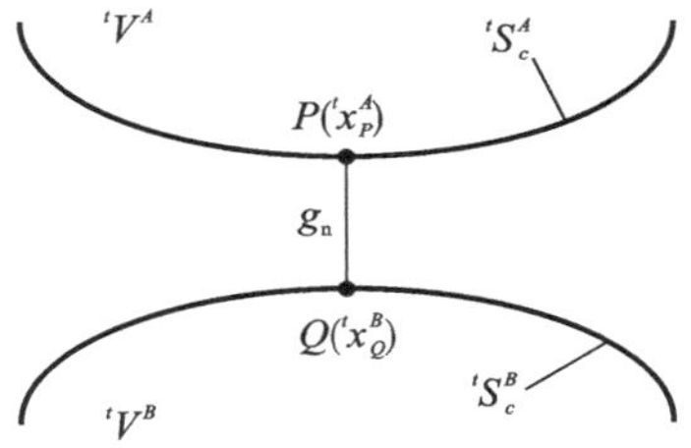

图 9-1-4　接触点对及点对间的距离

式中：${}^t\boldsymbol{x}^B$ 表示${}^tS^B$ 面上任意点的坐标；距离${}^tg$ 表示成${}^tg({}^t\boldsymbol{x}_P^A, t)$ 是因为${}^tS^B$ 面上的最接近的 Q 点位置${}^t\boldsymbol{x}_Q^B$ 是依据${}^tS^A$ 面上的 P 点位置${}^t\boldsymbol{x}_P^A$ 而确定的（需要通过搜寻得到）。当${}^tS^B$ 是光滑曲面的情况下，g 应沿${}^t\boldsymbol{n}^B$ 的方向，因此可以表示为以下形式，即

$$ {}^tg_n = g({}^t\boldsymbol{x}_P^A, t) = ({}^t\boldsymbol{x}_P^A - {}^t\boldsymbol{x}_Q^B) \cdot {}^t\boldsymbol{n}_Q^B \tag{9-1-11}$$

式中：${}^tg_n$ 的下标 n 表示距离是沿法向方向 ${}^t\boldsymbol{n}_Q^B$ 度量的。

为了满足不可贯入性要求，对于${}^tS^A$ 面上任一指定点 P，应有

$$ {}^tg_n = g({}^tx_P^A, t) = ({}^tx_P^A - {}^tx_Q^B) \cdot {}^tn_Q^B \geqslant 0 \tag{9-1-12}$$

$g_n > 0$ 表示 P 点和${}^tS^B$ 面分离，$g_n = 0$ 表示 P 点已和${}^tS^B$ 面接触。而 $g_n < 0$ 则表示 P 点已侵入${}^tS^B$ 面，即表示 ${}^tV^A$ 和${}^tV^B$ 已相互贯穿。因为式(9-1-12)对于接触面上任一点都应成立，所以不可贯入性的要求可以一般性地表示为

$$ {}^tg_n = g({}^t\boldsymbol{x}^A, t) = ({}^t\boldsymbol{x}^A - {}^t\boldsymbol{x}^B) \cdot {}^t\boldsymbol{n}_Q^B \geqslant 0 \tag{9-1-13}$$

2）法向接触力为压力

此条件是接触面间动力学方面的条件。在不考虑接触面间的黏附或冷焊的情况下，它们之间的法向接触力只可能是压力。因为从式(9-1-7)中已知 ${}^tF_n^A = -{}^tF_n^B$，所以法向接触力为压力的条件应是

$$ {}^tF_n^B \leqslant 0,\quad {}^tF_n^A = -{}^tF_n^B \geqslant 0 \tag{9-1-14}$$

3. 切向接触条件——摩擦力条件

切向接触条件是判断已进入接触的两个物体的接触面的具体接触状态，以及它们各自应服从的条件。

1）无摩擦模型

如果两个物体接触面是绝对光滑的，或者相互间摩擦可以忽略，这时分析可采用无摩擦模型，即认为接触面之间的切向摩擦力为零。亦即

$$^{t}\boldsymbol{F}_{\mathrm{t}}^{A}={}^{t}\boldsymbol{F}_{\mathrm{t}}^{B}\equiv\mathbf{0}\tag{9-1-15}$$

或写成分量形式即

$$^{t}\boldsymbol{F}_{J}^{A}={}^{t}\boldsymbol{F}_{J}^{B}\equiv\mathbf{0}\quad(J=1,2)\tag{9-1-16}$$

这时两个物体在接触面的切向可以自由地相对滑动。

2）有摩擦模型——库仑(coulomb)摩擦模型

如果接触面间的摩擦必须考虑，则应采用有摩擦的模型。这时首要考虑选择哪种摩擦模型。在工程分析中，库仑摩擦模型因其简单和适用性而被广泛地应用。库仑摩擦模型认为切向接触力，即摩擦力 $^{t}\boldsymbol{F}_{\mathrm{t}}^{A}$ 的数值不能超过它的极限值 $\mu\,|{}^{t}\boldsymbol{F}_{\mathrm{n}}^{A}|$，亦即

$$|{}^{t}\boldsymbol{F}_{\mathrm{t}}^{A}|=[({}^{t}F_{1}^{A})^{2}+({}^{t}F_{2}^{A})^{2}]^{\frac{1}{2}}\leqslant\mu\,|{}^{t}\boldsymbol{F}_{\mathrm{n}}^{A}|\tag{9-1-17}$$

式中：μ 是摩擦系数；$|{}^{t}\boldsymbol{F}_{\mathrm{t}}^{A}|$ 和 $|{}^{t}\boldsymbol{F}_{\mathrm{n}}^{A}|$ 分别是切向和法向接触力的数值。当 $|{}^{t}\boldsymbol{F}_{\mathrm{t}}^{A}|<\mu\,|{}^{t}\boldsymbol{F}_{\mathrm{n}}^{A}|$ 时，接触面之间无切向相对滑动，即

$$^{t}\bar{\boldsymbol{v}}={}^{t}\boldsymbol{v}_{\mathrm{t}}^{A}-{}^{t}\boldsymbol{v}_{\mathrm{t}}^{B}=0,\quad 当\ |{}^{t}\boldsymbol{F}_{\mathrm{t}}^{A}|<\mu\,|{}^{t}\boldsymbol{F}_{\mathrm{n}}^{A}|\tag{9-1-18}$$

或者写成分量形式

$$^{t}\bar{\boldsymbol{v}}_{J}={}^{t}v_{J}^{A}-{}^{t}\boldsymbol{v}_{J}^{B}=0\quad(J=1,2),\quad 当\ |{}^{t}\boldsymbol{F}_{\mathrm{t}}^{A}|<\mu\,|{}^{t}\boldsymbol{F}_{\mathrm{n}}^{A}|\tag{9-1-19}$$

式中：$^{t}\bar{\boldsymbol{v}}_{\mathrm{t}}$代表接触点对中的从接触点相对于主接触点沿接触面的滑动速度。而 $^{t}\bar{v}_{J}$ 是$^{t}\bar{\boldsymbol{v}}$ 沿 $\boldsymbol{e}_{J}^{A}$ 方向的分量($J=1,2$)。

当 $|{}^{t}\boldsymbol{F}_{\mathrm{t}}^{A}|=\mu\,|{}^{t}\boldsymbol{F}_{\mathrm{n}}^{A}|$ 时，接触面间将发生切向相对滑动，这时应有

$$^{t}\bar{\boldsymbol{v}}_{\mathrm{t}}={}^{t}\boldsymbol{v}_{\mathrm{t}}^{A}-{}^{t}\boldsymbol{v}_{\mathrm{t}}^{B}\neq0,\quad 当\ |{}^{t}\boldsymbol{F}_{\mathrm{t}}^{A}|=\mu\,|{}^{t}\boldsymbol{F}_{\mathrm{n}}^{A}|\tag{9-1-20}$$

并且

$$^{t}\bar{\boldsymbol{v}}_{\mathrm{t}}\cdot{}^{t}\boldsymbol{F}_{\mathrm{t}}^{A}=({}^{t}\boldsymbol{v}_{\mathrm{t}}^{A}-{}^{t}\boldsymbol{v}_{\mathrm{t}}^{B}){}^{t}\boldsymbol{F}_{\mathrm{t}}^{A}<0\tag{9-1-21}$$

这表明切向滑动速度 $^{t}\bar{\boldsymbol{v}}_{\mathrm{t}}$ 和作用于从接触点的摩擦力 $^{t}\boldsymbol{F}_{\mathrm{t}}^{A}$ 的方向相反，摩擦力起着阻止相对滑动的作用。

有时为了更好地描述摩擦现象，式(9-1-17)和式(9-1-19)中的摩擦系数 μ 可以分别用静摩擦系数 μ_{s} 和动摩擦系数 μ_{d} 代替。而且一般情况下是 $\mu_{\mathrm{d}}<\mu_{\mathrm{s}}$。为了简便起见，通常仍假设 $\mu_{\mathrm{d}}=\mu_{\mathrm{s}}=\mu$，即不区别静、动摩擦系数。

9.2　接触问题的求解方案

9.2.1　接触问题求解的一般过程

接触过程通常依赖于时间，并伴随着材料非线性和几何非线性的演化过程。特别是接触界面的区域和形状以及接触界面上运动学和动力学的状态是事先未知的。这些特点决定了接

触问题通常采用增量方法求解。

从前述的讨论可以看出，接触条件都是不等式约束，也称为单边约束。另外，由于接触面范围和接触状态是事先未知的，接触问题只能采用迭代方法求解。每一增量步的迭代过程可以归纳如下。

(1) 根据前一步的结果和本步给定的载荷条件，通过接触条件的检查和搜寻，假设此步第 1 次迭代求解时的接触面的区域和状态(这里是指物体 A 和 B 在接触界面上有无相对滑动。无相对滑动的接触状态称为“黏结”，有相对滑动的接触状态称为“滑动”)。

(2) 根据上述关于接触区域和接触状态所作的假设，对于接触面上的每一点，将运动学或动力学上的不等式约束改为等式约束作为定解条件引入方程并进行方程求解。

(3) 利用接触面上的计算结果对假定的接触状态进行检查。如果接触面上的每一点都不违反假定状态，则完成增量步的求解并转入下一增量步的求解；否则修改接触状态，回到步骤 1 再次进行搜寻和迭代求解，直至每一点的解都满足校核条件，然后再转入下一增量步的求解。

9.2.2　接触界面的定解条件和校核条件

为了应用增量方法求解，需要将上一节讨论的接触面条件加以适当的改写。现假设物体 A 和 B 在 t 时刻的解已经求得，需求解 $t+\Delta t$ 时刻的解。在 9.1.2 小节讨论的接触条件，除将各表达式中的左上标 t 改为 $t+\Delta t$ 外，还应将它们改写成适合增量分析的形式。这时需要着重指出的是：

(1) $t+\Delta t$ 时刻的不可贯入性条件式(9-1-12)应表示成

$$ {}^{t+\Delta t}g_n = ({}^{t+\Delta t}\boldsymbol{x}^A - {}^{t+\Delta t}\boldsymbol{x}^B)\cdot{}^{t+\Delta t}\boldsymbol{n}^B \geqslant 0 \tag{9-2-1} $$

其中

$$ {}^{t+\Delta t}\boldsymbol{x}^A = {}^t\boldsymbol{x}^A + \boldsymbol{u}^A,\quad {}^{t+\Delta t}\boldsymbol{x}^B = {}^t\boldsymbol{x}^B + \boldsymbol{u}^B \tag{9-2-2} $$

式中的 $\boldsymbol{u}^A$ 和 $\boldsymbol{u}^B$ 是 t 至 $t+\Delta t$ 时间间隔内的位移增量，即

$$ \boldsymbol{u}^A = {}^{t+\Delta t}\boldsymbol{u}^A - {}^t\boldsymbol{u}^A,\quad \boldsymbol{u}^B = {}^{t+\Delta t}\boldsymbol{u}^B - {}^t\boldsymbol{u}^B \tag{9-2-3} $$

将式(9-2-2)和式(9-2-3)代入式(9-2-1)中，则不可贯入性条件可以改写为

$$ {}^{t+\Delta t}g_{\mathrm{n}} = (\boldsymbol{u}^A - \boldsymbol{u}^B)\cdot{}^{t+\Delta t}\boldsymbol{n}^B + ({}^t\boldsymbol{x}^A - {}^t\boldsymbol{x}^B)\cdot{}^{t+\Delta t}\boldsymbol{n}^B = u_{\mathrm{n}}^A - u_{\mathrm{n}}^B + {}^t\overline{g}_{\mathrm{n}} \geqslant 0 \tag{9-2-4} $$

其中

$$ u_{\mathrm{n}}^A = \boldsymbol{u}^A\cdot{}^{t+\Delta t}\boldsymbol{n}^B,\quad u_{\mathrm{n}}^B = \boldsymbol{u}^B\cdot{}^{t+\Delta t}\boldsymbol{n}^B \tag{9-2-5} $$

$$ {}^t\overline{g}_{\mathrm{n}} = ({}^t\boldsymbol{x}^A - {}^t\boldsymbol{x}^B)\cdot{}^{t+\Delta t}\boldsymbol{n}^B \tag{9-2-6} $$

这里 u_{n}^A 和 u_{n}^B 分别是从、主接触点在 ${}^{t+\Delta t}\boldsymbol{n}^B$ 方向的位移增量。${}^t\overline{g}_{\mathrm{n}}$ 是主、从接触点在 t 时刻的位置在 ${}^{t+\Delta t}\boldsymbol{n}^B$ 方向度量的距离。在小位移分析中，忽略位形变化的影响，则可以近似地认为

$$ {}^{t+\Delta t}\boldsymbol{n}^B = {}^t\boldsymbol{n}^B = {}^0\boldsymbol{n}^B \tag{9-2-7} $$

相应地认为

$$ {}^t\overline{g}_{\mathrm{n}} = {}^tg_{\mathrm{n}} = ({}^t\boldsymbol{x}^A - {}^t\boldsymbol{x}^B)\cdot{}^t\boldsymbol{n}^B \tag{9-2-8} $$

而在一般情况下，${}^{t+\Delta t}\boldsymbol{n}^B$ 是依赖于位移而变化的。在以后的讨论中，采取近似计算的方法，即在每一次迭代过程中，对 ${}^{t+\Delta t}g_{\mathrm{n}}$ 进行微分或者变分时，假定 ${}^{t+\Delta t}\boldsymbol{n}^B$ 是常量，而在迭代求解后，根据新的位移值计算出新的 ${}^{t+\Delta t}\boldsymbol{n}^B$ 来代替原有的数值，以进行下次迭代的计算。

(2) 黏结接触时无相对滑动条件式(9-1-17)可改写为

$$\bar{\boldsymbol{u}}_t = \boldsymbol{u}_t^A - \boldsymbol{u}_t^B = 0,\quad \text{当}\ |{}^{t+\Delta t}\boldsymbol{F}_t^A| < \mu\, |{}^{t+\Delta t}\boldsymbol{F}_n^A| \tag{9-2-9}$$

其分量形式的表达式(9-1-18)可改写为

$$\bar{u}_J = u_J^A - u_J^B = 0\quad (J = 1,2),\quad \text{当}\ |{}^{t+\Delta t}\boldsymbol{F}_t^A| < \mu\, |{}^{t+\Delta t}\boldsymbol{F}_n^A| \tag{9-2-10}$$

式中:$\boldsymbol{u}_t^A$ 和 $\boldsymbol{u}_t^B$ 分别是从、主接触点在 t 至 $t+\Delta t$ 时间间隔内的切向位移增量;$\bar{\boldsymbol{u}}_t$ 是从接触点相对于主接触点的相对切向位移增量;$\bar{u}_J$ 是 $\bar{\boldsymbol{u}}_t$ 沿 $\boldsymbol{e}_J^B$ 方向的分量,$J=1,2$。

(3) 滑动接触时相对滑动条件式(9-1-19)和式(9-1-20)可改写成

$$\bar{\boldsymbol{u}}_t = \boldsymbol{u}_t^A - \boldsymbol{u}_t^B \neq 0,\quad \text{当}\ |{}^{t+\Delta t}\boldsymbol{F}_t^A| - \mu\, |{}^{t+\Delta t}\boldsymbol{F}_n^A| = 0 \tag{9-2-11}$$

并且

$$\bar{\boldsymbol{u}}_t \cdot {}^{t+\Delta t}\boldsymbol{F}_t^A = (\boldsymbol{u}_t^A - \boldsymbol{u}_t^B)\cdot {}^{t+\Delta t}\boldsymbol{F}_t^A < 0 \tag{9-2-12}$$

为了以后的具体应用,式(9-2-11)的摩擦力条件利用式(9-2-12)可以表达成以下分量形式

$${}^{t+\Delta t}F_J^A + \mu \cdot {}^{t+\Delta t}F_n^A \cdot \bar{u}_J / \bar{u}_t = 0\quad (J = 1,2) \tag{9-2-13}$$

其中 $\bar{u}_t$ 是相对切向位移的数值,并且有

$$\bar{u}_t = |\bar{\boldsymbol{u}}_t| = [(\bar{u}_1)^2 + (\bar{u}_2)^2]^{\frac{1}{2}} \tag{9-2-14}$$

至此,在求解有摩擦的接触问题时,接触界面上不同接触状态的定解条件和校核条件可归结于表 9-2-1。

表 9-2-1　接触问题的定解条件和校核条件

接触状态		定解条件	校核条件
接触	黏结	(1) $u_n^A - u_n^B + \bar{g}_n = 0$ (2) $u_t^A - u_t^B = 0$ 或 $u_J^A - u_J^B = 0 (J = 1,2)$	(1) ${}^{t+\Delta t}F_n^A > 0$ 若不满足,则转为分离 (2) $\lvert{}^{t+\Delta t}\boldsymbol{F}_t^A\rvert - \mu \lvert{}^{t+\Delta t}\boldsymbol{F}_n^A\rvert < 0$ 若不满足,则转为滑动
	滑动	(1) $u_n^A - u_n^B + {}^t\bar{g} = 0$ (2) $\lvert{}^{t+\Delta t}\boldsymbol{F}_t^A\rvert - \mu \lvert{}^{t+\Delta t}\boldsymbol{F}_n^A\rvert = 0$ 或 ${}^{t+\Delta t}F_J^A + \mu \cdot {}^{t+\Delta t}F_n^A \cdot \bar{u}_J/\bar{u}_t = 0 (J = 1,2)$	(1) ${}^{t+\Delta t}F_n^A > 0$ 若不满足,则转为分离 (2) $(\boldsymbol{u}_t^A - \boldsymbol{u}_t^B)\,{}^{t+\Delta t}\boldsymbol{F}_t^A < 0$ $\lvert \boldsymbol{u}_t^A - \boldsymbol{u}_t^B \rvert > \varepsilon_s$ 若不满足,则转为黏结 若满足,则搜寻新的接触位置
分离		${}^{t+\Delta t}\boldsymbol{F}^A = {}^{t+\Delta t}\boldsymbol{F}^B = 0$ 此条件是无接触力作用的自由边条件	$({}^{t+\Delta t}\boldsymbol{x}^A - {}^{t+\Delta t}\boldsymbol{x}^B)\cdot {}^{t+\Delta t}\boldsymbol{n}^B > \varepsilon_d$ 通过搜寻检查上列条件,若不满足,则转为黏结,并给出接触点对的位置

说明:①黏结接触的定解条件(1)中包含 ${}^t\bar{g}_n$ 是为了考虑上一次计算结束时,接触点对之间可能存在间距或相互贯入量。

②黏结接触的定解条件(2)中的相对切向位移 $(\boldsymbol{u}_t^A - \boldsymbol{u}_t^B)$ 可考虑从该点对的黏结接触开始计算,以减小积累误差的影响。

③滑动接触的校核条件(2)中,增加了辅助的条件 $|\boldsymbol{u}_t^A - \boldsymbol{u}_t^B| > \varepsilon_s$($\varepsilon_s$ 是某个规定的小量),这是为了避免小量误差影响对接触状态的判断。

④分离状态的校核条件的右端用 ε_d(某个规定的小量)代替零,是预估该点在下一次计算中可能进入接触,以提升计算效率。

⑤无摩擦的接触可看成摩擦系数 $\mu=0$ 的滑动摩擦。

9.2.3　接触问题的虚位移原理

我们将物体 A 和 B 作为两个求解区域，各自在接触面上的边界可以视为定面力边界。这样一来，和时间 $t+\Delta t$ 位形内平衡条件相等效的虚位移原理可以表示为

$$\begin{aligned}&\int_{^{t+\Delta t}V}{}^{t+\Delta t}\tau_{ij}\delta_{t+\Delta t}e_{ij}\,{}^{t+\Delta t}\mathrm{d}V-{}^{t+\Delta t}W_L-{}^{t+\Delta t}W_I-{}^{t+\Delta t}W_c\\&=\sum_{r=}^{A,B}\left[\int_{^{t+\Delta t}V^r}{}^{t+\Delta t}\tau_{ij}^r\delta_{t+\Delta t}e_{ij}^r\,{}^{t+\Delta t}\mathrm{d}V-{}^{t+\Delta t}W_L^r-{}^{t+\Delta t}W_I^r-{}^{t+\Delta t}W_c^r\right]\\&=0\end{aligned}\tag{9-2-15}$$

式中：${}^{t+\Delta t}V$ 是物体在 $t+\Delta t$ 位形的体积；${}^{t+\Delta t}\tau_{ij}$ 是时间 $t+\Delta t$ 位形的欧拉应力；$\delta_{t+\Delta t}e_{ij}$ 是相应的无穷小应变的变分，即 $\delta_{t+\Delta t}e_{ij}=\delta\frac{1}{2}({}_{t+\Delta t}u_{i,j}+{}_{t+\Delta t}u_{j,i})$；${}^{t+\Delta t}W_L$ 是作用于 $t+\Delta t$ 时刻位形上外载荷的虚功；${}^{t+\Delta t}W_I$ 是作用于 $t+\Delta t$ 时刻位形上惯性力的虚功，如果惯性力的影响可以忽略，则 $W_I=0$，问题变成静态接触问题；${}^{t+\Delta t}W_c$ 是作用于 $t+\Delta t$ 时刻接触面上惯性力的虚功。它们分别表示如下。

$${}^{t+\Delta t}W_L=\sum_{r=}^{A,B}{}^{t+\Delta t}W_L^r=\sum_{r=}^{A,B}\int_{^{t+\Delta t}S_\sigma^r}{}^{t+\Delta t}T_i^r(\delta u_i^r)\,{}^{t+\Delta t}\mathrm{d}S+\int_{^{t+\Delta t}V^r}{}^{t+\Delta t}\rho^r\,{}^{t+\Delta t}_{t+\Delta t}f_i^r(\delta u_i^r)\,{}^{t+\Delta t}\mathrm{d}V\tag{9-2-16}$$

$${}^{t+\Delta t}W_I=\sum_{r=}^{A,B}{}^{t+\Delta t}W_I^r=\sum_{r=}^{A,B}\int_{^{t+\Delta t}V^r}-{}^{t+\Delta t}\rho^r\,{}^{t+\Delta t}\ddot{u}_i^r(\delta u_i^r)\,{}^{t+\Delta t}\mathrm{d}V\tag{9-2-17}$$

$$\begin{aligned}{}^{t+\Delta t}W_c&=\sum_{r=}^{A,B}{}^{t+\Delta t}W_c^r=\sum_{r=}^{A,B}\int_{^{t+\Delta t}S_c^r}{}^{t+\Delta t}F_i^r(\delta u_i^r)\,{}^{t+\Delta t}\mathrm{d}S\\&=\int_{^{t+\Delta t}S_c^A}{}^{t+\Delta t}F_i^A(\delta u_i^A)\,{}^{t+\Delta t}\mathrm{d}S+\int_{^{t+\Delta t}S_c^B}{}^{t+\Delta t}F_i^B(\delta u_i^B)\,{}^{t+\Delta t}\mathrm{d}S\\&=\int_{^{t+\Delta t}S_c^A}{}^{t+\Delta t}F_J^A(\delta u_J^A)\,{}^{t+\Delta t}\mathrm{d}S+\int_{^{t+\Delta t}S_c^B}{}^{t+\Delta t}F_J^B(\delta u_J^B)\,{}^{t+\Delta t}\mathrm{d}S\\&=\int_{^{t+\Delta t}S_c}{}^{t+\Delta t}F_J^A(\delta u_J^A-\delta u_J^B)\,{}^{t+\Delta t}\mathrm{d}S\end{aligned}\tag{9-2-18}$$

式中：${}^{t+\Delta t}F_i^A$ 和 ${}^{t+\Delta t}F_i^B$ 分别是 ${}^{t+\Delta t}S_c^A$ 和 ${}^{t+\Delta t}S_c^B$ 面上的接触力 ${}^{t+\Delta t}\boldsymbol{F}^A$ 和 ${}^{t+\Delta t}\boldsymbol{F}^B$ 沿整体坐标 $x_i(x_i=x,y,z)$ 的分量，而 ${}^{t+\Delta t}F_J^A$ 和 ${}^{t+\Delta t}F_J^B$ 则是沿局部坐标 $\boldsymbol{e}_J^B(J=1,2,3,\cdots,N)$ 的分量。

δu_i 和 δu_J 的意义相同。接触界面 ${}^{t+\Delta t}S_c$ 的区域和状态通过求解前的校核和搜寻，认为是已经给定的。接触力 ${}^{t+\Delta t}\boldsymbol{F}^A$ 和 ${}^{t+\Delta t}\boldsymbol{F}^B$ 则是未知量，需要通过求解确定，同时它的具体表达形式取决于如何将接触面上的定解条件引入求解方程的方法。

注：在式(9-2-18)中利用了整体坐标系 x,y,z 和局部坐标系 $\boldsymbol{e}_1,\boldsymbol{e}_2,\boldsymbol{e}_3$ 之间的转换关系，即 $F_i=F_Je_{Ji},u_i=u_Je_{Ji},F_iu_i=F_Ju_J$。其中 e_{Ji} 是 $\boldsymbol{e}_J(J=1,2,3)$ 在整体坐标 $x_i(x_i=x,y,z)$ 方向的分量。

9.3　接触问题的有限元方程

本节讨论的是与对接触界面上的各个力学量进行有限元离散处理相关的问题，以形成问题的有限元求解方程。

9.3.1　接触界面的离散处理

1. 接触块和接触点对

在运动过程中，两个物体的接触界面不仅区域大小是变化的，而且可能发生相互滑动。因此在对物体 A 和 B 进行有限元离散后，接触界面两边 S_c^A 和 S_c^B 上的单元和节点的相互位置也是不断变化的。我们将单元处于接触面上的面（或边）称为接触块（或线）。图 9-3-1 表示二维接触问题在接触界面上，接触体的每一条接触线（称为被动接触线）及靶体的每一条接触线（称为主动接触线），各与两条主动接触线及被动接触线相接触。三维接触问题则是每一个被（主）动接触块各与多个主（被）动接触块相接触。图 9-3-2 表示一个被动接触块和 4 个主动接触块相接触的情况。

现以图 9-3-2 所示的情况作为典型情况，讨论接触面的离散处理。通常的做法是将被动接触块上的节点 P 和主动接触块上的与其接触的 Q 点构成一个接触点对。它们在 $t+\Delta t$ 时刻的坐标和位移分别是 ${}^{t+\Delta t}\boldsymbol{x}_P$，${}^{t+\Delta t}\boldsymbol{u}_P$ 和 ${}^{t+\Delta t}\boldsymbol{x}_Q$，${}^{t+\Delta t}\boldsymbol{u}_Q$。因为 Q 点不是单元的节点，其坐标和位移可由所在接触块上节点的坐标和位移插值得到。现假设主动接触块是二维的 4 节点单元，则有

$$\begin{aligned}{}^{t+\Delta t}\boldsymbol{x}_Q &= \sum_{i=1}^{4} N_i(\xi_Q,\eta_Q)\,{}^{t+\Delta t}\boldsymbol{x}_i\\ {}^{t+\Delta t}\boldsymbol{u}_Q &= \sum_{i=1}^{4} N_i(\xi_Q,\eta_Q)\,{}^{t+\Delta t}\boldsymbol{u}_i\end{aligned}\tag{9-3-1}$$

且有

$${}^{t+\Delta t}\boldsymbol{x}_Q = {}^{t}\boldsymbol{x}_Q + \boldsymbol{u}_Q,\quad {}^{t+\Delta t}\boldsymbol{u}_Q = {}^{t}\boldsymbol{u}_Q + \boldsymbol{u}_Q,\quad \boldsymbol{u}_Q = \sum_{i=1}^{4} N_i(\xi_Q,\eta_Q)\boldsymbol{u}_i \tag{9-3-2}$$

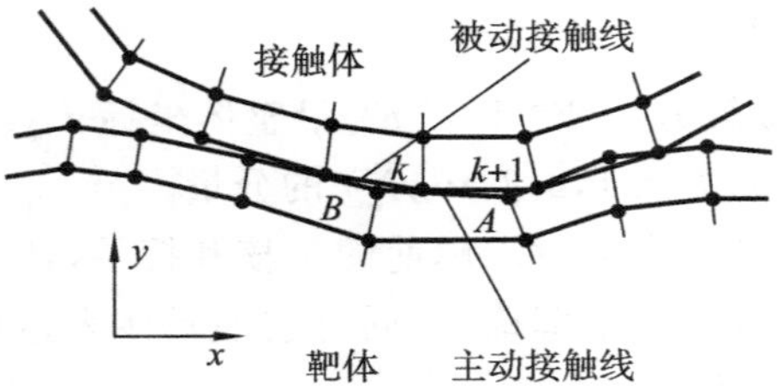

图 9-3-1　二维问题的主动接触线和被动接触线

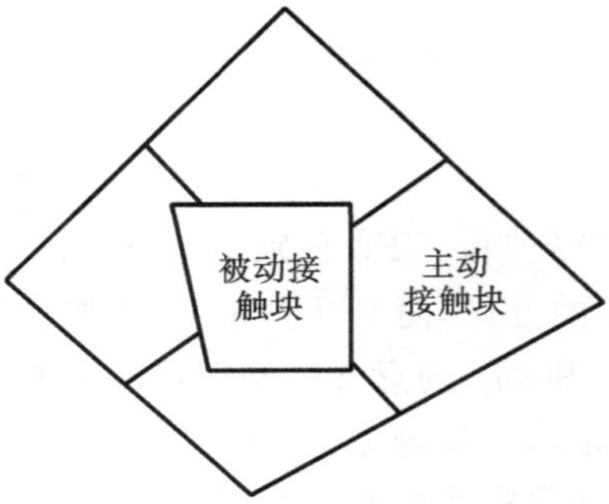

图 9-3-2　一个被动接触块和多个主动接触块

在式(9-3-1)和式(9-3-2)中，N_i 是二维 4 节点单元的插值函数，ξ_Q 和 η_Q 是 Q 点在单元中的自然坐标。这样一来，对于接触点对 P 和 Q 的相对位移可以表达为

$$\boldsymbol{u}_P - \boldsymbol{u}_Q = \boldsymbol{N}_c\boldsymbol{u}_c \tag{9-3-3}$$

式中：

$$\boldsymbol{N}_c = [\boldsymbol{I}\quad -\boldsymbol{N}_1\quad -\boldsymbol{N}_2\quad -\boldsymbol{N}_3\quad -\boldsymbol{N}_4]$$

$$\boldsymbol{u}_c = [\boldsymbol{u}_P^{\mathrm T}\quad \boldsymbol{u}_1^{\mathrm T}\quad \boldsymbol{u}_2^{\mathrm T}\quad \boldsymbol{u}_3^{\mathrm T}\quad \boldsymbol{u}_4^{\mathrm T}]^{\mathrm T}$$

$$\boldsymbol{I} = \boldsymbol{I}_{3\times 3},\quad \boldsymbol{N}_i = \boldsymbol{I}N_i\quad (i=1,2,3,4)$$

因为式(9-3-3)中 $\boldsymbol{u}_c,\boldsymbol{u}_P,\boldsymbol{u}_Q$ 是在整体坐标系中定义的，为将它们引入接触条件，需将其转化到局部坐标系，即

$$\boldsymbol{u}^A-\boldsymbol{u}^B={}^{t+\Delta t}\boldsymbol{\theta}^{\mathrm{T}}(\boldsymbol{u}_P-\boldsymbol{u}_Q)={}^{t+\Delta t}\boldsymbol{\theta}^{\mathrm{T}}\boldsymbol{N}_c\boldsymbol{u}_c \tag{9-3-4}$$

式(9-3-4)左端位移项的右上标 A 或 B 表示是在接触点对的局部坐标系中定义的，为了方便起见，略去了右下标 P 和 Q。式中 $\boldsymbol{\theta}$ 是两种坐标系之间的转换矩阵，它的表达式是

$$\boldsymbol{\theta}=[\boldsymbol{e}_1\quad\boldsymbol{e}_2\quad\boldsymbol{e}_3]=\begin{bmatrix}e_{1x}&e_{2x}&e_{3x}\\e_{1y}&e_{2y}&e_{3y}\\e_{1z}&e_{2z}&e_{3z}\end{bmatrix} \tag{9-3-5}$$

其中，$e_{Ji}(J=1,2,3;i=x,y,z)$ 是 $\boldsymbol{e}_J$ 在整体坐标系 x,y,z 方向的分量。

2. 等效节点接触力

接触界面经离散处理后，原来作用于接触面上的分布接触力的虚功表达式(9-2-18)可以转换为离散形式，即

$${}^{t+\Delta t}W_c=\sum_{k=1}^{n_c}({}^{t+\Delta t}W_c)_k \tag{9-3-6}$$

式中：n_c 是接触点对的数目；$({}^{t+\Delta t}W_c)_k$ 是每一个接触点对上等效接触力的虚功，即

$$({}^{t+\Delta t}W_c)_k=[{}^{t+\Delta t}F_J^A(\delta u_J^A-\delta u_J^B)]_k=[(\delta\boldsymbol{u}^A-\delta\boldsymbol{u}^B)^{\mathrm{T}\,t+\Delta t}\boldsymbol{F}^A]_k \tag{9-3-7}$$

式中 $({}^{t+\Delta t}F_J^A)_k$ 现在代表第 k 个接触点对之间的等效接触力沿局部坐标系的分量。现将位移转换公式(9-3-4)代入式(9-3-7)可以得到

$$({}^{t+\Delta t}\boldsymbol{W}_c)_k=(\delta\boldsymbol{u}_c^{\mathrm{T}}\boldsymbol{N}_c^{\mathrm{T}\,t+\Delta t}\boldsymbol{\theta}^{t+\Delta t}\boldsymbol{F}^A)_k \tag{9-3-8}$$

考虑 δu_c 的任意性，这样得到作用于第 k 个接触点对相关节点上的等效节点接触力向量，即

$$({}^{t+\Delta t}\boldsymbol{Q}_c)_k=(\boldsymbol{N}_c^{\mathrm{T}\,t+\Delta t}\boldsymbol{\theta}^{t+\Delta t}\boldsymbol{F}^A)_k \tag{9-3-9}$$

以图 9-6 所示的接触点对为例，$({}^{t+\Delta t}\boldsymbol{Q}_c)_k$ 可以表示为

$$({}^{t+\Delta t}\boldsymbol{Q}_c)_k=[{}^{t+\Delta t}\boldsymbol{Q}_P^{\mathrm{T}}\quad{}^{t+\Delta t}\boldsymbol{Q}_1^{\mathrm{T}}\quad{}^{t+\Delta t}\boldsymbol{Q}_2^{\mathrm{T}}\quad{}^{t+\Delta t}\boldsymbol{Q}_3^{\mathrm{T}}\quad{}^{t+\Delta t}\boldsymbol{Q}_4^{\mathrm{T}}]^{\mathrm{T}} \tag{9-3-10}$$

式中：$\boldsymbol{Q}_P,\boldsymbol{Q}_1,\cdots,\boldsymbol{Q}_4$ 是作用于各个相关节点上的等效接触力向量，它们各自的 3 个分量是沿整体坐标分解的。

从以上的讨论可见，只要将接触点对之间的对应不同接触状况的接触力 ${}^{t+\Delta t}\boldsymbol{F}^A$ 代入式(9-3-9)，就可以得到有限元离散后的等效节点接触力向量 ${}^{t+\Delta t}\boldsymbol{Q}_c$。需要注意的是，${}^{t+\Delta t}\boldsymbol{F}^A$ 的表示形式和引入约束条件的方法有关，同时在求解前也是未知量。

9.3.2　拉格朗日乘子法的有限元求解方程

1. 黏结接触状态

1) 等效节点接触力向量

将 ${}^{t+\Delta t}\boldsymbol{F}_J^A=-{}^{t+\Delta t}\lambda_J,{}^{t+\Delta t}\boldsymbol{F}_J^B={}^{t+\Delta t}\lambda_J(J=1,2,3,\cdots,n)$ 代入式(9-3-9)就可得到对于第 k 个接触点对的等效节点接触力向量，即

$$({}^{t+\Delta t}\boldsymbol{Q}_c)_k=-(\boldsymbol{N}_c^{\mathrm{T}\,t+\Delta t}\boldsymbol{\theta}^{t+\Delta t}\boldsymbol{\lambda})_k \tag{9-3-11}$$

其中

$$({}^{t+\Delta t}\boldsymbol{\lambda})_k=[{}^{t+\Delta t}\lambda_1\quad{}^{t+\Delta t}\lambda_2\quad\cdots\quad{}^{t+\Delta t}\lambda_n]_k^{\mathrm{T}}$$

利用式(9-3-4)，还可以采用拉格朗日乘子法的补充方程，约束方程可以写为

$$({}^{t+\Delta t}\boldsymbol{\theta}^{\mathrm{T}}\boldsymbol{N}_c\boldsymbol{u}_c)_k=-({}^t\overline{\boldsymbol{g}})_k \tag{9-3-12}$$

其中

$$({}^{t}\overline{\boldsymbol{g}})_k = [0 \quad 0 \quad {}^{t}\overline{g}_{\mathrm{n}}]^{\mathrm{T}}$$

将以上两式对所有 n_c 个接触点对集成，就得到系统的等效节点接触力向量和系统的位移约束方程，即

$$ {}^{t+\Delta t}\boldsymbol{Q}_c = -\boldsymbol{K}_{c\lambda}{}^{t+\Delta t}\boldsymbol{\lambda} \tag{9-3-13}$$

$$\boldsymbol{K}_{c\lambda}^{\mathrm{T}}\boldsymbol{u}_c = -{}^{t}\overline{\boldsymbol{g}} \tag{9-3-14}$$

其中

$$ {}^{t+\Delta t}\boldsymbol{Q}_c = \sum_{k=1}^{n_c}({}^{t+\Delta t}\boldsymbol{Q}_c)_k, \quad \boldsymbol{u}_c = \sum_{k=1}^{n_c}(\boldsymbol{u}_c)_k$$

$$\boldsymbol{K}_{c\lambda} = \sum_{k=1}^{n_c}(\boldsymbol{K}_{c\lambda})_k = \sum_{k=1}^{n_c}(\boldsymbol{N}_c^{\mathrm{T}}{}^{t+\Delta t}\boldsymbol{\theta})_k$$

$$ {}^{t+\Delta t}\boldsymbol{\lambda} = [({}^{t+\Delta t}\boldsymbol{\lambda}^{\mathrm{T}})_1 \quad ({}^{t+\Delta t}\boldsymbol{\lambda}^{\mathrm{T}})_2 \quad \cdots \quad ({}^{t+\Delta t}\boldsymbol{\lambda}^{\mathrm{T}})_{n_c}]^{\mathrm{T}}$$

$$ {}^{t}\overline{\boldsymbol{g}} = [({}^{t}\overline{\boldsymbol{g}})_1 \quad ({}^{t}\overline{\boldsymbol{g}})_2 \quad \cdots \quad ({}^{t}\overline{\boldsymbol{g}})_{n_c}]^{\mathrm{T}}$$

2）有限元求解方程

拉格朗日乘子法的有限元求解方程如下。

对于 T. L. 格式，有

$$\boldsymbol{M}^{t+\Delta t}\ddot{\boldsymbol{u}} + \begin{bmatrix} {}_0^t\boldsymbol{K}_L + {}_0^t\boldsymbol{K}_{NL} & \boldsymbol{K}_{c\lambda} \\ \boldsymbol{K}_{c\lambda}^{\mathrm{T}} & 0 \end{bmatrix}\begin{pmatrix} \boldsymbol{u} \\ {}^{t+\Delta t}\boldsymbol{\lambda} \end{pmatrix} = \begin{pmatrix} {}^{t+\Delta t}\boldsymbol{Q}_L - {}_0^t\boldsymbol{F} \\ -{}^{t}\overline{\boldsymbol{g}} \end{pmatrix} \tag{9-3-15}$$

对于 U. L. 格式，有

$$\boldsymbol{M}^{t+\Delta t}\ddot{\boldsymbol{u}} + \begin{bmatrix} {}_t^t\boldsymbol{K}_L + {}_t^t\boldsymbol{K}_{NL} & \boldsymbol{K}_{c\lambda} \\ \boldsymbol{K}_{c\lambda}^{\mathrm{T}} & 0 \end{bmatrix}\begin{pmatrix} \boldsymbol{u} \\ {}^{t+\Delta t}\boldsymbol{\lambda} \end{pmatrix} = \begin{pmatrix} {}^{t+\Delta t}\boldsymbol{Q}_L - {}_t^t\boldsymbol{F} \\ -{}^{t}\overline{\boldsymbol{g}} \end{pmatrix} \tag{9-3-16}$$

2. 有摩擦滑动接触状态

1）等效节点接触力向量

将 ${}^{t+\Delta t}\lambda_J = -{}^{t+\Delta t}\lambda_{\mathrm{n}}\overline{u}_J/\overline{u}_{\mathrm{t}}(J = 1,2)$ 代入式(9-3-11)中，对于第 k 个接触点对，就可以得到

$$({}^{t+\Delta t}\boldsymbol{Q}_c)_k = -\left[\boldsymbol{N}_c^{\mathrm{T}}\left(-\mu\frac{\overline{u}_1}{\overline{u}_{\mathrm{t}}}^{t+\Delta t}\boldsymbol{e}_1 - \mu\frac{\overline{u}_2}{\overline{u}_{\mathrm{t}}}^{t+\Delta t}\boldsymbol{e}_2 + {}^{t+\Delta t}\boldsymbol{e}_3\right)^{t+\Delta t}\lambda_{\mathrm{n}}\right]_k \tag{9-3-17}$$

或者写成

$$({}^{t+\Delta t}\boldsymbol{Q}_c)_k = -(\boldsymbol{K}_{c\lambda})_k({}^{t+\Delta t}\lambda_{\mathrm{n}})_k \tag{9-3-18}$$

其中

$$(\boldsymbol{K}_{c\lambda})_k = \left[\boldsymbol{N}_c^{\mathrm{T}}\left(-\mu\frac{\overline{u}_1}{\overline{u}_{\mathrm{t}}}^{t+\Delta t}\boldsymbol{e}_1 - \mu\frac{\overline{u}_2}{\overline{u}_{\mathrm{t}}}^{t+\Delta t}\boldsymbol{e}_2 + {}^{t+\Delta t}\boldsymbol{e}_3\right)\right]_k$$

此时，只有一个位移约束方程，即

$$({}^{t+\Delta t}\boldsymbol{e}_3^{\mathrm{T}}\boldsymbol{N}_c\boldsymbol{u}_c + {}^{t}\overline{g}_{\mathrm{n}})_k = 0 \tag{9-3-19}$$

或者写成

$$(\boldsymbol{K}_{cu})_k(\boldsymbol{u}_c)_k = -({}^{t}\overline{g}_{\mathrm{n}})_k \tag{9-3-20}$$

其中

$$(\boldsymbol{K}_{cu})_k = ({}^{t+\Delta t}\boldsymbol{e}_3^{\mathrm{T}}\boldsymbol{N}_c)_k$$

和黏结接触状态不同的是：对于摩擦滑动状态，以上两式中的系数矩阵不存在相对转置的关系，即

$$\boldsymbol{K}_{cu} \neq \boldsymbol{K}_{c\lambda}^{\mathrm{T}}$$

2）有限元求解方程

对所有 n_c 个接触点对，集成式(9-3-18)和式(9-3-20)，就可得到系统的等效节点接触向量 ${}^{t+\Delta t}\boldsymbol{Q}_c$ 和系统约束方程。它们是

$$ {}^{t+\Delta t}\boldsymbol{Q}_c = -\boldsymbol{K}_{c\lambda}{}^{t+\Delta t}\boldsymbol{\lambda}_{\mathrm{n}} \tag{9-3-21}$$

$$ \boldsymbol{K}_{cu}\boldsymbol{u}_c = {}^{t}\overline{\boldsymbol{g}}_{\mathrm{n}} \tag{9-3-22}$$

其中

$$ \boldsymbol{K}_{c\lambda} = \sum_{k=1}^{n_c}\left[\boldsymbol{N}_c^{\mathrm{T}}\left(-\mu\frac{\overline{u}_1}{\overline{u}_{\mathrm{t}}}{}^{t+\Delta t}\boldsymbol{e}_1 - \mu\frac{\overline{u}_1}{\overline{u}_{\mathrm{t}}}{}^{t+\Delta t}\boldsymbol{e}_2 + {}^{t+\Delta t}\boldsymbol{e}_3\right)\right]_k $$

$$ \boldsymbol{K}_{cu} = \sum_{k=1}^{n_c}({}^{t+\Delta t}\boldsymbol{e}_3^{\mathrm{T}}\boldsymbol{N}_c)_k $$

$$ {}^{t+\Delta t}\lambda_{\mathrm{n}} = [({}^{t+\Delta t}\lambda_{\mathrm{n}})_1 \quad ({}^{t+\Delta t}\lambda_{\mathrm{n}})_2 \quad \cdots \quad ({}^{t+\Delta t}\lambda_{\mathrm{n}})_{n_c}]^{\mathrm{T}} $$

$$ {}^{t}\overline{\boldsymbol{g}}_{\mathrm{n}} = [({}^{t}\overline{g}_{\mathrm{n}})_1 \quad ({}^{t}\overline{g}_{\mathrm{n}})_2 \quad \cdots \quad ({}^{t}\overline{g}_{\mathrm{n}})_{n_c}]^{\mathrm{T}} $$

摩擦滑动接触状态有限元求解方程如下。

对于 T. L. 格式，有

$$ \boldsymbol{M}{}^{t+\Delta t}\ddot{\boldsymbol{u}} + \begin{bmatrix} {}^{t}_{0}\boldsymbol{K}_L + {}^{t}_{0}\boldsymbol{K}_{NL} & \boldsymbol{K}_{c\lambda} \\ \boldsymbol{K}_{cu}^{\mathrm{T}} & 0 \end{bmatrix}\begin{pmatrix} \boldsymbol{u} \\ {}^{t+\Delta t}\boldsymbol{\lambda}_{\mathrm{n}} \end{pmatrix} = \begin{pmatrix} {}^{t+\Delta t}\boldsymbol{Q}_L - {}^{t}_{0}\boldsymbol{F} \\ -{}^{t}\overline{\boldsymbol{g}}_{\mathrm{n}} \end{pmatrix} \tag{9-3-23}$$

对于 U. L. 格式，有

$$ \boldsymbol{M}{}^{t+\Delta t}\ddot{\boldsymbol{u}} + \begin{bmatrix} {}^{t}_{t}\boldsymbol{K}_L + {}^{t}_{t}\boldsymbol{K}_{NL} & \boldsymbol{K}_{c\lambda} \\ \boldsymbol{K}_{cu} & 0 \end{bmatrix}\begin{pmatrix} \boldsymbol{u} \\ {}^{t+\Delta t}\boldsymbol{\lambda}_{\mathrm{n}} \end{pmatrix} = \begin{pmatrix} {}^{t+\Delta t}\boldsymbol{Q}_L - {}^{t}_{t}\boldsymbol{F} \\ -{}^{t}\overline{\boldsymbol{g}}_{\mathrm{n}} \end{pmatrix} \tag{9-3-24}$$

以上两式中，左端第 2 项的系数矩阵(广义刚度矩阵)是含有零对角元素的非对称矩阵。此矩阵的非对称性是由摩擦滑动接触的特性所决定的。

3）无摩擦滑动接触状态

在式(9-3-17)～式(9-3-20)中令 $\mu=0$。这时有

$$ \boldsymbol{K}_{c\lambda} = \boldsymbol{K}_{cu}^{\mathrm{T}} \tag{9-3-25}$$

因此，在求解方程(9-3-23)和方程(9-3-24)中，左端第 2 项对应于 $\boldsymbol{u}$ 和 ${}^{t+\Delta t}\boldsymbol{\lambda}_{\mathrm{n}}$ 的系数矩阵(广义刚度矩阵)恢复为对称矩阵。

9.3.3　罚函数法的有限元求解方程

1. 黏结接触状态

1）等效节点接触力向量

接触力表达式的矩阵形式为

$$ {}^{t+\Delta t}\boldsymbol{F}^A = -\boldsymbol{\alpha}_{st}(\boldsymbol{u}^A - \boldsymbol{u}^B) - \alpha_{\mathrm{n}}{}^{t}\overline{\boldsymbol{g}} \tag{9-3-26}$$

其中

$$ \boldsymbol{\alpha}_{st} = \begin{bmatrix} \alpha_1 & & \\ & \alpha_2 & \\ & & \alpha_{\mathrm{n}} \end{bmatrix} \qquad {}^{t}\overline{\boldsymbol{g}} = \begin{bmatrix} 0 \\ 0 \\ {}^{t}\overline{g}_{\mathrm{n}} \end{bmatrix} $$

将式(9-3-4)代入式(9-3-26)，即得到

$$ {}^{t+\Delta t}\boldsymbol{F}^A = -\boldsymbol{\alpha}_{st}{}^{t+\Delta t}\boldsymbol{\theta}^{\mathrm{T}}\boldsymbol{N}_c\boldsymbol{u}_c - \alpha_{\mathrm{n}}{}^{t}\overline{\boldsymbol{g}} \tag{9-3-27}$$

进一步将此式代入式(9-3-9),可得到第 k 个接触点对的等效节点接触力向量,即

$$({}^{t+\Delta t}\boldsymbol{Q}_c)_k = -[\boldsymbol{N}_c^{\mathrm{T}}\,{}^{t+\Delta t}\boldsymbol{\theta}(\boldsymbol{\alpha}_{st}\,{}^{t+\Delta t}\boldsymbol{\theta}^{\mathrm{T}}\boldsymbol{N}_c\boldsymbol{u}_c + \alpha_N{}^t\overline{\boldsymbol{g}})]_k \tag{9-3-28}$$

如果在计算中,取 $\alpha_1 = \alpha_2 = \alpha_n = \alpha$,则上式可以简化为

$$({}^{t+\Delta t}\boldsymbol{Q}_c)_k = -(\alpha\boldsymbol{N}_c^{\mathrm{T}}\boldsymbol{N}_c\boldsymbol{u}_c + \alpha{}^t\overline{g}_N\boldsymbol{N}_c^{\mathrm{T}}\,{}^{t+\Delta t}\boldsymbol{e}_3)_k \tag{9-3-29}$$

或者写成

$$({}^{t+\Delta t}\boldsymbol{Q}_c)_k = -(\boldsymbol{K}_{c\alpha})_k(\boldsymbol{u}_c)_k + ({}^{t+\Delta t}\widetilde{\boldsymbol{Q}}_c)_k \tag{9-3-30}$$

其中

$$(\boldsymbol{K}_{c\alpha})_k = (\alpha\boldsymbol{N}_c^{\mathrm{T}}\boldsymbol{N}_c)_k$$

$$({}^{t+\Delta t}\widetilde{\boldsymbol{Q}}_c)_k = -(\alpha{}^t\overline{g}_n\boldsymbol{N}_c^{\mathrm{T}}\,{}^{t+\Delta t}\boldsymbol{e}_3)_k$$

从式(9-3-29)可见,$(\boldsymbol{K}_{c\alpha})_k$ 是对称矩阵。将 $({}^{t+\Delta t}\boldsymbol{Q}_c)_k$ 对所有 n_c 个接触点对集成,则得到系统的等效节点接触力向量,即

$${}^{t+\Delta t}\boldsymbol{Q}_c = -\boldsymbol{K}_{c\alpha}\boldsymbol{u}_c + {}^{t+\Delta t}\widetilde{\boldsymbol{Q}}_c \tag{9-3-31}$$

其中

$$\boldsymbol{K}_{c\alpha} = \sum_{k=1}^{n_c}(\boldsymbol{K}_{c\alpha})_k,\quad \boldsymbol{u}_c = \sum_{k=1}^{n_c}(\boldsymbol{u}_c)_k,\quad {}^{t+\Delta t}\widetilde{\boldsymbol{Q}}_c = \sum_{k=1}^{n_c}({}^{t+\Delta t}\widetilde{\boldsymbol{Q}}_c)_k$$

2) 有限元求解方程

求解方程如下所示。

对于 T. L. 格式,有

$$\boldsymbol{M}\,{}^{t+\Delta t}\ddot{\boldsymbol{u}} + ({}_0^t\boldsymbol{K}_L + {}_0^t\boldsymbol{K}_{NL} + \boldsymbol{K}_{c\alpha})\boldsymbol{u} = {}^{t+\Delta t}\boldsymbol{Q}_L + {}^{t+\Delta t}\widetilde{\boldsymbol{Q}}_c - {}_0^t\boldsymbol{F} \tag{9-3-32}$$

对于 U. L. 格式,有

$$\boldsymbol{M}\,{}^{t+\Delta t}\ddot{\boldsymbol{u}} + ({}_t^t\boldsymbol{K}_L + {}_t^t\boldsymbol{K}_{NL} + \boldsymbol{K}_{c\alpha})\boldsymbol{u} = {}^{t+\Delta t}\boldsymbol{Q}_L + {}^{t+\Delta t}\widetilde{\boldsymbol{Q}}_c - {}_t^t\boldsymbol{F} \tag{9-3-33}$$

2. 摩擦滑动接触状态

摩擦滑动接触状态的接触力 ${}^{t+\Delta t}\boldsymbol{F}^A$ 可表示为如下形式,即

$${}^{t+\Delta t}\boldsymbol{F}^A = -\boldsymbol{\alpha}_{fs}(u_{\mathrm{n}}^A - u_{\mathrm{n}}^B + {}^t\overline{g}_{\mathrm{n}}) = -\boldsymbol{\alpha}_{fs}({}^{t+\Delta t}\boldsymbol{e}_3^{\mathrm{T}}\boldsymbol{N}_c\boldsymbol{u}_c + {}^t\overline{g}_{\mathrm{n}}) \tag{9-3-34}$$

其中

$$\boldsymbol{\alpha}_{fs} = \alpha\begin{bmatrix} -\mu\dfrac{\overline{u}_1}{\overline{\overline{u}_{\mathrm{t}}}} & -\mu\dfrac{\overline{u}_2}{\overline{\overline{u}_{\mathrm{t}}}} & 1\end{bmatrix}$$

将上式代入式(9-3-9),则得到第 k 个接触点对的等效节点接触力向量为

$$\begin{aligned}({}^{t+\Delta t}\boldsymbol{Q}_c)_k &= -[\boldsymbol{N}_c^{\mathrm{T}}\,{}^{t+\Delta t}\boldsymbol{\theta}\boldsymbol{\alpha}_{fs}({}^{t+\Delta t}\boldsymbol{e}_3^{\mathrm{T}}\boldsymbol{N}_c\boldsymbol{u}_c\,{}^t\overline{g}_{\mathrm{n}})]_k \\ &= -\alpha\left[\boldsymbol{N}_c^{\mathrm{T}}\left(-\mu\frac{\overline{u}_1}{\overline{\overline{u}_{\mathrm{t}}}}{}^{t+\Delta t}\boldsymbol{e}_1 - \mu\frac{\overline{u}_2}{\overline{\overline{u}_{\mathrm{t}}}}{}^{t+\Delta t}\boldsymbol{e}_2 + {}^{t+\Delta t}\boldsymbol{e}_3\right)\times({}^{t+\Delta t}\boldsymbol{e}_3^{\mathrm{T}}\boldsymbol{N}_c\boldsymbol{u}_c + {}^t\overline{g}_{\mathrm{n}})\right]_k\end{aligned} \tag{9-3-35}$$

式(9-3-5)可以进一步表示成类似式(9-3-30)的形式,即

$$({}^{t+\Delta t}\boldsymbol{Q}_c)_k = -(\boldsymbol{K}_{c\alpha})_k(\boldsymbol{u}_c)_k + ({}^{t+\Delta t}\widetilde{\boldsymbol{Q}}_c)_k \tag{9-3-36}$$

其中

$$(\boldsymbol{K}_{c\alpha})_k = \alpha\left[\boldsymbol{N}_c^{\mathrm{T}}\left(-\mu\frac{\overline{u}_1}{\overline{\overline{u}_{\mathrm{t}}}}{}^{t+\Delta t}\boldsymbol{e}_1 - \mu\frac{\overline{u}_2}{\overline{\overline{u}_{\mathrm{t}}}}{}^{t+\Delta t}\boldsymbol{e}_2 + {}^{t+\Delta t}\boldsymbol{e}_3\right)({}^{t+\Delta t}\boldsymbol{e}_3^{\mathrm{T}}\boldsymbol{N}_c)\right]_k \tag{9-3-37}$$

$$({}^{t+\Delta t}\widetilde{\boldsymbol{Q}}_c)_k = -\alpha\left[\boldsymbol{N}_c^{\mathrm{T}}\left(\mu\frac{\overline{u}_1}{\overline{\overline{u}_{\mathrm{t}}}}{}^{t+\Delta t}\boldsymbol{e}_1 + \mu\frac{\overline{u}_2}{\overline{\overline{u}_{\mathrm{t}}}}{}^{t+\Delta t}\boldsymbol{e}_2 - {}^{t+\Delta t}\boldsymbol{e}_3\right){}^t\overline{g}_{\mathrm{n}}\right]_k \tag{9-3-38}$$

因此,系统的等效节点接触力向量以及有限元求解方程仍可用式(9-3-31)~式(9-3-33)来

表示，只是其中的 $(\boldsymbol{K}_{c\alpha})_k$ 和 $({}^{t+\Delta t}\widetilde{\boldsymbol{Q}}_c)_k$ 必须用式(9-3-37)和式(9-3-38)代入。还应注意到 $\boldsymbol{K}_{c\alpha}$ 是非对称矩阵，这和拉格朗日乘子法用于摩擦滑动接触状态时的情况相同。

3. 无摩擦滑动接触状态

这时，$\mu=0$，代入式(9-3-37)和式(9-3-38)，则有

$$(\boldsymbol{K}_{c\alpha})_k = \alpha[(\boldsymbol{N}_c^{\mathrm{T}}\,{}^{t+\Delta t}\boldsymbol{e}_3)\,{}^{t+\Delta t}\boldsymbol{e}_3^{\mathrm{T}}\boldsymbol{N}_c]_k \tag{9-3-39}$$

$$({}^{t+\Delta t}\widetilde{\boldsymbol{Q}}_c)_k = -\alpha[\boldsymbol{N}_c^{\mathrm{T}}\,{}^{t+\Delta t}\boldsymbol{e}_3\,{}^{t}\overline{g}_{\mathrm{n}}]_k \tag{9-3-40}$$

从式(9-3-39)可见，此时 $\boldsymbol{K}_{c\alpha}$ 恢复为对称矩阵。

9.4　接触单元

应用有限元法分析接触问题，有一种直接的方式是在接触面上建立一种特殊形式的单元，通常把这种单元称为接触单元。

9.4.1　两节点单元

如图 9-4-1(a)所示，两个物体在接触面上同一位置的两侧有一个节点对 ij，将这一节点对连接即可组成一个单元。两节点单元的力学模型可表示为两个节点间由一片沿法向的弹簧和一片沿切向的弹簧连接(见图 9-4-1(b))，其刚度系数分别为 K_{n} 和 K_{t}。当发生节点相对位移时就产生相互作用力。

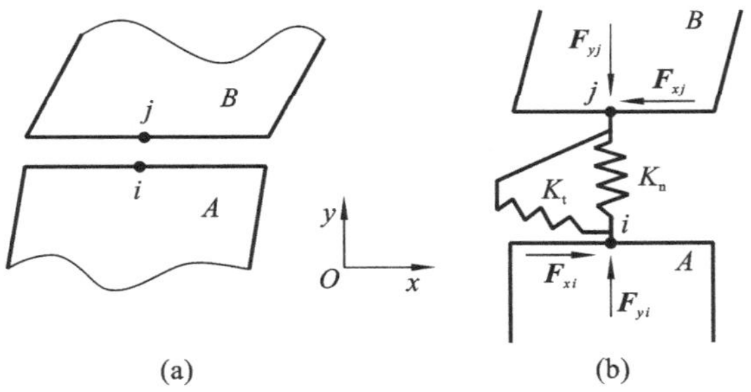

图 9-4-1　两节点单元

节点和节点的位移关系为

$$F_{xi} = -F_{xj} = K_{\mathrm{t}}(u_i - u_j)$$
$$F_{yi} = -F_{yj} = K_{\mathrm{n}}(v_i - v_j)$$

用矩阵表示为

$$\begin{Bmatrix} F_{xi} \\ F_{yi} \\ F_{xj} \\ F_{yj} \end{Bmatrix} = \begin{bmatrix} K_{\mathrm{t}} & & & \text{对} \\ 0 & K_{\mathrm{n}} & & \text{称} \\ -K_{\mathrm{t}} & 0 & K_{\mathrm{t}} & \\ 0 & -K_{\mathrm{n}} & 0 & K_{\mathrm{n}} \end{bmatrix} \begin{Bmatrix} u_i \\ v_i \\ u_j \\ v_j \end{Bmatrix}$$

或者

$$\boldsymbol{F} = \boldsymbol{K}\boldsymbol{u} \tag{9-4-1}$$

刚度系数的取值与应力变形有关。如将接触面上的切应力和剪切位移简化为理想弹塑性模型。当切应力达到抗剪强度时，取 K_{t} 很小，否则按试验数据取值。K_{n} 的取值比较简单，当

接触面黏结时，K_n 取很大的值(由试验结果一般是非线性的)；当接触面未接触时，K_n 取很小的值，并以方程不产生奇异或病态为标准。

通过连续条件可将式(9-4-1)与针对接触物体分别建立的代数方程组集合成整个接触系统的代数方程组，从而求解。但要注意的是，由于接触状态事先未知，即 K_n、K_t 的值不确定，故在实际求解过程中往往需作增量迭代，首先假设接触点类型(给出 K_n、K_t 的初始值)，求解出位移及接触单元节点力，然后检验和修正接触类型并反复迭代计算，直至假设的和相应计算所得的接触类型一致为止。

两节点单元按上述方法进行处理是最为简单的处理方法，这对于简单且要求不高的工程问题是一种简单易行的方法，因此在目前土木工程计算中仍有应用计算实例公布。

9.4.2　哥德曼(Goodman)单元

它是哥德曼等在 1968 年提出的一种岩石节理单元，长期以来被广泛地用作接触单元。这种单元为无厚度的四节点平面单元，如图 9-4-2 所示。

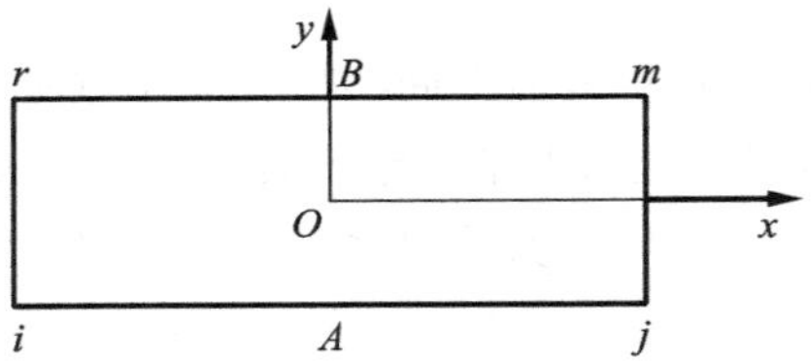

图 9-4-2

两片接触面之间设想由无数的法向和切向微小弹簧相联系，相应的应力为

$$\boldsymbol{\sigma} = [\tau,\quad \sigma_n]^T$$

两片接触面上各点在受力后产生的相对位移

$$\boldsymbol{u} = [v,\quad u_n]^T$$

假定接触面的法向应力和切应力与法向相对位移和切向相对位移之间无耦合响应，则应力与相对位移的关系式为

$$\boldsymbol{\sigma} < \boldsymbol{\lambda u} \tag{9-4-2}$$

式中：

$$\boldsymbol{\lambda} = \begin{bmatrix} \lambda_t & 0 \\ 0 & \lambda_n \end{bmatrix}$$

取线性位移模式，可将接触面上任一点的位移用节点位移表示

$$\begin{Bmatrix} u_B \\ v_B \end{Bmatrix} = \begin{bmatrix} \frac{1}{2}+\frac{x}{l} & 0 & \frac{1}{2}-\frac{x}{l} & 0 \\ 0 & \frac{1}{2}+\frac{x}{l} & 0 & \frac{1}{2}-\frac{x}{l} \end{bmatrix} \begin{Bmatrix} u_m \\ v_m \\ u_r \\ v_r \end{Bmatrix} \tag{9-4-3}$$

$$\begin{Bmatrix} u_A \\ v_A \end{Bmatrix} = \begin{bmatrix} \frac{1}{2}-\frac{x}{l} & 0 & \frac{1}{2}+\frac{x}{l} & 0 \\ 0 & \frac{1}{2}-\frac{x}{l} & 0 & \frac{1}{2}+\frac{x}{l} \end{bmatrix} \begin{Bmatrix} u_i \\ v_i \\ u_j \\ v_j \end{Bmatrix} \tag{9-4-4}$$

接触面单元内各对应点的相对位移矩阵为

$$\boldsymbol{u} = \boldsymbol{B}\boldsymbol{u}^{\mathrm{e}} \tag{9-4-5}$$

式中：

$$\boldsymbol{u} = \begin{Bmatrix} u_A - u_B \\ v_A - v_B \end{Bmatrix}$$

$$\boldsymbol{u}^{\mathrm{e}} = [u_i \quad v_i \quad u_j \quad v_j \quad u_m \quad v_m \quad u_r \quad v_r]$$

$$\boldsymbol{B} = \begin{bmatrix} a & 0 & b & 0 & -b & 0 & -a & 0 \\ 0 & a & 0 & b & 0 & -b & 0 & -a \end{bmatrix}$$

$$a = \frac{1}{2} - \frac{x}{l}, \quad b = \frac{1}{2} + \frac{x}{l}$$

由虚位移原理可得

$$\boldsymbol{F}^{\mathrm{e}} = \int_{-\frac{l}{2}}^{\frac{l}{2}} \boldsymbol{B}^{\mathrm{T}} \boldsymbol{\lambda} \boldsymbol{B} \,\mathrm{d}x \boldsymbol{u}^{\mathrm{e}} = \boldsymbol{K}^{\mathrm{e}} \boldsymbol{u}^{\mathrm{e}} \tag{9-4-6}$$

式中：$\boldsymbol{K}^{\mathrm{e}}$ 为单元刚度矩阵，将其展开后得

$$\boldsymbol{K}^{\mathrm{e}} = \frac{l}{6} \begin{bmatrix} 2\boldsymbol{K}_{\mathrm{t}} & & & & & & & \\ 0 & 2\boldsymbol{K}_{\mathrm{n}} & & & & & & \\ \boldsymbol{K}_{\mathrm{t}} & 0 & 2\boldsymbol{K}_{\mathrm{t}} & & & & & \\ 0 & \boldsymbol{K}_{\mathrm{n}} & 0 & 2\boldsymbol{K}_{\mathrm{n}} & & & & \\ -\boldsymbol{K}_{\mathrm{t}} & 0 & -2\boldsymbol{K}_{\mathrm{t}} & 0 & 2\boldsymbol{K}_{\mathrm{t}} & & & \\ 0 & -\boldsymbol{K}_{\mathrm{n}} & 0 & -2\boldsymbol{K}_{\mathrm{n}} & 0 & 2\boldsymbol{K}_{\mathrm{n}} & & \\ -2\boldsymbol{K}_{\mathrm{t}} & 0 & -\boldsymbol{K}_{\mathrm{t}} & 0 & \boldsymbol{K}_{\mathrm{t}} & 0 & 2\boldsymbol{K}_{\mathrm{t}} & \\ 0 & -2\boldsymbol{K}_{\mathrm{n}} & 0 & -\boldsymbol{K}_{\mathrm{n}} & 0 & \boldsymbol{K}_{\mathrm{n}} & 0 & 2\boldsymbol{K}_{\mathrm{n}} \end{bmatrix} \tag{9-4-7}$$

与梁系有限元一样，如单元 ij 边不在 X 轴方向，而与 X 轴成某一夹角，以整体坐标单元刚度矩阵须进行坐标转换，即

$$\overline{\boldsymbol{K}}^{\mathrm{e}} = \boldsymbol{T}^{\mathrm{T}} \boldsymbol{K}^{\mathrm{e}} \boldsymbol{T} \tag{9-4-8}$$

式中：$\boldsymbol{T}$ 为坐标转置矩阵。

哥德曼单元能较好地模拟接触面上的错动滑移和张开，能考虑接触面变形的非线性特性。同时，它也存在两个缺点：一是单元无厚度，在受压时就会使两侧不同材料的单元相互嵌入；二是 $\boldsymbol{K}_{\mathrm{n}}$ 取最大值后，只要法向相对位移的微小误差，就会使 $\boldsymbol{\sigma}_{\mathrm{n}} = \boldsymbol{K}_{\mathrm{n}} \boldsymbol{u}_{\mathrm{n}}$ 有较大误差。

9.4.3　薄层四边形单元

鉴于防止上述单元有可能产生相互嵌入，且由于机械工程中两种构件的接触往往中间夹有薄层材料，如轴承、活塞等结构，两边金属材料之间存在一层厚度为 t 的油膜薄层，进而提出薄层单元，它可以取平面四节点单元或八节点等参单元，其刚度矩阵形成方式与四至八节点单元一样。但在本构关系矩阵中，将法向与切向分量分开予以考虑，可表示为

$$\boldsymbol{D} = \begin{bmatrix} \boldsymbol{D}_{\mathrm{tt}} & \boldsymbol{D}_{\mathrm{tn}} \\ \boldsymbol{D}_{\mathrm{nt}} & \boldsymbol{D}_{\mathrm{nn}} \end{bmatrix} \tag{9-4-9}$$

式中：$\boldsymbol{D}_{\mathrm{tt}}$ 为剪切分量；$\boldsymbol{D}_{\mathrm{nn}}$ 为法向分量，而 $\boldsymbol{D}_{\mathrm{tn}}$、$\boldsymbol{D}_{\mathrm{nt}}$ 为考虑相互耦合效应分量。

9.4.4　接触摩擦单元

1. 六节点接触单元

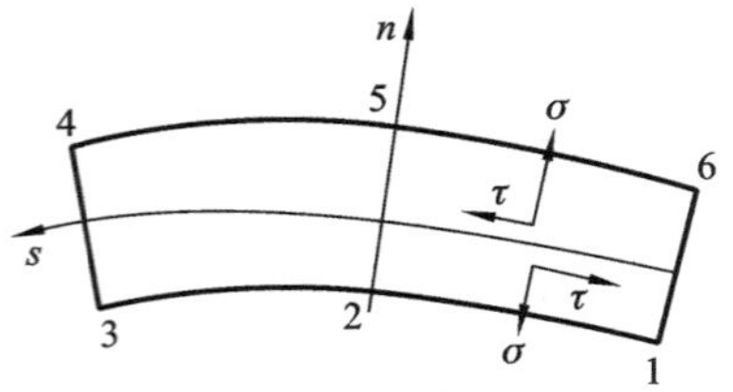

图 9-4-3　六节点接触单元

六节点接触单元(见图 9-4-3)直接取节点接触应力为基本未知量,可以模拟复杂的接触面形状。

运用虚位移原理

$$\delta(\Delta \boldsymbol{u}^{e})^{T}\Delta \boldsymbol{F}^{e}=\int_{s}\delta(\Delta \bar{\boldsymbol{u}}_{s})^{T}\Delta\Sigma \mathrm{d}s \tag{9-4-10}$$

式中:$\Delta \boldsymbol{u}^{e}$ 和 $\Delta \boldsymbol{F}^{e}$ 分别表示整体坐标系中节点位移增量矢量和等效节点力增量矢量,分别为

$$\Delta \boldsymbol{u}^{e}=[\Delta u_1\quad \Delta v_1\quad \Delta u_2\quad \Delta v_2\quad \cdots\quad \Delta u_6\quad \Delta v_6]^{T}$$

$$\Delta \boldsymbol{F}^{e}=[\Delta F_{x1}\quad \Delta F_{y1}\quad \Delta F_{x2}\quad \Delta F_{y2}\quad \cdots\quad \Delta F_{x6}\quad \Delta F_{y6}]^{T}$$

$\Delta\bar{\boldsymbol{u}}$ 和 $\Delta\Sigma$ 分别为局部坐标系中相对位移增量矢量和接触应力增量矢量,表示为

$$\begin{aligned}\Delta\bar{\boldsymbol{u}}&=[\Delta\bar{u}\quad \Delta v]^{T}\\ \Delta\Sigma&=[\Delta\sigma\quad \Delta\tau]^{T}\end{aligned} \tag{9-4-11}$$

引入插值函数

$$\boldsymbol{N}=\begin{bmatrix}N_1 & 0 & N_2 & 0 & N_3 & 0\\ 0 & N_1 & 0 & N_2 & 0 & N_3\end{bmatrix} \tag{9-4-12}$$

且

$$N_1=\frac{1}{2}\xi(1-\xi),\quad N_2=1-\xi^2,\quad N_3=\frac{1}{2}\xi(1+\xi)$$

于是,单元内任一点相对位移可用节点相对位移表示

$$\Delta \boldsymbol{u}=\boldsymbol{N}\Delta\bar{\boldsymbol{u}}^{e} \tag{9-4-13}$$

式中:$\Delta\bar{\boldsymbol{u}}^{e}$ 为局部坐标系中节点相对位移增量矢量,可表示为

$$\Delta\bar{\boldsymbol{u}}^{e}=[\Delta\bar{u}_1\quad \Delta\bar{v}_1\quad \Delta\bar{u}_2\quad \Delta\bar{v}_2\quad \Delta\bar{u}_3\quad \Delta\bar{v}_3]^{T}$$

同理,单元内任一点的接触应力也可由节点接触应力表示为

$$\Delta\boldsymbol{\sigma}=\boldsymbol{N}\Delta\boldsymbol{\sigma}^{e} \tag{9-4-14}$$

其中,$\Delta\boldsymbol{\sigma}^{e}$ 为局部坐标系中节点接触应力增量矢量

$$\Delta\boldsymbol{\sigma}^{e}=[\Delta\sigma_1\quad \Delta\tau_1\quad \Delta\sigma_2\quad \Delta\tau_2\quad \Delta\sigma_3\quad \Delta\tau_3]^{T}$$

局部坐标系中节点相对位移增量与整体坐标系中节点位移增量之间的关系为

$$\Delta\bar{\boldsymbol{u}}^{e}=\boldsymbol{T}\Delta\boldsymbol{u}^{e} \tag{9-4-15}$$

式中的 $\boldsymbol{T}$ 为坐标矩阵,

$$\boldsymbol{T}=\begin{bmatrix}-\boldsymbol{T}_1 & 0 & 0 & \boldsymbol{T}_1 & 0 & 0\\ 0 & -\boldsymbol{T}_2 & 0 & 0 & \boldsymbol{T}_2 & 0\\ 0 & 0 & -\boldsymbol{T}_3 & 0 & 0 & \boldsymbol{T}_3\end{bmatrix}$$

$$\boldsymbol{T}_1=\begin{bmatrix}\cos\varphi_i & \sin\varphi_i\\ -\sin\varphi_i & -\cos\varphi_i\end{bmatrix}$$

式中:φ_i 为整体坐标 x 轴与局部坐标系 n 轴之间的夹角。

将式(9-4-13)、式(9-4-14)和式(9-4-15)代入式(9-4-10),得到

$$\boldsymbol{T}^{\mathrm{T}}\boldsymbol{S}\Delta\boldsymbol{\sigma} = \Delta\boldsymbol{F} \tag{9-4-16}$$

式中：

$$\boldsymbol{S} = \int_s \boldsymbol{N}^{\mathrm{T}}\boldsymbol{N}\mathrm{d}S$$

对于二维问题，接触面条件可分为三类：固定、滑动与自由。对不同的接触状态，接触面上的位移和应力应满足不同的平衡方程和连续条件。接触摩擦单元的几何和静力的约束方程可统一表示为

$$\{\boldsymbol{T}\quad \boldsymbol{R}\}\begin{Bmatrix}\Delta\boldsymbol{\alpha} \\ \Delta\boldsymbol{\sigma}\end{Bmatrix} = \boldsymbol{\alpha}^* \tag{9-4-17}$$

式中：$\boldsymbol{\alpha}^*$ 为给定的节点相对位移或节点接触应力矢量，其值可由表 9-4-1 示出；$\boldsymbol{T}$ 为坐标转换矩阵，$\boldsymbol{R}$ 为对角矩阵，它们可分别表示为

表 9-4-1　给定的约束载荷矢量 $\boldsymbol{\alpha}^*$

载荷步 $\boldsymbol{K}$	黏结	滑动	自由
黏结	$\boldsymbol{u}^* = 0$ $\boldsymbol{v}_\tau{}^* = 0$	$\boldsymbol{v}_\tau{}^* = 0$ $\boldsymbol{T} = \boldsymbol{\tau}^K - \boldsymbol{\tau}^{K-1}$	$\boldsymbol{N} = -\boldsymbol{\sigma}^{K-1}$ $\boldsymbol{T} = -\boldsymbol{\tau}^{K-1}$
滑动	$\boldsymbol{u}_\tau^* = 0$ $\boldsymbol{v}_\tau^* = 0$	$\boldsymbol{u}_\tau^* = 0$ $\boldsymbol{T} = \boldsymbol{\tau}^K - \boldsymbol{\tau}^{K-1}$	$\boldsymbol{N} = -\boldsymbol{\sigma}^{K-1}$ $\boldsymbol{T} = -\boldsymbol{\tau}^{K-1}$
自由	$\boldsymbol{u}_\tau^* = -\Delta\boldsymbol{u}_\tau^{k-1}$ $\boldsymbol{v}_\tau^* = \Delta v_r \left\lvert \dfrac{\boldsymbol{u}^{K-1}}{\Delta\boldsymbol{u}_r} \right\rvert$	$\boldsymbol{u}_r^* = -\Delta\boldsymbol{u}_\tau^{k-1}$ $\boldsymbol{T} = \boldsymbol{\tau}^K$	$\boldsymbol{N} = 0$ $\boldsymbol{T} = 0$

$$\boldsymbol{T} = \begin{bmatrix} -\boldsymbol{L}_1 & 0 & 0 & \boldsymbol{L}_1 & 0 & 0 \\ 0 & -\boldsymbol{L}_2 & 0 & 0 & \boldsymbol{L}_2 & 0 \\ 0 & 0 & -\boldsymbol{L}_3 & 0 & 0 & \boldsymbol{L}_3 \end{bmatrix} \tag{9-4-18}$$

$$\boldsymbol{R} = \begin{bmatrix} \boldsymbol{R}_1 & 0 & 0 \\ 0 & \boldsymbol{R}_2 & 0 \\ 0 & 0 & \boldsymbol{R}_3 \end{bmatrix} \tag{9-4-19}$$

2. 三维八节点接触单元

为了充分反映接触受力特性，建立如图 9-4-4 所示的三维八节点接触单元，它由两片长度为 b，宽度为 h 的接触面 $ijkm$ 和 $opqr$ 组成。假设两接触面之间由无数微小弹簧所连接，在受力前两接触面不仅为上下两个三维弹性体表面的一部分，而且两个接触面之间也完全吻合，即单元厚度 $l=0$。接触面单元之间只有节点处有作用力联系，坐标原点放在单元形心上，单元在 z 向受接触压力，在 x、y 向受摩擦切应力。

设单元节点力 $\boldsymbol{F}^{\mathrm{e}}$ 及单元节点位移 $\boldsymbol{u}^{\mathrm{e}}$ 分别为

$$\boldsymbol{F}^{\mathrm{e}} = [\boldsymbol{F}_{bt}^{\mathrm{T}}\quad \boldsymbol{F}_{up}^{\mathrm{T}}]^{\mathrm{T}},\quad \boldsymbol{u}^{\mathrm{e}} = [\boldsymbol{u}_{bt}^{\mathrm{T}}\quad \boldsymbol{u}_{up}^{\mathrm{T}}]^{\mathrm{T}} \tag{9-4-20}$$

式中：

$$\boldsymbol{F}_{bt} = [F_{xi}\quad F_{yi}\quad F_{zi}\quad F_{xj}\quad F_{yj}\quad F_{zj}\quad F_{xk}\quad F_{yk}\quad F_{zk}\quad \cdots\quad F_{zm}]^{\mathrm{T}}$$

$$\boldsymbol{u}_{bt} = [u_i\quad v_i\quad w_i\quad u_j\quad v_j\quad w_j\quad u_k\quad v_k\quad w_k\quad \cdots\quad w_m]^{\mathrm{T}}$$

$\boldsymbol{F}_{up}$、$\boldsymbol{u}_{up}$ 的表达式与 $\boldsymbol{F}_{bt}$、$\boldsymbol{u}_{bt}$ 的表述式类似，只需将下标 i、j、k、m 改为 o、p、q、r。

在节点力 $\boldsymbol{F}^{\mathrm{e}}$ 的作用下，接触面内弹簧所受切应力为 τ_{s1}、τ_{s2}，正应力为 σ_{n}，即

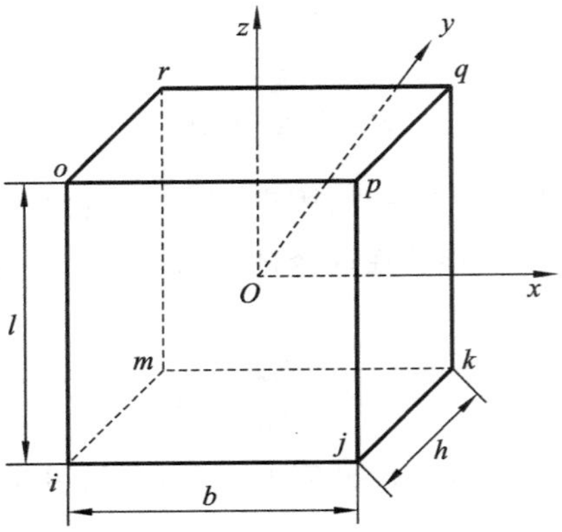

图 9-4-4　三维接触单元

$$\boldsymbol{\sigma} = [\tau_{s1} \quad \tau_{s2} \quad \sigma_{\mathrm{n}}]^{\mathrm{T}} \tag{9-4-21}$$

两接触面的相对位移为

$$\Delta \boldsymbol{u} = [\Delta u \quad \Delta v \quad \Delta w]^{\mathrm{T}} \tag{9-4-22}$$

在线弹性假定下，$\boldsymbol{\sigma}$ 与 $\Delta \boldsymbol{u}$ 的关系为

$$\boldsymbol{\sigma} = \boldsymbol{D} \Delta \boldsymbol{u} \tag{9-4-23}$$

式中：

$$\boldsymbol{D} = \begin{bmatrix} E_{\mathrm{t}} & 0 & 0 \\ 0 & E_{\mathrm{t}} & 0 \\ 0 & 0 & E_{\mathrm{n}} \end{bmatrix}$$

其中，E_{t}、E_{n} 分别为接触单元切向和法向的单位长度弹性模量。

取线性位移模式，把接触面沿长度方向各点的位移表示为节点位移的线性函数，则底面与顶面的位移分别为

$$\begin{aligned} [u_{bt} \quad v_{bt} \quad w_{bt}]^{\mathrm{T}} &= \frac{1}{4} \boldsymbol{G} \boldsymbol{u}_{bt} \\ [u_{up} \quad v_{up} \quad w_{up}]^{\mathrm{T}} &= \frac{1}{4} \boldsymbol{G} \boldsymbol{u}_{up} \end{aligned} \tag{9-4-24}$$

其中

$$\boldsymbol{G} = \begin{bmatrix} \alpha & 0 & 0 & \beta & 0 & 0 & \gamma & 0 & 0 & \delta & 0 & 0 \\ 0 & \alpha & 0 & 0 & \beta & 0 & 0 & \gamma & 0 & 0 & \delta & 0 \\ 0 & 0 & \alpha & 0 & 0 & \beta & 0 & 0 & \gamma & 0 & 0 & \delta \end{bmatrix}$$

$$\alpha = (1 - 2x/b)(1 - 2y/h), \quad \beta = (1 + 2x/b)(1 - 2y/h)$$

$$\gamma = (1 + 2x/b)(1 + 2y/h), \quad \delta = (1 - 2x/b)(1 + 2y/h)$$

则单元位移为

$$\Delta u = [u_{bt} - u_{up} \quad v_{bt} - v_{up} \quad w_{bt} - w_{up}] = \frac{1}{4} \boldsymbol{C} \boldsymbol{u}^{\mathrm{e}} \tag{9-4-25}$$

$$\boldsymbol{C} = [\boldsymbol{G} \quad -\boldsymbol{G}] \tag{9-4-26}$$

由虚位移原理，经推导可得

$$\boldsymbol{K}^{\mathrm{e}} \boldsymbol{u}^{\mathrm{e}} = \boldsymbol{F}^{\mathrm{e}} \tag{9-4-27}$$

式中：

$$\boldsymbol{K}^{\mathrm{e}} = \frac{1}{16}\int_{-\frac{h}{2}}^{\frac{h}{2}}\int_{-\frac{b}{2}}^{\frac{b}{2}} \boldsymbol{C}^{\mathrm{T}}\boldsymbol{DC}\,\mathrm{d}x\mathrm{d}y$$

$$= \frac{bh}{36}\begin{bmatrix} 4D & & & & & & & \\ 2D & 4D & & & \text{对} & & & \\ D & 2D & 4D & & & & & \\ 2D & D & 2D & 4D & & \text{称} & & \\ -4D & -2D & -D & -2D & 4D & & & \\ -2D & -4D & -2D & -D & 2D & 4D & & \\ -D & -2D & -4D & -2D & D & 2D & 4D & \\ -2D & -D & -2D & -4D & 2D & D & 2D & 4D \end{bmatrix}$$

接触面单元的刚度矩阵与一般三维单元刚度矩阵一样，可以按节点平衡条件叠加到结构刚度矩阵之中，由结构平衡方程求解位移，进而求得接触面上的应力。

9.5　接触分析中的几个问题

9.5.1　单元形式

原则上来说，以前各章所讨论过的各种单元都可以用于接触分析，但实际上通常采用低阶单元。因为高阶单元会导致等效节点接触力在角节点和边中节点之间的振荡(例如，在平面八节点单元的一个边界上和均匀分布的外力相等效的节点力，在角节点和边中节点上分别是外力总和的 1/6 和 2/3)，这对于接触状态的校核和判断是不利的。因此，一种改进的方法是采用变节点单元。例如在二维问题中改用在接触面上不保留边中节点的七节点单元。另一种替代方案就是采用四节点双线性单元，此种单元能够表现较大的形状变化，而且计算效率较高，故在实际分析中较多采用。但是在积分方案的选择上要注意防止机动模式和剪切锁死的发生，特别是对于板壳单元更应注意。

9.5.2　接触点对的搜寻

接触点对的搜寻是指在接触面 S_c^A 和 S_c^B 上所有节点的位移和接触力已经更新的条件下，为下一次计算找出所有的接触点对和对应的接触位置，具体可分为两种情况：一种是接触前搜寻，这是针对前一次计算中接触体(A)未处于接触状态的节点而言，目的是找出可能进入接触的节点(P)，以及在靶体上与节点(P)相接触的接触块和接触位置(即 Q 点)；另一种情况是接触后搜寻，这是针对前一次计算中 S_c^A 已处于接触状态的节点(P)而言，目的是检查其是否已脱离接触，如果仍保持接触，且前一次计算中处于滑动接触，则应确定它是在 S_c^B 面上新的接触位置。

由于接触点对的搜寻是保证分析结果是否可靠的关键，而且其工作量在整个计算中占很大的比例，最高可达 40%～50%，因此有很多研究工作致力于此，而且还涉及许多具体技术细节。以下仅就几个常用的主从接触搜寻法的原理作一介绍。

1. 接触前搜寻

从搜寻方法上区分，可分为全局搜寻和局部搜寻，前者更适用于接触分析的开始。图 9-5-1是一个二维接触全局搜寻的示例。点 50 是从接触面上的一个节点（P），通过全局搜寻找到主接触面上距离它最近的节点 100，此点称为主接触面上的追踪节点。在它的两边分别是单元 9 和 10 的一个面（接触块）。通过进一步计算，可以确定点 50 至单元 10 的面的距离更近，并可给出点 50 至该面的垂足（即 Q 点）和距离量（即 g_n）。如果 $g_n<\varepsilon_c$（例如取 ε_c 等于或小于前述的允许贯入量 ε_d），则认为节点 50 和 Q 点构成一个接触点对。反之，若 $g_n>\varepsilon_c$，则认为节点 50 未和接触面接触，即保持自由。

由于全局搜寻耗时过多，对于大多数时间步长则采用局部搜寻。此法中对于从接触面上的一个节点，搜寻从主接触面与之对应的前一个追踪节点开始，从而可以较快地达到目的。图 9-5-2 是二维局部搜寻的示意图。前一个时间步长使图 9-5-1 所示的模型的主、从接触面间发生一定的相对位移。前一时间步长中，从接触面上的节点 50 所对应的主接触面上的追踪节点是 100，与之相邻的是单元 9 和单元 10 的各一个面。在相对移动发生后，仍是单元 10 的面离节点 50 较近。进一步搜寻是从单元 10 的这个面上找出节点 101，它与节点 50 的距离比节点 100 与节点 50 的距离更近。这样一来，节点 101 就成为当前的追踪节点。依照上述方法继续进行局部搜寻，直至两次搜寻得到的追踪节点相同。此例中最后得到的是节点 102。以下的步骤和全局搜寻中找到与节点 50 的距离最近的节点 100 之后的做法相同，从而可得到新的 Q 点和距离量 g_n。

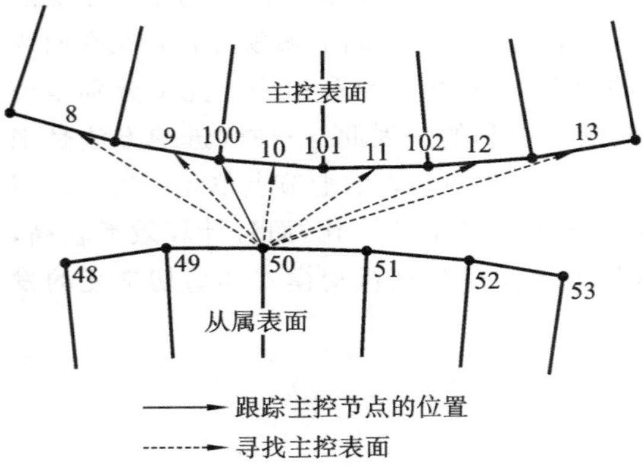

图 9-5-1　二维接触全局搜寻

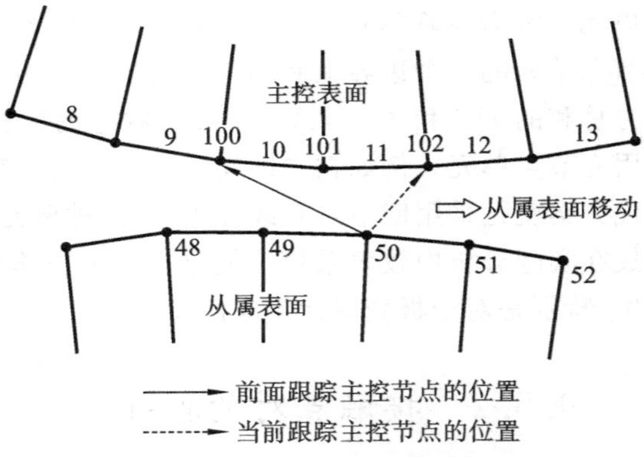

图 9-5-2　二维接触局部搜寻

2. 接触后搜寻

此搜寻相对比较简单，只需要对从接触面 S_c^A 上原来与主接触面 S_c^B 处于相对滑动接触且保持接触的接触点进行搜寻。方法和上述局部搜寻的方法相同。

以上的搜寻方法，不难推广到三维接触情形。需要指出的是，上述主从接触搜寻法，从理论上说，从接触面 S_c^A 不能侵入主接触面 S_c^B，但主接触面可以侵入从接触面。解决这个问题的方法将在 9.5.3 节中讨论。

9.5.3　网格划分

和其他类型问题的分析相同，在接触问题的分析中，网格划分细密，同时单元形状良好，总会有利于计算精度的提高。这里需要指出以下两点。

1. 主、从接触面上网格的匹配

为防止发生主接触面过多地贯入从接触面，从接触面上的网格应适当的划细。特别是主接触面是刚体时，这时作为变形体的从接触面必须充分划细，以适应刚度的任何形状。图 9-5-3(a)所示的情形为从接触面的网格比较粗糙，主接触面上的单元侵入了从接触面。而图 9-5-3(b)所示的情形为从接触面的网格划细以后，防止了主接触面的侵入，从而改进了计算精度。

2. 网格的更新

在很多接触问题中，物体从某个初始形状到最终形状经历了复杂的变化。例如，在金属成型中，工件从开始的简单形状，加工成复杂的形状。再如汽车碰撞问题则更加突出。这将造成单元形状过分扭曲，甚至使分析无法继续进行。因此在一定阶段，应使分析停止并重新划分网格，然后再继续进行分析。此过程的一个重要问题是网格重新划分前后的数据转换。

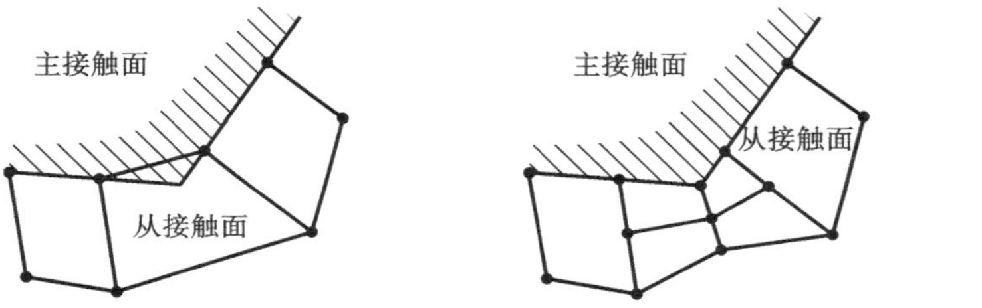

(a)主接触面侵入从接触面　　(b)更新从接触面网格以防止主接触面侵入

图 9-5-3　主、从接触面上的网格划分

9.5.4　摩擦模型的规则化

前面讨论的库仑摩擦模型是高度非线性的，如图 9-5-4 所示。当$|\boldsymbol{F}_t|<\mu|\boldsymbol{F}_n|$时，是无相对滑动的黏结情况；而当$|\boldsymbol{F}_t|=\mu|\boldsymbol{F}_n|$时，可以发生大小不受限制的相对滑动，特别是当相对滑动速度 $\boldsymbol{V}_t$ 反向时，$\boldsymbol{F}_t$ 也立即反转。这种突然变化将造成数值计算中迭代的收敛困难。因此提出改用经规则化也即光滑化的摩擦模型来代替库仑摩擦模型，它的数学表达式为

$$\boldsymbol{F}_t=-\mu\mid\boldsymbol{F}_n\mid\frac{2}{\pi}\arctan\left(\frac{V_t}{C}\right)\boldsymbol{e}_t \tag{9-5-1}$$

其中，

$$\boldsymbol{e}_t=\boldsymbol{V}_t/\mid\boldsymbol{V}_t\mid$$

$\boldsymbol{e}_t$ 是切向相对滑动的方向。C 是一个控制规则化摩擦模型和库仑摩擦模型接近程度的重要参数，C 愈小则两者愈接近，如图 9-5-5 所示。

当采用规则化摩擦模型时，在分析中不存在黏结状态，而是统一的应用(9-5-1)式这一数学描述进行接触分析。这在物理上可以更真实地描述实际摩擦现象，因为两个接触面上都存在一定的不平度，因此完全黏结接触状态是不存在的，只要有切向摩擦力存在，总要伴随发生一定的相对滑动。而规则化模型正好可以描述此类物理现象。

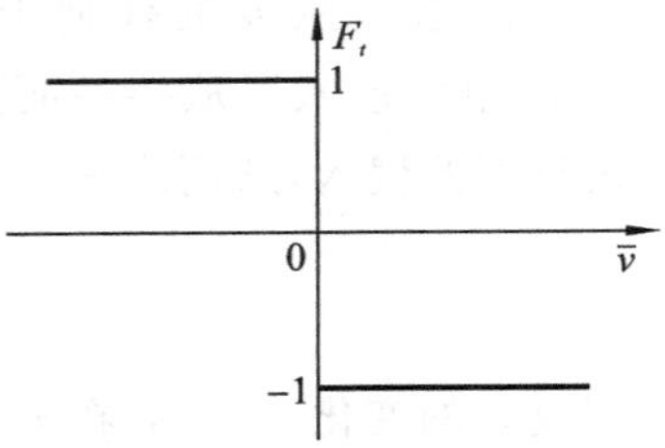

图 9-5-4　库仑摩擦模型($F_t=1$)

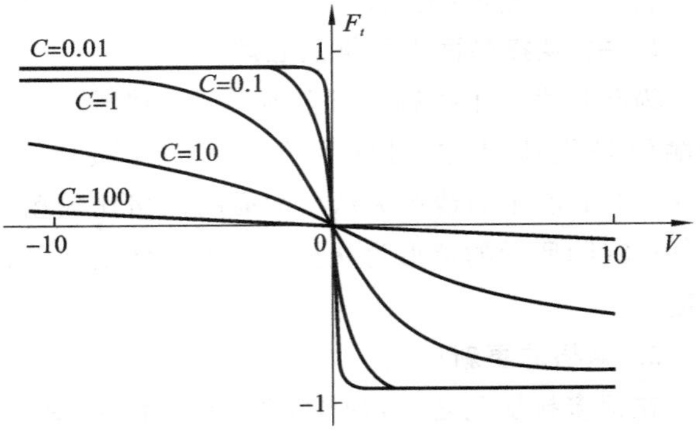

图 9-5-5　规则化后的摩擦模型(黏结-滑动近似)

9.6　高速碰撞的有限元法

9.6.1　基本方程及其离散

以 Euler 坐标为自变量时,连续介质力学的动量和能量守恒方程可写成

$$\rho\dot{v}_i = \sigma_{ij,j} + b_i \tag{9-6-1}$$

$$\dot{E} = \sigma_{ij}\dot{e}_{ij} + S - q_{k,k} \tag{9-6-2}$$

式中:v_i 表示速度分量,“.”表示随体导数;σ_{ij}、$\dot{e}_{ij}$ 分别表示应力张量和速度应变张量;b_i 为单位体积上的体力;E 为单位体积内能;S 表示外热源;q_k 表示热流矢量。

设体积 Ω 上作用一虚速度 δv_i。再将式(9-6-1)两边乘以 δv_i,经分部积分得到

$$\int_\Omega \rho\dot{v}_i\delta v_i \mathrm{d}\Omega + \int_\Omega \sigma_{ij}\delta v_{i,j}\mathrm{d}\Omega - \int_\Gamma \tau_i^n\delta v_i d\Gamma - \int_\Omega b_i\delta v_i \mathrm{d}\Omega = 0 \tag{9-6-3}$$

式中:Γ 表示解域 Ω 的外边界;τ_i^n 为表面力,$\tau_i^n = \sigma_{ij}n_j$,$n_j$ 为面法矢分量。式(9-6-3)实质上是虚功原理的数学表达式,式中诸项分别表示单位时间内体系的惯性力、内力和外力(表面力与体力)所做的虚功。

将解域 Ω 作有限元剖分,$\Omega = \sum\limits_e^k \Omega_e$,这里 k 表示单元个数,于是式(9-6-3)可写为

$$\sum_e \left(\int_{\Omega_e} \rho\dot{v}_i\delta v_i \mathrm{d}\Omega + \int_{\Omega_e} \sigma_{ij}\delta v_{i,j}\mathrm{d}\Omega - \int_{\Gamma_e} \tau_i^n\delta v_i d\Gamma - \int_{\Omega_e} b_i\delta v_i \mathrm{d}\Omega = 0\right) \tag{9-6-4}$$

在动态有限元的半离散化方法中,单元 Ω_e 内的速度场可表示成

$$v_i(x_j,t) = N_l^e(x_j)v_{il}^e(t) \tag{9-6-5}$$

这里 $N_l^e(x_j)$ 为插值函数,$v_{il}^e(t)$ 表示单元节点 l 的速度分量,它不仅与时间有关。单元节点速度和总体节点速度间有如下关系:

$$v_{il}^e(t) = L_{lr}^e v_{ir}(t) \tag{9-6-6}$$

式中:L_{lr}^e 是由元素 0 和 1 构成的关联算子,它建立起单元节点编号 l 与总体节点编号 r 之间的联系。于是 Ω_e 内的速度场又可以写为

$$v_i(x_j,t) = N_l^e(x_j)L_{lr}^e v_{ir}(t) \tag{9-6-7}$$

将式(9-6-7)代入式(9-6-4),并设

$$
\begin{aligned}
m_{lj}^{e} &= \int_{\Omega_e} \rho N_l^e N_j^e \mathrm{d}\Omega \\
f_{il}^{\mathrm{int}} &= -\int_{\Omega_e} \sigma_{ij} N_{l,j}^e \mathrm{d}\Omega \\
f_{il}^{\mathrm{ext}} &= \int_{\Gamma_e} \tau_i^e N_l^e \mathrm{d}\Gamma + \int_{\Omega_e} b_i N_l^e \mathrm{d}\Omega
\end{aligned}
\tag{9-6-8}
$$

式中：f_{il}^{int} 为节点内力；f_{il}^{ext} 为节点外力。于是有

$$
\delta v_{il}(t)\Big(\sum_e L_{lr}^e m_{lJ}^e L_{Js}^e \dot{v}_{is}(t)\Big) = \delta v_{il}(t)\Big(\sum_e L_{lr}^e f_{il}^{\mathrm{int}} + \sum_e L_{lr}^e f_{il}^{\mathrm{ext}}\Big) \tag{9-6-9}
$$

进一步令

$$
\begin{aligned}
M_{rs} &= \sum_e L_{lr}^e m_{lJ}^e L_{Js}^e \\
F_{ir}^{\mathrm{int}} &= \sum_e L_{lr}^e f_{il}^{\mathrm{int}} \\
F_{ir}^{\mathrm{ext}} &= \sum_e L_{lr}^e f_{il}^{\mathrm{ext}}
\end{aligned}
\tag{9-6-10}
$$

由虚速度 $\delta v_{il}(t)$ 的任意性，可得

$$
M_{rs}\dot{v}_{is}(t) = F_{ir}^{\mathrm{ext}} + F_{ir}^{\mathrm{int}} \tag{9-6-11a}
$$

或者

$$
M_{rs}\dot{v}_{is}(t) = F_{ir} \tag{9-6-11b}
$$

式(9-6-11b)中的 $F_{ir} = F_{ir}^{\mathrm{ext}} + F_{ir}^{\mathrm{int}}$，表示作用在节点 r 上的合力。式(9-6-11)就是经有限元离散后的各节点 r 的运动方程。它是关于时间 t 的线性常微分方程组。采用集中质量法可将式(9-6-11)对角化，从而简化计算。此时

$$
m_{lj}^e = m^e \delta_{lJ},\ m^e = \frac{1}{n}\int_{\Omega_e} \rho \mathrm{d}\Omega \tag{9-6-12}
$$

其中，n 表示单元节点数。由于关联算子 L_{lr}^e 中只有当 l 和 r 表示同一节点时其值才为 1，其余元素全为 0，因此把式(9-6-12)代入式(9-6-10)便有

$$
M_{rs} = \sum_e L_{lr}^e m^e L_{ls}^e = M\delta_{rs} \tag{9-6-13}
$$

这里 M 表示节点 r 上的总质量，为了不混淆，我们将它记成 $M^{(r)}$。于是运动方程(9-6-10)可写为

$$
M^{(r)}\dot{v}_{ir}(t) = F_{ir} \tag{9-6-14}
$$

式(9-6-14)指出，若得到某节点 r 的集中质量 $M^{(r)}$ 和合力 F_{ir}，就可立即求出该点的加速度 $\dot{v}_{ir}(t)$。

在高速碰撞中，载荷主要表现为高速弹体对靶板碰撞所引起的突加载荷。此时惯性力起主导作用，体系的体力和表面力相对而言常可忽略，于是式(9-6-7)中的 $f_{ir}^{\mathrm{ext}} \approx 0$。此外，高速碰撞的动态响应主要表现为波动响应，时间尺度常以微秒为单位，因此热传导的作用可以忽略，设体系无外热源作用，则能量方程式(9-6-14)可简化为

$$
\dot{E} = \sigma_{ij}\dot{e}_{ij} = -p\dot{e}_{\theta}\delta_{ij} + S_{ij}\dot{e}_{ij} \tag{9-6-15}
$$

在时间域里积分离散方程(9-6-13)，可立即得到节点速度 v_{ir}。通常我们采用具有二阶精度的显式中心差分

$$
\dot{v}_{il}^{n} = \frac{F_{il}^{n}}{M^{(r)}}
$$

$$v_{il}^{n+\frac{1}{2}} = v_{il}^{n-\frac{1}{2}} + \dot{v}_{il}^{n} \Delta t \tag{9-6-16}$$

式中：n 表示计算的时间层次。有了 $v_{il}^{n+\frac{1}{2}}$，则由速度应变定义可计算 $\dot{e}_{ij}^{n-\frac{1}{2}}$、$\dot{e}_{\theta}^{n+\frac{1}{2}}$、$\dot{e}_{\theta}^{n-\frac{1}{2}}$，于是新时间层上的应力偏量为

$$S_{ij}^{n+1} = S_{ij}^{n} + \dot{S}_{ij}^{n+\frac{1}{2}} \Delta t \tag{9-6-17}$$

内能 E 为

$$E^{n+1} = E^{n} + \dot{E}^{n+\frac{1}{2}} \Delta t \tag{9-6-18}$$

通过状态方程式计算静水压力 $p^{n+\frac{1}{2}}$，从而求出新时间层上的节点力 F_{il}^{n+1}，由此实现循环计算。

当采用显式时间积分时，时间步长 Δt 必须服从 Courant 稳定性要求

$$\Delta t \leqslant \frac{\Delta l}{C} \tag{9-6-19}$$

式中：Δl 为单元特征尺度（如三角形单元里的高 h，四边形单元里的面积平方根 $\sqrt{A}$ 等），C 表示 Lagrange 声速。在冲击力学数值计算里，为了较好地刻画局部区域介质变形和破坏的细节，特征尺度 Δl 常常取得很小，使得按式(9-6-19)计算的 Δt 不超过 1 μs。尽管高速碰撞的物理过程很短，由于 Δt 很小，时间方向上的积分层次依然很多，有时可达上万次。为了减少计算量，我们在选取单元时要尽量避免采用精度高但计算量大的高次元，可取三角形线性元或双线性四边形单元，对于前者，插值函数为

$$N_l(x_1, x_2) = a_l + b_l x_1 + c_l x_2 \tag{9-6-20}$$

由式(9-6-20)可知，$B_{il} = \dfrac{\partial N_l}{\partial x_i} =$ 常数。此时的速度应变 $\dot{e}_{ij}$、$\dot{e}_{\theta}$ 只依赖于节点速度 v_{ij}，而与空间坐标无关。对于双线性四边形单元，其插值函数可表示为

$$N_l(x_1, x_2) = a_l + bl x_1 + c_l x_2 + d_l x_1 x_2 \tag{9-6-21}$$

此时 B_{il} 不再为常数。通常需要用 Guass 积分法求节点内力 f_{ir}^{int}。积分点的多少直接关系到计算量的大小。这里我们建议采用单点积分，即在参考平面 ζ,η 上，取 $\zeta=\eta=0$ 作为积分点。其实质是把四边形单元作为常应力常应变单元处理。

9.6.2　汽车碰撞安全性有限元法分析的现状及发展

1. 汽车碰撞安全性有限元法分析的现状

早在 20 世纪 60 年代，国际上就有研究人员对碰撞试验有限元分析法进行了开发与研究。国内在汽车碰撞方面的研究起步较晚，而且还受到了试验条件及资金投入的限制，因此，在有限元分析法领域的研究还有待进一步提升。美国是较早开展碰撞分析研究汽车的国家。各种条件下的碰撞试验，包括实车碰撞试验和模拟碰撞试验属于早期汽车碰撞研究的研究范畴。计算机模拟碰撞技术的研究始于 20 世纪 60 年代，美国使用计算机辅助交通事故分析始于 20 世纪 70 年代，分析软件有美国国家道路安全局的 SMAC、CRASH3、EDCRASH 等，基于碰撞有限元理论的计算机仿真技术始于 20 世纪 80 年代，目前这一技术大多用于国外在这一领域的相关研究。下面列举一些较为典型的整车碰撞计算实例。

①1993 年，英国交通研究实验室对轿车的正面碰撞进行了仿真计算，计算机采用 QASYS-DYNA3D 动态非线性有限元计算分析软件。由 25000 个变形单元组成了整车模型，

计算 100 m 距离的车辆碰撞响应过程，耗时 30 小时，计算得到了车辆碰撞过程中的加速度变化曲线及车辆的碰撞变形等。

② 1995 年，美国 Ford 公司进行了轿车与护栏前撞的仿真计算。计算采用 CRAYC-90 型巨型机和 RADIOSS 商用非线性有限元碰撞分析软件。由 31500 个节点、30800 个单元组成整车模型。单元类型包含有壳单元、实体单元、梁单元以及非线性弹簧单元等。计算得到了撞击时仪表板等侵入驾驶室的尺寸、车辆撞击变形及车辆中的成员受损情况等。

2. 汽车碰撞安全性有限元法分析的发展

在 20 世纪 50 年代末、60 年代初，国际上就投入了大量的人力、物力、财力来开发具有强大功能的有限元分析程序，也取得了众多成果，为汽车碰撞安全性做出了重大贡献。当今国际上有限元分析方法和软件相结合的发展呈现如下一些趋势：

①有限元分析方法是从单一的结构力学计算发展到求解多种物理问题，最早是从结构化矩阵分析发展而来，逐步推广到壳和实体等连续体固体力学分析，实践证明这是一种行之有效的数值分析方法。而且从理论上也足以证明，只要用于离散求解对象的划分单元足够小，所得的解就可足够逼近于精确值。

②随着科学技术的日益发展，很多早期的研究方法已经不能适用于当前的科学研究，由求解线性工程问题发展到分析非线性问题，线性理论已经远远不能满足设计的要求。

③有限元法分析的研究重点拓宽到多个领域，增强了可视化的前置建模和后置数据处理功能。早期有限元分析软件的研究重点在于推导新的高效率求解方法和高精度的单元。

④与 CAD 软件的无缝集成。与通用 CAD 软件的集成使用是当今有限元分析系统的另一个特点，即在用 CAD 软件完成部件和零件的造型设计后，自动生成有限元网格并进行计算，如果分析的结果不符合设计要求，则重新进行造型和计算，直到满意为止，从而极大地提高了设计水平和效率。

总的来说，我国在汽车碰撞安全性这一领域的研究起步较晚，所做的基础研究工作还非常有限。直到现在，也还受到计算机软件、硬件、试验条件以及资金投入的束缚。所以，仿真计算中车辆碰撞模型的建立、仿真计算参数的选择以及仿真方法的研究等方面的工作还有待进一步深入，并且仿真计算的精度及实用性也有待提高。

9.7　接触问题的有限元分析实例

接触问题是我们生产和生活中普遍存在的力学问题，例如汽车车轮与地面的接触、轴和轴承的接触、橡胶密封等。采用有限元法分析接触问题时，需要分别对接触物体进行有限元网格划分，并规定在初始接触面上，两物体对应节点的坐标位置相同，形成接触对，这样才可以传递应力。

本节选用某激光切割机的 Y 轴梁结构为有限元分析对象，定义悬臂梁主体与悬臂梁上的零件之间的接触类型，进行有限元数值模拟分析，得到 Y 轴梁结构的固有频率和固有振型。

某激光切割机整体结构如图 9-7-1 所示，选择其 Y 轴梁结构进行分析，Y 轴梁结构可简化为变截面悬臂梁结构，其上有 Y、Z 轴直线滑轨，X 轴、Y 轴、Z 轴滑块，Y 轴滑板座及 Z 轴移动滑枕。Y 轴梁结构如图 9-7-2 所示。定义悬臂梁与滑枕为 LY12，密度为 2.78×10^{-9} t/mm^3，弹性模量为 72000 MPa，泊松比为 0.33。滑块、滑轨及滑板座为合金钢，密度为 7.9×10^{-9}

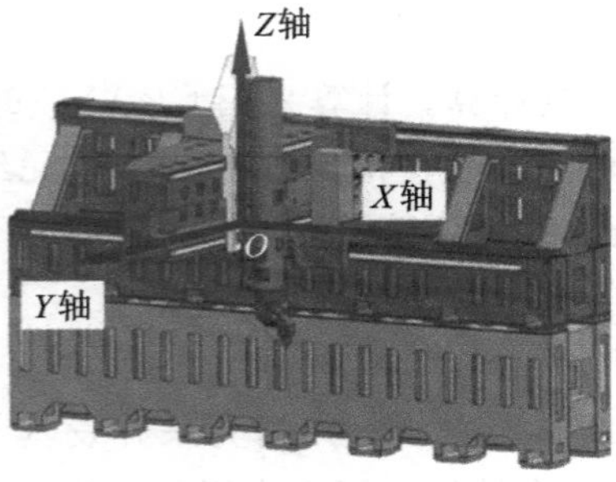

图 9-7-1　某激光切割机示意

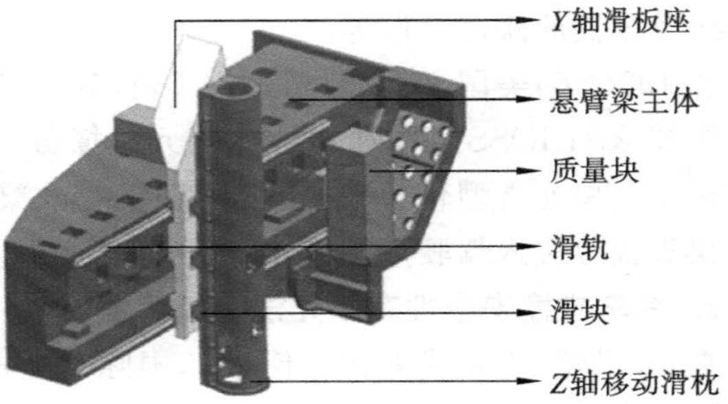

图 9-7-2　Y 轴梁结构示意图

t/mm³，弹性模量为 206000 MPa，泊松比为 0.3。在激光切割机正常工作时，具有加速度的悬臂横梁需要保证一定的动态精度，才能达到预期的设计要求，因此为了衡量这种在动载荷下抵抗变形的能力，常运用有限元法计算其固有频率与固有振型。

（1）进行网格划分。

为了提高计算精度，在分析接触问题时，要尤其注意网格划分的尺寸与形状，匹配两接触面上的单元节点接触对。Y 轴梁结构模型网格划分如图 9-7-3 所示，网格尺寸设置为 10 mm。对于悬臂横梁，Y 轴滑板座，Z 轴移动滑枕结构和 Y、Z 轴直线滑轨，采取等厚度抽取中面的方法，简化成壳体结构进行平面单元划分网格；对于 X 轴、Y 轴、Z 轴滑块以及电动机等实体进行三维实体单元划分网格。赋予各材料相应的杨氏模量、密度及泊松比。定义各零件的材料属性，并调整平面单元的厚度以及三维实体单元的体积，保证仿真模型的质量符合实际机床质量。

（2）接触条件设置。

由于 Y 轴梁结构上各部分之间的连接较紧密，且悬臂梁与床身连接处的约束为固定连接，故将各部分之间的连接关系简化为刚性连接，刚性连接如图 9-7-4 所示。此外，连接端滑块与滑轨接触面上的节点设置为完全固定，限制每个节点的六个方向的自由度。将 Y 轴滑块与 Y 轴直线导轨，Z 轴滑块与 Z 轴直线导轨，Z 轴直线导轨与 Z 轴滑枕，以及 Y、Z 轴滑块与 Y 轴滑板座等处设置为刚性连接。在有限元软件中，接触面上的各单元节点均采用 RBE2 刚性连接，如图 9-7-5 所示。

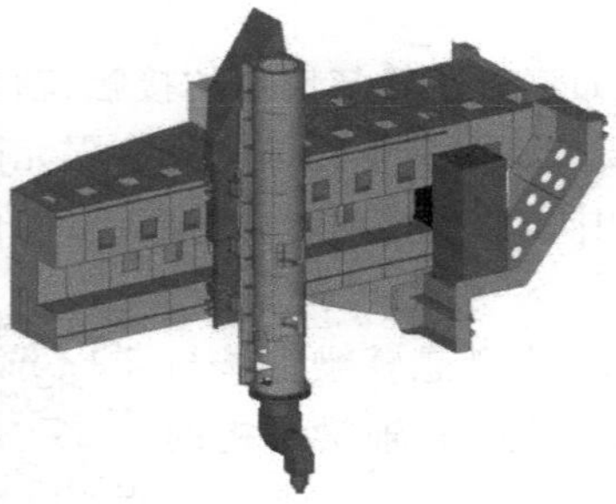

图 9-7-3　某激光切割机网格划分示意图

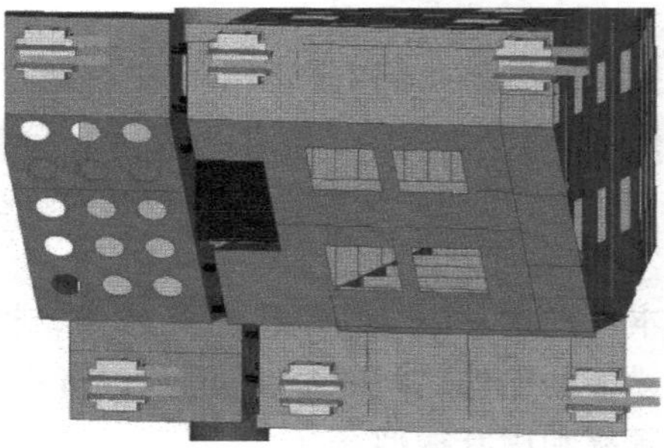

图 9-7-4　某激光切割机刚性连接局部示意图

（3）设置模态分析的激励类型、控制卡片以及输出要求，并进行计算，得到的初步计算结果如表 9-7-1 所示。

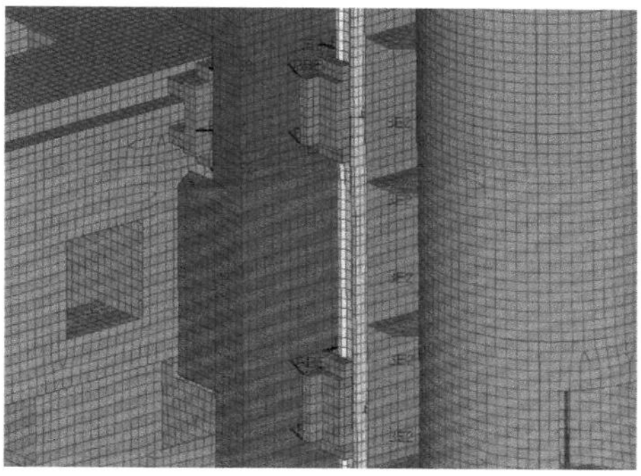

图 9-7-5　热成型某激光切割机刚性连接局部示意图

表 9-7-1　某激光切割机有限元模态分析结果(初次)

模态阶次	模态频率/Hz	模态振型
一阶	26.3	扭转
二阶	32.68	横摆
三阶	45.36	弯曲

经过仿真计算,发现计算结果与实验数据有一定差距。已知物体的固有频率与刚度成正相关,与质量成负相关。为了减小仿真结果与实际数据的误差,其中一个方法是调整悬臂梁上的质量分布,还有一个办法就是改变接触面之间 RBE2 的连接数量来调整结构刚度,进而改善模态分析结果。调整后的结果如表 9-7-2 所示,与实际数据误差在 10%以内。

表 9-7-2　某激光切割机有限元模态分析结果(调整后)

模态阶次	模态频率/Hz	模态振型
一阶	14.47	扭转
二阶	26.46	横摆
三阶	42.01	弯曲

本章小结

本章介绍了接触问题有限元法的基本概念,并对接触问题的主要求解方案进行了说明;叙述了接触问题求解的一般过程、接触界面的定解条件和校核条件以及针对接触问题的虚位移原理;推导了接触问题的有限元方程,并对接触界面的离散进行了介绍,进一步引入罚函数法的有限元求解方程。同时对接触单元进行了相关介绍,并对接触问题中的常见问题进行了分析。最后对高速碰撞的有限元法进行了简要介绍,并概述了汽车碰撞领域的有限元法研究现状。

参 考 文 献

[1] 石伟.有限元分析基础与应用教程[M].北京:机械工业出版社,2010.

[2] 王勖成,邵敏.有限元法基本原理和数值方法[M].北京:清华大学出版社,1988.

[3] 梁清香,张根全.有限元与 MARC 实现[M].北京:机械工业出版社,2003.

[4] 彭细荣,杨庆生,孙卓.有限元法及其应用[M].北京:清华大学出版社,2012.

[5] 殷有泉.非线性有限元基础[M].北京:北京大学出版社,2007.

[6] 张洪信.有限元基础理论与 ANSYS 应用[M].北京:机械工业出版社,2006.

[7] 龚尧南,王寿梅.结构分析中的非线性有限元素法[M].北京:北京航空学院出版社,1986.

[8] 朱伯芳.有限元法原理与应用[M].北京:中国水利水电出版社,2009.

[9] 王焕定,王伟.有限元法教程[M].哈尔滨:哈尔滨工业大学出版社,2003.

[10] 秦太验,周哲,徐春晖.有限元法[M].北京:中国农业科学技术出版社,2006.

[11] 刘怀恒,任建喜.结构及弹性力学有限元法[M].西安:西北工业大学出版社,2007.

[12] 商跃进,王红.有限元原理与 ANSYS 实践[M].北京:清华大学出版社,2012.

[13] 高耀东.有限元理论及 ANSYS 应用[M].北京:电子工业出版社,2016.

[14] 傅永华.有限元分析基础[M].武汉:武汉大学出版社,2003.

[15] 张昭,蔡志勤.有限元法与应用[M].大连:大连理工大学出版社,2011.

[16] 王勖成.有限元法[M].北京:清华大学出版社,2003.

[17] 陈国荣.有限元法原理及应用[M].2 版.北京:科学出版社,2016.

[18] 刘铁军.有限元法导论[M].北京:清华大学出版社,2009.

[19] Zienkiewicz O C,Taylor R L,Zienkiewicz O C,et al. The finite element method[M]. New York:McGraw-hill,1977.

[20] Reddy J N. An introduction to the finite element method[M]. New York:McGraw-hill,1993.

[21] Bonet J,Wood R D. Nonlinear continuum mechanics for finite element analysis[M]. Cambridge:Cambridge university press,1997.

[22] Hughes T J R. The finite element method:linear static and dynamic finite element analysis[M]. Chicago:Courier Corporation,2012.

[23] Crisfield M A,Remmers J J C,Verhoosel C V. Nonlinear finite element analysis of solids and structures[M]. USA:John Wiley & Sons,2012.

与本书配套的二维码资源使用说明

本书部分课程资源以二维码链接的形式呈现。利用手机微信扫码成功后提示微信登录，授权后进入注册页面，填写注册信息。按照提示输入手机号码，点击获取手机验证码，稍等片刻收到4位数的验证码短信，在提示位置输入验证码成功，再设置密码，选择相应专业，点击"立即注册"，注册成功。（若手机已经注册，则在"注册"页面底部选择"已有账号？立即注册"，进入"账号绑定"页面，直接输入手机号和密码登录。）接着提示输入学习码，需刮开教材封底防伪涂层，输入13位学习码（正版图书拥有的一次性使用学习码），输入正确后提示绑定成功，即可查看二维码数字资源。手机第一次登录查看资源成功以后，再次使用二维码资源时，只需在微信端扫码即可登录进入查看。